高等应用型人才培养精品教材

Windows Server 2016 系统配置与管理

主　编　刘　芃　刘　婷　刘　群
副主编　陈园园　帅志军　刘冰洁
　　　　高　俊　余鑫海　黄道春

電子工業出版社
Publishing House of Electronics Industry
北京・BEIJING

内 容 简 介

本书紧扣高等职业教育教学大纲和企业应用实际需求，理论与实践相结合，以广泛使用的、先进的网络操作系统 Windows Server 2016 为例，配合大量的系统管理实例兼具扎实的理论，以及完整清晰的操作过程，以简单易懂的文字进行描述，内容丰富且图文并茂。

本书主要内容包括 Window Server 2016 简介、部署和配置网络、配置服务器角色、安装和配置 Hyper-V 服务器、安装和管理活动目录、创建和配置组策略、部署和管理服务器镜像（WDS）及监视服务等项目。

本书内容丰富，注重系统性、实践性和可操作性，每个项目的任务都有相应的操作示范，便于读者快速上手。本书可以作为高等职业院校计算机网络技术专业、计算机应用专业相关课程的教材，也可以作为网络运维人员的参考用书，还能作为具备一定计算机网络基础知识的读者学习 Windows Server 2016 系统管理的自学教材。

图书在版编目（CIP）数据

Windows Server 2016 系统配置与管理 / 刘芃，刘婷，刘群主编. —北京：电子工业出版社，2020.9

ISBN 978-7-121-36488-4

Ⅰ. ①W… Ⅱ. ①刘… ②刘… ③刘… Ⅲ. ①Windows 操作系统—网络服务器—系统管理—高等职业教育—教材 Ⅳ. ①TP316.86

中国版本图书馆 CIP 数据核字（2019）第 089253 号

责任编辑：胡辛征
印　　刷：涿州市般润文化传播有限公司
装　　订：涿州市般润文化传播有限公司
出版发行：电子工业出版社
　　　　　北京市海淀区万寿路 173 信箱　邮编　100036
开　　本：787×1 092　1/16　印张：17.5　字数：448 千字
版　　次：2020 年 9 月第 1 版
印　　次：2022 年 7 月第 3 次印刷
定　　价：49.80 元

凡所购买电子工业出版社图书有缺损问题，请向购买书店调换。若书店售缺，请与本社发行部联系，联系及邮购电话：（010）88254888，88258888。

质量投诉请发邮件至 zlts@phei.com.cn，盗版侵权举报请发邮件至 dbqq@phei.com.cn。

本书咨询联系方式：peijie@phei.com.cn。

前　　言

Windows Server 2016 是微软于 2016 年 10 月 13 日正式发布的服务器操作系统，也是微软推出的第 6 个 Windows Server 版本。它在整体的设计风格与功能上更加接近 Windows 10。同时，该版本在拓展安全性、弹性计算、缩减存储成本、简化网络、应用程序效率和灵活性等方面有明显改善，并增加了大量新功能。

在资源虚拟化的云计算时代，Windows Server 2016 是一个云就绪操作系统，它支持当前工作负荷，同时引入了新技术，在你准备就绪后帮助你轻松转移到云计算。简化虚拟化升级，启用新的安装选项并增加弹性，帮助用户在不限制灵活性的前提下确保基础设施的稳定性，还有新网络为用户数据中心带来了网络核心功能集，以及直接来自 Azure 的 SDN 架构等。

本书主要内容

本书将 Window Server 2016 系统管理的主要内容分为 8 个项目。

项目一，Windows Server 2016 简介。本项目主要介绍什么是网络操作系统，以及 Windows Server 2016 的安装过程和基本配置。

项目二，部署和配置网络。本项目重点介绍了动态主机设置协议（DHCP）和域名系统（DNS），并以实例说明了如何在 Windows Server 2016 中配置和管理 DHCP 及 DNS 服务。

项目三，配置服务器角色。本项目以案例方式介绍了 Windows Server 2016 下文件服务器和打印服务器的配置和管理。

项目四，安装和配置 Hyper-V 服务器。本项目涵盖了 Hyper-V 的一些基本概述，创建 Hyper-V 基本任务，部署 Hyper-v 服务器，搭建多个 VMS，以及虚拟机硬盘的管理和虚拟机的设置。

项目五，安装和管理活动目录。本项目从两个方面来介绍活动目录（Active Directory，AD），并通过实例介绍域、域树和林的配置与管理。

项目六，创建和管理组策略。本项目通过实例介绍什么是组策略，如何配置一个或多个组策略对象（GPO），然后使用一个称为链接的进程将它们与特定的 Active Directory 域服务（AD DS）对象关联起来。

项目七，部署和管理服务器映像（WDS）。本项目通过实例介绍如何通过 Windows 部署服务（Windows Deployment Services，WDS）来管理映像，以及无人参与安装脚本，实现大中型网络中的计算机操作系统部署。

项目八，监视服务。本项目主要介绍 Windows Server 2016 中的一些有助于理解各章错误或性能问题的基本工具，包括微软管理控制台（MMC）、事件查看器、性能监视器、资源监视器、任务管理器和网络监视器等。

写作说明

本书紧扣高等职业教育教学大纲和企业应用实际需求，理论与实践相结合，以广泛使用的、先进的网络操作系统 Windows Server 2016 为例，配合大量的系统管理实例兼具扎实的理论，以及完整清晰的操作过程，以简单易懂的文字进行描述，内容丰富且图文并茂。

本书作者

本书由刘芃（江西现代职业技术学院）、刘婷（江西现代职业技术学院）、刘群担任主编，陈园园（江西现代职业技术学院）、帅志军（江西现代职业技术学院）、刘冰洁、高俊、余鑫海、黄道春担任副主编，参与编写的老师都是具有多年教学经验的优秀教师并具备网络工程企业实践经验。具体分工如下：

刘芃编写项目五、项目六；刘婷编写项目一、项目八；陈园园编写项目四、项目七；帅志军编写项目二、项目三。刘群、刘冰洁、高俊、余鑫海、黄道春参与了本书部分内容的编写。本书在编写过程中还得到了王和平教授、周学军教授及其他来自学校和企业专家的大力支持，在此一并表示感谢。

由于作者时间和水平有限，书中难免存在疏漏和不足之处，敬请广大师生、读者指正。谢谢！

编　者

目　　录

Windows Server 2016 简介

Windows Server 是微软公司在 2003 年 4 月 24 日推出的 Windows 服务器操作系统，其核心是 Microsoft Windows Server System（WSS），每个 Windows Server 都与其家用（工作站）版对应（2003 R2 除外）。

1.1 安装服务器

学习目标

- 认识网络操作系统。
- 认识 Windows Server 2016 操作系统。
- 了解 Windows Server 2016 操作系统的安装要求。
- 掌握 Windows Server 2016 操作系统的安装方法。
- 掌握 Windows Server 2016 操作系统的配置方法。
- 掌握添加和管理角色的方法。

1.1.1 网络操作系统

1. 认识网络操作系统

1）什么是网络操作系统

网络操作系统（Network Operating System，NOS）是网络的“心脏”和“灵魂”，是向网络计算机提供网络通信和网络资源共享功能的操作系统，是负责管理整个网络资源和方便网络用户操作的软件的集合。由于网络操作系统运行在服务器之上，所以有时也称之为服务器操作系统。

网络操作系统与运行在工作站上的单用户操作系统（如 Windows 10 等）或多用户操作系统由于提供的服务类型不同而有所差别。一般情况下，网络操作系统以使网络相关特性最佳为目的，如共享数据文件、软件应用、硬盘、打印机、调制解调器、扫描仪和传真机等。一般计算机的操作系统，如DOS、OS/2等，其目的是使用户、操作系统及在此操作系统上运行的各种应用程序之间的交互作用最佳。

2）网络操作系统的功能

（1）网络通信：这是网络最基本的功能，其作用是使源主机和目标主机之间能够实现无差错的数据传输。

（2）资源管理：对网络中的共享资源（硬件和软件）实施有效的管理，协调诸用户对共享资源进行使用、保证数据的安全性和一致性。

（3）网络服务：包括电子邮件服务，文件传输、存取和管理服务、共享硬盘服务、共享打印服务等。

（4）网络管理：网络管理最主要的任务是安全管理，一般是通过“存取控制”来确保存取数据的安全性；通过“容错技术”来保证系统出现故障时数据的安全性。

（5）互操作能力：所谓互操作，是指在客户机/服务器模式的LAN环境下，连接在服务器上的多个客户端和主机，不仅能与服务器通信，还能以透明的方式访问服务器上的文件系统。

2．典型的网络操作系统

目前局域网中主要存在以下几类网络操作系统。

1）Windows系统

这类操作系统在市场中是最常见的，是由全球最大的软件开发商——Microsoft（微软）公司设计开发的。微软公司的Windows系统不仅在个人操作系统中占有绝对优势，在网络操作系统中也具有非常重要的市场地位。此类操作系统虽然在整个局域网配置中是最常见的，但由于它对服务器的硬件要求较高，且稳定性能不是很高，所以微软的网络操作系统一般只适用于中低档服务器，高端服务器通常采用UNIX、Linux或Solaris等非Windows操作系统。在局域网中，微软的网络操作系统主要有Windows NT 4.0 Server、Windows 2000 Server/Advance Server，以及Windows 2003 Server/Advance Server等，工作站系统可以采用任一Windows或非Windows操作系统，包括个人操作系统，如Windows ME/XP 7/10等。

2）NetWare系统

NetWare操作系统虽然已不太流行，但是NetWare操作系统仍以对网络硬件的要求较低（工作站只需286机型就可以满足需求）而受到一些设备比较落后的中、小型企业，特别是学校的青睐。其凭借在无盘工作站组建方面的优势，且兼容DOS命令，应用环境与DOS系统也相似，具有丰富的应用软件支持，技术较完善、可靠，从而仍占据一定的市场，目前常用的版本有3.11、3.12、4.10、4.11、5.0等中英文版本。NetWare服务器对无盘站和游戏的支持较好，常用于教学网和游戏厅等场所。目前这种操作系统市场占有率呈下降趋势。

3）UNIX系统

目前常用的UNIX系统主要有UNIX SUR 4.0、HP-UX 11.0、SUN公司的Solaris 8.0等。其支持网络文件系统服务，提供数据等应用，功能强大，由AT&T和SCO公司推出。这种网络操作系统的稳定性和安全性非常好，但由于其大多以命令方式来进行操作，不容易掌握，特别是对于初级用户而言，故小型局域网基本不使用 UNIX 系统作为网络操作系统，UNIX 一般用于大型的网站或大型的企、事业局域网中。UNIX 网络操作系统历史悠久，其良好的网络管理功能已被广大网络用户所接受，拥有丰富的应用软件的支持。目前 UNIX 网络操作系统的版本有 AT&T 和 SCO 的 UNIX SVR 3.2、SVR 4.0 和 SVR 4.2 等。UNIX 本是针对小型机主机环境开发的操作系统，是一种集中式分时多用户体系结构。因其体系结构不够合理，UNIX 的市场占有率呈下降趋势。

4）Linux 系统

这是一种新型的网络操作系统，它的最大的特点是源代码开放，可以得到许多应用程序。目前也有中文版本的 Linux 系统，如 Red Hat（红帽子）、红旗 Linux 等。Linux 系统在国内得到了用户充分的肯定，主要体现在它的安全性和稳定性方面，它与 UNIX 系统有许多类似之处。但目前这类操作系统主要应用于中、高档服务器中。

1.1.2 认识 Windows Server 2016

Windows Server 2016 是微软公司于 2016 年 10 月 13 日正式发布的最新服务器操作系统。在 Windows Server 2016 中，微软公司发布了许多新的功能和特性，但是在用户组策略功能上却与以前的系统版本没有大的变化。尽管微软公司有可能在 Windows Server 2016 和 Windows 10 中引入一些特殊的组策略功能，但是整个组策略架构仍未改变。

在 Windows Server 2016 系统中，系统用户和用户组策略的管理功能仍然存在。这些组策略设置权限可以在域、用户组织单位、站点或本地计算机权限层级上申请。

与之前的版本相比，Windows Server 2016 系统在组策略配置方式上发生了改变。在 Windows Server 2016 系统中，微软鼓励用户使用最简便的方式配置服务器操作系统，使用图形化进行配置管理并不一定是最优的方式。在操作系统安装选项的描述中有这样的解释：如需考虑与以后的系统版本相兼容，推荐用户在安装 Windows 操作系统的同时，选择安装本地管理工具。

Windows Server 2016 的发布为很多现存的 Windows Server 2003 服务器提供了一个好的升级路线。

1.1.3 了解不同版本的 Windows Server 2016 系统的安装要求

1．Windows Server 2016 的安装需求

在安装 Windows Server 2016 之前，需考虑下面几个问题。

（1）应该安装哪一个版本的 Windows Server 2016？不同版本的 License 的价格不同。

（2）应该使用哪一个安装选项？Core 选项和 Desktop Experience 选项对硬件需求不一样。

（3）这个服务器需要哪些角色和功能？功能不同，对服务器要求的负载就不同，需要的 License 也不同。

注意：需要考虑第三方应用程序的资源负载。

（4）应该使用什么样的虚拟化策略？是否需要虚拟化？使用虚拟化具有简化管理、灾备等优势。

2. Windows Server 2016 的硬件安装要求

（1）CPU：1.4GHz，X64。

（2）RAM：Server Core 要求 RAM 至少为 512 MB；Desktop Experience 要求 RAM 至少为 2GB。

（3）硬盘：最小 32GB。

注意：如果通过网络安装系统或计算机拥有 16GB 或更多的内存，那么系统分区也需要额外的硬盘空间，以存放页面、休眠等文件。

3. Windows Server 2016 版本

Windows Server 2016 的版本有 Datacenter、Standard、Essentials、MultiPoint Server、Storage Server。

（1）Windows Server 2016 Datacenter 和 Standard 版本的关键差别，如表 1-1 所示。

表 1-1 Windows Server 2016 Datacenter 和 Standard 版本的关键差别

功　能	Datacenter	Standard
Core functionality of Windows Server	Yes	Yes
Hyper-V container	Unlimited	2
Windows Server containers	Unlimited	Unlimited
Host Guardian Service	Yes	Yes
Nano Server installation option	Yes	Yes
Storage Spaces Direct	Yes	No
Storage Replica	Yes	No
Shielded Virtual Machines	Yes	No
Networking stack	Yes	No

（2）Windows Server 2016 Essentials 包含如下特点。

① 几乎包含标准版和数据中心版的所有功能。

② 没有 Server Core 安装选项。

③ 物理或虚拟主机，仅限于一个。

④ 最多有 25 个用户和 50 台设备。

（3）Windows Server 2016 MultiPoint Premium Server，仅能用于 through 许可，MultiPoint Premium 版本允许多个用户同时访问一台服务器进行操作。

（4）Windows Storage Server 2016 Server，仅能通过 OEM 渠道获取，绑定到一个专门的存储硬件。

1.1.4 Windows Server 2016 新增功能

1. 存储空间直通

存储空间直通允许通过使用具有本地存储的服务器构建高可用性和可缩放存储。该功能简化了软件定义的存储系统的部署和管理，并且允许使用 SATA SSD 和 NVMe 等新型磁盘设备，而之前群集存储空间无法使用共享磁盘。

空间存储直通使服务提供商和企业可使用带本地存储的行业标准服务器来构建高可用性和高扩展性的软件定义的存储。使用带本地存储的服务器可降低复杂性、增强可伸缩性，并允许使用之前不可能使用的存储设备，如使用 SATA 固态磁盘降低闪存存储成本或使用 NVMe 固态磁盘实现更多性能。

空间存储直通不再需要共享 SAS 结构，从而简化了存储系统的部署和配置。它改为使用网络作为存储结构，利用 SMB 3.0 和 SMB 直通（RDMA）实现高速、低延迟的 CPU 高效存储。若要横向扩展，则只需添加更多服务器以增加存储容量和 I/O 性能即可。

2. 存储副本

存储副本可在各个服务器或群集之间实现存储不可知的块级同步复制，以便在站点间进行灾难恢复及故障转移群集扩展。同步复制支持物理站点中的映像数据和在崩溃时保持一致的卷，以确保文件系统级别的数据损失为零。异步复制允许超出都市范围、可能存在数据损失的站点扩展。

使用存储复制可执行下列操作。

为关键任务工作负荷的计划内和计划外中断提供单一供应商灾难恢复解决方案；使用具有广为赞誉的可靠性、可伸缩性和高性能的 SMB 3.0 传输；将 Windows 故障转移群集扩展到都市距离；将端到端的 Microsoft 软件用于存储和群集（如 Hyper-V、存储副本、存储空间、群集、向外扩展文件服务器、SMB 3.0、重复数据删除和 ReFS/NTFS 等）；可帮助降低成本和复杂性，其与硬件无关，对特定存储配置（如 DAS 或 SAN）没有要求；允许使用商品存储和网络技术；通过故障转移群集管理器轻松对单独的节点和群集进行图形管理；有助于减少停机时间，提高可靠性和 Windows 内部的工作效率；提供支持能力、性能度量标准和诊断功能。

3. 存储服务质量

可以使用存储服务质量（QoS）来集中监控端到端存储性能，并使用 Windows Server 2016 中的 Hyper-V 和 CSV 群集创建策略。

可以在 CSV 群集上创建存储 QoS 策略，并将它们分配给 Hyper-V 虚拟机上的一个或多个虚拟磁盘。存储性能将随工作负载和存储负载波动自动重新调整以符合策略。

每个策略可以指定保留（最小）和/或限制（最大），以应用于数据流集合，如虚拟硬盘、单个虚拟机或虚拟机组、服务或租户的集合。使用 Windows PowerShell 或 WMI 可以执行以下任务。

（1）在 CSV 群集上创建策略。

（2）枚举 CSV 群集上的可用策略。

（3）将策略分配给 Hyper-V 虚拟机的虚拟硬盘。

（4）监控每个流的性能和策略中的状态。

如果多个虚拟硬盘共享同一策略，则性能将进行公平分配，在策略的最小和最大设置内满足需求。因此，策略可用于管理一个虚拟硬盘、一个虚拟机、构成服务的多个虚拟机或租户拥有的所有虚拟机。

4．重复数据删除

重复数据删除的相关知识如表 1-2 所示。

表 1-2 Windows Server 2016 重复数据删除的相关知识

功　能	新功能或更新功能	说　明
支持大型卷	已更新	在 Windows Server 2016 之前，必须专门调整卷的大小实现预期改动，大小超过 10TB 的卷不适合进行重复数据删除。在 Windows Server 2016 中，重复数据删除支持高达 64 TB 的卷大小
支持大型文件	已更新	在 Windows Server 2016 之前，大小接近 1TB 的文件不适合进行重复数据删除。在 Windows Server 2016 中，完全支持重复删除高达 1TB 大小的文件
支持 Nano Server	新建	重复数据删除在 Windows Server 2016 的新 Nano Server 部署选项中可用且完全受支持
简化的备份支持	新建	在 Windows Server 2012 R2 中，通过一系列手动配置步骤支持虚拟化备份应用程序，如 Microsoft 的 Data Protection Manager 在 Windows Server 2016 中，已针对虚拟化备份应用程序的重复数据删除的无缝部署添加了新的默认使用类型“备份”
支持群集操作系统滚动升级	新建	重复数据删除完全支持 Windows Server 2016 的新功能群集操作系统滚动升级

5．SMB 针对 SYSVOL 和 NETLOGON 连接的强化改进

在默认的 Active Directory 域服务 SYSVOL 和 NETLOGON 的 Windows 10 和 Windows Server 2016 客户端连接中，域控制器上的共享要求 SMB 签名和相互身份验证(如 Kerberos)。

此更改降低了中间人攻击的可靠性。如果 SMB 签名和相互身份验证都不可用，则 Windows 10 或 Windows Server 2016 计算机不会处理基于域的组策略和脚本。

这些设置的注册表值默认情况下并不出现，但在被组策略或其他注册表值替代前，强化规则仍然适用。

有关这些安全改进（也称为 UNC 强化）的详细信息，请参阅 Microsoft 知识库文章 3000483 和 MS15-011 & MS15-014：强化组策略。

6．工作文件夹

对于 Windows Server 2012 R2，当文件更改同步到工作文件夹服务器中时，不向客户端通知这一更改并等待 10 分钟获取更新。在使用 Windows Sever 2016 时，工作文件夹服务器会立即通知 Windows 10 客户端并立即同步文件更改。

此功能是 Windows Server 2016 的新增功能。这要求 Windows Server 2016 工作文件夹的操作系统必须是 Windows 10。如果使用的是较旧客户端或工作文件夹服务器为 Windows Server 2012 R2，则客户端将继续每 10 分钟轮询一次更改。

7．ReFS

ReFS 迭代提供了对具有各种工作负荷的大规模存储部署的支持，为用户的数据提供可靠性、复原能力和可扩展性。

ReFS 实现了新存储层功能，提供了更快的性能和更大的存储容量。此功能将启用以下内容：

（1）在同一虚拟磁盘上使用多个复原类型（如使用性能层中的映像和容量层中的奇偶校验）。

（2）提高了对偏离工作集的响应能力。

（3）SMR（叠瓦式磁记录）媒体支持。

（4）块克隆的引入大大提高了 VM 操作（如.vhdx 检查点合并操作）的性能。

（5）新的 ReFS 扫描工具支持泄露存储的恢复，并可帮助用户回收数据。

1.1.5　Windows Server 2016 的系统安装

Windows Server 2016 操作系统有多种安装方式。下面讲解如何使用 VMware Workstation 14 的虚拟光盘安装 Windows Server 2016。

1. VMware Workstation 14 的配置

（1）安装 VMware Workstation 14，进入软件界面，如图 1-1 所示。

图 1-1　VMware Workstation 14 界面

（2）单击“创建新的虚拟机”按钮，弹出“新建虚拟机向导”对话框，选中“自定义（高级）”单选按钮，如图 1-2 所示。单击两次“下一步”按钮，弹出“安装客户机操作系统”对话框，选中“稍后安装操作系统”单选按钮，如图 1-3 所示。

（3）单击“下一步”按钮，弹出“选择客户机操作系统”对话框，设置“客户机操作系统”为“Microsoft Windows”，“版本”为“Windows Server 2016”，如图 1-4 所示。单击“下一步”按钮，弹出“命名虚拟机”对话框，给虚拟机进行命名，选择安装后操作系统的虚拟硬盘存放的位置，如图 1-5 所示。

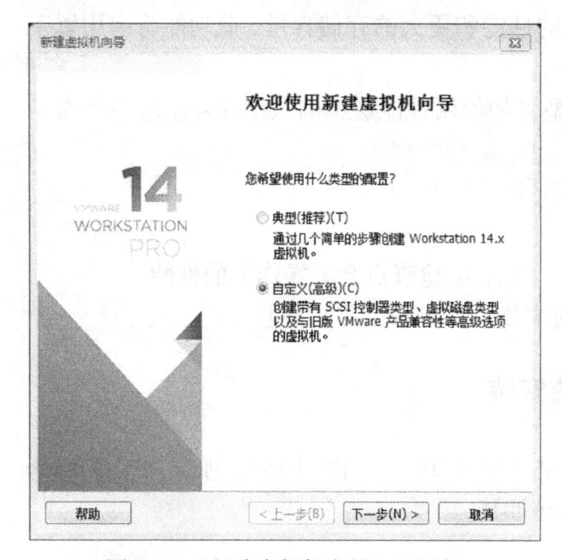

图 1-2 “新建虚拟机向导”对话框

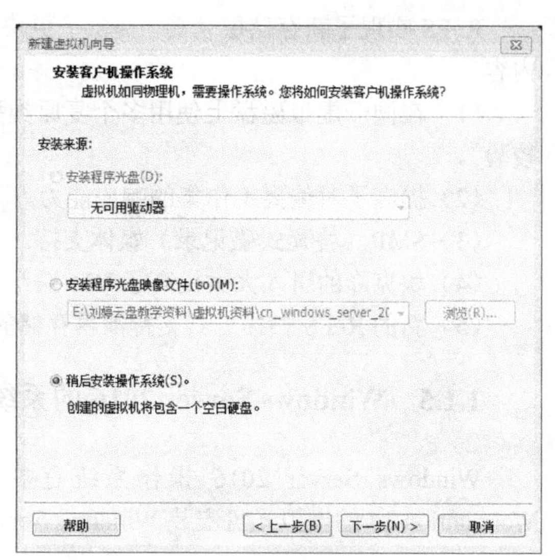

图 1-3 “安装客户机操作系统”对话框

图 1-4 “选择客户机操作系统”对话框

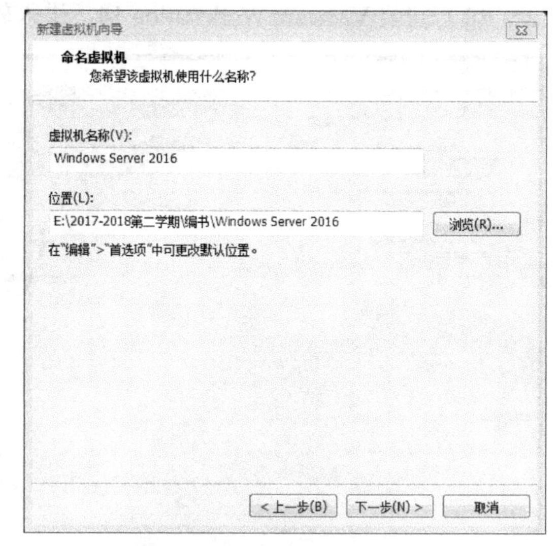

图 1-5 “命名虚拟机”对话框

（4）单击“下一步”按钮，在弹出的对话框中单击“下一步”按钮，弹出“处理器配置”对话框，设置“每个处理器的内核数量”为“4”，如图 1-6 所示。单击“下一步”按钮，弹出“此虚拟机的内存”对话框，为虚拟机安装操作系统分配所需的内容，设置 2GB 内存，如图 1-7 所示。

（5）设置好内存，单击“下一步”按钮，弹出“网络类型”对话框，选中“使用仅主机模式网络”单选按钮，如图 1-8 所示。依次单击“下一步”按钮，直到弹出“选择磁盘”对话框，由于是初次安装操作系统，选中“创建新虚拟磁盘”单选按钮，如图 1-9 所示。

（6）单击“下一步”按钮，弹出“指定磁盘容量”对话框，指定磁盘容量为 60GB，选中“将虚拟磁盘存储为单个文件”单选按钮，如图 1-10 所示。依次单击“下一步”按钮，直到完成所有配置，单击“完成”按钮，如图 1-11 所示。

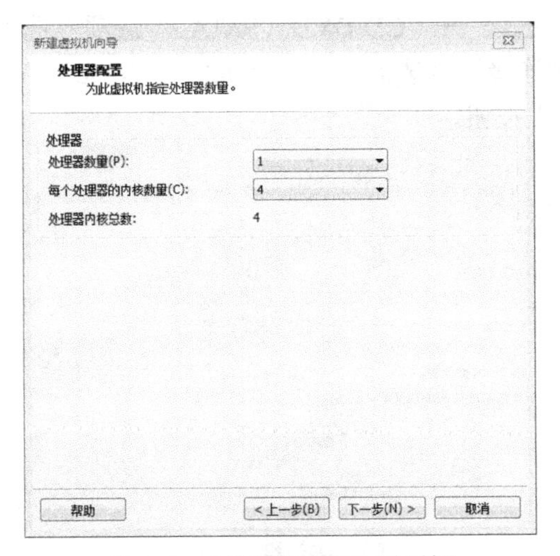

图 1-6 “处理器配置”对话框

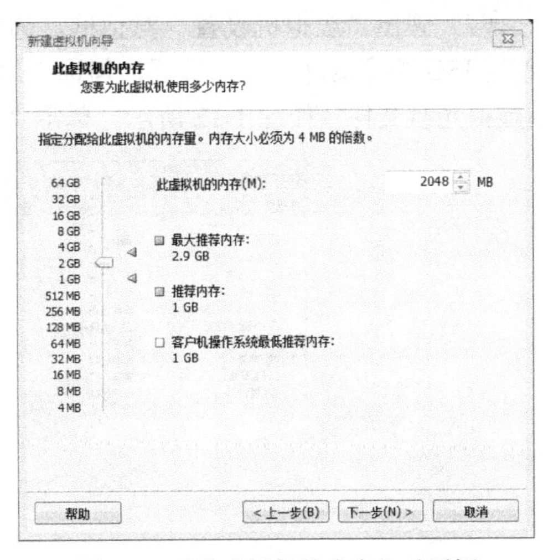

图 1-7 “此虚拟机的内存”对话框

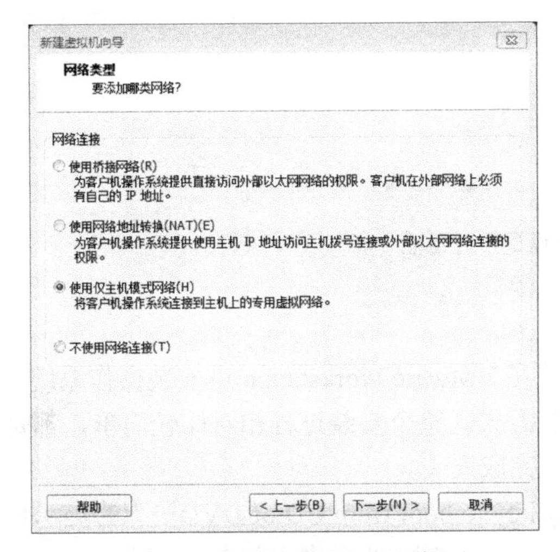

图 1-8 “网络类型”对话框

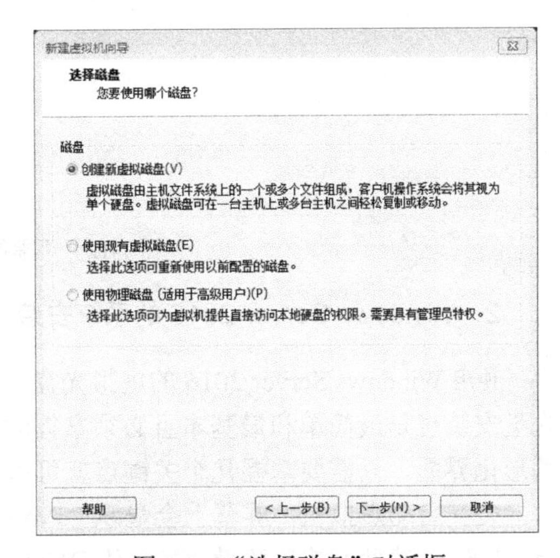

图 1-9 “选择磁盘”对话框

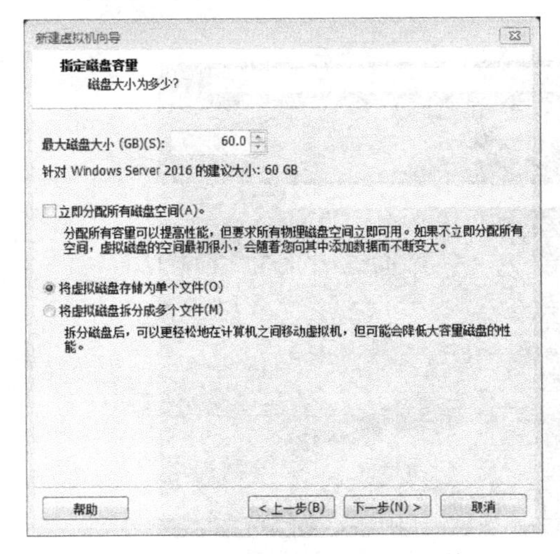

图 1-10 “指定磁盘容量”对话框

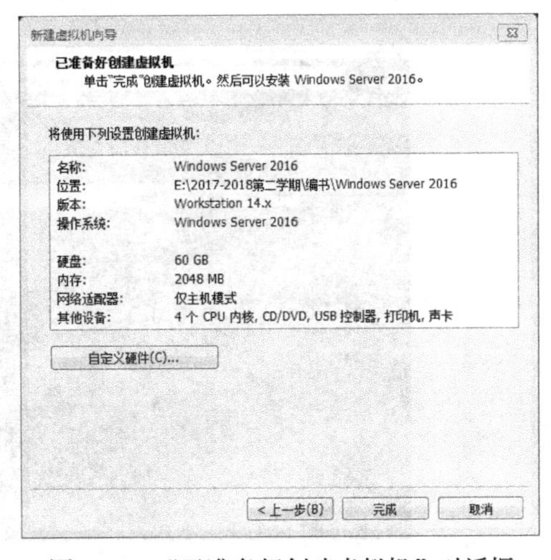

图 1-11 “已准备好创建虚拟机”对话框

（7）弹出“虚拟机设置”对话框，选择“硬件”→“CD/DVD（SATA）”选项，选中“使用ISO映像文件”单选按钮，勾选“启动时连接”复选框，选择Windows Server 2016的虚拟光盘文件，如图1-12所示，单击“确定”按钮。

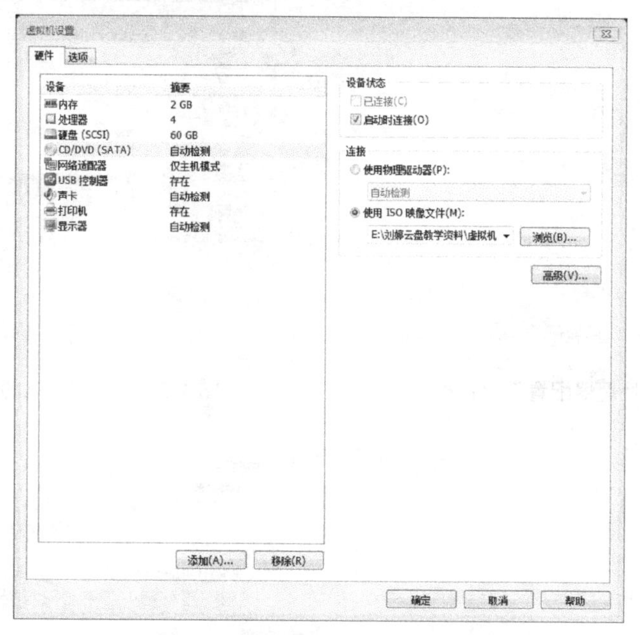

图1-12　“虚拟机设置”对话框

2. Windows Server 2016的系统安装

使用Windows Server 2016的虚拟光盘，开始在VMware Workstation中安装操作系统，光盘安装也是最简单和最基本且必须掌握的安装方式。整个安装过程相对比较简单，都是图形化界面，只需要掌握几个关键点就可以顺利完成安装。

（1）启动虚拟机，屏幕上会显示“Press any key to boot from CD or DVD…”的提示信息，此时在键盘上按任意键，即可从DVD-ROM启动程序。随后进入如图1-13所示界面，按“Enter”键。

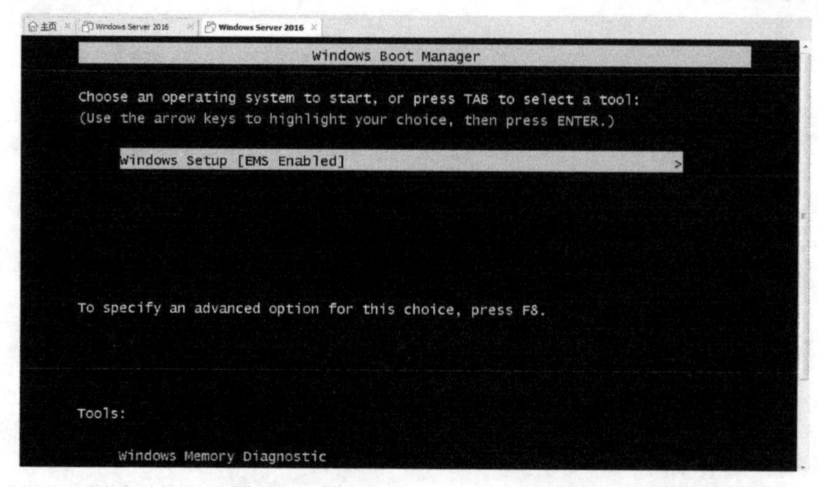

图1-13　Windows Boot Manger界面

（2）启动安装过程以后，打开图 1-14 所示的“Windows 安装程序”窗口，选择要安装的语言及其他信息。

（3）单击“下一步”按钮，开始安装 Windows Server 2016，如图 1-15 所示。

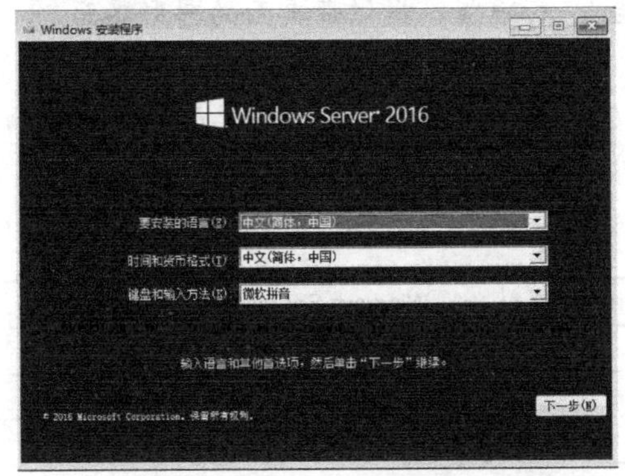

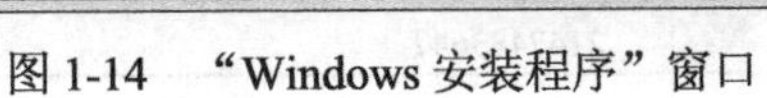

图 1-14 “Windows 安装程序”窗口

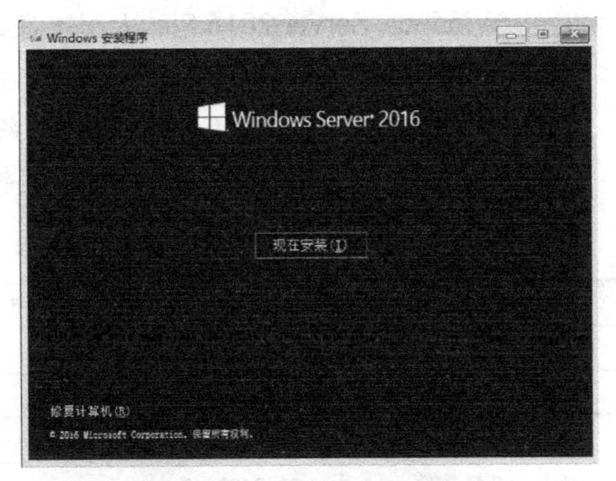

图 1-15 “现在安装”窗口

（4）单击“现在安装”按钮，进入“安装程序正在启动”界面，如图 1-16 所示。

图 1-16 “安装程序正在启动”界面

（5）随后弹出“Windows 安装程序”对话框，操作系统列表框中列出了可以安装的操作系统。本书使用的是 Windows Server 2016 Datacenter（桌面体验）版操作系统，所以选择此项即可，如图 1-17 所示。

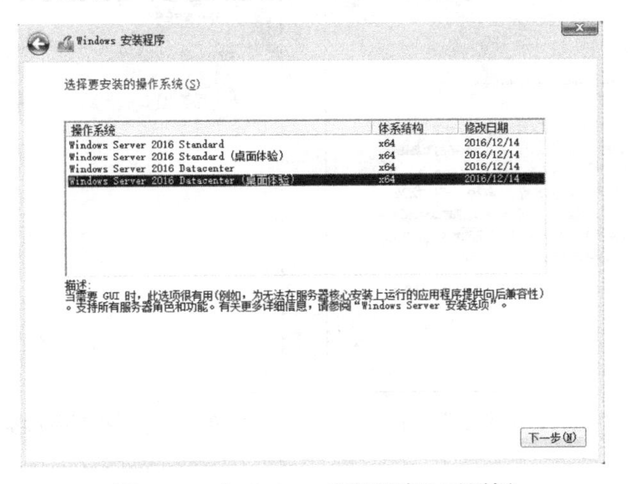

图 1-17 “Windows 安装程序”对话框

注意：在这个对话框中，用户可以根据需要选择相应的操作系统，现将 4 个版本的区别介绍如下。

① Windows Server 2016 Standard：标准版，只提供命令行界面。

② Windows Server 2016 Standard（桌面体验）：标准版，提供带桌面的图形界面。

③ Windows Server 2016 Datacenter：数据中心版，只提供命令行界面。

④ Windows Server 2016 Datacenter（桌面体验）：数据中心版，提供带桌面的图形界面。

两大版本标准版和数据中心版的锁定和限制对比如表 1-3 所示。

表 1-3　锁定和限制

锁定和限制	Windows Server 2016 Standard	Windows Server 2016 Datacenter
最大用户数	基于 CAL	基于 CAL
最大 SMB 连接数	16777216	16777216
最大 RRAS 连接数	无限制	无限制
最大 IAS 连接数	2147483647	2147483647
最大 RDS 连接数	65535	65535
最大 64 位套接字数	64	64
最大核心数	无限制	无限制
最大 RAM	24TB	24TB
可用作虚拟化来宾	是；每个许可证允许 2 台虚拟机以及一台 Hyper-V 主机	是；每个许可证允许无限台虚拟机以及一台 Hyper-V 主机

Windows Server 2016 分为基础版 Essentials、标准版 Standard、数据中心版 Datacenter 。一般来说，小型企业使用基础版，中型企业使用标准版，特大型企业使用数据中心版。

（6）选中所需的操作系统后，单击“下一步”按钮，弹出“适用的声明和许可条款”对话框，如图 1-18 所示。单击“下一步”按钮，勾选“我接受许可条款”复选框，单击“下一步”按钮，弹出“你想执行哪种类型的安装？”对话框，如图 1-19 所示。其中，“升级：安装 Windows 并保留文件、设置和应用程序”选项用于从 Windows Server 2012 系列升级到 Windows Server 2016，但当前计算机没有安装操作系统时，该项是不可用的；“自定义：仅安装 Windows（高级）”选项用于全新的安装。

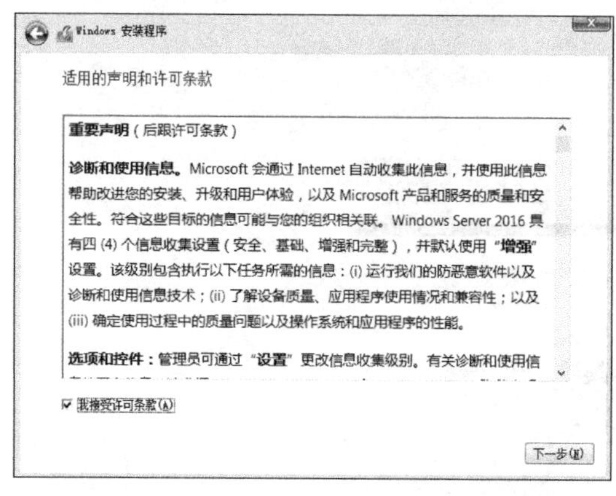

图 1-18　“适用的声明和许可条款”对话框

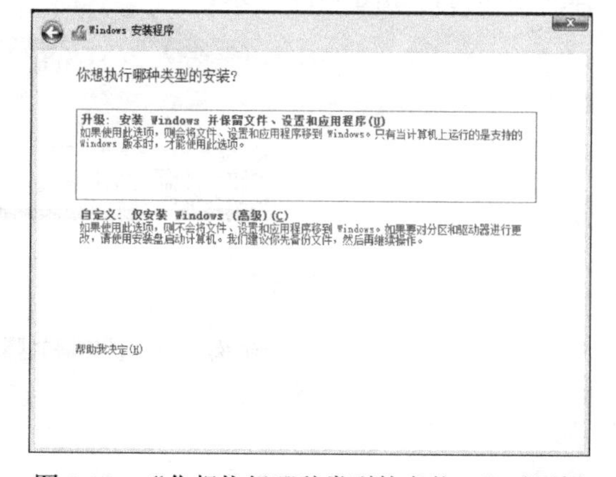

图 1-19　“你想执行哪种类型的安装？”对话框

（7）选择“自定义：仅安装 Windows（高级）”选项，弹出“你想将 Windows 安装在哪里？”对话框，显示当前计算机硬盘上的分区信息，如图 1-20 所示。如果服务器安装有多块硬盘，则会依次显示为磁盘 0、磁盘 1、磁盘 2……，单击“下一步”按钮，弹出“正在安装 Windows”对话框，开始正式的复制文件及安装过程，如图 1-21 所示。

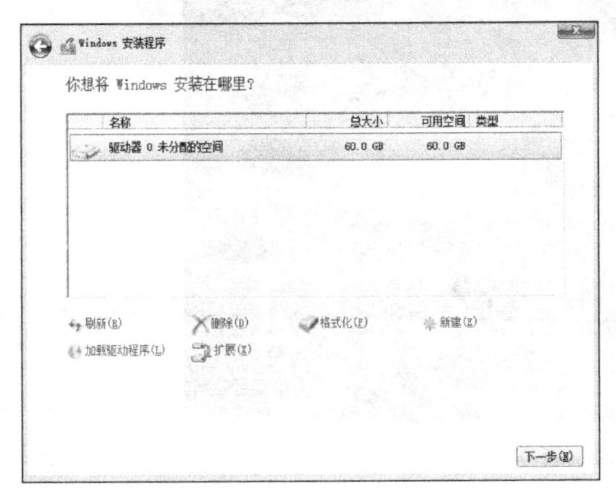

图 1-20 “你想将 Windows 安装在哪里？”对话框

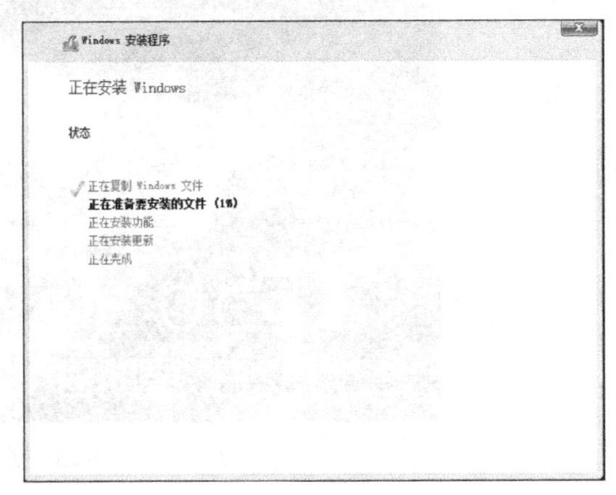

图 1-21 “正在安装 Windows”对话框

（8）在安装过程中，系统会根据需要自动重新启动。在安装完成之前，需要用户设置 Administrator 的密码，如图 1-22 所示。对于账户密码，Windows Server 2016 的要求非常严格，无论管理员还是普通账户，都要求必须设置强密码。除必须满足“至少 6 个字符”和“不包含 Administrator 或 admin”的要求外，还至少满足以下 4 个条件中的 2 个。

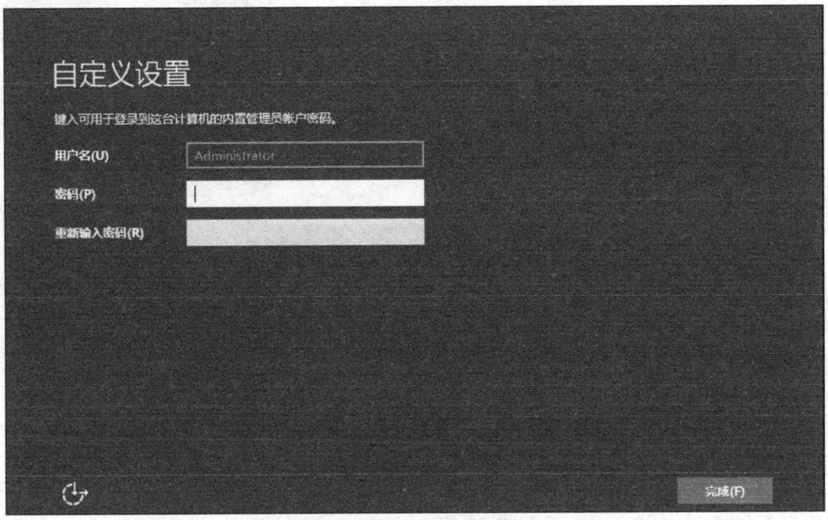

图 1-22 设置密码

① 包含大写字母（如 A、B、C、D 等）。
② 包含小写字母（如 a、b、c、d 等）。
③ 包含数字（如 0、1、2、3 等）。
④ 包含非数字字符（如#、&等）。

（9）按要求输入密码，单击“完成”按钮，即可完成 Windows Server 2016 的安装，进入系统界面，如图 1-23 所示。

图 1-23　进入系统界面

（10）按“Alt+Ctrl+Delete”组合键，在弹出的对话框中输入管理员密码就可以正常登录 Windows Server 2016 系统，系统默认自动进入初始配置任务界面，如图 1-24 所示。

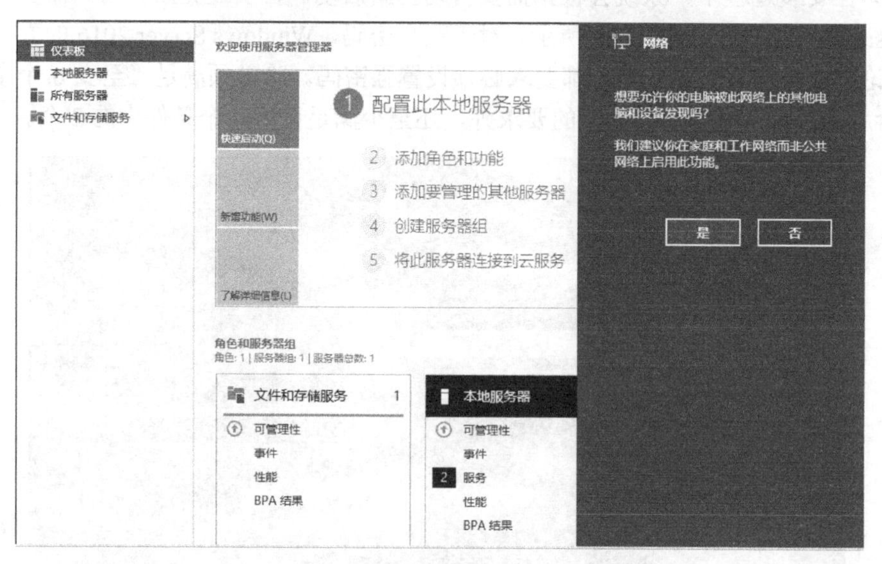

图 1-24　初始配置任务界面

（11）激活 Windows Server 2016。选择“开始”→“控制面板”选项，打开“控制面板”窗口，选择“系统和安全”→“系统”选项，打开“系统”窗口，如图 1-25 所示，其右下角显示了 Windows 激活的状态，可以在此激活 Windows Server 2016 网络操作系统和更改产品密钥。输入产品密钥，如图 1-26 所示。激活有助于验证 Windows 的副本是否为正版，以及在多台计算机上使用的 Windows 数量是否已超过 Microsoft 软件许可条款所允许的数量。激活的最终目的在于防止软件伪造。如果不激活，可以试用 60 天。激活成功后的窗口如图 1-27 所示。

图 1-25 “系统”窗口

图 1-26 “输入产品密钥”界面

图 1-27 激活成功后的窗口

至此，Windows Server 2016 安装完成。

1.1.6 Windows Server 2016 的系统配置

在安装好了操作系统之后，应该进行一些基本配置，如计算机名、IP 地址等，这些都可以在“服务器管理器”窗口中完成。

1. 更改计算机名

Windows Server 2016 系统在安装过程中不需要设置计算机名，而是使用系统自动分配的计算机名，但是系统分配的计算机名比较冗长，对于工作和学习没有什么意义，所以难以记忆。因此，为了更好地标识这台计算机，建议自行进行更改。更改步骤如下：

（1）选择“开始”→“服务器管理器”选项，打开“服务器管理器”窗口，选择“本地服务器”选项，打开“本地服务器”窗口，如图 1-28 所示。

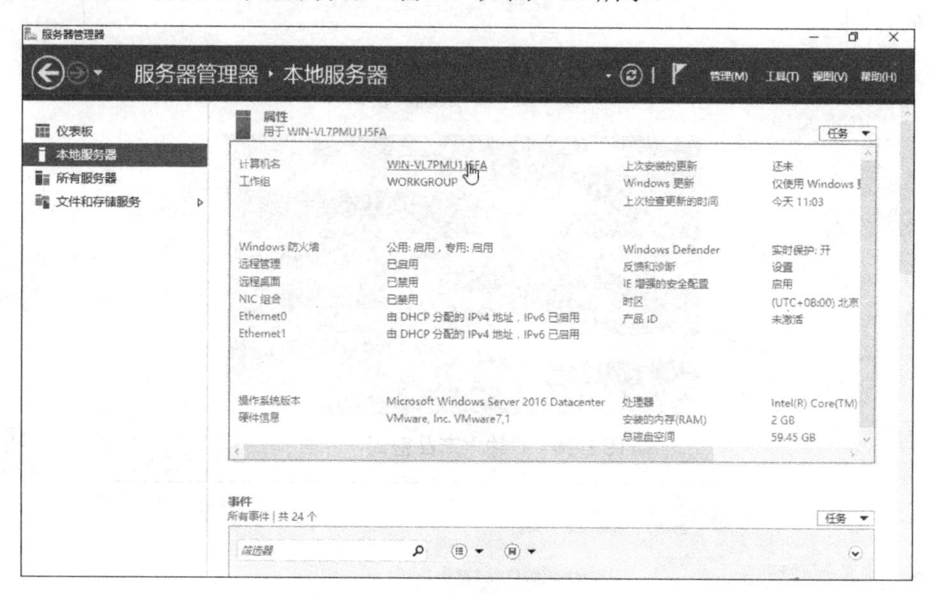

图 1-28 “本地服务器”窗口

（2）单击“计算机名”和“工作组”右侧的名称，对计算机名和工作组名进行修改即可。单击“计算机名”右侧的名称，弹出“系统属性”对话框，如图 1-29 所示。单击“更改”按钮，弹出“计算机名/域更改”对话框，可以在“计算机名”文本框中输入自行设置的计算机名，在“工作组”文本框中可以输入自行设置的工作组名，如图 1-30 所示。

（3）单击“确定”按钮，弹出计算机名/域更改要求重启计算机的提示框，如图 1-31 所示。单击“确定”按钮，系统重启后，“计算机名”和“工作组名”即更改成功。

2. 配置网络

各种网络服务后续的配置都需要在网络环境下运行，但是安装完系统后，默认设置为自动获取 IP 地址。网络配置设置静态 IP 地址后即可提供网络服务，也可以提供网络发现、文件共享等功能，实现网络的正常通信。

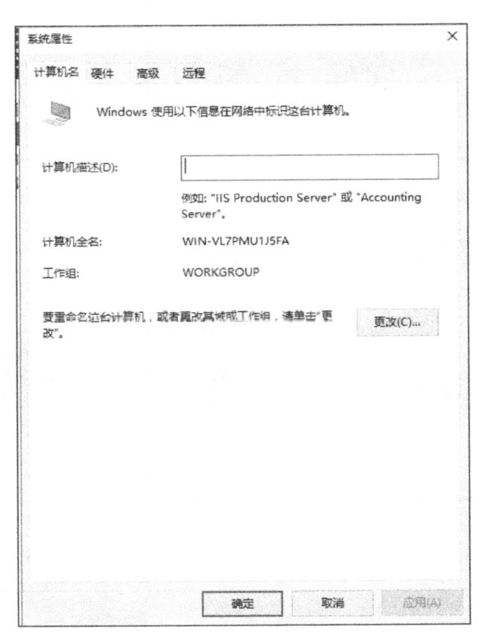

图 1-29 “系统属性”对话框

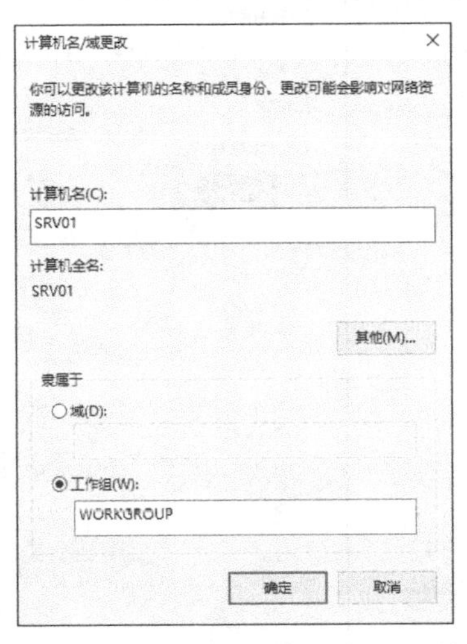

图 1-30 “计算机名/域更改”对话框

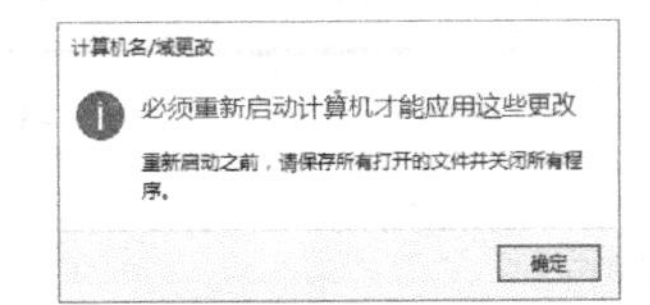

图 1-31 提示对话框

1）配置 TCP/IP

① 右击桌面右下角任务托盘区域的“网络连接”图标。在弹出的快捷菜单中选择“打开网络和共享中心”选项，打开“网络和共享中心”窗口，如图 1-32 和图 1-33 所示。

图 1-32 开机桌面

② 单击“连接”右侧的名称“Ethernet0”，弹出“Ethernet0 状态”对话框，如图 1-34 所示。单击“属性”按钮，弹出“Ethernet0 属性”对话框，如图 1-35 所示。Windows Server 2016 中包含 IPv6 和 IPv4 两个版本的 Internet 协议，并且默认设置为启用。

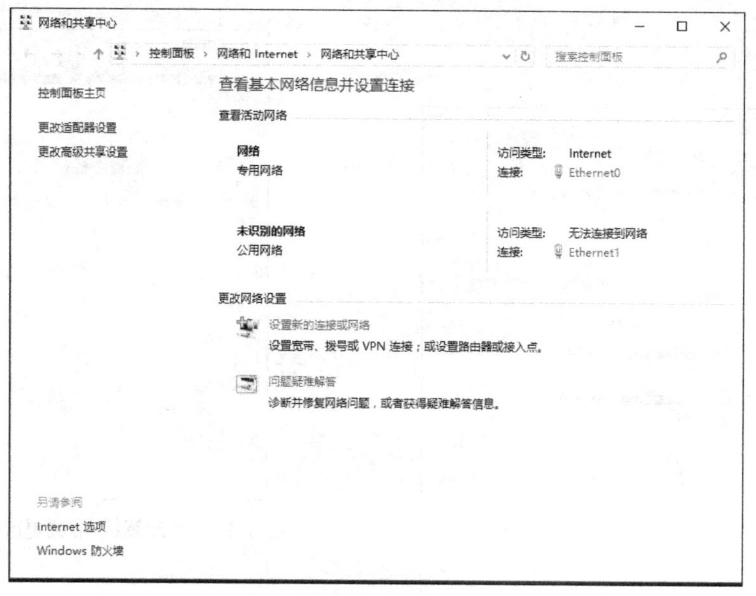

图 1-33 “网络和共享中心”窗口

图 1-34 “Ethernet0 状态”对话框

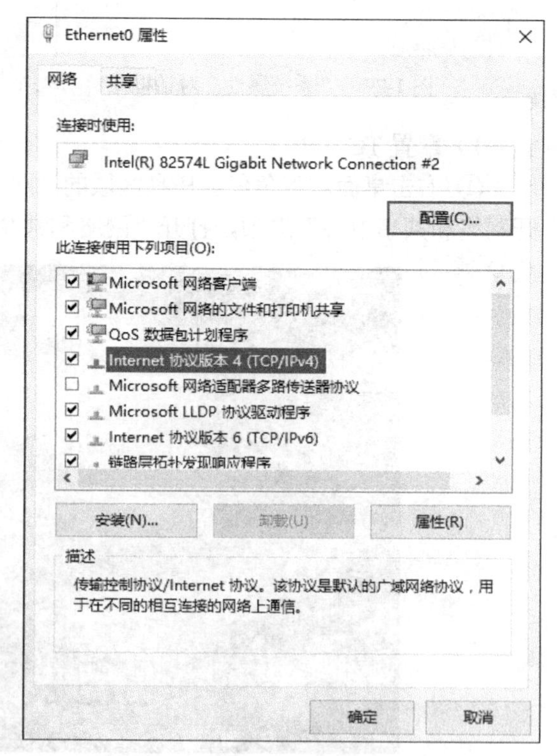

图 1-35 “Ethernet0 属性”对话框

③ 勾选“Internet 协议版本 4（TCP/IPv4）”复选框，单击“属性”按钮，弹出其对话框，如图 1-36 所示。

④ 设置后，单击“确定”按钮，保存静态 IPv4 地址的修改。

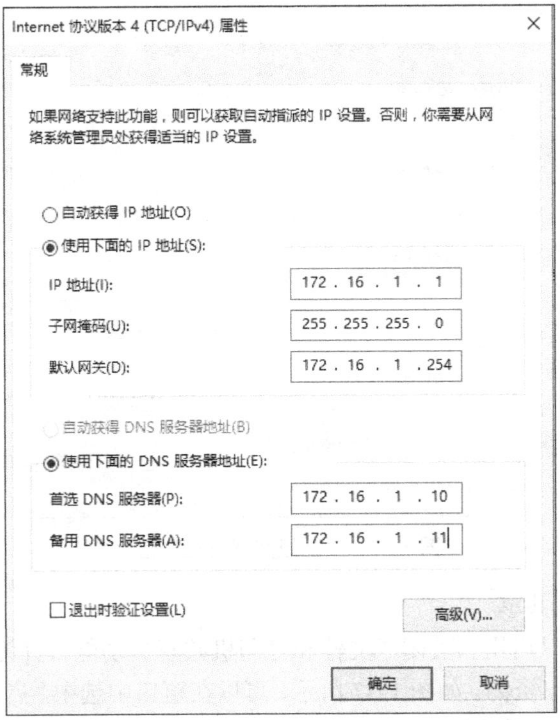

图 1-36 “Internet 协议版本 4（TCP/IPv4）属性”对话框

2）启用网络发现

在 Window server 2016 上配置一些服务的时候，需要启用“网络发现”功能。如果启用了“网络发现”功能，局域网中的计算机可以显示当前局域网中发现的计算机，即“网络邻居”功能，同时其他计算机可以发现当前计算机。如果禁用了“网络发现”功能，则既不能发现其他计算机，也不能被其他计算机发现。但是，关闭“网络发现”功能，其他计算机仍然可以通过搜索或者指定计算机名、IP 地址的方式访问到该计算机，只是不会显示在“网络邻居”中。换而言之，启用“网络发现”功能只是给寻找共享资源提供了方便，并不影响访问。启用方式为在“网络和共享中心”窗口左侧单击“更改高级共享设置”按钮，打开“高级共享设置”窗口，选中“启用网络发现”单选按钮即可，如图 1-37 所示。

但是有些时候即使启用了“网络发现”，当重新打开“高级共享设置”窗口的时候，仍会发现“网络发现”功能没有启用，那么如何解决这个问题呢？

解决方法：要解决这个问题需要启用以下 3 个服务。

（1）Function Discovery Resource Publication。

（2）SSDP Discovery。

（3）UPnP Device Host。

解决步骤：

（1）按“Win+R”组合键，弹出“运行”对话框。

（2）在 “打开”文本框中输入“services.msc”命令，单击“确定”按钮，打开“服务”窗口。

（3）找到以上 3 个服务，依次“启用”这 3 个服务，这样即可启用“网络发现”功能。

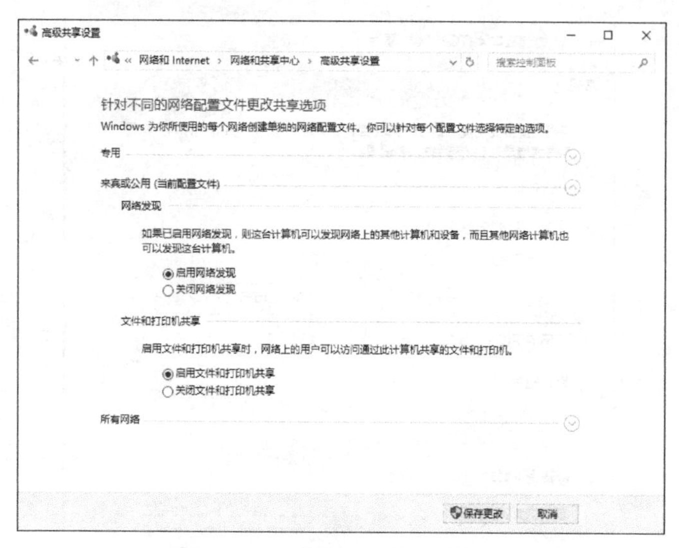

图 1-37　“高级共享设置”窗口

3）文件和打印机共享

网络管理员还可以启用和关闭“文件和打印机共享”功能，并为其他用户提供服务或者访问其他计算机共享资源。如图 1-37 所示，可以在窗口中选中“启用文件和打印机共享”或“关闭文件和打印共享”单选按钮，根据自己的网络需求做出适当的选择。

4）密码保护的共享

在“高级共享设置”窗口中，可以看到“密码保护的共享”选项组，有“启用密码保护共享”和“关闭密码保护共享”两个单选按钮，如图 1-38 所示。Windows Server 2016 默认设置为“启用密码保护共享”，其他计算机要访问共享资源的时候必须输入当前计算机的有效的账号和密码。

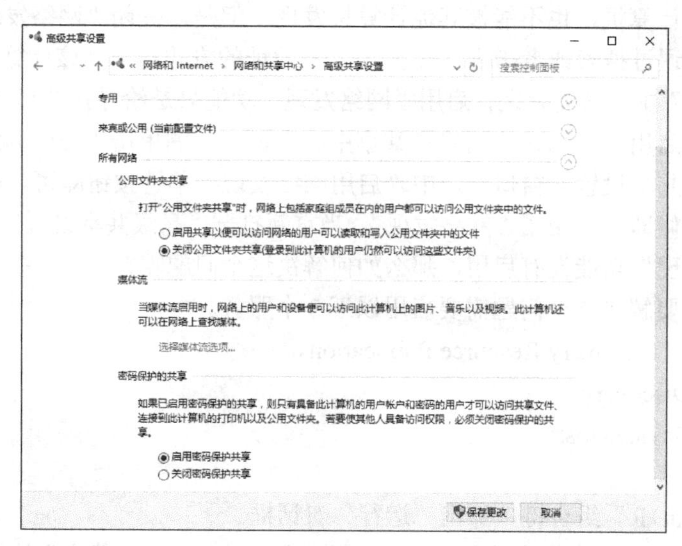

图 1-38　密码保护的共享

3. 配置虚拟内存

虚拟内存也称虚拟存储器（Virtual Memory）。电脑中所运行的程序均需经由内存执行，若执行的程序占用内存空间太大，则会导致内存空间消耗殆尽。为解决该问题，Windows 运用了虚拟内存技术，即匀出一部分硬盘空间来充当内存空间使用。当内存空间耗尽时，电脑就会自动调用硬盘空间来充当内存，以缓解内存空间的紧张。

虚拟内存是 Windows 为作为内存空间使用的一部分硬盘空间。虚拟内存在硬盘上其实就是一个硕大无比的文件，文件名是 PageFile.Sys，通常状态下是看不到的，必须关闭资源管理器对系统文件的保护功能才能看到这个文件。

如果用户拥有不止一块硬盘，那么最好能把分页文件设置在没有安装操作系统或应用程序的硬盘上，或者所有硬盘中速率最快的硬盘上。这样在系统繁忙的时候才不会产生同一个硬盘既忙于读取应用程序的数据又同时进行分页操作的情况。当然，如果只有一个硬盘，即使把页面文件设置在其他分区，也不会产生提高磁盘效率的效果。

Windows 默认情况下是利用 C 盘的剩余空间来做虚拟内存，因此，C 盘的剩余空间越大，系统运行就越好。虚拟内存会随着用户的使用而动态地变化，这样 C 盘就容易产生磁盘碎片，影响系统运行速率，所以，最好将虚拟内存设置在其他分区。

默认的虚拟内存是从小到大的一段取值范围，这就是虚拟内存变化的范围。最好给它设定一个固定值，这样就不容易产生磁盘碎片了，具体数值根据物理内存大小来定，一般为物理内存的 1.5～3 倍。

一般来说，虚拟内存效率相对真实内存是极低的且会降低磁盘 I/O 的性能，所以一般的 VPS 默认是不设置虚拟内存的。因此，需要用户自己设置。

（1）选择“开始”→“控制面板”选项，打开控制面板，选择“系统和安全”→“系统”选项，在弹出的对话框中单击“高级系统设置”按钮，弹出“系统属性”对话框，选择“高级”选项卡，如图 1-39 所示。

（2）单击“性能选项下的设置”按钮，弹出“性能选项”对话框，选择“高级”选项卡，如图 1-40 所示。

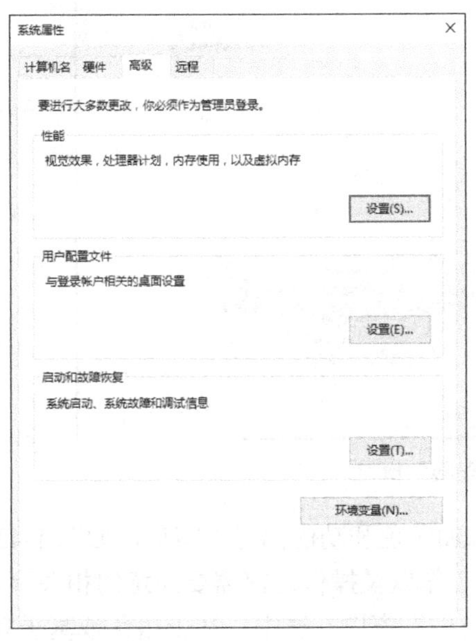

图 1-39 “系统属性”对话框

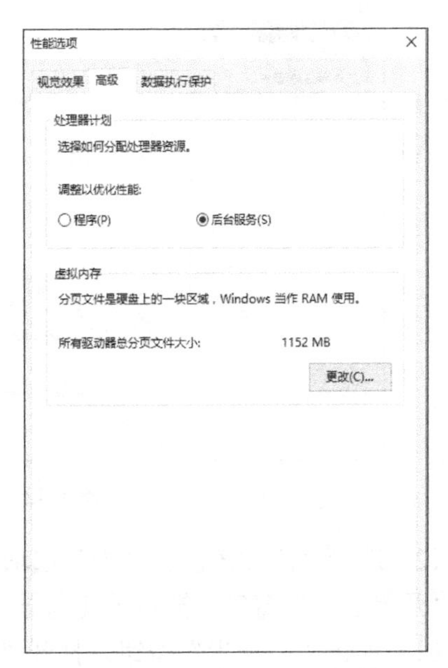

图 1-40 “性能选项”对话框

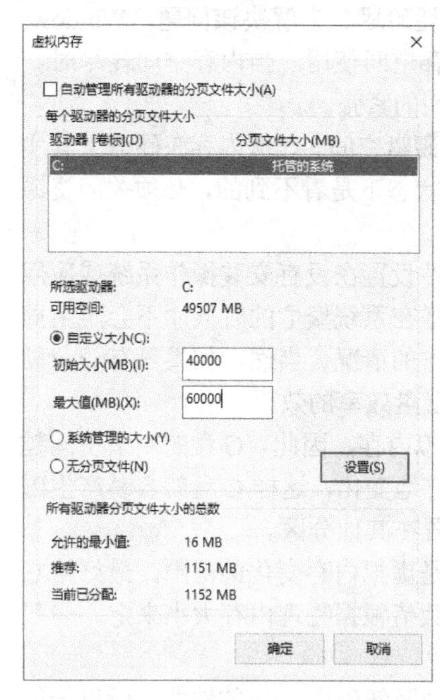

图 1-41 “虚拟内存”对话框

（3）单击“虚拟内存选项下的更改”按钮，弹出“虚拟内存”对话框，如图 1-41 所示。取消勾选“自动管理所有驱动器的分页文件大小”复选框，选中“自定义大小”单选按钮，并设置初始大小和最大值，单击“设置”按钮，最后单击“确定”按钮并重启计算机，即可完成虚拟内存的设置。

1.1.7 Windows Server 2016 添加角色和功能

Windows Server 2016 的一个亮点就是组件化，所有角色、功能甚至用户账户都可以在“服务器管理器”窗口中进行管理。

Windows Server 2016 的网络服务虽然多，但默认情况下不会安装任何组件，只是一个提供供用户登录的、独立的网络服务器，用户需要根据自己的实际需要选择安装相关的网络服务。下面以添加 DNS 服务器为例介绍添加角色和功能的方法。

（1）选择“开始”→“服务器管理器”选项，打开“服务器管理器”窗口，选择“管理”下拉列表中的选项，如图 1-42 所示。

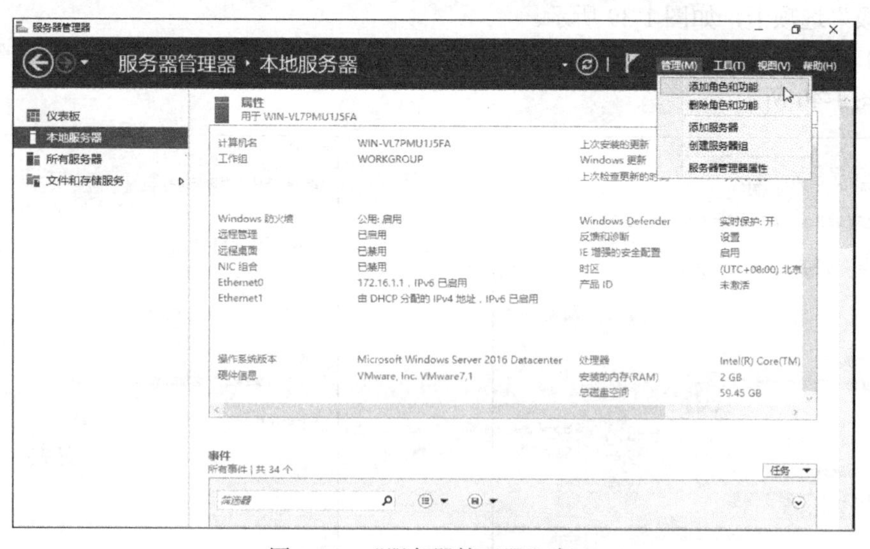

图 1-42 “服务器管理器”窗口

（2）选择“添加角色和功能”选项，打开“添加角色和功能向导”窗口，如图 1-43 所示。“开始之前”窗口，提示了此向导可以完成的工作以及操作之前需要注意的相关事项。

（3）单击“下一步”按钮，打开“选择安装类型”窗口，选中“基于角色或基于功能的安装”单选按钮，如图 1-44 所示。

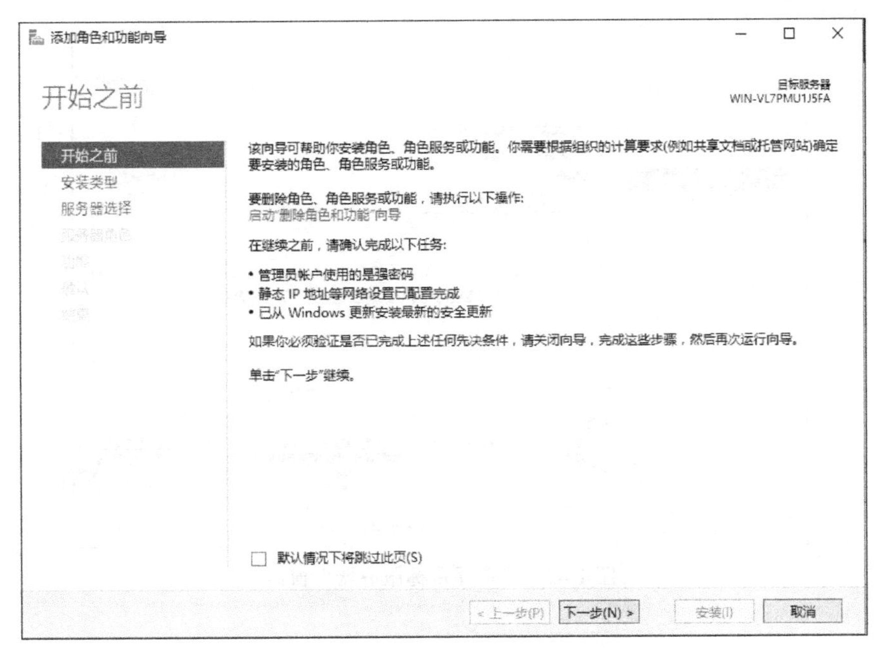

图 1-43 “添加角色和功能向导”窗口

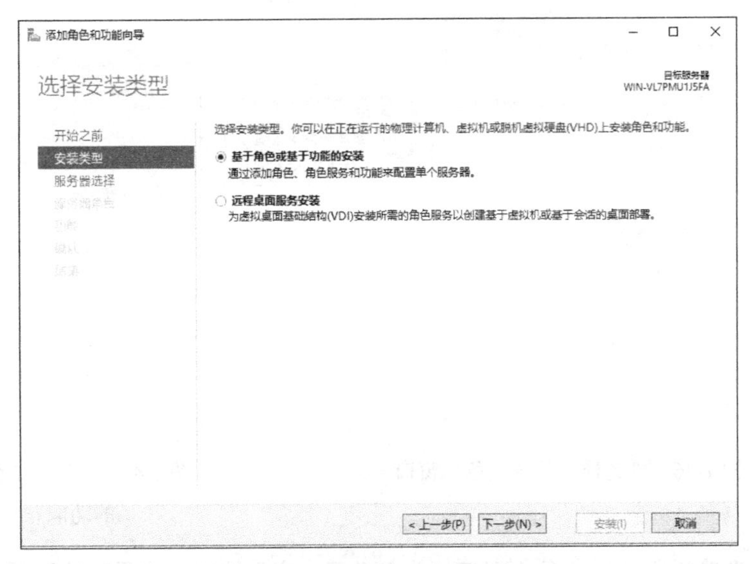

图 1-44 “选择安装类型”窗口

（4）单击“下一步”按钮，打开“选择目标服务器”窗口，选中“从服务器池中选择服务器”单选按钮，如图 1-45 所示。

（5）单击“下一步”按钮，打开“选择服务器角色”窗口，右边出现所有可以安装的服务器角色，如果列表中的复选框没有勾选，说明这个角色是没有安装的；如果已经勾选，代表已经安装了的服务器角色。以“DNS 服务器”角色为例，这里勾选“DNS 服务器”复选框，如图 1-46 所示。

（6）勾选之后弹出“添加角色和功能向导”对话框，如图 1-47 所示。由于一种网络服务往往需要多种功能配合使用，因此，有些角色还需要添加其他功能，此时单击“添加功能”按钮即可。

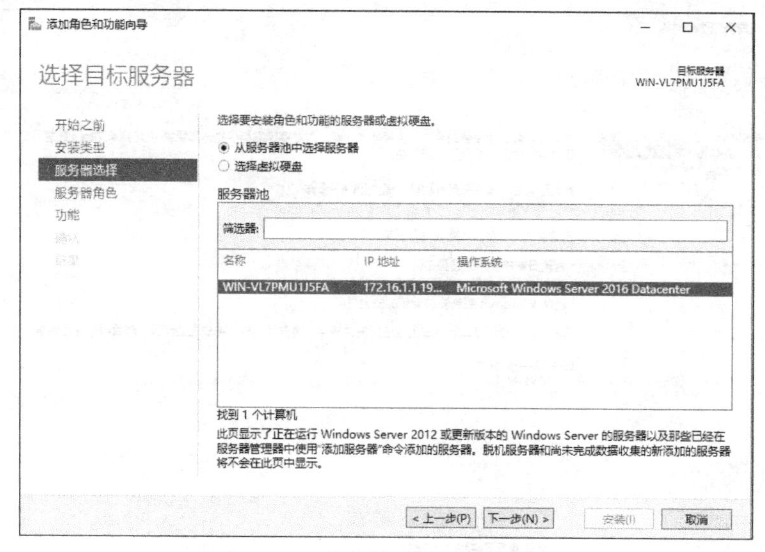

图 1-45 “选择目标服务器”窗口

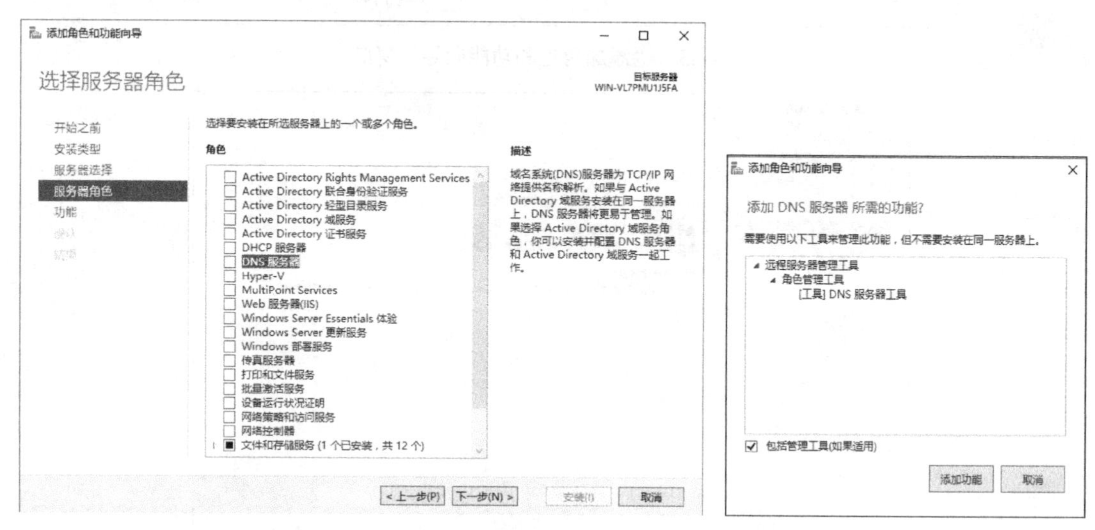

图 1-46 “选择服务器角色”窗口

图 1-47 “添加 DNS 服务器所需的功能？”对话框

（7）返回“选择服务器角色”窗口，单击“下一步”按钮，按照默认配置一直单击“下一步”按钮，直到弹出“确认安装所选内容”对话框，单击“安装”按钮，开始安装。

1.2 配置服务

学习目标

↘ 认识 Windows 服务。

Microsoft Windows 服务使用户能够创建在 Windows 会话中可长时间运行的可执行应用程序。这些服务可以在计算机启动时自动启动、暂停和重新启动，而且不进入任何用户界面。这种服务非常适合在服务器上使用，或为了不影响在同一台计算机上工作的其他用户，需要长时间运行功能时使用。还可以在不同于登录用户的特定用户账户或默认计算机账户的安全上下文中运行服务。

在 Windows Server 2016 中，选择“开始”→“管理工具”选项，打开“管理工具”窗口，选择“服务”选项，打开“服务”窗口，如图 1-48 所示。

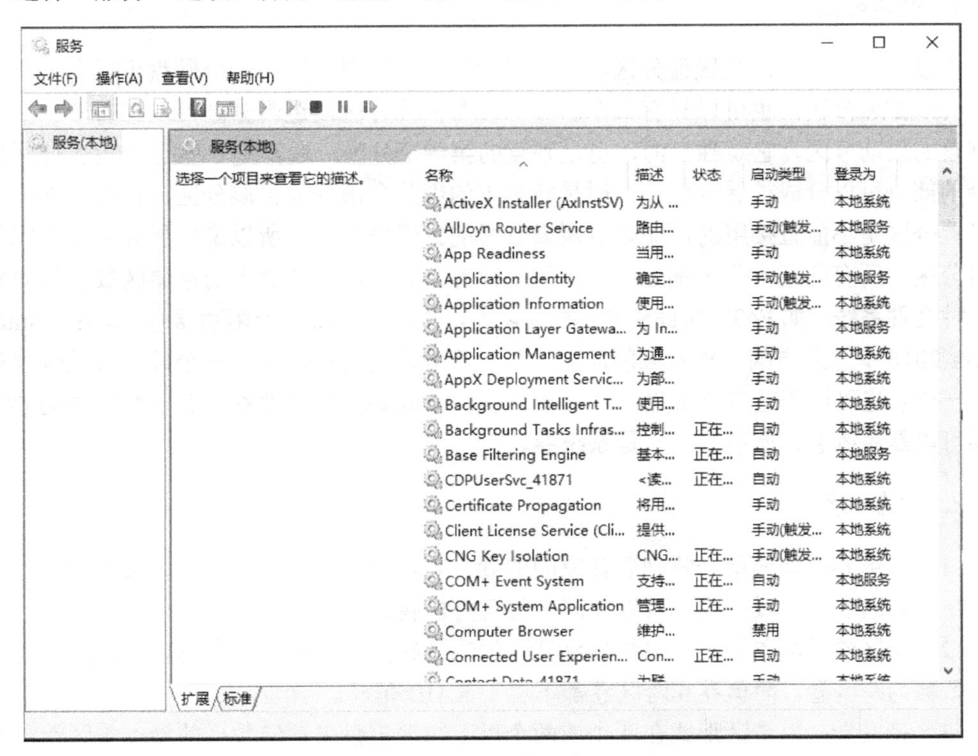

图 1-48 “服务”窗口

1.3 配置存储

学习目标

- 磁盘的简介。
- 理解如何进行磁盘管理。
- 掌握磁盘配额的方法。
- 掌握卷影副本的方法。

从 Windows 2000 开始引入基本磁盘和动态磁盘的概念，并且把它们添加到 Windows 系统管理员的工具之中。两者之间最明显的不同在于操作系统支持程度不同。所有的

Windows 版本甚至 DOS 都支持基本磁盘，而对于动态磁盘则不是如此。只有 Windows 2000、Windows XP、Windows Vista、Windows 7/8、Windows 10 及各版本 Windows Server 支持动态磁盘。无论是基本磁盘还是动态磁盘，都可以使用任何文件系统，包括 FAT 和 NTFS。而且用户可以在动态磁盘改变卷而不需要重启系统。用户可以把一个基本磁盘转换成动态磁盘，但是用户必须了解这并不是一个双向的过程。一旦基本磁盘变成了动态磁盘，除非用户重新创建卷，或者使用一些磁盘工具（如分区助手），否则无法将它转变回去。

1. 基本磁盘

硬盘分区有三种：主磁盘分区、扩展磁盘分区和逻辑分区。一个硬盘可以有一个主分区、一个扩展分区，也可以只有一个主分区没有扩展分区，逻辑分区可以有若干。主分区是硬盘的启动分区，它是独立的，也是硬盘的第一个分区，通常是 C 盘。分出主分区后，其余的部分可以分成扩展分区，一般是将剩下的部分全部分成扩展分区，也可以不全分。但扩展分区是不能直接用的，而是以逻辑分区的方式来使用，所以说扩展分区可分成若干逻辑分区，所有的逻辑分区都是扩展分区的一部分。卷，是硬盘上的存储区域。驱动器使用一种文件系统（如 FAT、NTFS 等）格式化卷，并给它指派一个驱动器号。单击 Windows Server 2016 中“此电脑”相对应的图标，可以查看驱动器的内容。一个硬盘可以包含多个卷，一个卷也可以跨越多个磁盘。启动卷是包含 Windows 操作系统及其支持文件的卷。启动卷可以是系统卷，但不必一定是系统卷。

2. 动态磁盘

（1）简单卷：构成单个物理磁盘空间的卷。它可以由磁盘上的单个区域或同一磁盘上连接在一起的多个区域组成，可以在同一磁盘内扩展简单卷。

（2）跨区卷：简单卷也可以扩展到其他的物理磁盘，这样由多个物理磁盘的空间组成的卷就称为跨区卷。简单卷和跨区卷都不属于 RAID 范畴。

（3）带区卷：以带区形式在两个或两个以上物理磁盘中存储数据的卷。带区卷中的数据被交替、平均（以带区形式）地分配给这些磁盘，带区卷是所有 Windows 可用卷中性能最佳的，但它不提供容错。如果带区卷中的任意一个磁盘数据损坏或磁盘故障，则整个卷中的数据都将丢失。带区卷可以看作硬件 RAID 中的 RAID 0。

（4）映像卷：在两个物理磁盘上复制数据的容错卷。它通过使用卷的副本（映像）复制该卷中的信息来提供数据冗余，映像总位于另一个磁盘上。如果其中一个物理磁盘出现故障，则该故障磁盘中的数据将不可用，但是系统可以使用未受影响的磁盘中的数据继续操作。映像卷可以看作硬件 RAID 中的 RAID 1。

（5）RAID-5 卷：具有数据和奇偶校验的容错卷，有时分布于三个或更多的物理磁盘中，奇偶校验用于在阵列失效后重建数据。如果物理磁盘的某一部分失效，可以使用余下的数据和奇偶校验信息重新创建磁盘上失效的那一部分的数据。其类似于硬件 RAID 中的 RAID 5，在硬件 IDE RAID 中，RAID 5 是很少见的，通常在 SCSI RAID 卡和高档 IDE RAID 卡中才有，普通 IDE RAID 卡仅提供 RAID 0、RAID 1 和 RAID 0＋1。

在进行磁盘管理的操作之前，在此先讲解一下如何在虚拟机中添加虚拟磁盘。

（1）选择“虚拟机”菜单，如图 1-49 所示。选择“设置”选项，弹出“虚拟机设置”

对话框如图 1-50 所示，单击“确定”按钮。

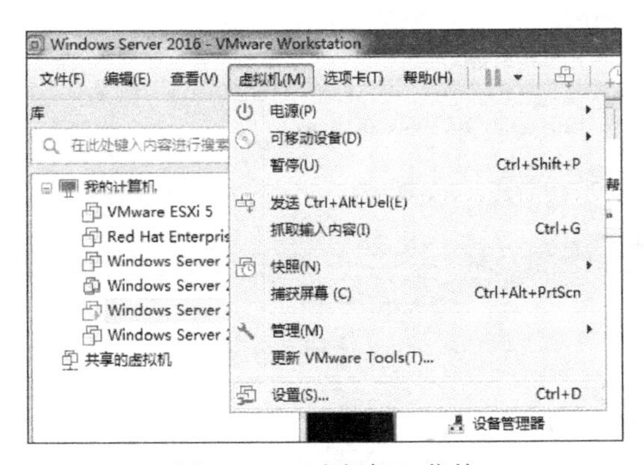

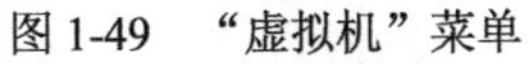
图 1-49 “虚拟机”菜单

图 1-50 “虚拟机设置”对话框

（2）在弹出的“添加硬件向导”对话框中，设置“硬件类型”为“硬盘”，单击“下一步”按钮，如图 1-51 所示。

（3）在弹出的“指定磁盘容量”对话框中，设置“最大磁盘大小”为 60GB，选中“将虚拟磁盘存储为单个文件”单选按钮，以方便物理磁盘的管理，如图 1-52 所示。

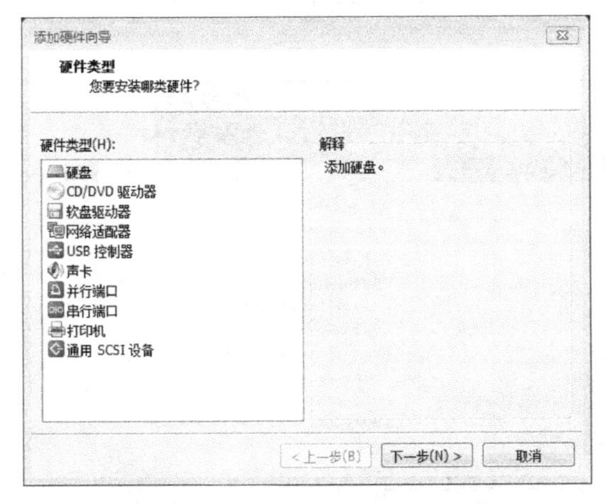

图 1-51 “添加硬件向导”对话框

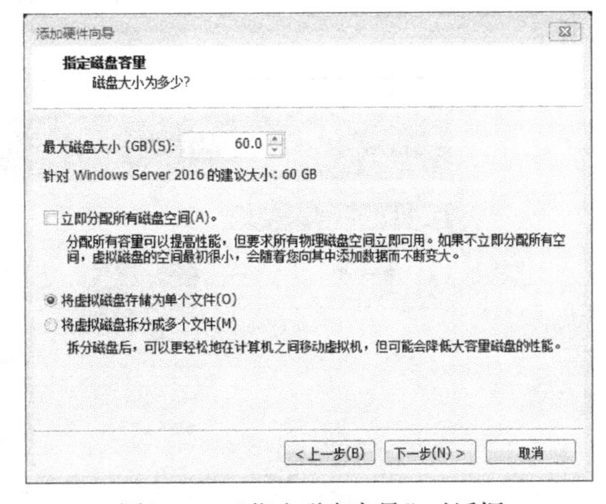

图 1-52 “指定磁盘容量”对话框

（4）单击“下一步”按钮，完成虚拟磁盘的添加。使用同样的方法，继续添加两块虚拟磁盘，如图 1-53 所示。

3. 管理磁盘

Windows Server 2016 提供了一个界面非常友好的磁盘管理工具，使用该工具可以很轻松地完成各种基本磁盘和动态磁盘的配置、管理及维护。下面分别介绍两种进入“磁盘管理”界面的方式。

图 1-53　添加后的“虚拟机设置”对话框

1）方法 1

（1）在“服务器管理器”窗口中，选择“工具”→“计算机管理”选项，如图 1-54 所示。

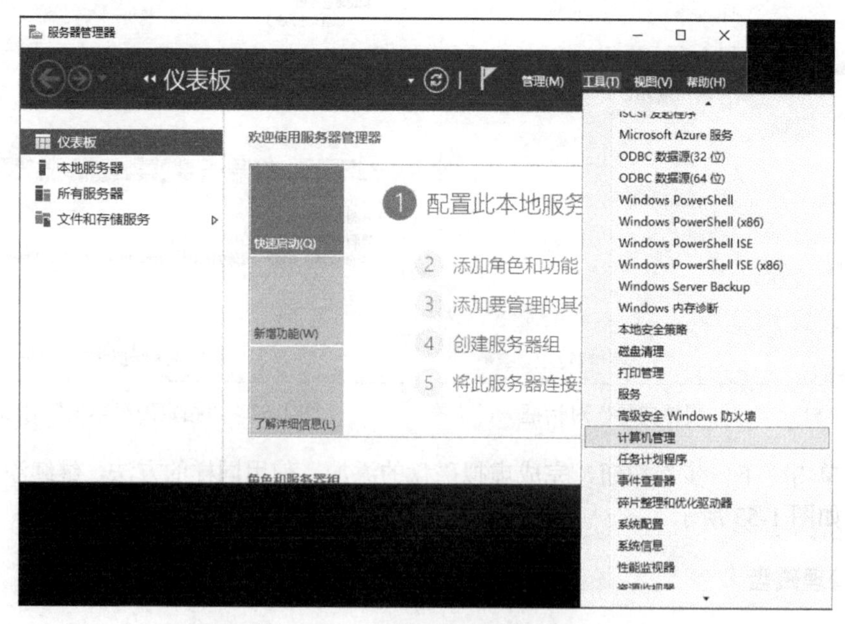

图 1-54　“服务器管理器”窗口

（2）在“计算机管理”窗口中，单击左侧导航栏中的“存储”→“磁盘管理”节点，如图 1-55 所示。

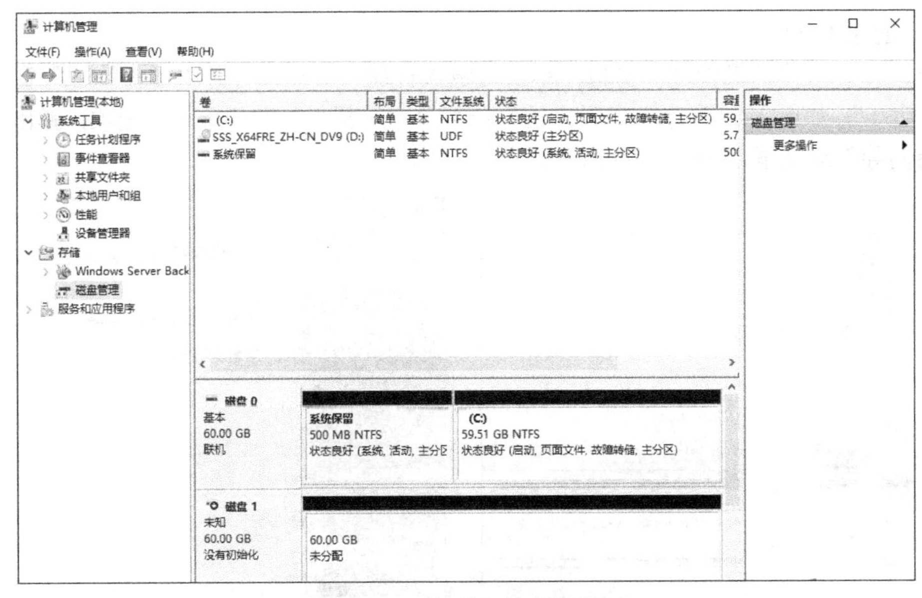

图 1-55 “计算机管理”窗口

2）方法 2

在 Windows Server 2016 桌面上按“Win+R”组合键，弹出“运行”对话框，在“打开”文本框中输入“diskmgmt.msc”命令，如图 1-56 所示。单击“确定”按钮，按提示进行操作，打开 “初始化磁盘”对话框，如图 1-57 所示。

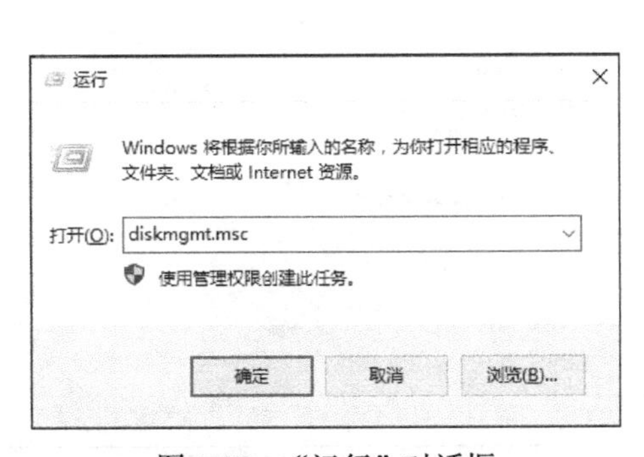

图 1-56 “运行”对话框

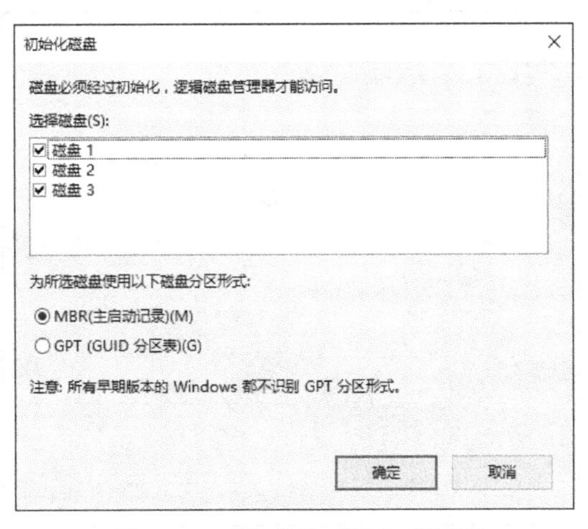

图 1-57 “初始化磁盘”对话框

4. 基本磁盘的管理

在安装 Windows Server 2016 时，硬盘将自动初始化为基本磁盘。基本磁盘上的管理任务包括磁盘分区的建立、删除、查看以及分区的挂载。

基本磁盘的分区和逻辑驱动器称为基本卷，基本卷只能在基本磁盘上创建。现在 Windows Server 2016 的磁盘 1 上创建主分区和扩展分区，并在扩展分区中创建逻辑驱动器。创建的具体过程如下。

1）创建主分区

（1）打开“计算机管理”窗口，单击“磁盘管理”节点，打开“磁盘管理”窗口，右击“磁盘 1”，如图 1-58 所示，在弹出的快捷菜单中选择“新建简单卷”选项，弹出“新建简单卷向导”对话框，如图 1-59 所示。

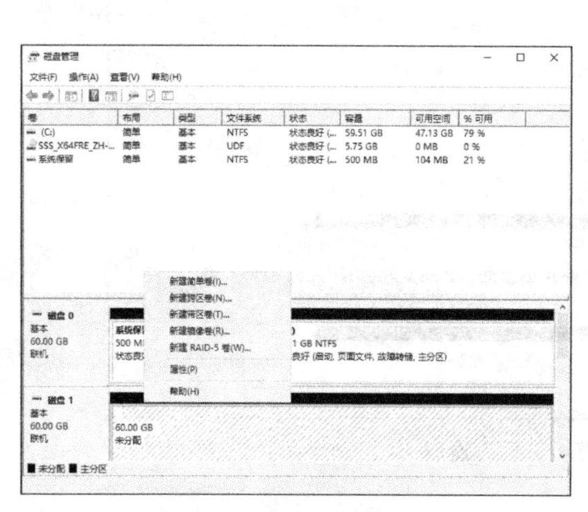

图 1-58　右击“磁盘 1”

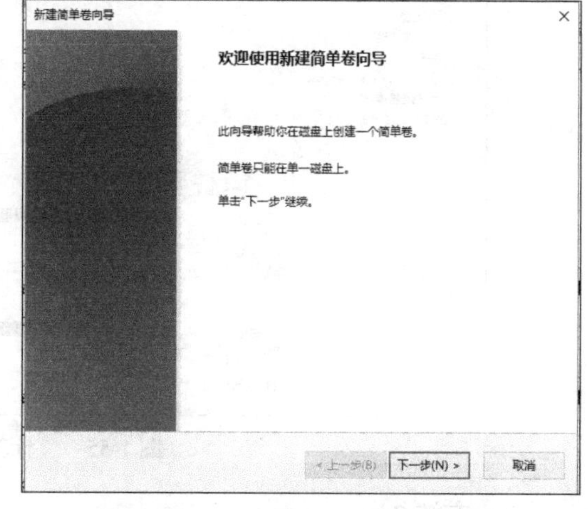

图 1-59　“新建简单卷”对话框

（2）单击“下一步”按钮，设置简单卷大小为 1024 MB，如图 1-60 所示。

（3）单击“下一步”按钮，弹出“分配驱动器号和路径”对话框，如图 1-61 所示。

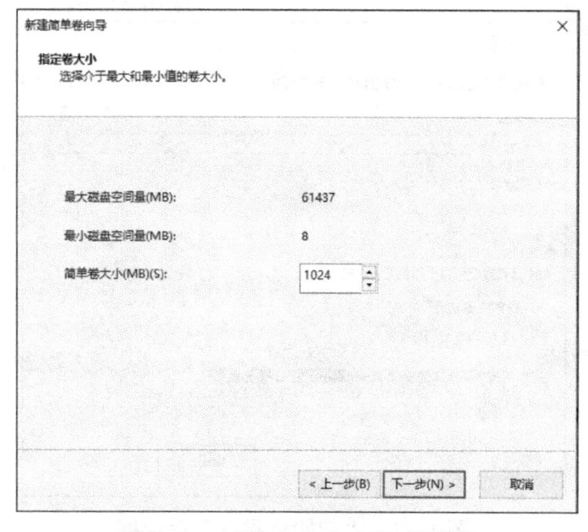

图 1-60　“指定卷大小”对话框

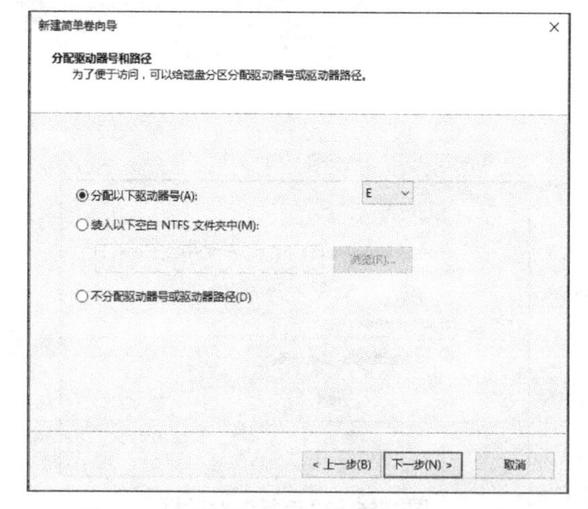

图 1-61　“分配驱动器号和路径”对话框

① 选中“装入以下空白 NTFS 文件夹中”单选按钮，表示指派一个在 NTFS 文件系统下的空文件夹来代表该磁盘分区。例如，用 C:\file 表示该分区，则以后所有保存到 C:\file 的文件都被保存到该分区中。该文件夹必须是空的，且位于 NTFS 卷内。这个功能特别适合在 26 个磁盘驱动器号不够分配的网络环境中使用。

② 选中“不分配驱动器号或驱动器路径”单选按钮，表示可以指派驱动器号或指派某个空文件夹代表该磁盘分区。

（4）单击“下一步”按钮，弹出“格式化分区”对话框，如图 1-62 所示，进行相关设置。

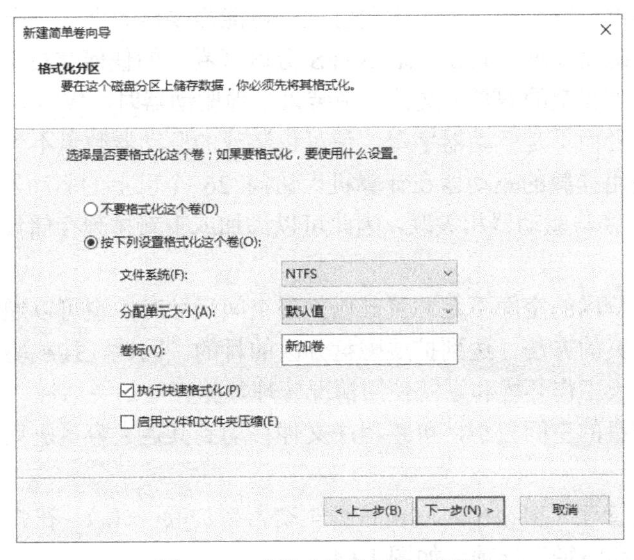

图 1-62　“格式化分区”对话框

2）创建扩展分区

Windows Server 2016 的磁盘管理不能直接创建扩展分区，必须先完成 3 个主分区的创建，再创建扩展分区，其创建的具体过程如下。

按照主分区创建步骤再创建 2 个主分区，完成 3 个主分区的创建后，新建几个简单卷，此时系统会自动弹出扩展分区的一个逻辑驱动器，如图 1-63 所示。

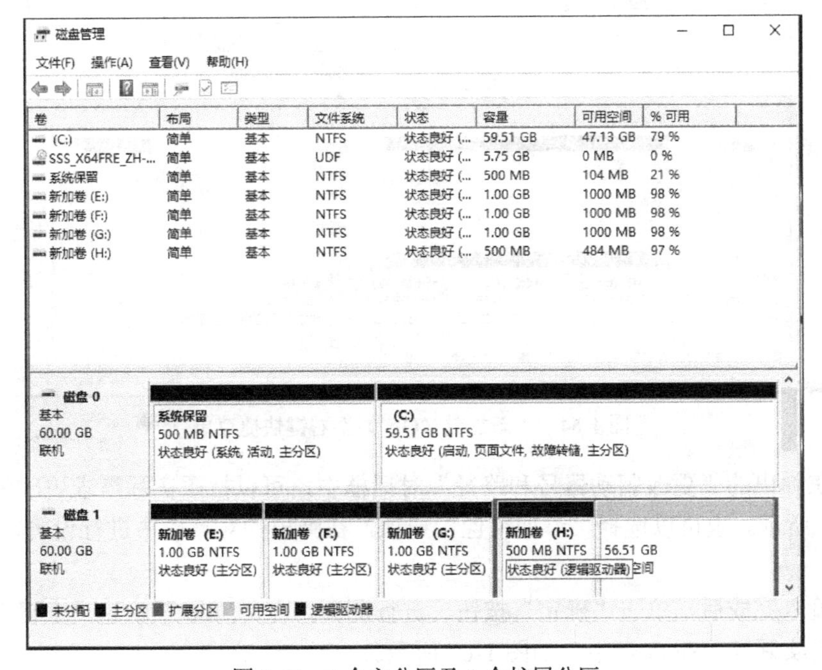

图 1-63　3 个主分区及 1 个扩展分区

3）更改驱动器号和路径

Windows Server 2016 默认为每一个分区（卷）分配一个驱动器号，该分区就成为一个逻辑上的独立驱动器。有时候，为了方便管理，可能需要修改默认分配的驱动器号。除此之外，还可以使用磁盘管理工具在本地 NTFS 分区（卷）的任何空白文件夹中连接或装入一个本地驱动器。当在空的 NTFS 文件夹中装入本地驱动器时，Windows Server 2016 会为驱动器分配一个路径而不是驱动器字母，使可以装载的驱动器数量不受驱动器字母限制的影响，因此可以使用挂载的驱动器在计算机上访问 26 个以上的驱动器。Windows Server 2016 确保驱动器路径与驱动器相关联，因此可以添加或重新排列存储设备而不会使得驱动器路径失效。

另外，当某个分区的空间不足并且难以扩展空间尺寸时，也可以通过挂载一个新分区到该分区某个文件夹的方法，达到扩展磁盘分区的目的。因此，挂载驱动器使数据更容易访问，并增加了基于工作环境和系统使用情况管理数据存储的灵活性。

如果某一个磁盘的空间较小，可将程序文件移动到其他大容量驱动器上，下面即是一个实例。

（1）在“磁盘管理”窗口中，右击目标驱动器新加卷（G:），在弹出的快捷菜单中选择“更改驱动器号和路径”选项，如图 1-64 所示。

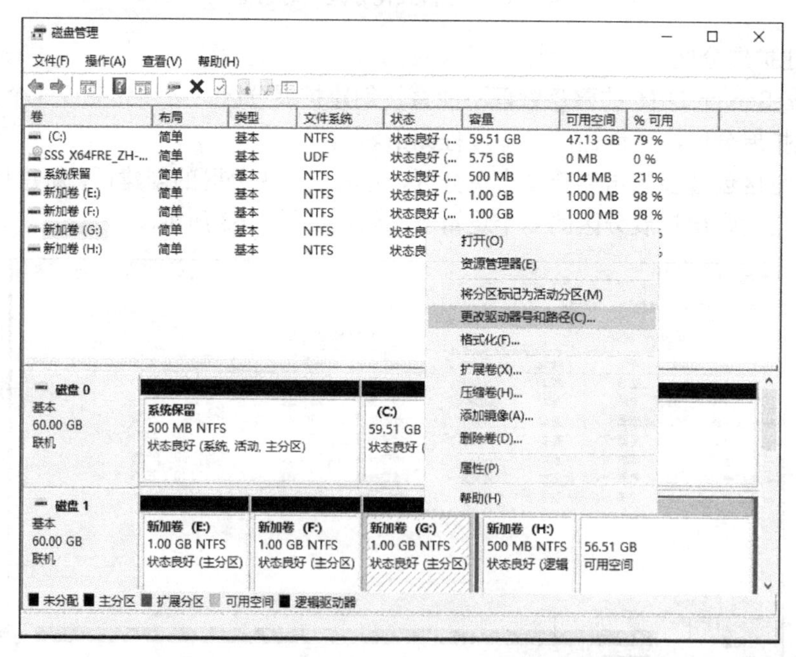

图 1-64 “新加卷（G: ）”右键快捷菜单

（2）在弹出的“更改驱动器号和路径”对话框中，可以按照实际需求更改驱动器号，如图 1-65 所示。也可以选择“添加镜像”选项，在弹出的对话框中进行设置，如图 1-66 所示。

（3）输入完成后，单击“确定”按钮。进行测试，在 C:/file 下新建一个记事本文件，可以发现其实际存储在 G 盘中，如图 1-67 所示。

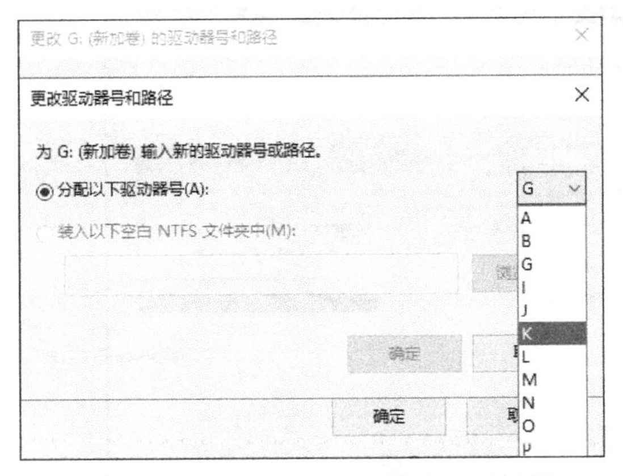

图 1-65 “更改驱动器号和路径”对话框

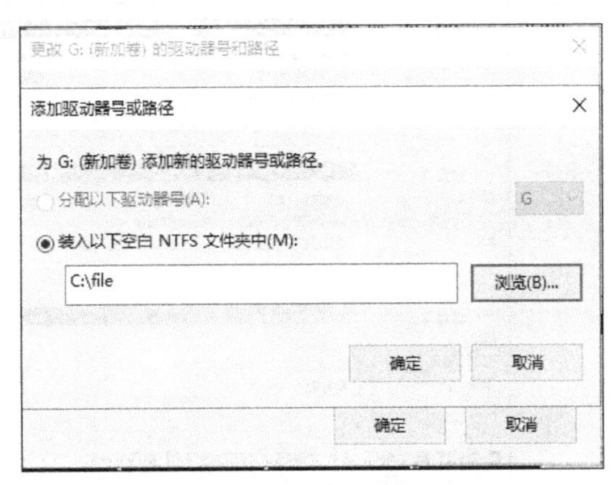

图 1-66 “添加驱动器号或路径”对话框

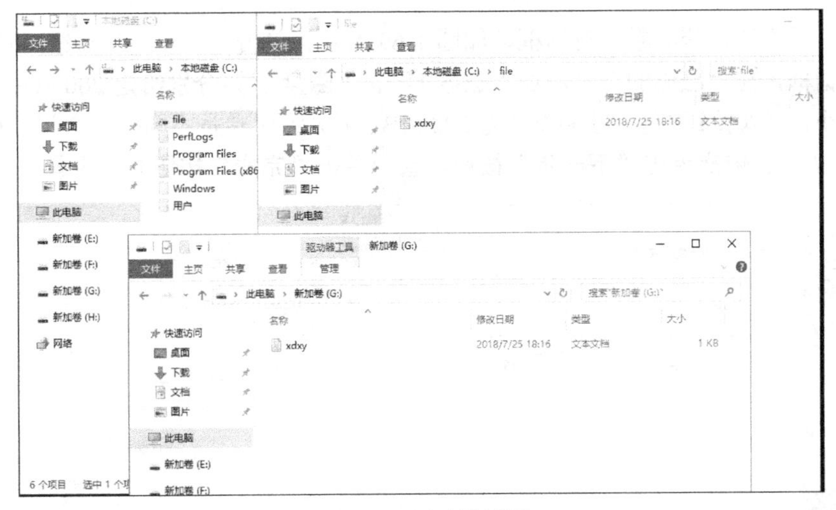

图 1-67 测试效果图

5. 动态磁盘的管理

动态磁盘提供了更好的磁盘访问性能及容错等功能。用户可以将基本磁盘转换为动态磁盘而不破坏原来的数据，但是动态磁盘若要转换成基本磁盘，则必须删除原有的卷。

动态磁盘主要有五大类：简单卷、跨区卷、带区卷、映像卷和带奇偶校验的带区卷（RAID-5）。由于简单卷和基本磁盘功能基本相同，它不能跨越几个不同磁盘进行操作和管理，这里不做专门的介绍，以下将分别介绍其他四类卷的作用及操作步骤。

1）跨区卷

跨区卷可以将 2～32 块磁盘上的未分配的空间整合在一个逻辑卷上，使用时先写满一部分空间，再写入下一部分空间，换句话说，跨区卷可以将分散在不同磁盘上的未分配空间整合在一起，提高了磁盘空间的利用率。

创建的基本步骤如下。

（1）右击未分配的“磁盘 2”空间，在弹出的快捷菜单中选择“新建跨区卷”选项，如图 1-68 所示。

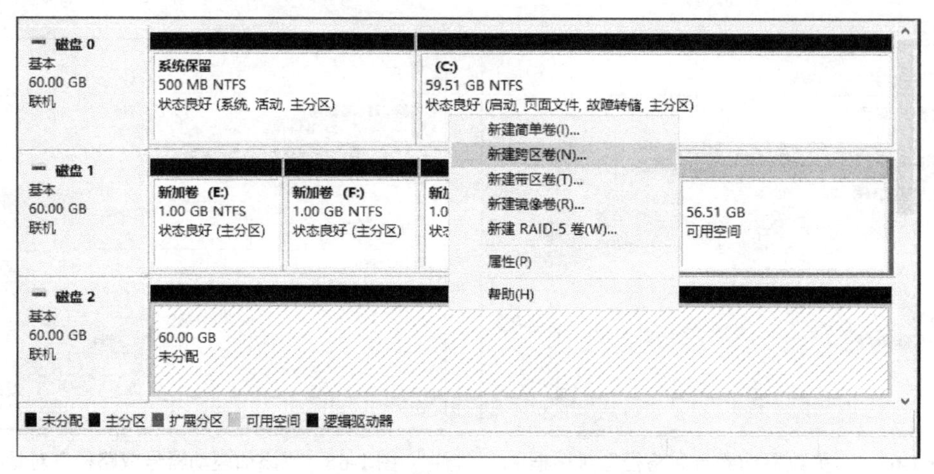

图 1-68　“磁盘 2”右键快捷菜单

（2）打开“新建跨区卷”对话框，如图 1-69 所示。单击“下一步”按钮，弹出“选择磁盘”对话框，在“已选的”中添加“磁盘 1”和“磁盘 2”，分别给定 200 MB 和 300 MB 的磁盘大小，可以看到“卷大小总数”为 500 MB，可见跨区卷是不同磁盘空间的逻辑整合，如图 1-70 所示。依次单击“下一步”按钮，直至单击“完成”按钮完成设置。

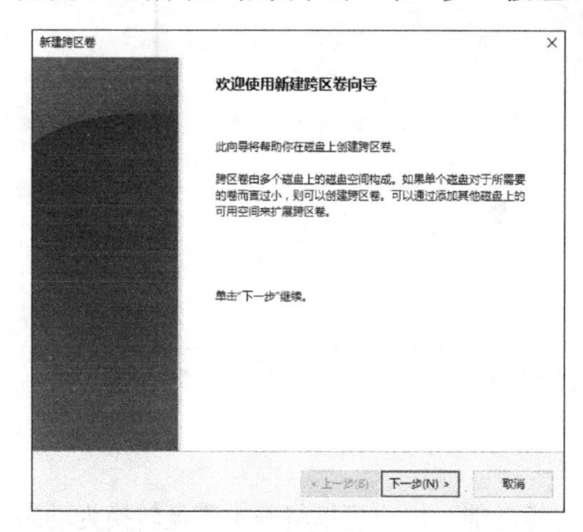

图 1-69　“新建跨区卷”对话框

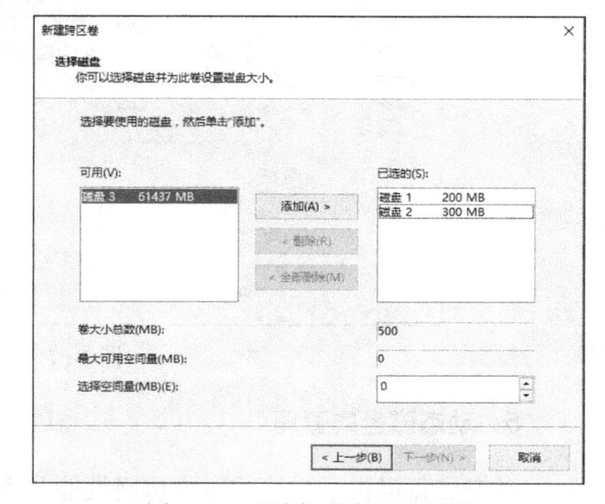

图 1-70　“选择磁盘”对话框

注意：如果磁盘之前是基本磁盘，在完成跨区卷设置的时候会提示进行磁盘转换，单击“是”按钮完成转换，如图 1-71 所示。

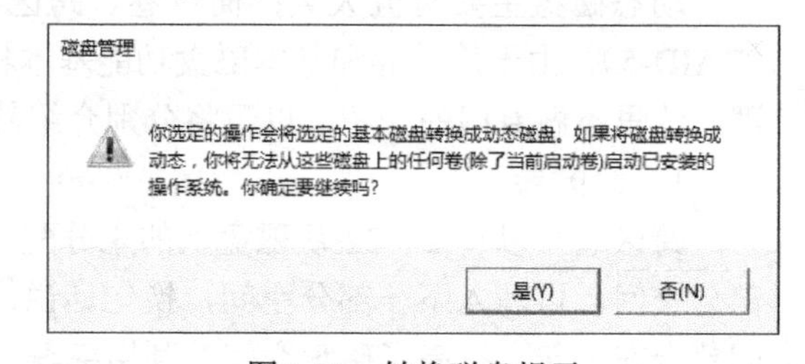

图 1-71　转换磁盘提示

2）带区卷

带区卷又称条带卷 RAID-0，可以将 2～32 块磁盘空间上容量相同的空间组合在一个逻辑卷上，写入的时候将数据分为 64KB 大小相同的数据块同时写入卷的每一个磁盘成员的空间上。带区卷的主要作用是提高数据的读取速度，但是没有容错性，一旦某一块磁盘出现故障，数据将会丢失。创建的基本步骤如下。

（1）右击未分配的“磁盘 2”空间，在弹出的快捷菜单中选择“新建带区卷”选项，如图 1-72 所示。

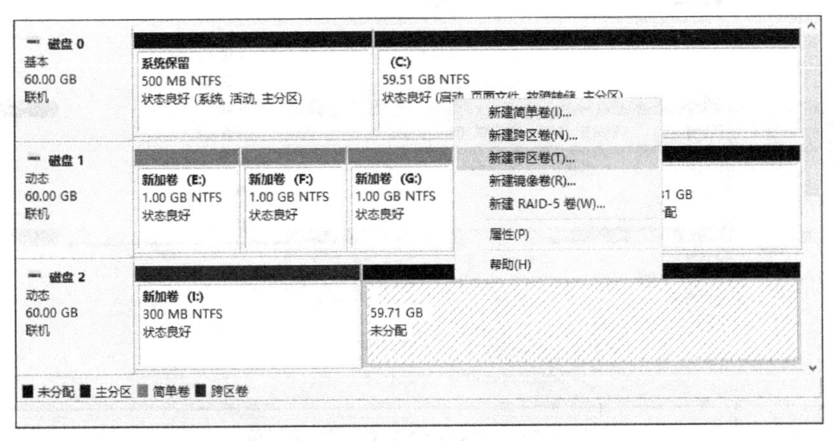

图 1-72 “磁盘 2”右键快捷菜单

（2）弹出“新建带区卷”对话框，如图 1-73 所示。单击“下一步”按钮，弹出“选择磁盘”对话框，在“已选的”中添加“磁盘 1”和“磁盘 2”，这时发现必须使用相同的磁盘空间，分别给定 300 MB，可以看到“卷大小总数”为 600 MB，可见带区卷是不同磁盘空间的逻辑整合，但是实际使用过程中是数据同时写入两块不同磁盘，提高了数据读取速度，如图 1-74 所示。依次单击“下一步”按钮，直至单击“完成”按钮完成设置。

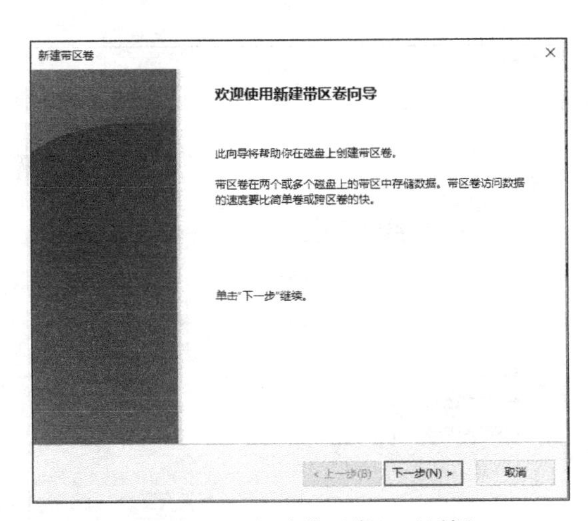

图 1-73 “新建带区卷”对话框

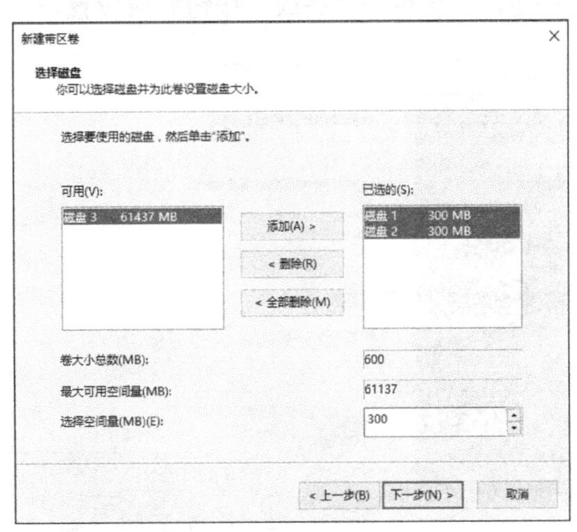

图 1-74 “选择磁盘”对话框

3）映像卷

映像卷又称 RAID-1 卷，是将两块相同大小的磁盘空间建立起映像关系，有容错性，一块磁盘出现故障，数据仍可保留。其原理是映像卷的两块磁盘互为备份，数据同时写入两块磁盘，并且内容相同，但是它的利用率只有 50%，可靠性高的同时，实现成本相对较高。下面为映像卷设置的基本步骤。

（1）右击未分配的“磁盘 2”空间，在弹出的快捷菜单中选择“新建镜像卷”选项，如图 1-75 所示。

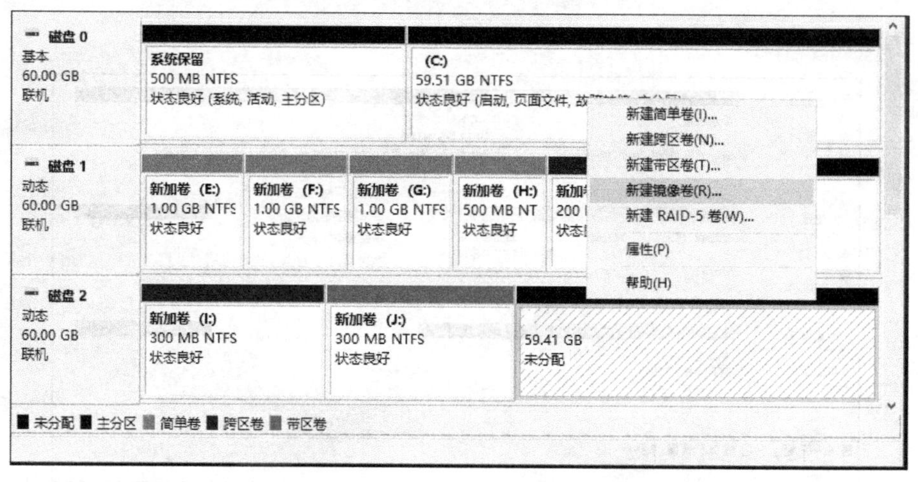

图 1-75 “磁盘 2”右键快捷菜单

（2）弹出“新建映像卷”对话框，如图 1-76 所示。单击“下一步”按钮，弹出“选择磁盘”对话框，在“已选的”中添加“磁盘 1”和“磁盘 2”。这时发现必须使用相同大小的磁盘空间，均设置为 500 MB，可以看到下面“卷大小总数”为 500 MB，如图 1-77 所示。可见映像卷的利用率只有 50%，实际使用过程中是两个相同内容的数据写入两块不同磁盘，若一块磁盘出现故障，数据不会丢失，有容错性，提高了数据的可靠性，单击“下一步”按钮，直至单击“完成”按钮完成设置。

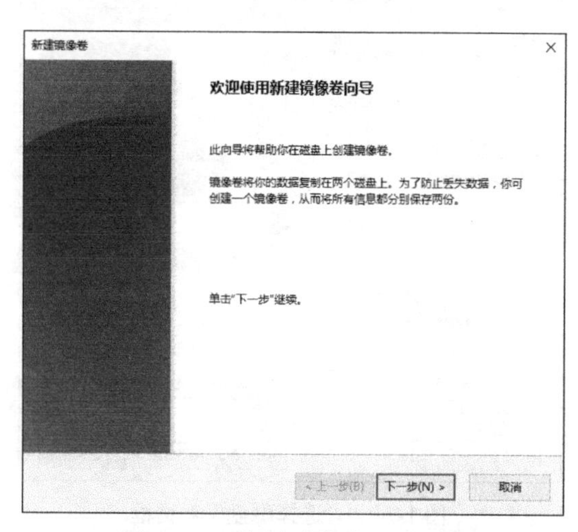

图 1-76 “新建映像卷”对话框

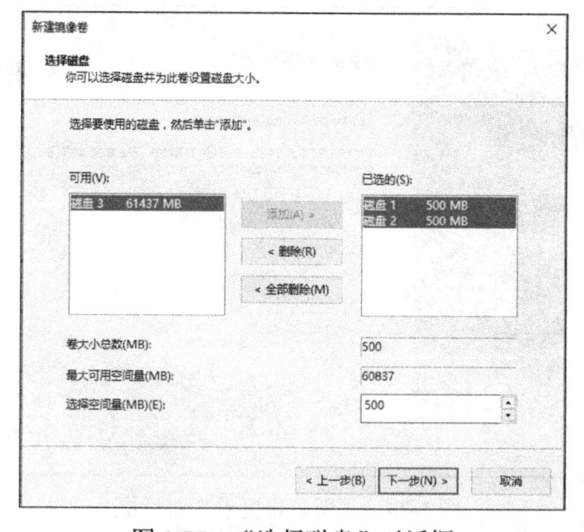

图 1-77 “选择磁盘”对话框

4）带奇偶校验的带区卷

带奇偶校验的带区卷采用 RAID-5 技术，每个独立磁盘都进行条带化分割，条带去奇偶校验，校验数据平均分布在每块硬盘上。其容错性能好，应用广泛，需要 3 块以上的硬盘，平均实现成本低于映像卷。下面是 RAID-5 卷设置的基本步骤。

（1）右击未分配的“磁盘 2”空间，在弹出的快捷菜单中选择“新建 RAID-5 卷”选项，如图 1-78 所示。

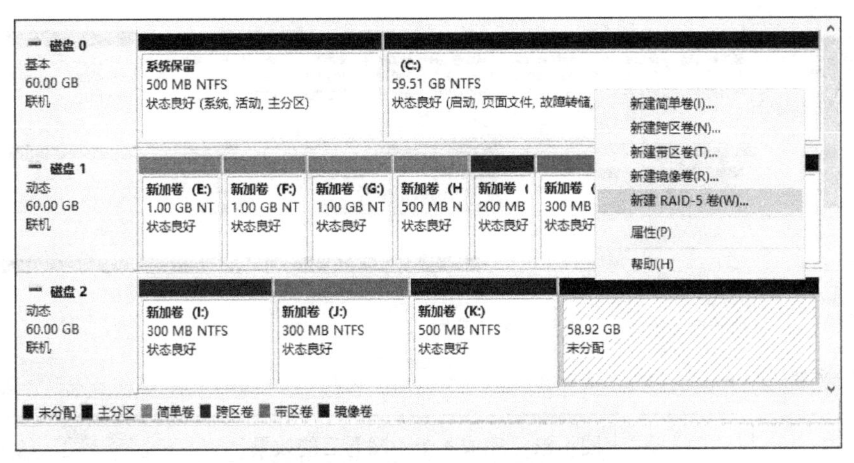

图 1-78 “磁盘 2”右键快捷菜单

（2）弹出“新建 RAID-5 卷”对话框，如图 1-79 所示。单击“下一步”按钮，弹出“选择磁盘”对话框，在“已选的”中添加“磁盘 1”“磁盘 2”“磁盘 3”，此时发现必须使用相同的 3 块磁盘，均设置为 500 MB，可以看到“卷大小总数”为 500 MB，如图 1-80 所示。可见带奇偶校验的带区卷的利用率只有 75%，单击“下一步”按钮，直至单击“完成”按钮完成设置。

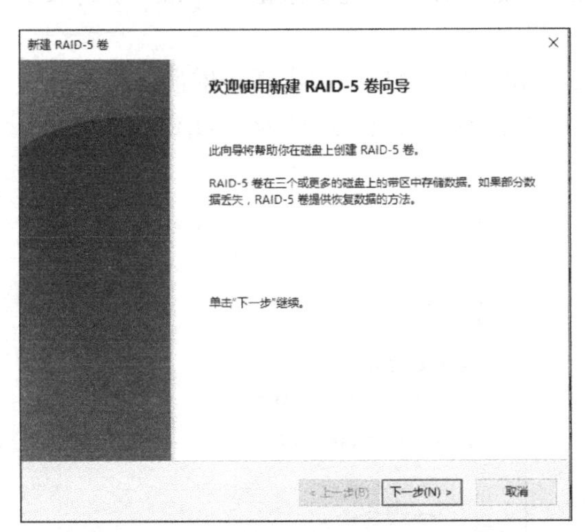

图 1-79 “新建 RAID-5 卷”对话框

图 1-80 “选择磁盘”对话框

跨区卷、带区卷、映像卷和 RAID-5 全部制作完成后的“磁盘管理”窗口效果如图 1-81 所示。在“磁盘管理”窗口中，不同的颜色代表不同的动态卷。

6. 磁盘配额的管理

磁盘配额是计算机中指定磁盘的储存限制，即管理员可以为用户所能使用的磁盘空间进行配额限制，单个用户只能使用最大配额范围内的磁盘空间。

磁盘配额的作用：磁盘配额可以限制指定账户能够使用的磁盘空间，这样可以避免因某个用户的过度使用磁盘空间造成其他用户无法正常工作，甚至影响系统运行的情况发生。在服务器管理中此功能非常重要，但对单机用户来说意义不大。

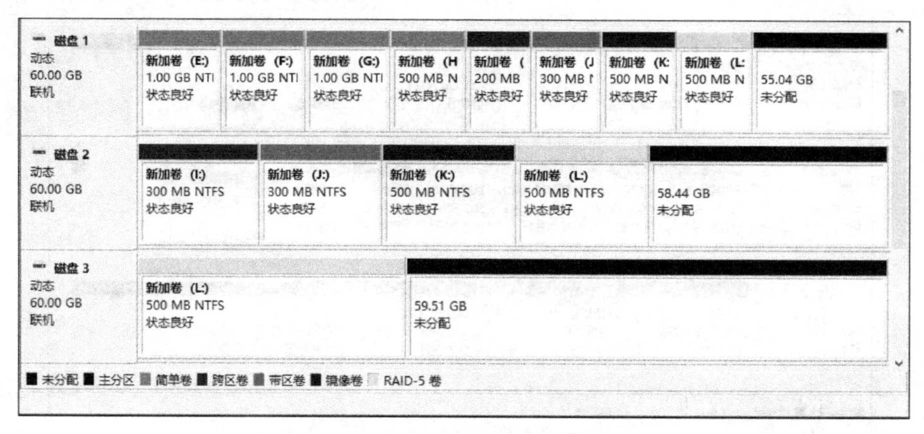

图 1-81　完成 4 个不同卷后的效果

目前在 Windows 系列中，只有 Windows 2000 及以后版本，且使用 NTFS 文件系统时才能实现这一功能。

下面以 Windows Server 2016 系统为例，介绍设置磁盘配额的方法。

（1）首先给系统添加一个普通用户，单击“计算机管理（本地）”→“本地用户和组”→“用户”节点，在弹出的“新用户”对话框中，输入用户名“User01”，密码必须符合 Windows Server 2016 的密码要求，这在前面已有所介绍。勾选“用户不能更改密码”和“密码永不过期”，单击“创建”按钮，如图 1-82 所示。

（2）选择“文件”→“此电脑”选项，在“此电脑”窗口中右击任一磁盘，在弹出的快捷菜单中选择“属性”选项，在打开的对话框中选择“配额”选项卡，如图 1-83 所示。

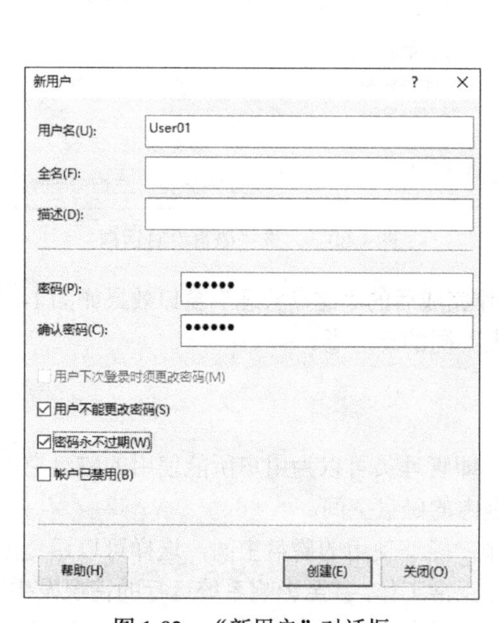

图 1-82　“新用户”对话框

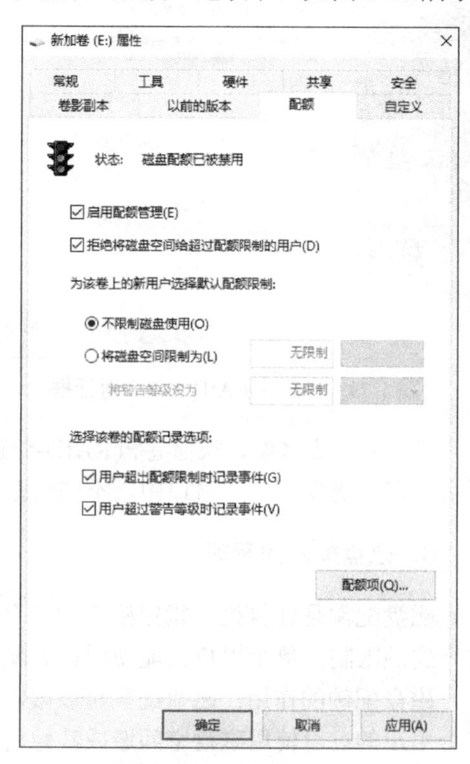

图 1-83　“配额”选项卡

（3）勾选“启动配额管理”复选框，单击“配额项”按钮，弹出“添加新配额项”对话框，如图 1-84 所示。选中“将磁盘空间限制为”单选按钮，将磁盘空间限制为“500MB”，将警告等级设为“400MB”，单击“确定”按钮，设置成功。使用该用户登录系统，该磁盘将限制用户只能使用 500MB 空间，当空间使用达到 400MB 时给予警告。

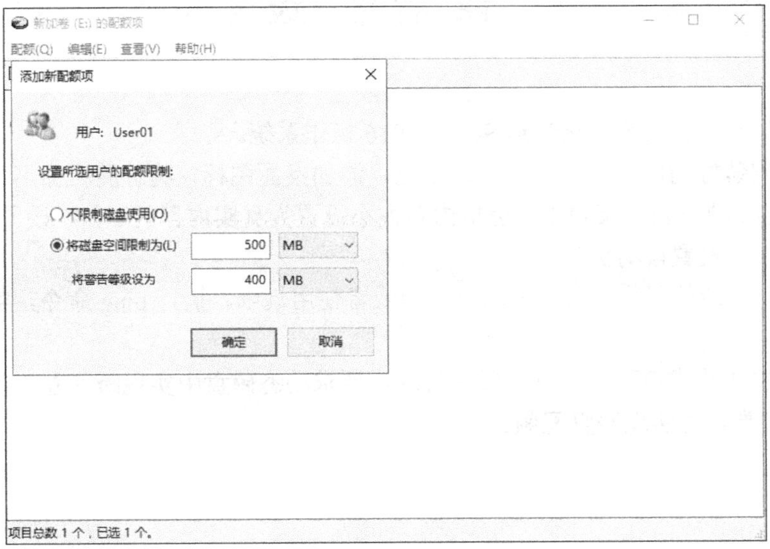

图 1-84　“添加新配额项”对话框

课 后 练 习

（1）以下不是网络操作系统功能的是（　　）。

A．网络通信　　B．资源管理　　C．网络通信　　D．管理文档

（2）以下属于网络操作系统的是（　　）。

A．Windows Server 2016　　B．Windows 7

C．Windows XP　　D．Windows 10

（3）基本磁盘是指包含（　　）。

A．主磁盘分区、逻辑驱动器的物理磁盘

B．主磁盘分区、扩展磁盘分区或者逻辑驱动器的物理磁盘

C．主磁盘分区、扩展磁盘分区和逻辑驱动器的物理磁盘

D．扩展磁盘分区或者逻辑驱动器的物理磁盘

（4）一个基本磁盘最多可以创建（　　）。

A．4 个主磁盘分区，或者 3 个主磁盘分区和 1 个逻辑驱动器

B．4 个主磁盘分区和 1 个逻辑驱动器

C．3 个主磁盘分区和 1 个逻辑驱动器

D．3 个主磁盘分区和无数个逻辑驱动器

（5）扩展磁盘可创建在（　　）中。

A．主磁盘分区

B．逻辑驱动器

C．基本磁盘的未分配区

D．主磁盘分区逻辑驱动器

课 后 实 践

（1）使用虚拟机安装 Windows Server 2016 操作系统。

（2）对安装好的操作系统进行系统设置，添加桌面图标，将计算机命名为 wangluo，对“开始”菜单进行自定义设置，虚拟内存大小设置为真实内存的 2 倍，设置文件夹选项，查看系统信息，设置自动更新。

（3）进行相应的网络配置，关闭防火墙或者使用规则，执行 ping 命令，实现真机和虚拟机的通信。

（4）添加 3 块虚拟磁盘，进行磁盘管理，要求动态磁盘中实现跨区卷、带区卷、映像卷和 RAID-5 卷，并实现磁盘配额。

项目 2

部署和配置网络

在网络中，每台计算机都需要配置 IP 地址和与之相关的子网掩码。IP 地址和子网掩码标识了该计算机及其连接的子网，当网络中有很多计算机时，手动配置地址信息将变得非常困难，而且容易出错，影响网络的正常运行。而通过 DHCP 服务器自动分配 IP 地址是一种比较好的方法。Windows Server 2016 提供了 DHCP 协议，能够自动完成配置工作。

DHCP 是一种使网络管理员能够集中管理和自动分配 IP 地址的通信协议。在 IP 网络中，每台连接到 Internet 的设备都需要分配唯一的 IP 地址。DHCP 使网络管理员能从中心节点监控和分配 IP 地址。当某台计算机移到网络中的其他位置时，能自动收到新的 IP 地址，如图 2-1 所示。

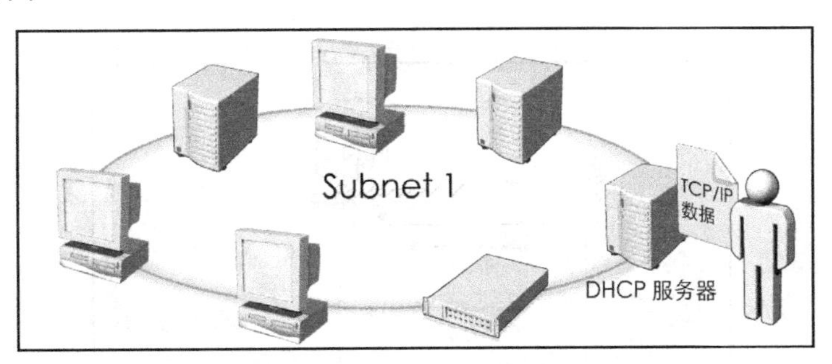

图 2-1　使用本地 DHCP 服务器和 IP 地址数据库

学习目标

- 掌握 DHCP 的工作原理。
- 掌握 DHCP 的服务器的安装。
- 了解 DHCP 的作用域。
- DHCP 服务器中的 IP 地址保留设置。
- 配置 DHCP 作用域选项。
- 部署 DNS 服务。

2.1 DHCP 工作原理

DHCP 工作原理如下。

（1）发现阶段，即 DHCP 客户端寻找 DHCP 服务器的阶段。客户端以广播方式发送 DHCP Discover 包，只有 DHCP 服务器才会响应。

（2）提供阶段，即 DHCP 服务器提供 IP 地址的阶段。DHCP 服务器接收到客户端的 DHCP Discover 报文后，从 IP 地址池中选择一个尚未分配的 IP 地址分配给客户端，向该客户端发送包含租借的 IP 地址和其他配置信息的 DHCP Offer 包。

（3）选择阶段，即 DHCP 客户端选择 IP 地址的阶段。如果有多台 DHCP 服务器向该客户端发送 DHCP Offer 包，客户端从中随机挑选，然后以广播形式向各 DHCP 服务器回应 DHCPREQUEST 包，宣告使用它挑中的 DHCP 服务器提供的地址，并正式请求该 DHCP 服务器分配地址。其他所有发送 DHCP Offer 包的 DHCP 服务器接收到该数据包后，将释放已经 Offer（预分配）给客户端的 IP 地址。如果发送给 DHCP 客户端的 DHCP Offer 包中包含无效的配置参数，则客户端会向服务器发送 DHCP Cline 包拒绝接收已经分配的配置信息。

（4）确认阶段，即 DHCP 服务器确认所提供 IP 地址的阶段。当 DHCP 服务器收到 DHCP 客户端回答的 DHCP Request 包后，便向客户端发送包含它所提供的 IP 地址及其他配置信息的 DHCP Pack 确认包。DHCP 客户端将接收并使用 IP 地址及其他 TCP/IP 配置参数，如图 2-2 所示。

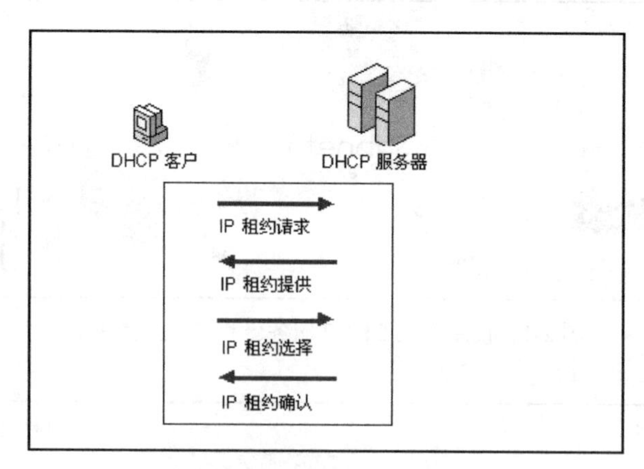

图 2-2　DHCP 工作原理

2.2 DHCP 服务器的安装

某高校已经组建了学校的校园网，随着笔记本式计算机的普及，教师移动办公和学生移动上网学习的现象越来越多，但是每次移动到不同的网络中都需要重新配置 IP 地址、网关和 DNS 等信息，不仅用户觉得非常烦琐，而且经常出现 IP 地址冲突情况，网络管理员管理起来很不方便。如果用户无论在网络中什么位置，都能自动获得IP地址等信息就方便多了，因此需要在网络中部署DHCP服务器。下面将介绍网络管理人员在学校内部的某台Windows Server 2016服务器上部署一台DHCP服务器。例如，在项目中，DHCP服务器的IP地址为172.16.1.20、子网掩码为255.255.255.0、网关为172.16.1.254，将首选的DNS指向自己的IP地址。自动分配的IP地址范围为172.16.1.21～172.16.1.200、新建的被排除的IP地址为172.16.1.100，将172.16.1.200用作保留地址。根据图2-3所示来部署DHCP服务器。

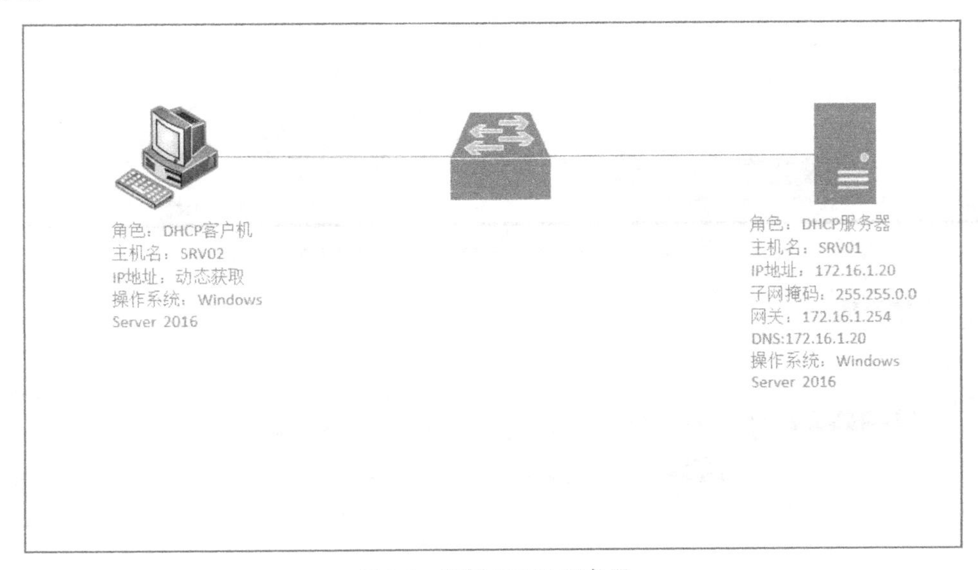

图2-3 部署DHCP服务器

安装DHCP服务器的步骤如下。

（1）选择“开始”→“服务器管理器”选项，打开“服务器管理器”窗口，在“仪表板”中选择“添加角色和功能”选项，如图2-4所示。

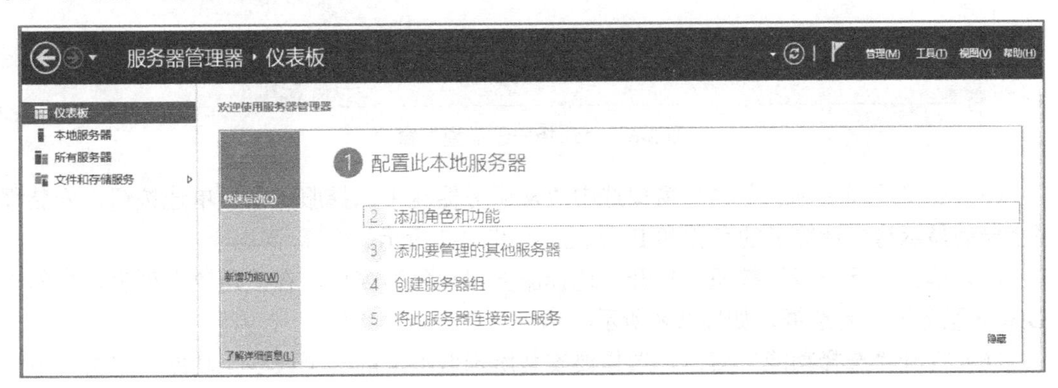

图2-4 添加服务器角色和功能

（2）打开“添加角色和功能向导”窗口，如图2-5所示，单击“下一步”按钮，打开“选择安装类型”窗口。

（3）选中“基于角色或基于功能的安装”单选按钮，单击“下一步”按钮，如图2-6所示。

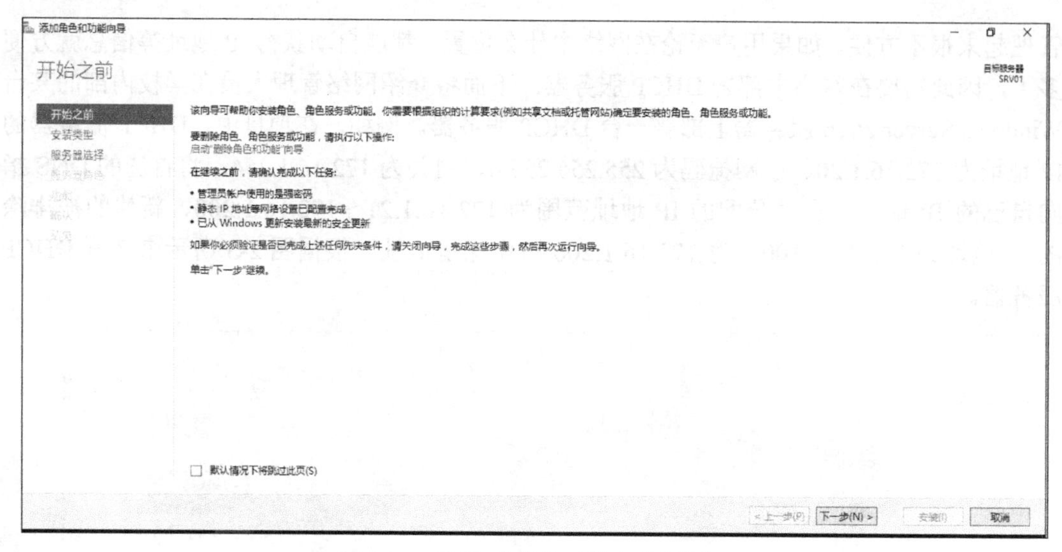

图 2-5　“添加角色和功能向导”窗口

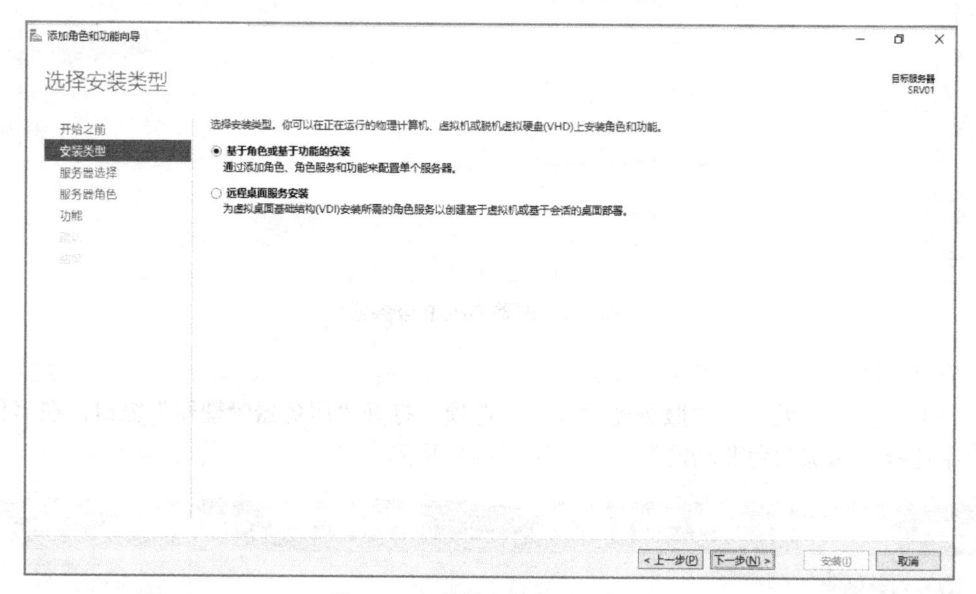

图 2-6　“选择安装类型”窗口

（4）在“选择目标服务器”窗口选中“从服务器池中选择服务器”单选按钮，安装程序会自动显示这台计算机的名称和 IP 地址，如图 2-7 所示。

（5）单击“下一步”按钮，打开“选择服务器角色”窗口，在“角色”列表框中勾选“DHCP 服务器”复选框，如图 2-8 所示，单击“下一步”按钮。

（6）打开“选择功能”窗口，选择要安装所选服务上的一个或多个功能，单击“下一步”按钮，如图 2-9 所示。

（7）打开“DHCP 服务器”窗口，查看 DHCP 服务器的注释，单击“下一步”按钮，如图 2-10 所示。

（8）打开“确认安装所选内容”窗口，单击“安装”按钮，如图 2-11 所示。

（9）打开“安装进度”窗口，查看安装进度，如图 2-12 所示，功能安装完成后单击“关闭”按钮。

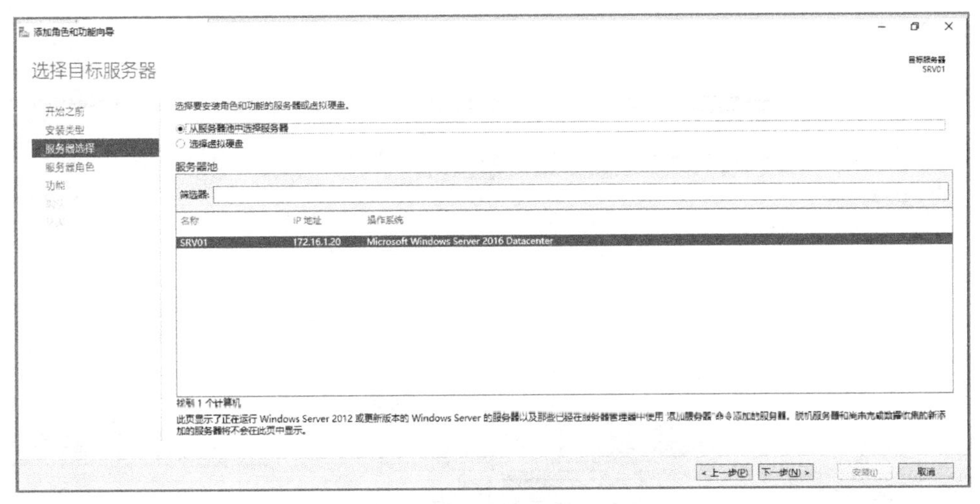

图 2-7 “选择目标服务器”窗口

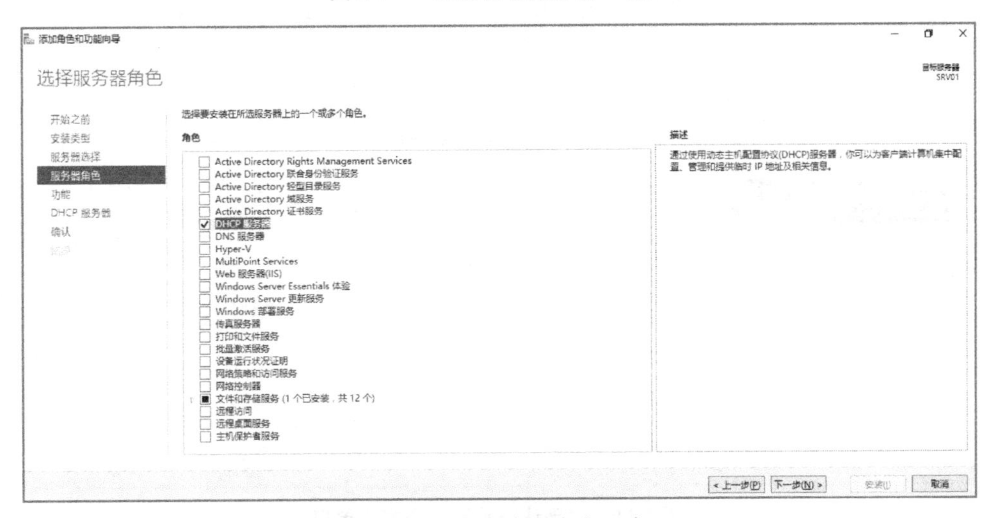

图 2-8 “选择服务器角色”窗口

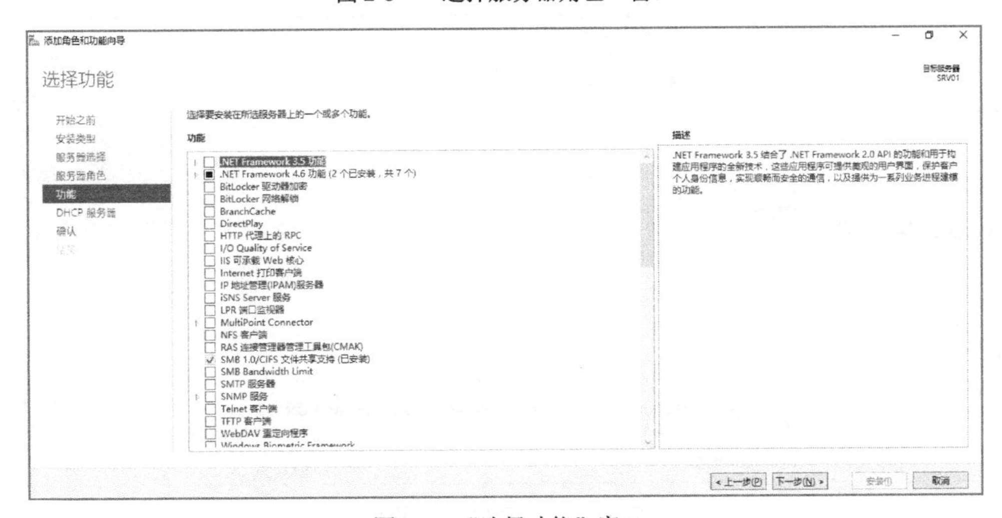

图 2-9 “选择功能”窗口

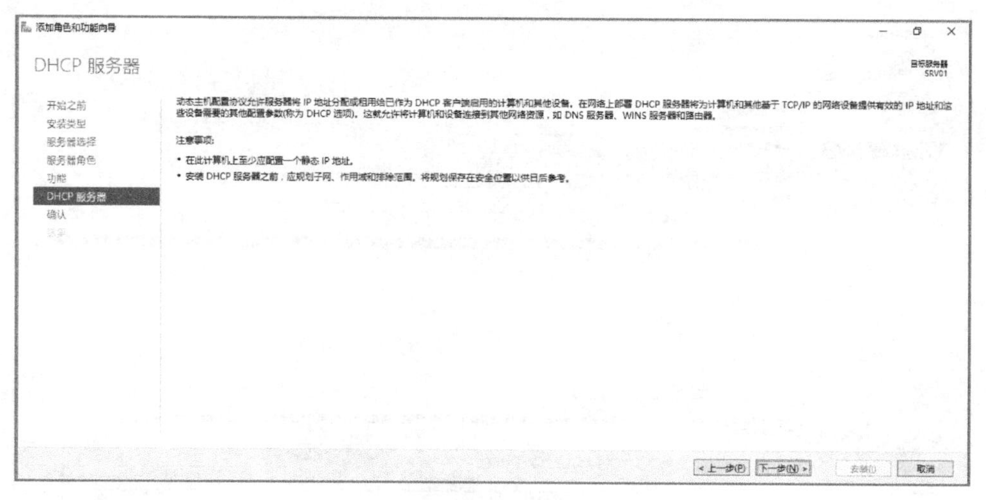

图 2-10　查看 DHCP 服务器的注释

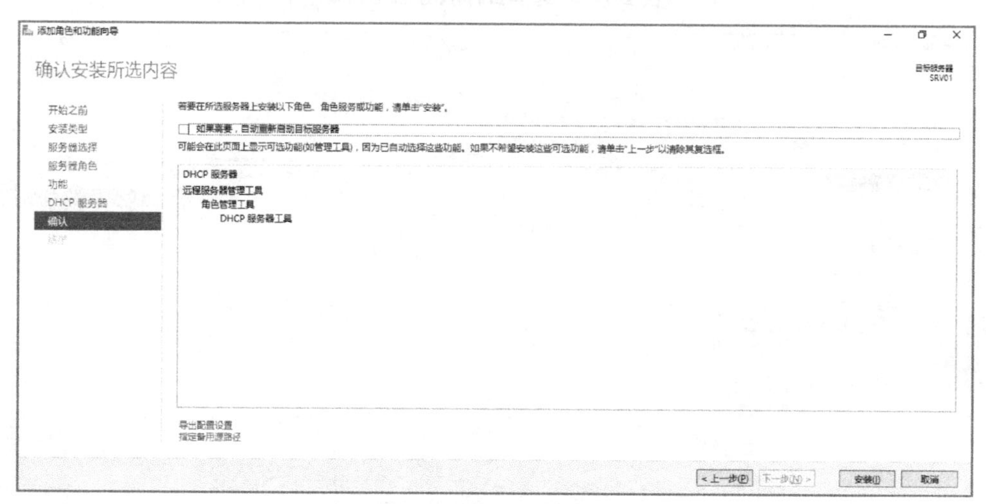

图 2-11　“确认安装所选内容”窗口

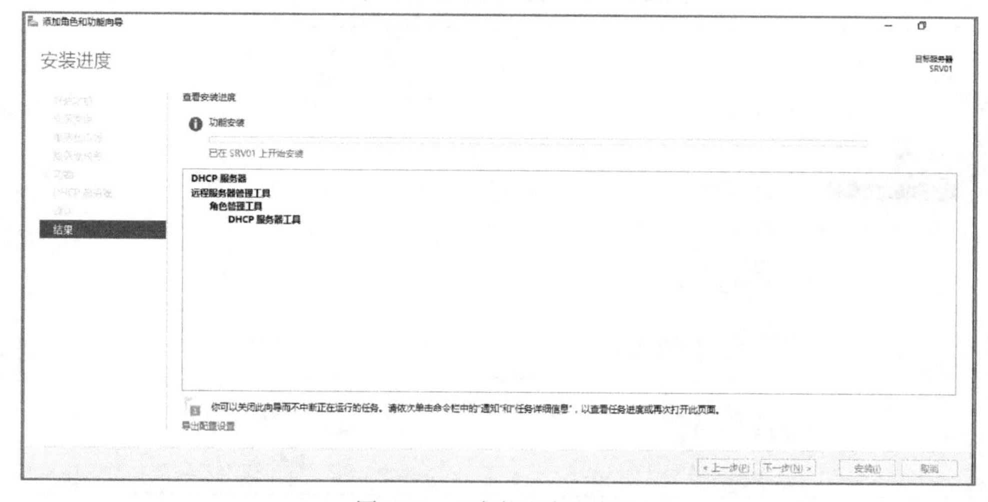

图 2-12　“安装进度”窗口

2.3 DHCP 作用域

2.3.1 DHCP 作用域的概念

DHCP 作用域是本地逻辑子网中可以使用的 IP 地址的集合，DHCP 服务器只能使用作用域中定义的 IP 地址来分配给 DHCP 客户端，因此，用户必须创建作用域才能让 DHCP 服务器分配 IP 地址给 DHCP 客户端。另外，DHCP 服务器会根据接收到 DHCP 客户端租约请求的网络接口来决定哪个 DHCP 作用域为 DHCP 客户端分配 IP 地址租约。

DHCP 作用域具有以下属性。

（1）地址池：可以租用给 DHCP 客户端的 IP 地址范围；可在其中设置排除选项，设置为排除的 IP 地址将不分配给 DHCP 客户端使用。

（2）子网掩码：用于确定给定 IP 地址的子网。此选项创建作用域后无法修改。

（3）作用域名称：创建作用域时指定的名称。

（4）租约期限：设置租约期限值，分配给 DHCP 客户端。

（5）作用域选项：DHCP 作用域选项，如 DNS 服务器、路由器 IP 地址和 WINS 服务器地址等。

（6）保留：保留（可选），用于确保某个确定 MAC 地址的 DHCP 客户端总是能从此 DHCP 服务器获得相同的 IP 地址。

在此项目中，需要在 DHCP 服务器上创建一个作用域，作用域的 IP 地址范围为 172.16.1.21～172.16.1.200，新建的排除的 IP 地址为 172.16.1.100。

2.3.2 配置 DHCP 作用域

（1）选择“开始”→“所有程序”→“管理工具→“DHCP”选项，打开“DHCP”窗口。如果本机安装了 DHCP 服务，则会自动生成一个 DHCP 服务器。右击“IPv4”节点，在弹出的快捷菜单中选择“新建作用域”选项，如图 2-13 所示。

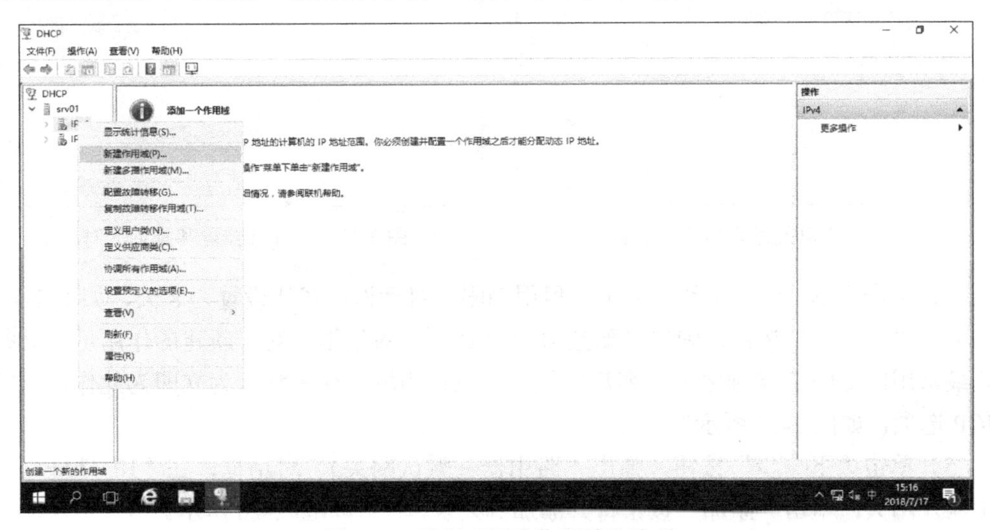

图 2-13 选择“新建作用域”选项

（2）弹出“新建作用域向导”对话框，单击“下一步”按钮，如图2-14所示。弹出“作用域名称”对话框，设置该作用域的名称及描述性说明，如图2-15所示。

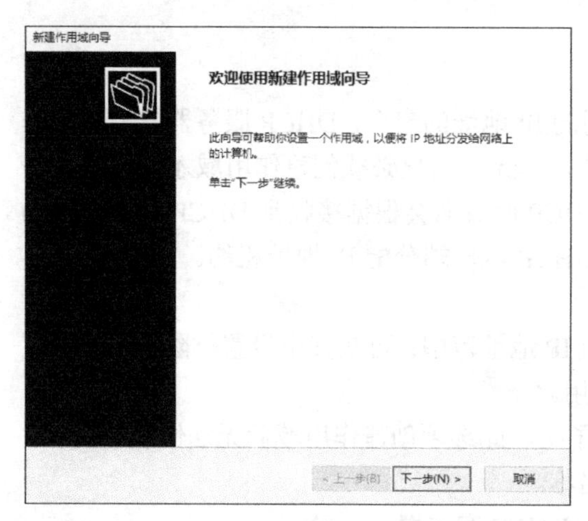

图2-14 “新建作用域向导”对话框

新建作用域向导
作用域名称
你必须提供一个用于识别的作用域名称。你还可以提供一个描述(可选)。
键入此作用域的名称和描述。此信息可帮助你快速识别该作用域在网络中的使用方式。
名称(A): DHCP
描述(D): DHCPTEST
< 上一步(B)
下一步(N) >
取消

图2-15 “作用域名称”对话框

（3）单击“下一步”按钮，弹出“IP地址范围”对话框，输入此作用域分配的地址范围和子网掩码，如图2-16所示。单击“下一步”按钮，弹出“添加排除和延迟”对话框，单击“添加”按钮，如图2-17所示。

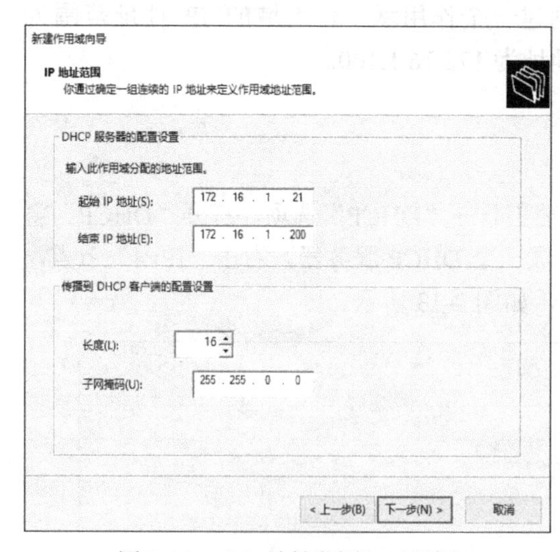

图2-16 “IP地址范围”对话框

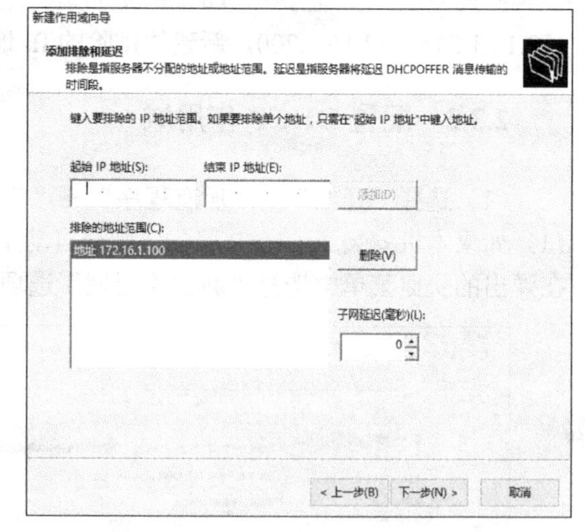

图2-17 “添加排除和延迟”对话框

（4）单击“下一步”按钮，弹出“租用期限”对话框，默认设置为8天，如图2-18所示。单击“下一步”按钮，弹出“配置DHCP选项”对话框，对于新建的作用域，必须在配置最常用的DHCP选项之后，客户才能使用该作用域。这里默认为立即为此作用域配置DHCP选项，如图2-19所示。

（5）单击“下一步”按钮，弹出“路由器（默认网关）”对话框，在“IP地址”文本框中输入网关，单击“添加”按钮将其添加到列表框中，如图2-20所示。

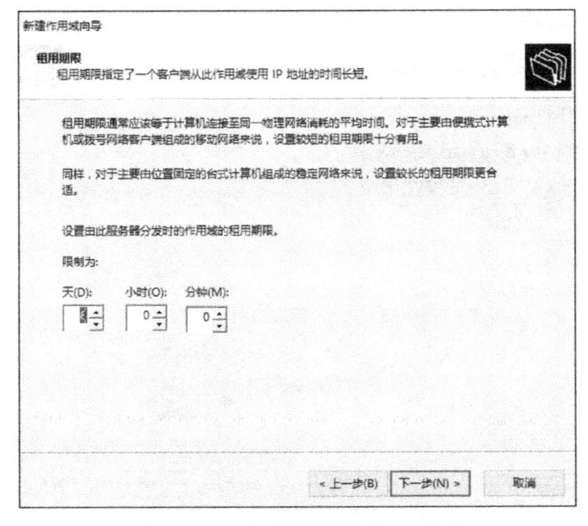

图 2-18 “租用期限”对话框

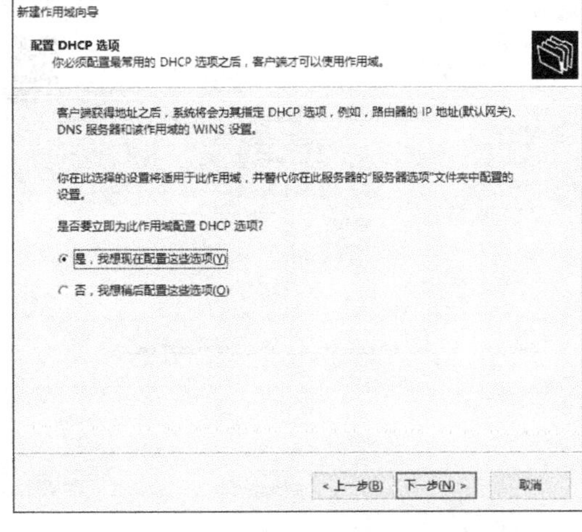

图 2-19 “配置 DHCP 选项”对话框

（6）单击“下一步”按钮，弹出“域名称和 DNS 服务器”对话框。在“父域”文本框中输入进行 DNS 解析时使用的父域，在“IP 地址”文本框中输入 DNS 的 IP 地址，单击“添加”按钮，将其添加到列表框中，如图 2-21 所示。

图 2-20 “路由器（默认网关）”对话框

图 2-21 “域名称和 DNS 服务器”对话框

（7）单击“下一步”按钮，弹出“WINS 服务器”对话框，设置 WINS 服务器，设置“服务器名称”为“SRV01”，单击“添加”按钮，将其添加到 IP 地址列表中，如图 2-22 所示。

（8）单击“下一步”按钮，弹出“激活作用域”对话框，提示“是否要立即激活此作用域？”，建议选中“是，我想现在激活此作用域”单选按钮，如图 2-23 所示。

（9）单击“下一步”按钮，提示“正在完成新建作用域向导”，单击“完成”按钮完成创建，如图 2-24 所示。

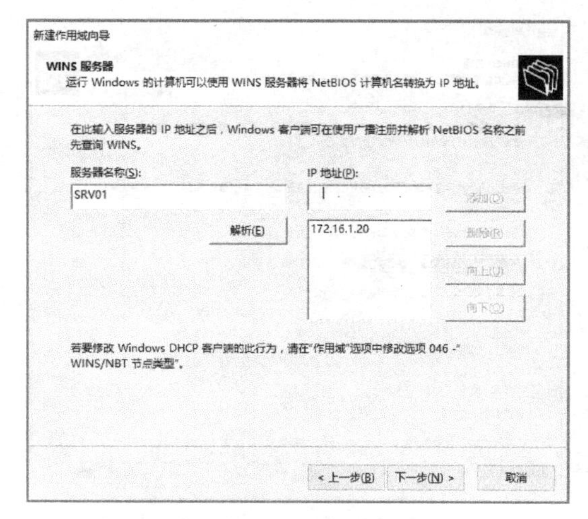

图 2-22 “WINS 服务器”对话框

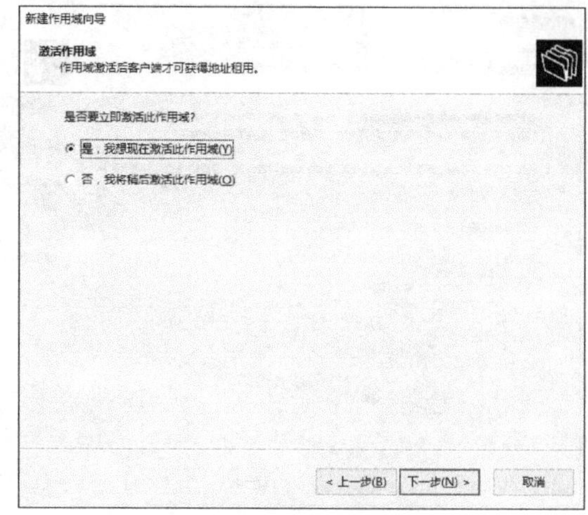

图 2-23 “激活作用域”对话框

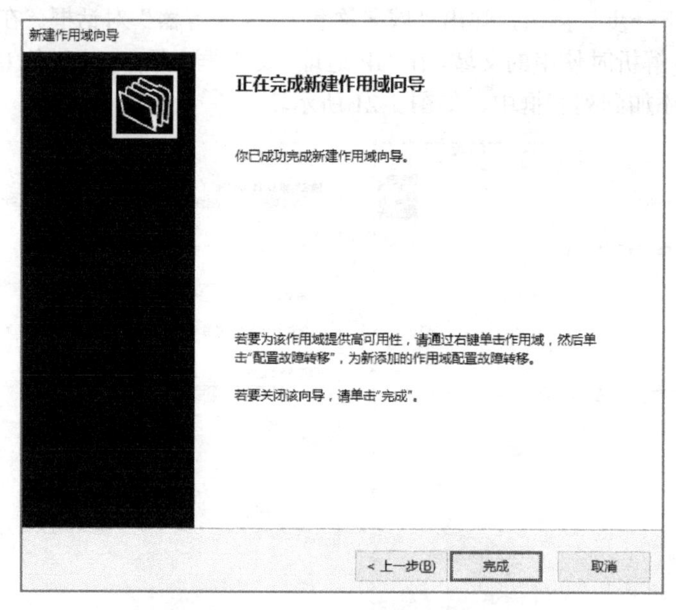

图 2-24 正在完成新建作用域向导

2.4 DHCP 服务器中的 IP 地址保留设置

在网络中，有些特殊计算机需要每次都获得相同的 IP 地址，这需要利用 DHCP 服务器的“保留”功能，将特定的 IP 地址与客户端计算机进行绑定，使该 DHCP 客户端每次向 DHCP 服务器请求时，都会获得同一个 IP 地址。

（1）在客户端的电脑上运行“ipconfig/all”命令，查看 MAC 地址，如图 2-25 所示。

（2）在“DHCP”窗口中，展开要添加保留 IP 地址的作用域，单击“保留”节点，显示提示信息，如图 2-26 所示。

```
管理员: C:\Windows\system32\cmd.exe

以太网适配器 VMware Network Adapter VMnet1:

   连接特定的 DNS 后缀 . . . . . . . :
   描述. . . . . . . . . . . . . . . : VMware Virtual Ethernet Adapter for VMnet
1
   物理地址. . . . . . . . . . . . . : 00-50-56-C0-00-01
   DHCP 已启用 . . . . . . . . . . . : 否
   自动配置已启用. . . . . . . . . . : 是
   本地链接 IPv6 地址. . . . . . . . : fe80::b078:1e80:b7c6:555%18(首选)
   IPv4 地址 . . . . . . . . . . . . : 192.168.85.1(首选)
   子网掩码  . . . . . . . . . . . . : 255.255.255.0
   默认网关. . . . . . . . . . . . . :
   DHCPv6 IAID . . . . . . . . . . . : 251678806
   DHCPv6 客户端 DUID  . . . . . . . : 00-01-00-01-21-EB-90-11-60-EB-69-B8-C7-9D

   DNS 服务器  . . . . . . . . . . . : fec0:0:0:ffff::1%1
                                       fec0:0:0:ffff::2%1
                                       fec0:0:0:ffff::3%1
   TCPIP 上的 NetBIOS  . . . . . . . : 已启用
```

图 2-25　客户端的 MAC 地址

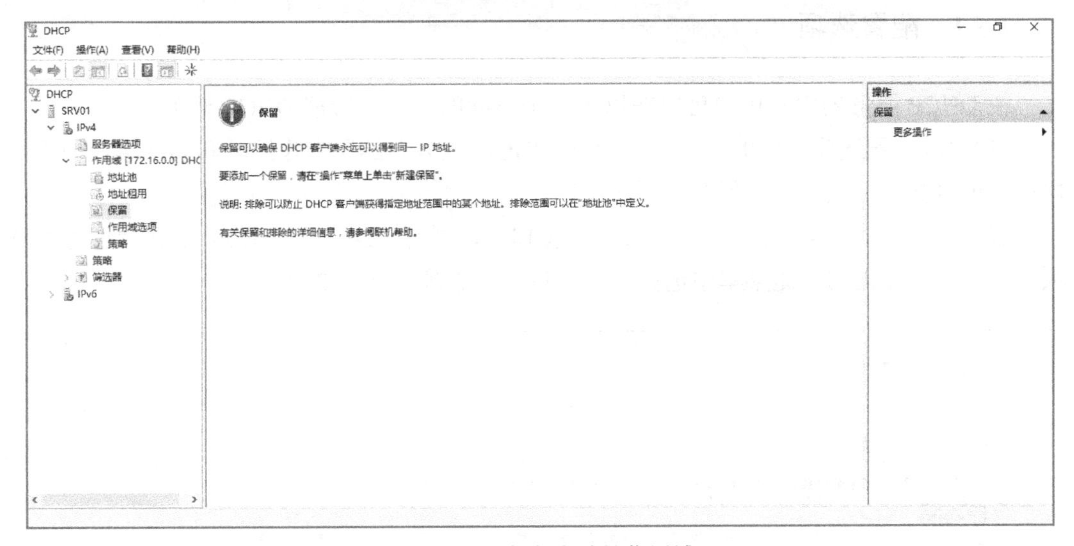

图 2-26　添加保留地址作用域

（3）右击“保留”节点，并在弹出的快捷菜单中选择“新建保留”选项，弹出“新建保留”对话框，如图 2-27 所示，需要设置如下几项。

新建保留

为保留客户端输入信息。

保留名称(R): 总经理

IP 地址(P): 172 . 16 . 1 . 200

MAC 地址(M): 00-50-56-C0-00-01

描述(E): 保留给总经理

支持的类型

- 两者(B)
- DHCP(D)
- BOOTP(O)

添加(A)　关闭(C)

图 2-27　“新建保留”对话框

① 保留名称：输入保留名称，仅用于与其他保留项相区分。

② IP 地址：输入将为客户端保留的 IP 地址。

③ MAC 地址：输入将保留的 DHCP 客户端网卡的 MAC 地址，只有使用该 MAC 地址网卡的计算机才能获得该 IP 地址。

④ 支持的类型：用于设置该客户端所支持 DHCP 服务类型，选中“两者”单选按钮即可。

2.5 配置 DHCP 作用域选项

2.5.1 配置选项

在 DHCP 服务器中，用户可以在以下几个不同的级别下管理 DHCP 选项。

（1）“服务器选项”中的配置将应用到 DHCP 服务器的所有作用域和客户端，但服务器选项可以被作用域选项或保留选项所覆盖。

服务器选项的配置方法：在“DHCP”窗口中，展开“DHCP”节点，右击“服务器选项”节点，在弹出的快捷菜单中选择“配置选项”选项，如图 2-28 所示。

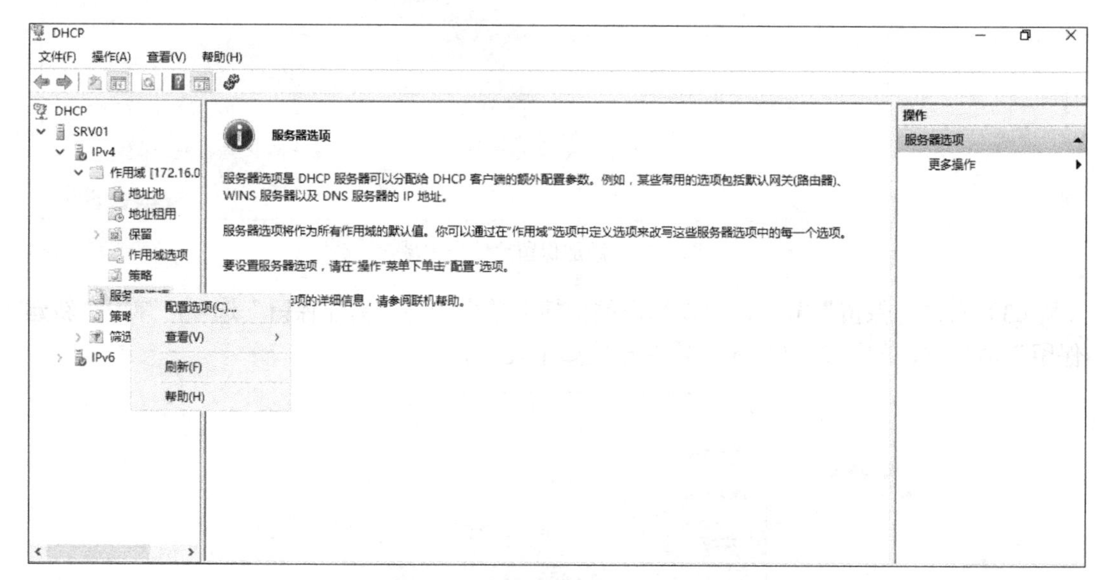

图 2-28　选择“配置选项”选项

（2）“作用域选项”中的配置应用到对应 DHCP 作用域的所有 DHCP 客户端，但作用域选项可以被保留选项所覆盖。

作用域选项的配置方法：在“DHCP”窗口中，展开“DHCP”节点，右击“作用域选项”节点，在弹出的快捷菜单中选择“配置选项”选项，如图 2-29 所示。

（3）保留选项仅为作用域中使用保留地址的单个 DHCP 客户端而设置。

保留选项的配置方式：在“DHCP”窗口中展开“DHCP”，选择“保留”，右击，在弹出的快捷菜单中选择“新建保留”选项，如图 2-30 所示。

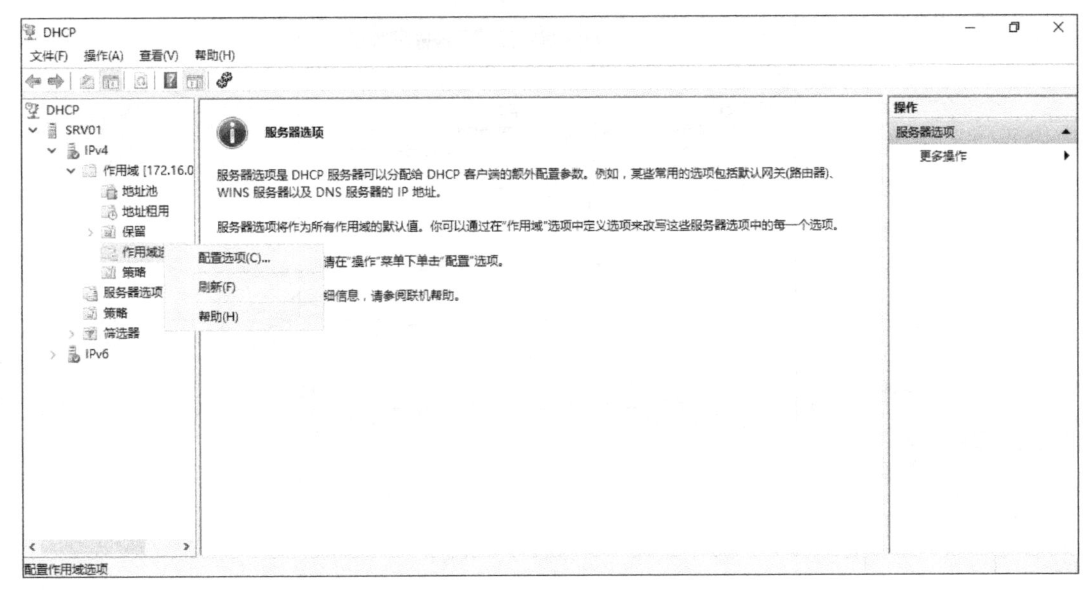

图 2-29 配置作用域选项

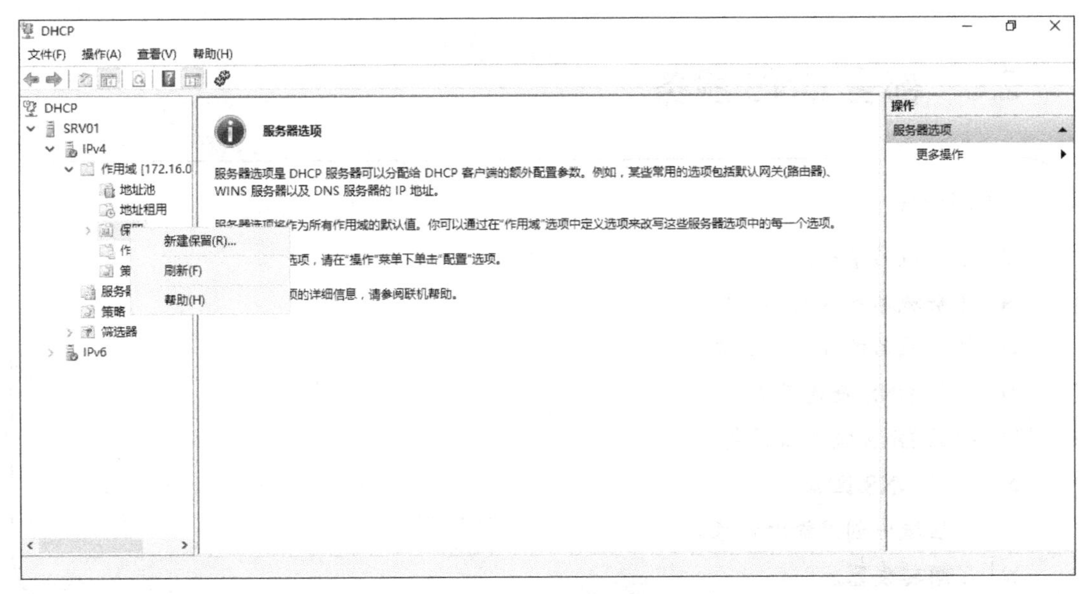

图 2-30 选择“新建保留”选项

（4）类别选项。在任何选项配置对话框（服务器选项、作用域选项或保留选项）中，均可在“高级”选项卡中配置和启用标识为指定用户或供应商类别的成员客户端的指派选项，只有那些标识自己属于此类别的 DHCP 客户端才能分配到为此类别明确配置的选项。类别选项比常规选项具有更高的优先权，可以覆盖相同级别选项（服务器选项、作用域选项或保留选项）的常识选项中指派和设置的值，如图 2-31 所示。

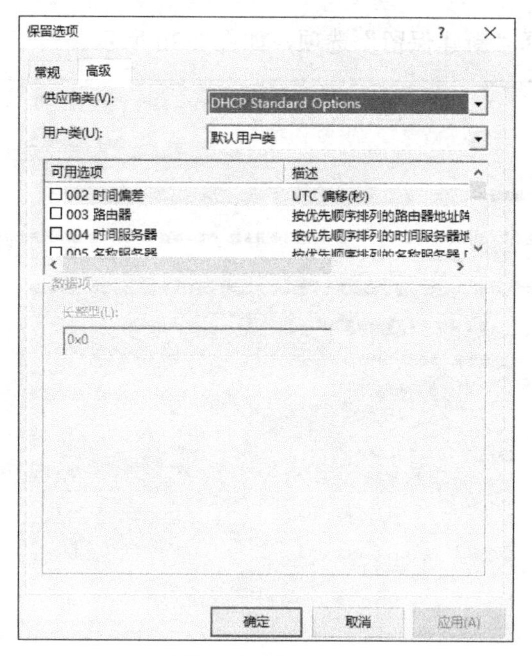

图 2-31　类别选项

2.6　部署 DNS 服务

学习目标

- 了解域名系统。
- 了解域名系统的名称空间。
- 掌握域名的分配和管理。
- 掌握 DNS 查询模式。
- 安装 DNS 服务器角色。
- 配置 DNS 区域。
- 在区域中创建资源记录。
- 了解转发器。

2.6.1　域名系统的简述

域名系统（Domain Name System，DNS）是 Internet 中解决网上机器命名的一种系统。就像拜访朋友要先知道他的地址一样，在 Internet 中，当一台主机要访问另外一台主机时，必须先获知其地址。TCP/IP 中的 IP 地址是由四段以“.”分开的数字组成的，记忆起来总是不如名称方便，所以采用了域名系统来管理名称和 IP 的对应关系。

虽然 Internet 上的节点都可以用 IP 地址作为唯一标识，并且可以通过 IP 地址被访问，但即使是将 32 位的二进制 IP 地址写成 4 个 0～255 的十位数形式，也依然太长、太难记。

因此，人们发明了域名（Domain Name），域名可使一个IP地址关联到一组有意义的字符。当用户访问一个网站的时候，既可以输入该网站的IP地址，也可以输入其域名，对访问而言，两者是等价的。例如，微软公司的Web服务器的IP地址是207.46.230.229，其对应的域名是www.microsoft.com，不管用户在浏览器中输入的是207.46.230.229还是www.microsoft.com，都可以访问其Web网站。

一个公司的Web网站可看作它在网上的门户，而域名就相当于其门牌号码，通常域名使用该公司的名称或简称。例如IBM公司的域名是www.ibm.com、Oracle公司的域名是www.oracle.com、Cisco公司的域名是www.cisco.com等。当人们要访问一个公司的Web网站，又不知道其确切域名的时候，总会先输入其公司名称作为试探。

2.6.2 域名系统的名称空间

名称空间是指定义了所有可能的名称的集合。域名系统的名称空间是层次结构的，类似Windows的文件名。它可看作一个树状结构，域名系统不区分树内节点和叶子节点，而统称为节点，不同节点可以使用相同的标记。所有节点的标记只能由3类字符组成，即26个英文字母（a～z）、10个阿拉伯数字（0～9）和英文连词号（-），并且标记的长度不得超过22个字符。一个节点的域名是由从该节点到根的所有节点的标记连接组成的，中间以点分隔。最上层节点的域名称为顶级域名（Top-Level Domain，TLD），第二层节点的域名称称为二级域名，以此类推。

2.6.3 域名的分配与管理

域名由因特网域名与地址管理机构（Internet Corporation for Assigned Names and Numbers，ICANN）管理，这是为承担域名系统管理、IP地址分配、协议参数配置，以及主服务器系统管理等职能而设立的非营利机构。ICANN为不同的国家或地区设置了相应的顶级域名，这些域名通常由两个英文字母组成。例如，.uk代表英国、.fr代表法国、.jp代表日本。中国的顶级域名是.cn，.cn下的域名由CNNIC进行管理。

CNNIC规定.cn域下不能申请二级域名，三级域名的长度不得超过20个字符，并且对名称做了如下限制。

（1）注册含有“china”“chinese”“cn”和“national”等字样的域名要经国家有关部门（指部级以上单位）正式批准。

（2）公众知晓的其他国家或者地区名称、外国地名和国际组织名称不得使用。

（3）县级以上（含县级）行政区划名称的全称或者缩写的使用要得到相关县级以上（含县级）人民政府正式批准。

（4）行业名称或者商品的通用名称不得使用。

（5）他人已在中国注册过的企业名称或者商标名称不得使用。

（6）对国家、社会或者公共利益有损害的名称不得使用。

（7）经国家有关部门（指部级以上单位）正式批准和相关县级以上（含县级）人民政府正式批准，是指相关机构要出具书面文件表示同意××××单位注册×××域名。

2.6.4 DNS查询模式

1. 递归查询

递归查询是一种DNS服务器的查询模式，在该模式下，DNS服务器接收到客户机请求，必须使用一个准确的查询结果回复客户机。如果DNS服务器本地没有存储查询DNS信息，那么该服务器会询问其他服务器，并将返回的查询结果提交给客户机。

2. 迭代查询

DNS服务器的另一种查询方式为迭代查询，DNS服务器会向客户机提供其他能够解析查询请求的DNS服务器地址，当客户机发送查询请求时，DNS服务器并不直接回复查询结果，而是告诉客户机另一台DNS服务器地址，客户机再向这台DNS服务器提交请求，依次循环直到返回查询的结果为止。

2.7 DNS服务器的安装

DNS服务器的安装步骤如下。

（1）选择“开始”菜单中的“服务器管理器”选项，打开“服务器管理器”窗口，在“仪表板”中选择“添加角色和功能”选项，如图2-32所示。

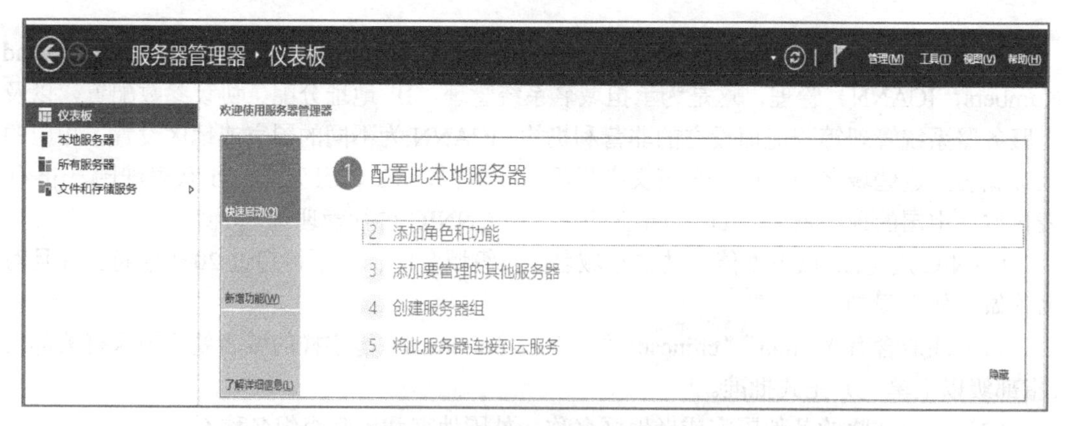

图2-32 “服务器管理器”窗口

（2）打开“添加角色和功能向导”窗口，单击“下一步”按钮，如图2-33所示。

（3）打开“选择安装类型”窗口，选中“基于角色或基于功能的安装”单选按钮，单击“下一步”按钮，如图2-34所示。

（4）打开“选择目标服务器”窗口“从服务器池中选择服务器”单选按钮，下方会自动显示这台计算机的名称和IP地址，如图2-35所示。

（5）单击“下一步”按钮，打开“选择服务器角色”窗口，勾选“角色”中的“DNS服务器”复选框，如图2-36所示。

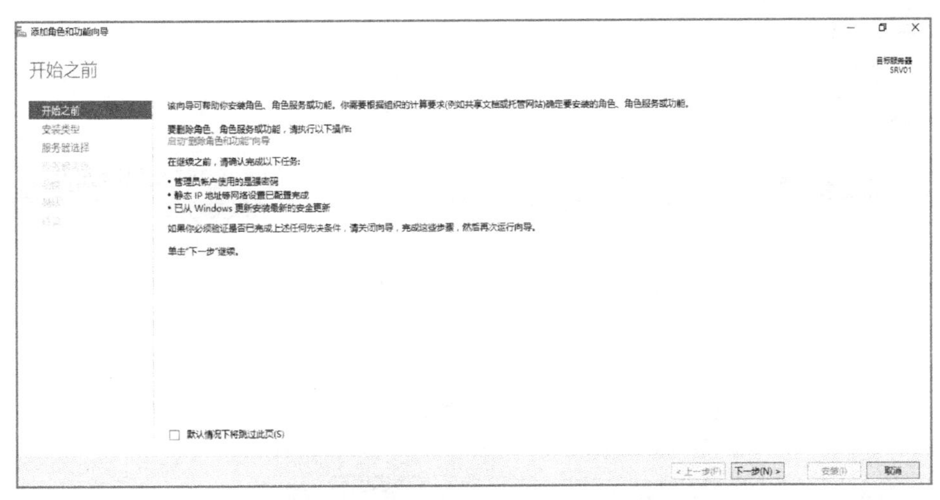

图 2-33 “添加角色和功能向导”窗口

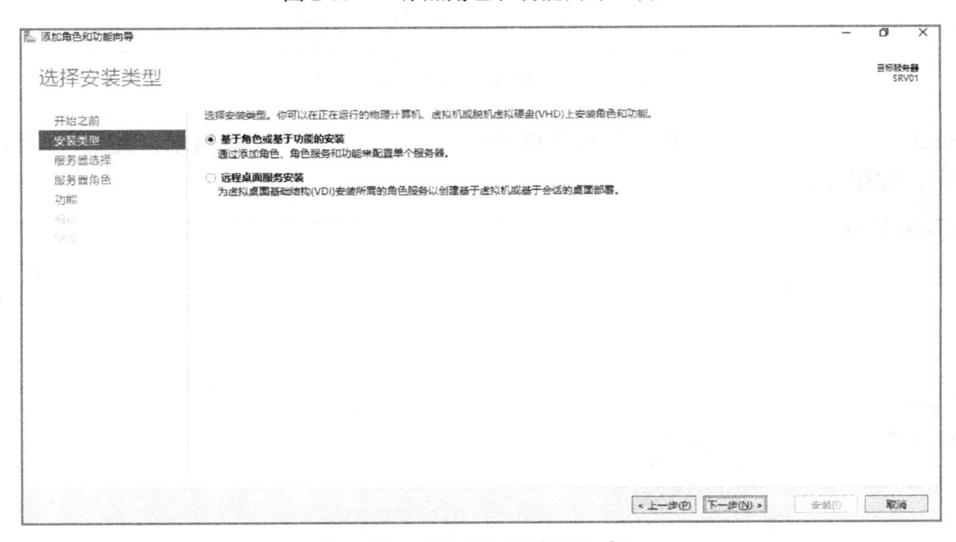

图 2-34 “选择安装类型”窗口

图 2-35 “选择目标服务器”窗口

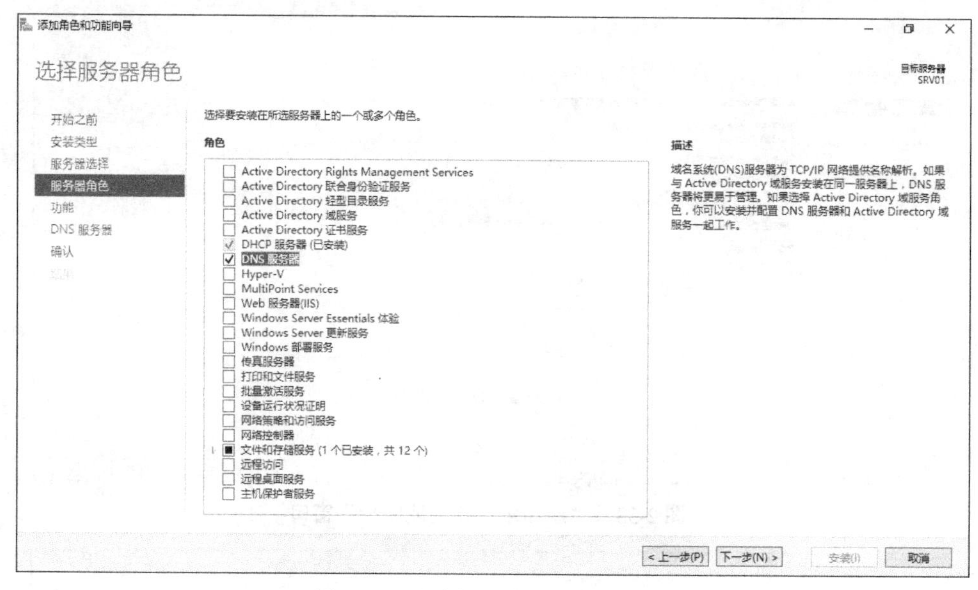

图 2-36 “选择服务器角色”窗口

（6）单击“下一步”按钮，打开“选择功能”窗口，如无特殊需求，此处采用默认设置即可，如图 2-37 所示。

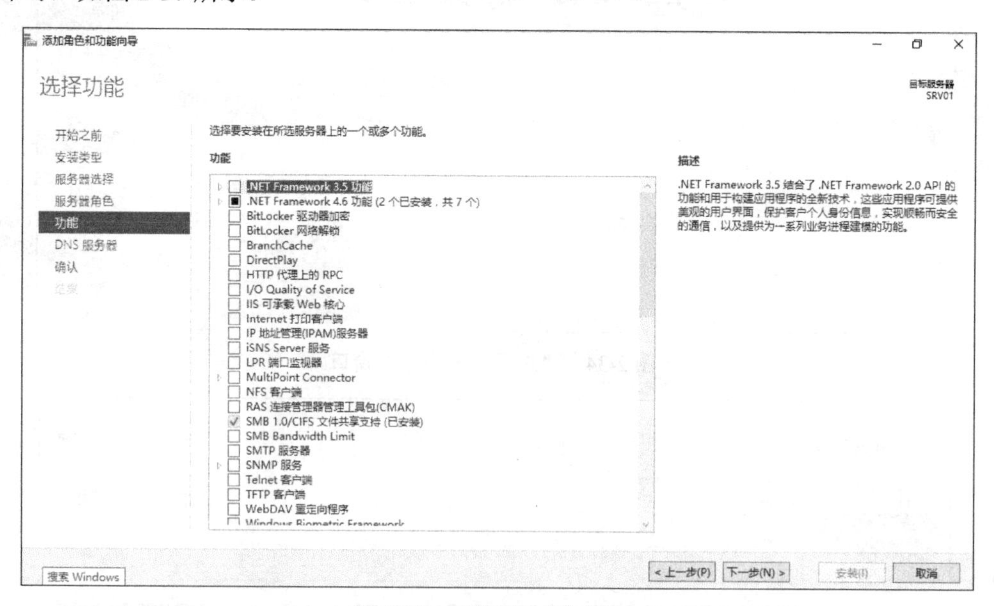

图 2-37 “选择功能”窗口

（7）单击“下一步”按钮，打开“DNS 服务器”窗口，如图 2-38 所示。

（8）单击“下一步”按钮，打开“确认安装所选内容”窗口，单击“安装”按钮，如图 2-39 所示。

（9）打开“安装进度”窗口，查看功能安装进度条，如图 2-40 所示。安装完毕后，单击“关闭”按钮完成安装。

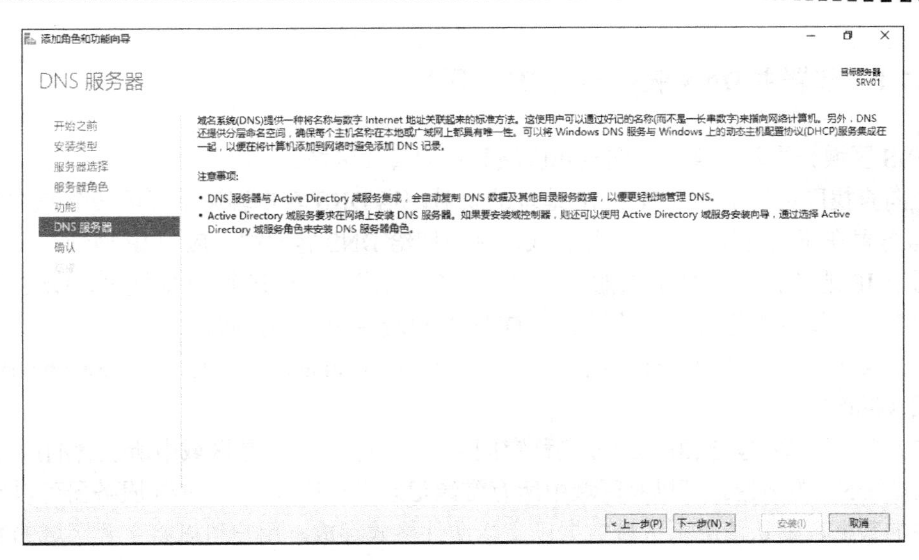

图 2-38 “DNS 服务器”窗口

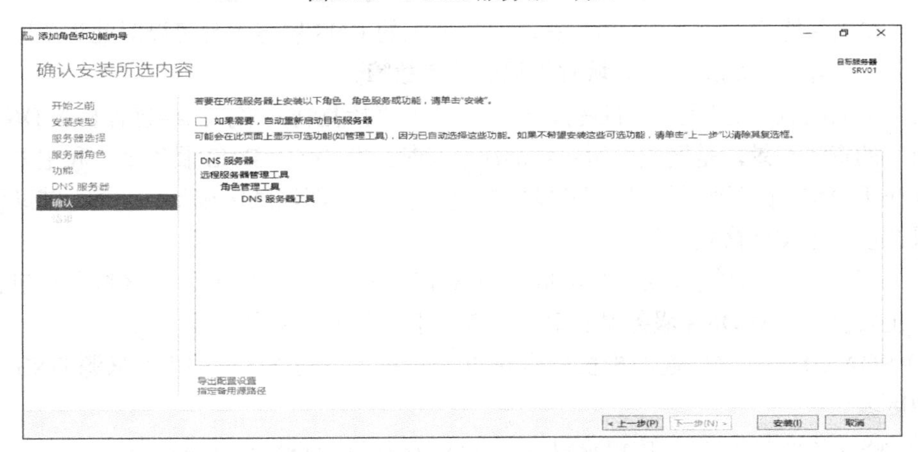

图 2-39 “确认安装所选内容”窗口

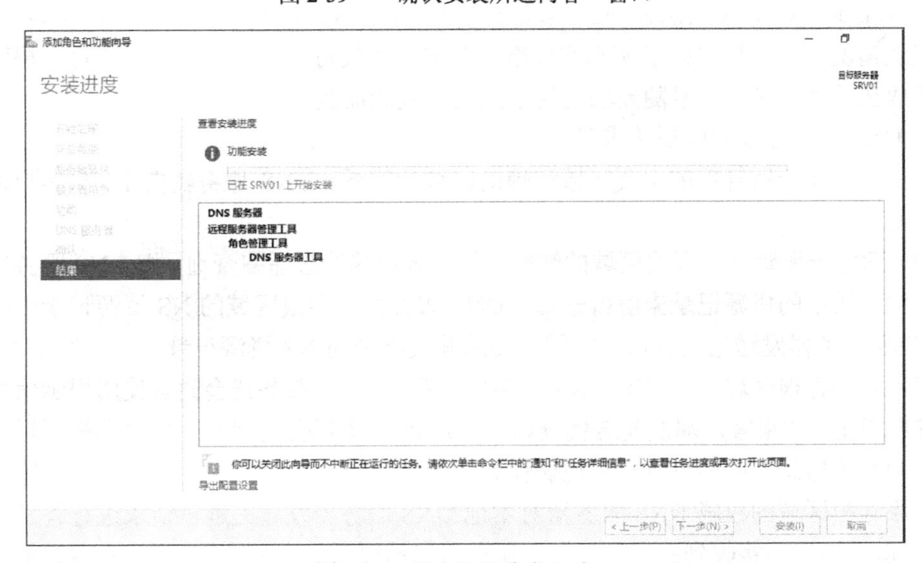

图 2-40 “安装进度条”窗口

2.7.1 部署主 DNS 服务器的 DNS 区域

DNS 区域分为两大类：正向查找区域和反向查找区域。

正向查找区域用于 FQDN 到 IP 地址的映射，当 DNS 客户端请求解析某个 FQDN 时，DNS 服务器在正向查找区域中进行查找，并返回给 DNS 客户端对应的 IP 地址；反向查找区域用于 IP 地址到 FQDN 的映射，当 DNS 客户端请求解析某个 IP 地址时，DNS 服务器在反向查找区域中进行查找，并返回给 DNS 客户端对应的 FQDN。

每一类区域又可分为三种区域类型：主要区域（Primary）、辅助区域（Secondary）、存根区域（Stub）。

（1）主要区域：包含相应 DNS 名称空间所有的资源记录，是区域中所包含的所有 DNS 域的权威 DNS 服务器。可以对区域中所有资源记录进行读写，即 DNS 服务器可以修改此区域中的数据，默认情况下区域数据以文本文件格式存放。用户可以将主要区域的数据存放在活动目录中并且随着活动目录数据的复制而复制，此时，此区域称为活动目录集成主要区域，在这种情况下，每一个运行在域控制器上的 DNS 服务器都可以对此主要区域进行读写，这样就避免了标准主要区域时出现的单点故障。

（2）辅助区域：主要区域的备份，从主要区域直接复制而来；同样包含相应 DNS 名称空间所有的资源记录，是区域中所包含的所有 DNS 域的权威 DNS 服务器；和主要区域不同之处在于 DNS 服务器不能对辅助区域进行任何修改，即辅助区域是只读的。辅助区域的数据只能以文本文件格式存放。

（3）存根区域：存根区域是 Windows Server 2003 新增加的功能。此区域只是包含了用于分辨主要区域权威 DNS 服务器的记录，有如下三种记录类型。

① SOA（委派区域的起始授权机构）：此记录用于识别该区域的主要来源 DNS 服务器和其他区域属性。

② NS（名称服务器）：此记录包含了此区域的权威 DNS 服务器列表。

③ A glue（粘附 A 记录）：此记录包含了此区域的权威 DNS 服务器的 IP 地址。

默认情况下，区域数据以文本文件格式存放，不过可以和主要区域一样将存根区域的数据存放在活动目录中并且随着活动目录数据的复制而复制。

当 DNS 客户端发起解析请求时：

（1）对于属于所管理的主要区域和辅助区域的解析，DNS 服务器向 DNS 客户端执行权威答复。

（2）而对于所管理的存根区域的解析，如果客户端发起递归查询，则 DNS 服务器会使用该存根区域中的资源记录来解析查询。DNS 服务器向存根区域的 NS 资源记录中指定的权威 DNS 服务器发送迭代查询，如同在使用其缓存中的 NS 资源记录一样；如果 DNS 服务器找不到其存根区域中的权威 DNS 服务器，那么 DNS 服务器会尝试使用提示信息进行标准递归查询。如果客户端发起迭代查询，则 DNS 服务器会返回一个包含存根区域中指定服务器的参考信息，而不再进行其他操作。

如果存根区域的权威 DNS 服务器对本地 DNS 服务器发起的解析请求进行答复，则本地 DNS 服务器会将接收到的资源记录存储在自己的缓存中，而不是将这些资源记录存储在存根区域中，唯一的例外是返回的粘附 A 记录，它会存储在存根区域中。存储在缓存中的资源记录按照每个资源记录中的生存时间(TTL)值进行缓存;而存放在存根区域中的SOA、NS和粘附A资源记录按照SOA记录中指定的过期间隔过期(该过期间隔是在创建存根区域期间创建的，在原始主要区域复制时更新)。当某个DNS服务器(父DNS服务器)向另外一个DNS服务器做子区域委派时，如果子区域中添加了新的权威DNS服务器，则父DNS服务器是不会知道的，除非用户在父DNS服务器上手动添加。存根区域主要用于解决这个问题，用户可以在父DNS服务器上为委派的子区域做一个存根区域，从而可以从委派的子区域自动获取权威DNS服务器的更新而不再需要额外的手动操作。

为DNS服务器设置为自己的IP地址：选择“开始”→“控制面板”选项，打开控制面板，选择“网络和Internet”→“网络连接”选项，在弹出的属性对话框中，更改“Ethernet0”的TCP/IP属性对话框，将IP地址设置为固定的，将首选的DNS指向自己的IP地址，如图2-41所示。

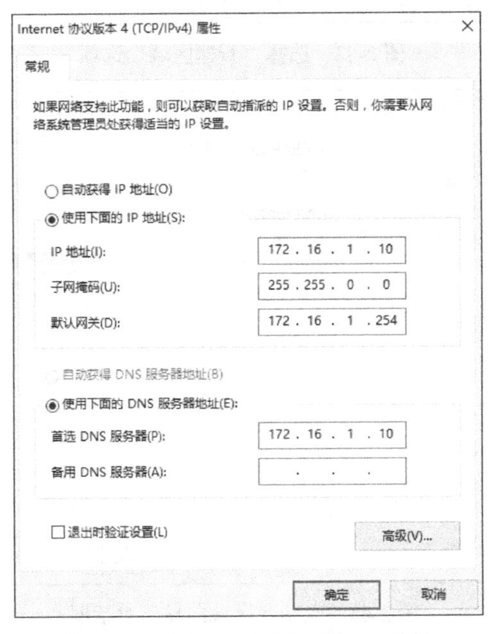

图2-41 设置DNS服务器的IP地址

2.7.2 创建正向查找区域

(1)选择“开始”→“Windows管理工具”选项，打开“DNS管理器”窗口，展开“DNS”节点，右击“SRV01”节点，在弹出的快捷菜单中选择“新建区域”选项，如图2-42所示。

(2)弹出“新建区域向导”对话框，如图2-43所示。

(3)单击“下一步”按钮，弹出“区域类型”对话框，如图2-44所示。选中“主要区域”单选按钮。单击“下一步”按钮，弹出“正向或反向查找区域”对话框，选中“正向查找区域”单选按钮，如图2-45所示。

(4)单击“下一步”按钮，弹出“区域名称”对话框，如图2-46所示，输入区域名称“dev.com”。单击“下一步”按钮，弹出“区域文件”对话框，创建新文件，“文件名”为“dev.com.dns”，如图2-47所示。

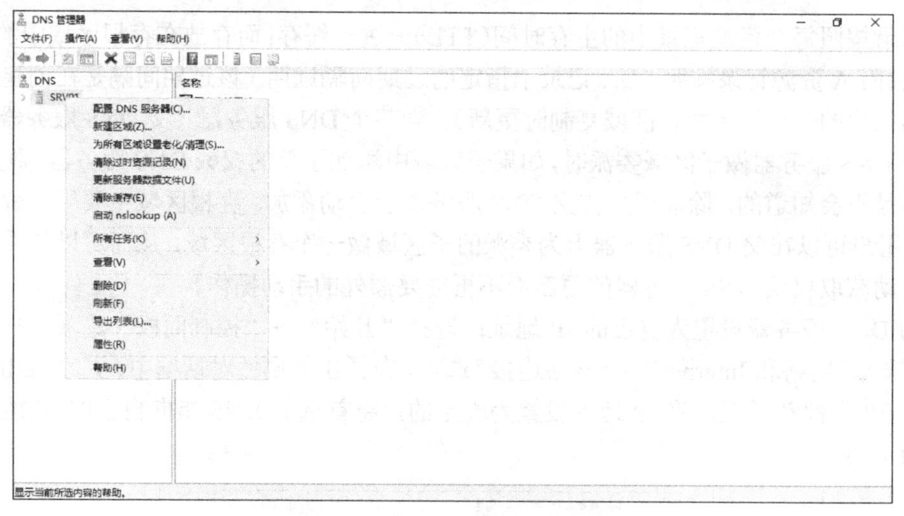

图 2-42 选择“新建区域”选项

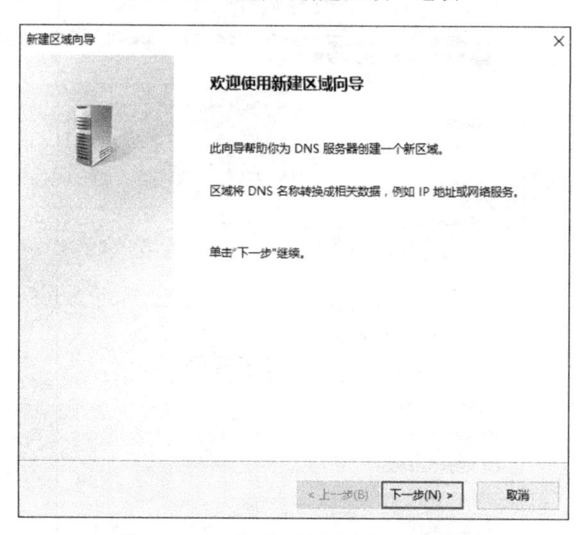

图 2-43 “新建区域向导”对话框

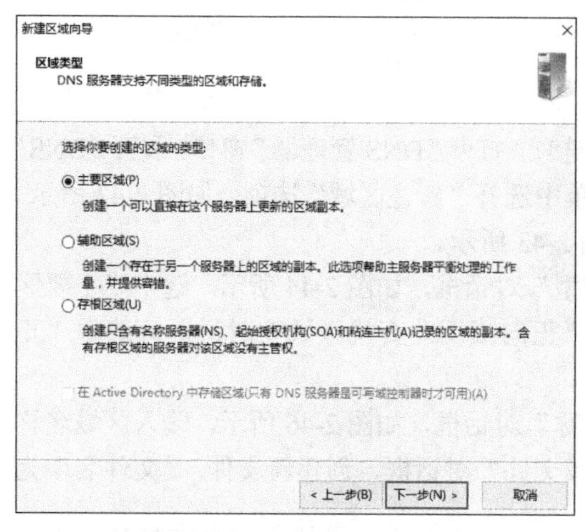

图 2-44 “区域类型”对话框

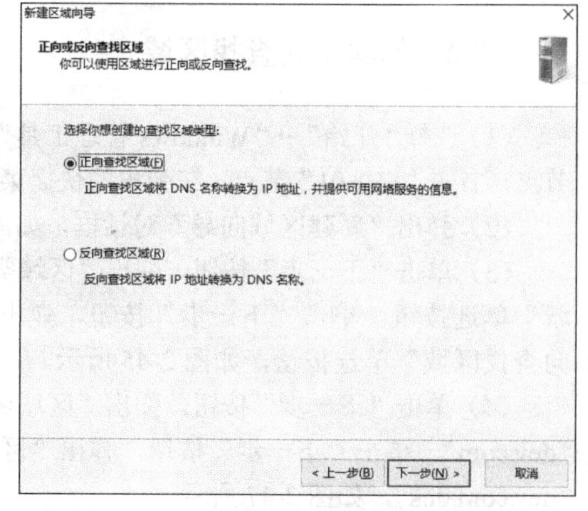

图 2-45 “正向或反向查找区域”对话框

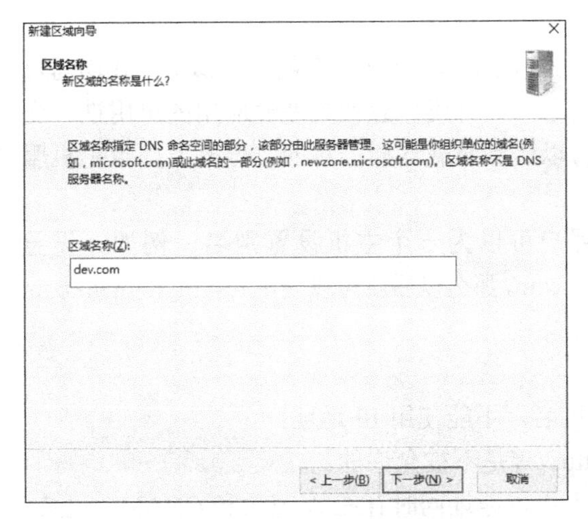

图 2-46 “区域名称”对话框

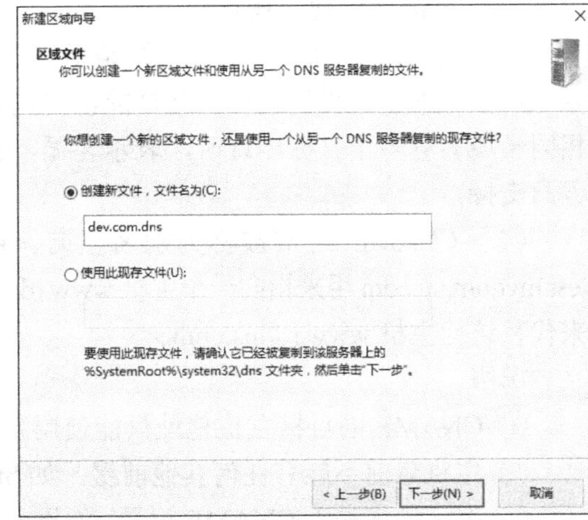

图 2-47 “区域文件”对话框

（5）单击“下一步”按钮，弹出“动态更新”对话框，如图 2-48 所示。不允许动态更新。单击“下一步”按钮，弹出“正在完成新建区域向导”对话框，单击“完成”按钮，创建区域“dev.com”，如图 2-49 所示。

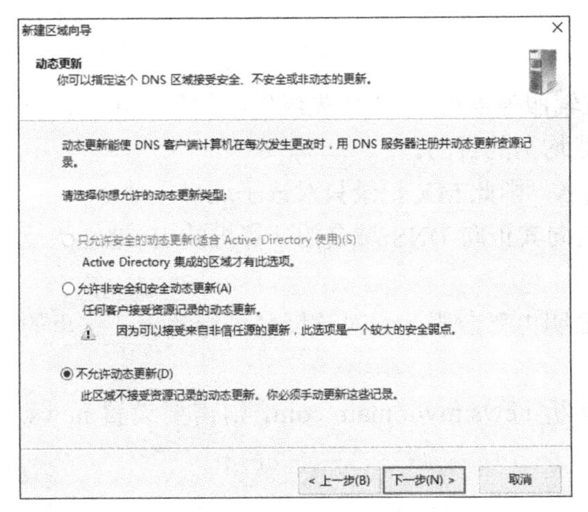

图 2-48 “动态更新”对话框

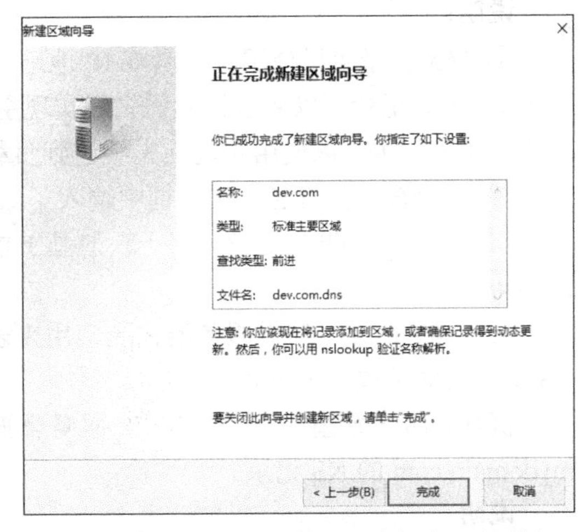

图 2-49 “正在完成新建区域向导”对话框

2.7.3 在正向查询中添加记录

1. 域名解析中的记录中的区别和联系

（1）A 记录又称 IP 指向，用户可以在此设置子域名并指向自己的目标主机地址，从而实现通过域名找到服务器。

说明：指向的目标主机地址类型只能使用 IP 地址。

附加说明：

① 泛域名解析即将该域名所有未指定的子域名都指向一个空间。在“主机名”文本框中输入“*”，“类型”设置为“A”，在“IP 地址/主机名”文本框中输入 Web 服务器的

IP 地址，单击“新增”按钮即可。

② 负载均衡的实现，负载均衡是指在一系列资源上动态地分布网络负载。负载均衡可以减少网络拥塞，提高整体网络性能，提高自愈性，并确保企业关键性应用的可用性。当相同子域名有多个目标地址时，表示轮循，可以达到负载均衡的目的，但需要虚拟主机服务商支持。

（2）CNAME 通常被称为别名指向。用户可以为一个主机设置别名。例如，设置 test.mydomain.com 用来指向一个主机 www.rddns.com，那么以后就可以使用 test.mydomain.com 来代替访问主机 www.rddns.com。

说明：

① CNAME 的目标主机地址只能使用主机名，不能使用 IP 地址。

② 主机名前不能有任何其他前缀，如 http://等是不被允许的。

③ A 记录优先于 CNAME 记录。如果一个主机地址同时存在 A 记录和 CNAME 记录，则 CNAME 记录不生效。

（3）MX 记录邮件交换记录：用于将以该域名为结尾的电子邮件指向对应的邮件服务器以进行处理。例如，用户所用的邮件是以域名 mydomain.com 为结尾的，则需要在管理界面中添加该域名的 MX 记录来处理所有以@mydomain.com 结尾的邮件。

说明：

① MX 记录可以使用主机名或 IP 地址。

② MX 记录可以通过设置优先级实现主辅服务器设置，“优先级”中的数字越小，表示级别越高。也可以使用相同优先级达到负载均衡的目的。

③ 如果在“主机名”文本框中输入子域名，则此 MX 记录只对该子域名生效。

（4）指针（PTR）记录：用于映射基于指向其正向 DNS 域名的计算机的 IP 地址的反向 DNS 域名。

（5）NS 记录：解析服务器记录，用来表明由哪台服务器对该域名进行解析。这里的 NS 记录只对子域名生效。

例如，用户希望由 12.34.56.78 服务器解析 news.mydomain.com，则需要设置 news.mydomain.com 的 NS 记录。

说明：

① “优先级”中的数字越小，表示级别越高。

② 在“IP 地址/主机名”文本框中既可以输入 IP 地址，也可以输入类似 ns.mydomain.com 的主机地址，但必须保证该主机地址有效。

例如，将 news.mydomain.com 的 NS 记录指向 ns.mydomain.com，在设置 NS 记录的同时还需要设置 ns.mydomain.com 的指向，否则 NS 记录将无法正常解析。

③ NS 记录优先于 A 记录。如果一个主机地址同时存在 NS 记录和 A 记录，则 A 记录不生效。这里的 NS 记录只对子域名生效。

2. 添加主机记录

（1）在“DNS 管理器”窗口中，展开“正向查找区域”节点，如图 2-50 所示，右击“dev.com”节点，在弹出的快捷菜单中选择“新建主机”选项，弹出“新建主机”对话框。

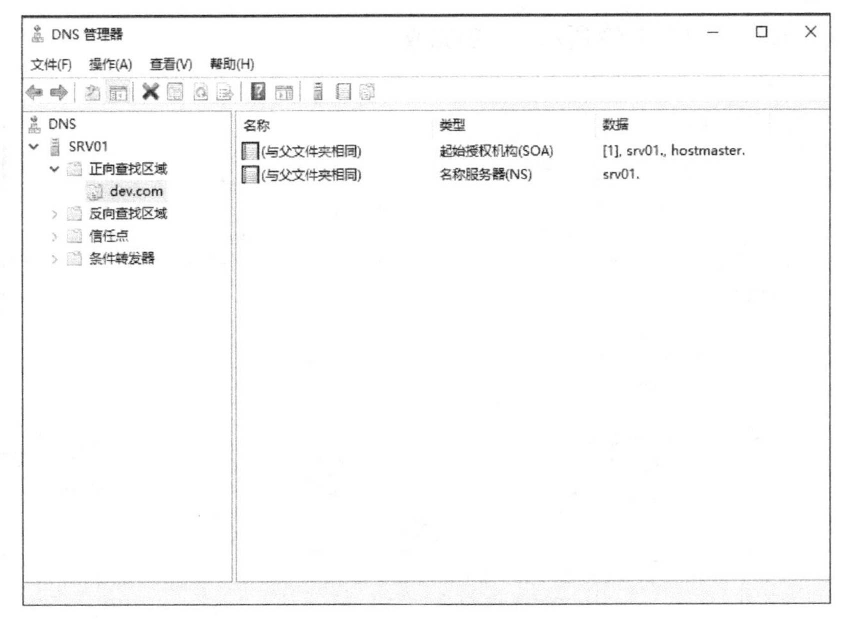

图 2-50 “DNS 管理器”窗口

（2）打开的“新建主机”对话框，在“名称（如果为空则使用其父域名称）”“文本框中输入 DNS 计算机名称“www”，在“IP 地址”文本框中输入 IP 地址“172.16.1.15”，勾选“创建相关的指针（PTR）记录”复选框，单击“添加主机”按钮，如图 2-51 所示，添加完成。

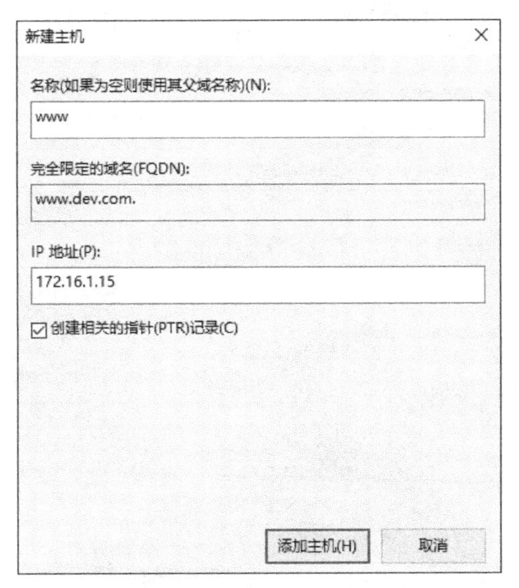

图 2-51 “新建主机”对话框

3）添加别名记录

（1）在“DNS 管理器”窗口中，展开“DNS”→“正向查找区域”节点，右击“dev.com”，在弹出的快捷菜单中选择“新建别名（CNAME）”选项，如图 2-52 所示。

（2）弹出的“新建资源记录”对话框，在“别名（如果为空则使用其父域名称）”文本框中输入别名“web”，在“目标主机的完全合格的域名”文本框中输入“www.dev.com”，单击“确定”按钮，如图2-53所示，添加完成。

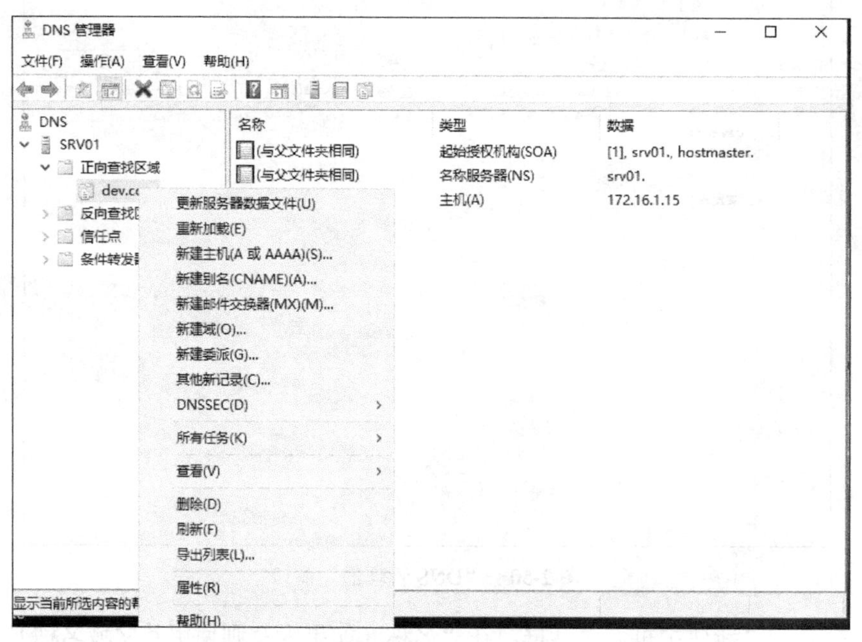

图2-52　选择“新建别名（CNAME）”选项

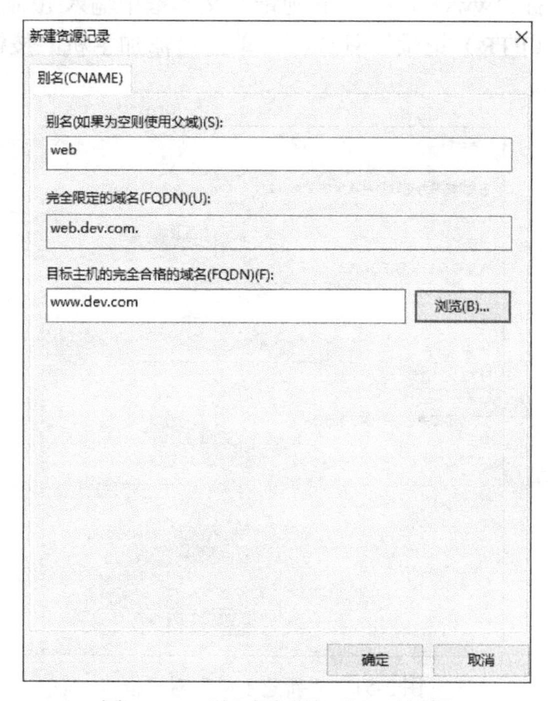

图2-53　“新建资源记录”对话框

3. 创建邮寄交换记录

（1）在“DNS管理器”窗口中，展开“DNS”→“正向查找区域”节点，右击“dev.com”节点，在弹出的快捷菜单中选择“新建邮件交换器（MX）”选项，如图2-54所示。

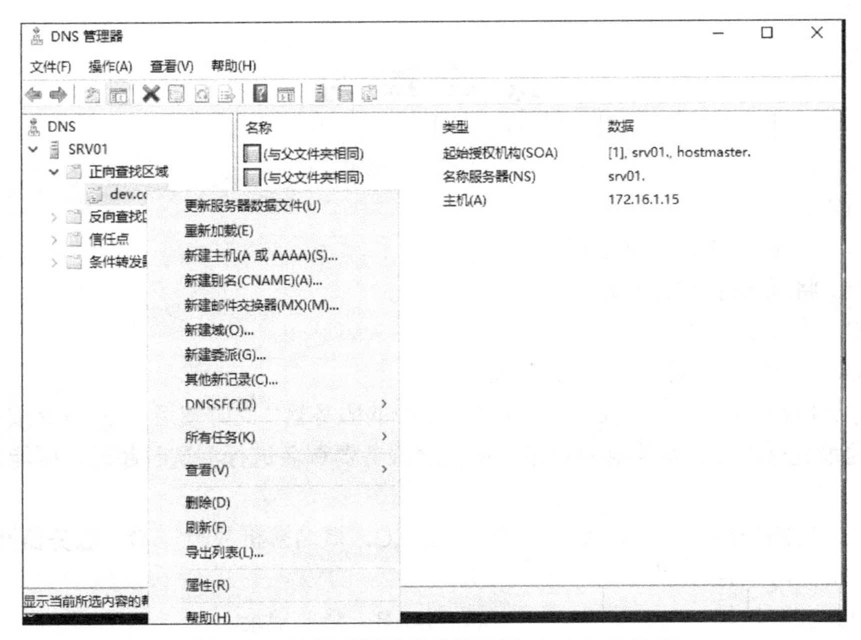

图 2-54 选择“新建邮件服务器（MX）”选项

（2）弹出“新建资源记录”对话框，在“主机或子域”文本框中输入“mail”，在“在邮件服务器的完全限定的域名（FQDN）”文本框中输入“www.dev.com”，单击“确定”按钮，如图 2-55 所示，完成创建。

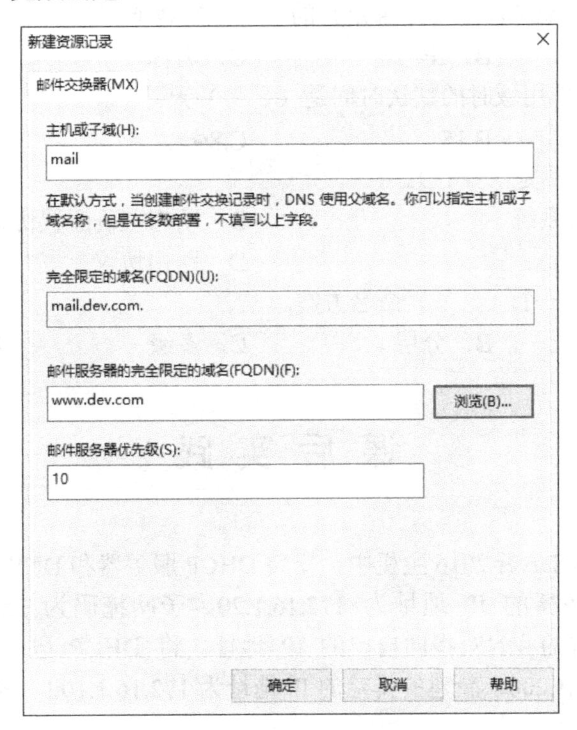

图 2-55 新建邮寄交换记录

课 后 练 习

（1）DNS 的作用是（　　）。

A．将端口翻译成 IP 地址

B．将域名翻译成 IP 地址

C．将 IP 地址翻译成硬件地址

D．将 MAC 地址翻译成 IP 地址

（2）某计算机无法访问域名为 www.dev.com 的服务器，此时使用 ping 命令按照该服务器的 IP 地址进行测试，发现响应正常，但按照服务器域名进行测试时超时，可能出现的问题是（　　）。

A．线路故障　　B．路由故障　　C．域名解析故障　　D．服务器网卡故障

（3）ipconfig/release 的作用是（　　）。

A．获取地址　　B．释放地址

C．查看所有 IP 配置　　D．测试主机

（4）DHCP 指（　　）。

A．静态主机配置协议　　B．动态主机配置协议

C．主机配置协议　　D．自动获取 IP 地址

（5）创建保留 IP 地址，主要是绑定它的（　　）地址。

A．MAC　　B．IP　　C．名称　　D．协议

（6）DHCP 创建作用域时的默认时间是（　　）天。

A.10　　B.15　　C.8　　D.30

（7）DNS 中文全称是（　　）。

A．域名解析系统　　B．动态主机配置协议

C．万维网　　D．路由协议

（8）DNS 提供了一个（　　）命名方案。

A．分级　　B．分层　　C．多级　　D．多层

课 后 实 践

在一台 Windows Server 2016 主机中，安装 DHCP 服务器和 DNS 服务器。

（1）DHCP 服务器的 IP 地址为 172.16.1.20、子网掩码为 255.255.255.0，网关为 172.16.1.254、将首选的 DNS 指向自己的 IP 地址。将 DHCP 服务器的 IP 地址设置为 172.16.1.100～172.16.1.200，新建的排除的 IP 地址为 172.16.1.100，将 172.16.1.200 用作保留地址。

（2）在 DNS 服务器中，建立正向查找区域 dev.com 后，创建主机记录 www，配置静态 DNS 客户机，在 DNS 客户机的命令行窗口中使用 ping www.dev.com 命令检验 DNS 服务是否正常。

配置服务器角色

在网络中，资源共享和计算机之间的相互通信是网络形成和发展到今天的主要动力。当前，公司内部通过软盘或U盘实现资源共享是非常低效的，通过网络共享资源已经成为每个公司的基本需求。学会搭建文件服务器是一项最基本的技能，Windows Server 2016 可以提供良好的网络资源共享的功能。

3.1 配置文件和共享访问

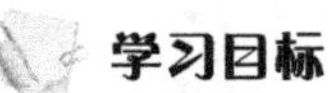
学习目标

- FAT16、FAT32、NTFS 格式的区别。
- 文件夹共享与权限设置。

3.1.1 FAT16、FAT32、NTFS 格式的区别

（1）FAT16：FAT16 就是 FAT，以前用的 DOS、Windows 95 系统都使用 FAT16 文件系统，现在常用的 Windows 98/2000/XP 等系统均支持 FAT16 文件系统。它最大可以管理 2GB 大小的分区，但每个分区最多只能有 65525 个簇（簇是磁盘空间的配置单位）。随着硬盘或分区容量的增大，每个簇所占的空间将会越来越大，从而导致硬盘空间的浪费。

（2）FAT32：随着大容量硬盘的出现，FAT32 从 Windows 98 系统开始流行。它是 FAT16 的增强版本，可以支持 2TB（2048GB）大小的分区。FAT32 使用的簇比 FAT16 小，从而有效地节约了硬盘空间。FAT32 是 FAT16 文件系统的派生，能支持更小的簇和更大的分区，这就使得 FAT32 分区的空间分配更有效率。FAT32 主要应用于 Windows 98 及后续版本的 Windows 系统，它可以增强磁盘性能，增加可用磁盘空间，并支持长文件名。

（3）新技术文件系统（New Technology File System，NTFS）：由微软 Windows NT 为内核的一系列操作系统支持的、一种特别为网络和磁盘配额、文件加密等管理安全特性设计的磁盘格式。它与旧的 FAT 文件系统的主要区别在于 NTFS 支持元数据（Metadata），并

且可以利用先进的数据结构提供更好的性能、更好的稳定性和磁盘利用率。随着以 NT 为内核的 Windows 2000/XP 系统的普及，很多个人用户开始使用到 NTFS。NTFS 也是以簇为单位来存储数据文件的，但 NTFS 中簇的大小并不依赖于磁盘或分区的大小。簇尺寸的缩小不但减少了磁盘空间的浪费，还减小了产生磁盘碎片的概率。NTFS 支持文件加密管理功能，可为用户提供更高层次的安全保证。

NTFS 分区格式具有极高的安全性和稳定性，在使用中不易产生文件碎片。其可对用户操作进行记录，通过对用户权限进行严格限制，使每个用户只能按照系统赋予的权限进行操作，充分保护了系统与数据的安全。convert.exe 是 Windows Server 2016 附带的一个 DOS 命令行程序，通过它可以在不破坏 FAT 文件系统的前提下，直接将 FAT 转换为 NTFS。例如，convert D: /FS:NTFS 可将 D 盘的文件系统转换为 NTFS。

3.1.2 文件夹共享与权限设置

1. 共享文件夹

将存储在本地计算机中的文件夹共享，使网络中的其他用户能够访问，这种文件夹称为共享文件夹。

2. 共享文件夹的优点

其优点是方便、快捷，和其他存储介质（软盘、光盘）相比，不受文件数量和大小限制，可同步更新。

3. Windows Server 2016 服务器共享文件夹的设置与管理

以下是几种设置共享文件夹的方法。

1）利用“共享文件夹向导”创建共享文件夹

（1）选择“开始”→“计算机管理”选项，打开“计算机管理”窗口，单击“系统工具”→“共享文件夹”→“共享”节点，如图 3-1 所示。

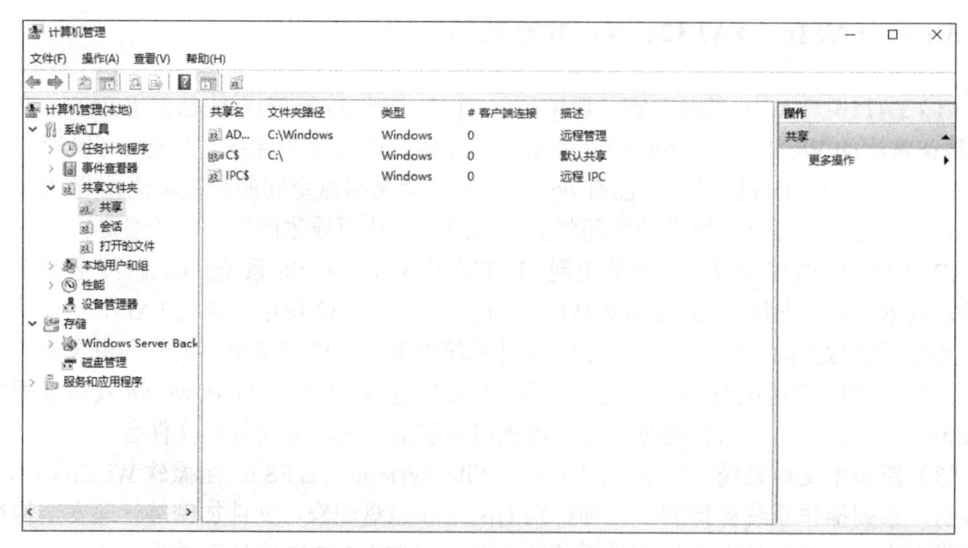

图 3-1 “计算机管理”窗口

（2）在右边窗格显示了计算机中所有共享文件夹的信息。如果要建立新的共享文件夹，可通过选择“操作”→“新建共享”选项，或者在左侧窗格中右击“共享”节点，在弹出的快捷菜单中选择“新建共享”选项，弹出“创建共享文件夹向导”对话框，如图 3-2 所示。单击“下一步”按钮，弹出“文件夹路径”对话框，在“文件夹路径”文本框中输入要共享的文件夹路径“C:\test”，如图 3-3 所示。

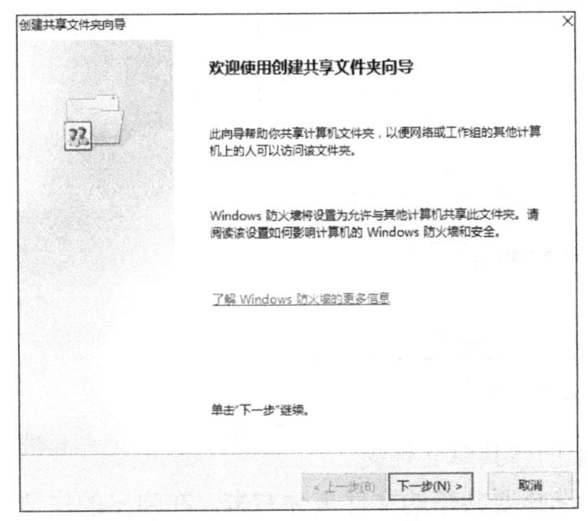

图 3-2 “创建共享文件夹向导”对话框

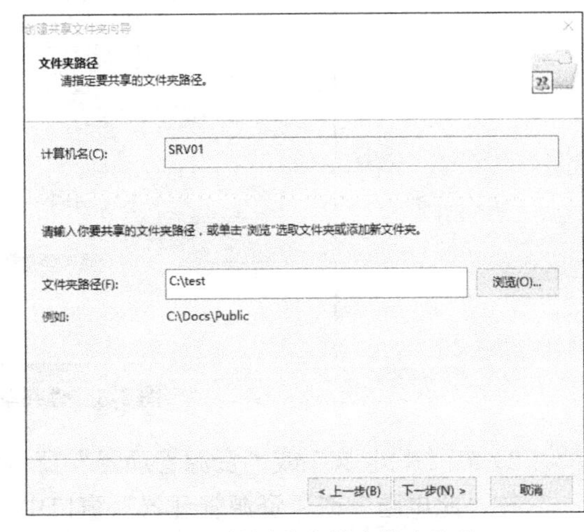

图 3-3 设置共享的文件夹路径

（3）单击“下一步”按钮，弹出“名称、描述和设置”对话框，输入共享名、描述和脱机设置，在“描述”文本框中输入对该资源的描述信息，方便用户了解其内容，如图 3-4 所示。单击“下一步”按钮，弹出“共享文件夹的权限”对话框，用户可以根据自己的需要设置网络用户的访问权限，也可以自定义网络用户的访问权限，如图 3-5 所示，即可完成共享文件夹的设置。

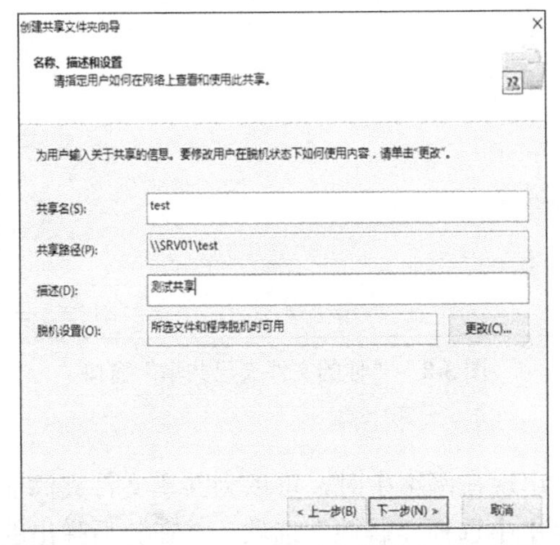

图 3-4 设置共享名称、共享描述和脱机设置

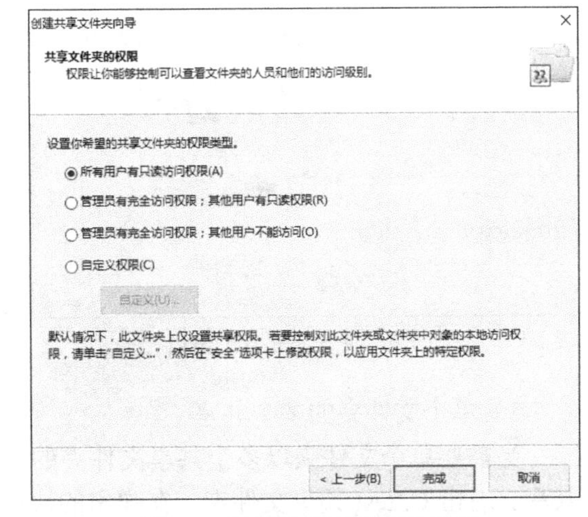

图 3-5 设置共享文件夹的权限

（4）打开“共享成功”对话框，单击“完成”按钮，完成创建，如图 3-6 所示。

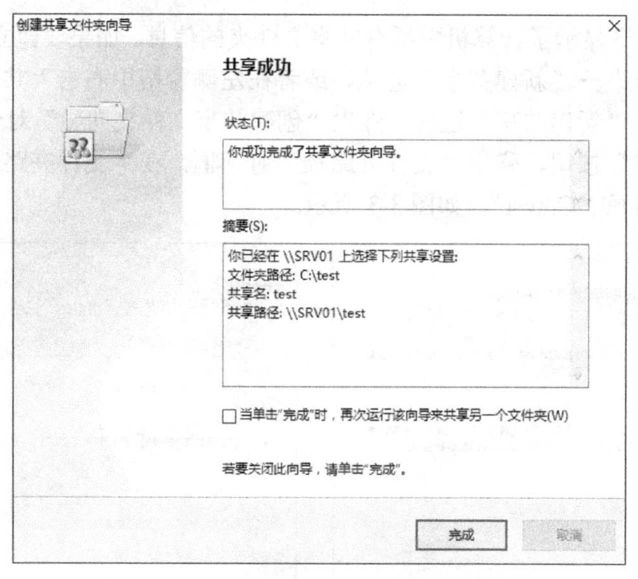

图 3-6 “共享成功”对话框

2）在“此电脑”或“资源管理器”窗口中创建共享文件夹

在“此电脑”或“资源管理器”窗口中，选择要共享的文件夹并右击，在弹出的快捷菜单中选择“共享”选项，打开“文件共享”窗口，在该窗口中进行相关的操作，如图 3-7 所示。设置好后单击“共享”按钮，打开“你的文件夹已共享”窗口，单击“完成”按钮，如图 3-8 所示。

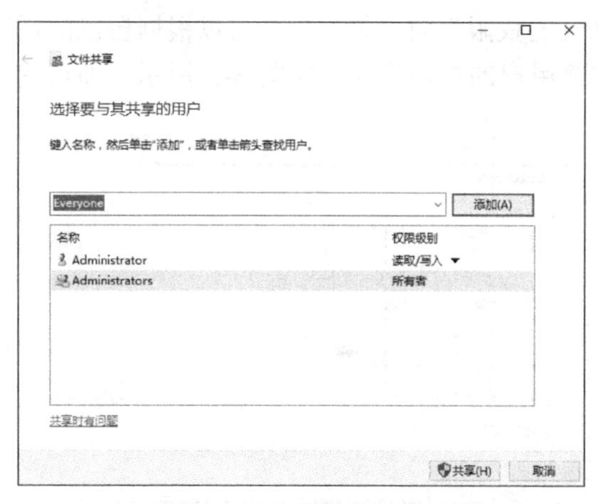

图 3-7 “文件共享”窗口

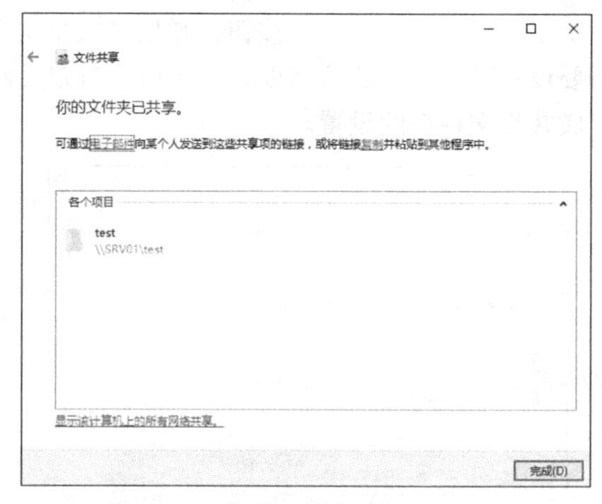

图 3-8 “你的文件夹已共享”窗口

3）单个文件夹的多个共享

当需要单个文件夹以多个共享文件夹的形式出现在网络中时，可以为共享文件夹添加共享。右击 C:\test 共享文件夹，在弹出的快捷菜单中选择“属性”选项，并在随后弹出的“test 属性”对话框中选择“共享”选项卡，如图 3-9 所示。单击该选项卡中的“高级共享”按钮，弹出“高级共享”对话框，如图 3-10 所示。单击“添加”按钮，弹出“新建共享”对话框，除了可以设置新的共享名，还可以为其设置相应的描述、用户数限制和共享权限，如图 3-11 所示。

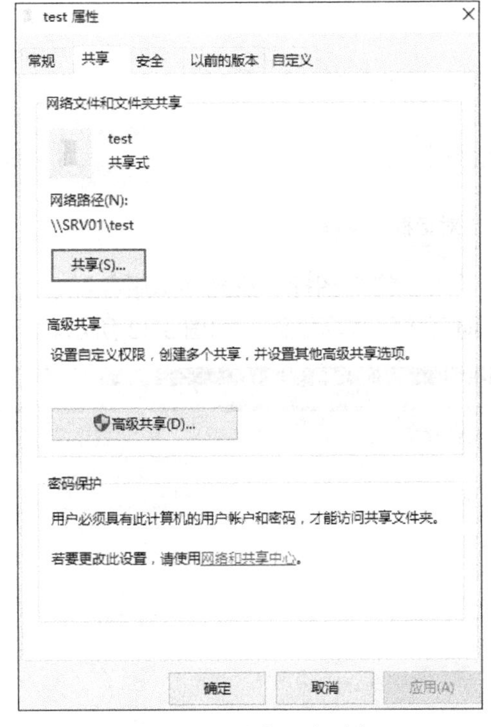

图 3-9 “共享”选项卡

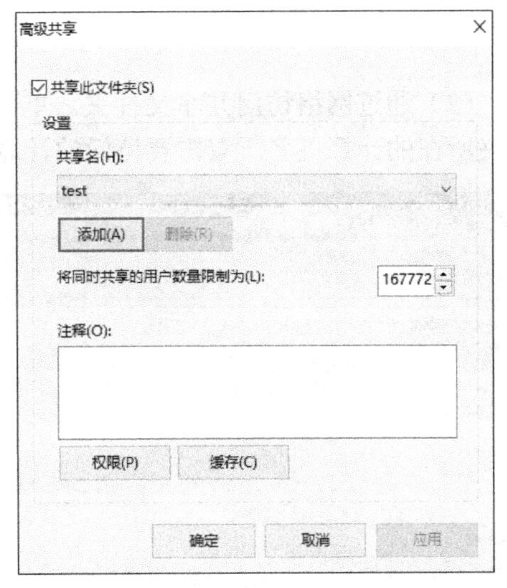

图 3-10 “高级共享”对话框

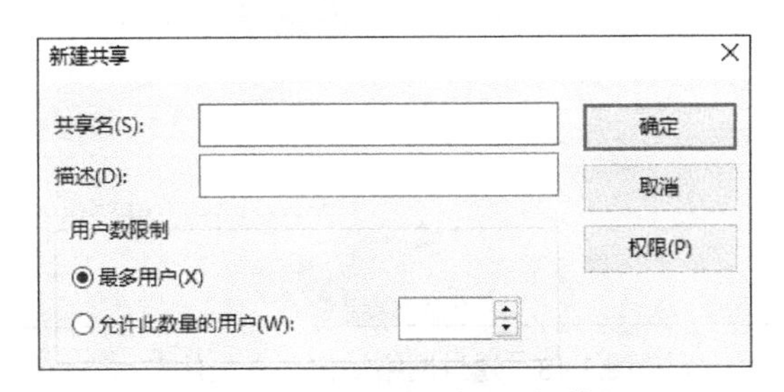

图 3-11 “新建共享”对话框

4．访问共享文件夹

（1）使用通用命名规则（Universal Naming Convention，UNC）路径访问共享文件夹。UNC 为网络（主要指局域网）上资源的完整名称。

其格式为 servername\sharename。

其中，servername 是服务器名；sharename 是共享资源的名称。

目录或文件的 UNC 名称可以包括共享名称的目录路径，格式为\\servername\sharename\directory\filename。

也可以在资源管理器的地址栏中输入 UNC 路径访问该文件夹。选择“开始”→“运行”选项，弹出“运行”对话框，输入\\对方的 IP 地址或\\对方的主机名，单击“确定”按钮，即可访问对方共享的文件夹，如图 3-12 所示。

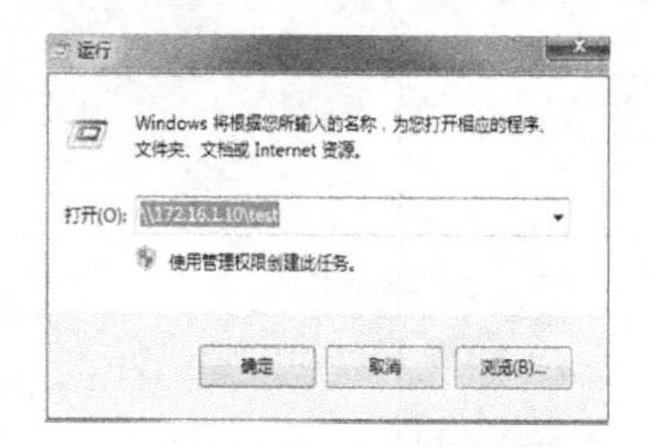

图 3-12　“运行”对话框

（2）通过网络访问共享文件夹。单击桌面上的“网络”图标，找到共享服务器中的文件夹所在的计算机名，双击要访问的计算机名，即可访问共享资源，如图 3-13 所示。

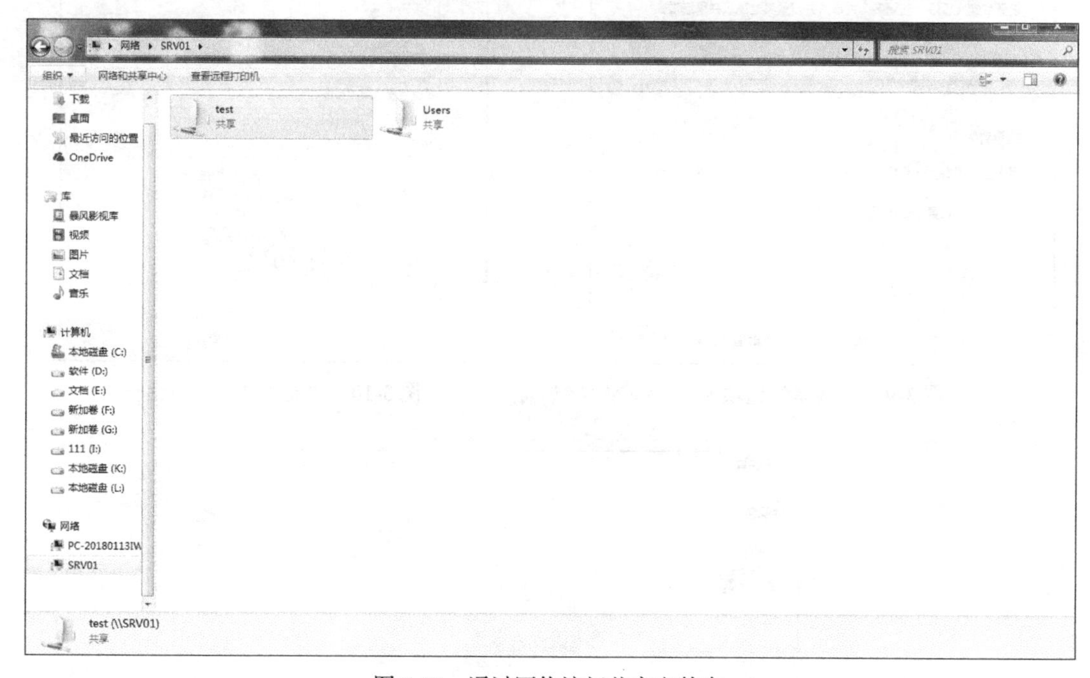

图 3-13　通过网络访问共享文件夹

5. 共享文件夹权限

共享文件夹权限是控制用户通过网络访问共享文件夹的手段，共享文件夹权限仅当用户通过网络访问文件夹时才有效，本地用户不受此权限制约。

1）共享文件夹权限类型

共享文件夹权限有读取、更改和完全控制三种。

（1）读取：Everyone 组的默认权限，可查看共享文件夹的文件及子文件夹名称，遍历子文件夹，查看文件内容和属性，运行共享文件夹中的程序文件。

（2）更改：除了允许用户具有“读取”权限，还允许用户在共享文件夹中创建文件和子文件夹，删除共享文件夹中的文件和子文件夹，修改文件属性和内容。

（3）完全控制：除了允许用户具有“读取”和“更改”权限，还允许用户具有修改文件和子文件夹的 NTFS 权限。

2）共享文件夹权限

（1）复制和移动对共享权限的影响。

当共享文件夹被复制到另一个位置后，原文件夹的共享状态不会受到影响，复制产生的新文件夹不具备原有的共享设置。当共享文件夹被移动到另一个位置时，将弹出对话框，提示移动后的文件夹将失去原有的共享设置。

（2）共享权限与 NTFS 权限。

共享权限仅对网络访问有效，当用户从本机访问一个文件夹时，共享权限完全无用。NTFS 权限对于网络访问和本地访问都有效，但是要求文件或文件夹必须在 NTFS 分区上，否则无法设置 NTFS 权限。需要注意的是，FAT 和 FAT32 分区上的文件夹不具备 NTFS 权限，也就是说，只能通过共享权限来控制该文件夹的远程访问权限，无法使用 NTFS 权限来控制其本机访问权限。在这种情况下，建议减少用户从本机登录的情况发生，尽量强制用户从网络访问该文件夹。

（3）拒绝权限优于允许权限。

“拒绝优于允许”原则是一条非常重要且基础的原则，它可以非常完美地处理好用户在用户组的归属方面引起的权限“纠纷”。例如，“shyzhong”用户既属于“shyzhongs”用户组，也属于“xhxs”用户组，当对“xhxs”用户组中某个资源进行“写入”权限的集中分配（针对用户组进行分配）时，该用户组中“shyzhong”用户将自动拥有“写入”权限。

但“shyzhong”用户明明拥有对这个资源的“写入”权限，为什么在实际操作中却无法执行呢？原来，在“shyzhongs”用户组中同样对“shyzhong”用户进行了针对这个资源的权限设置，但设置的权限是“拒绝写入”。基于“拒绝优于允许”的原则，“shyzhong”用户在“shyzhongs”组中被“拒绝写入”的权限将优先于“xhxs”组中被赋予的“允许写入”权限被执行。因此，在实际操作中，“shyzhong”用户无法对资源进行“写入”操作。

（4）累加原则。

这个原则比较好理解，假设现在“zhong”用户既属于“A”用户组，又属于“B”用户组，它在“A”用户组中的权限是“读取”，在“B”用户组中的权限是“写入”，那么根据累加原则，“zhong”用户的实际权限将会是“读取+写入”两种。

显然，“拒绝优于允许”原则用于解决权限设置上的冲突问题；“权限最小化”原则用于保障资源安全；“权限继承性”原则用于解决“自动化”执行权限；而“累加原则”使权限的设置更加灵活多变。几个原则各有所用，缺少哪一项都会给权限的设置带来很多麻烦！

3.2 配置与管理打印服务器

学习目标

- 网络打印机概述。
- 打印服务器的安装。
- 打印服务器的管理。
- 设置共享网络打印机。

3.2.1 网络打印机概述

（1）打印设备：指执行具体打印工作的物理设备，也称物理打印机。

（2）打印服务器：指对打印设备进行管理并为网络用户提供打印功能的计算机。

（3）打印客户机：指向打印服务器提交文档、请求打印功能的计算机。

（4）打印机驱动程序：负责把文档转换为打印设备所能理解的格式，以便打印。

3.2.2 打印服务器的安装

（1）选择“开始”→“服务器管理器”选项，打开“服务器管理器”窗口，选择“仪表板”中的“添加角色和功能”选项，如图 3-14 所示。

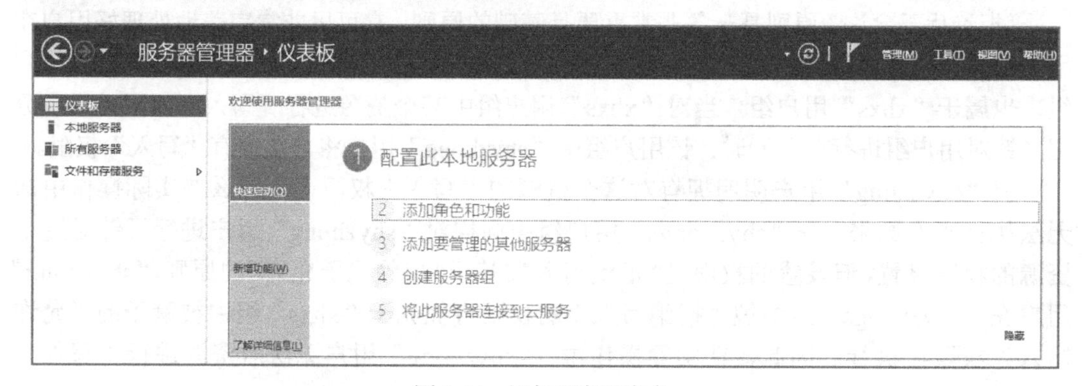

图 3-14 添加服务器角色

（2）打开“添加角色和功能向导”窗口，单击“下一步”按钮，如图 3-15 所示。

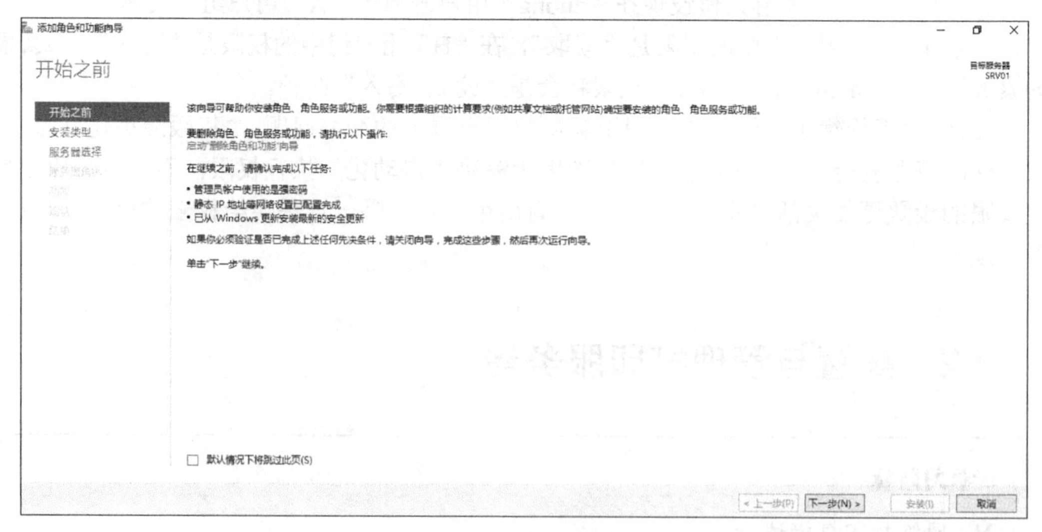

图 3-15 “添加角色和功能向导”窗口

（3）打开“选择安装类型”窗口，选中“基于角色或基于功能的安装”单选按钮，单击“下一步”按钮，如图 3-16 所示。

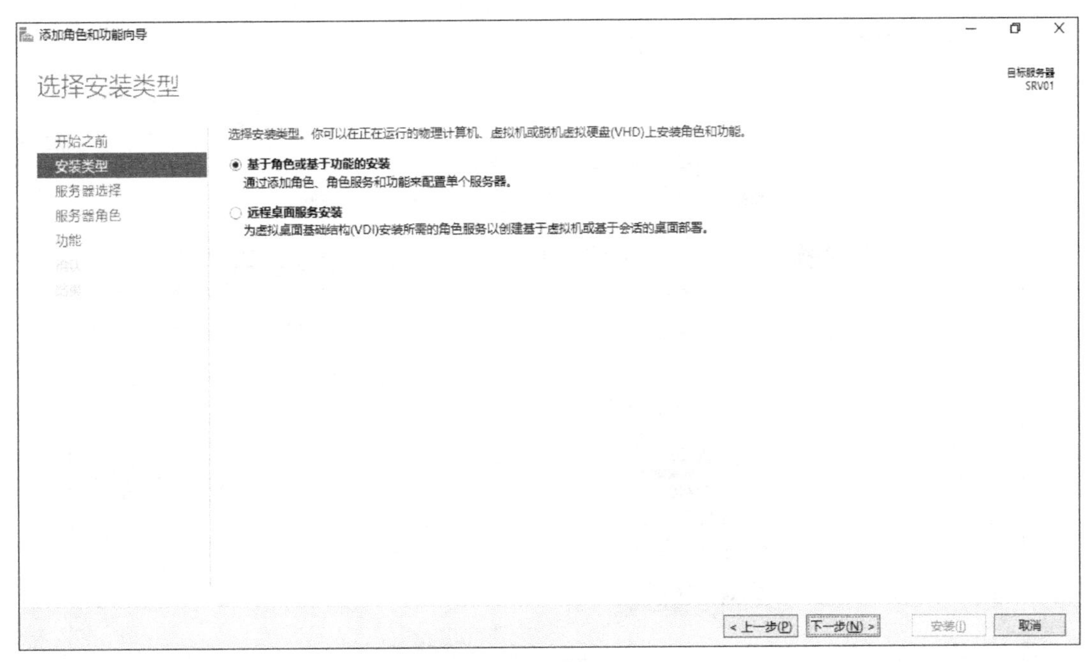

图 3-16　“选择安装类型”窗口

（4）打开“选择目标服务器”窗口，选中“从服务器池中选择服务器”单选按钮，安装程序会自动显示这台计算机的名称和 IP 地址，如图 3-17 所示。

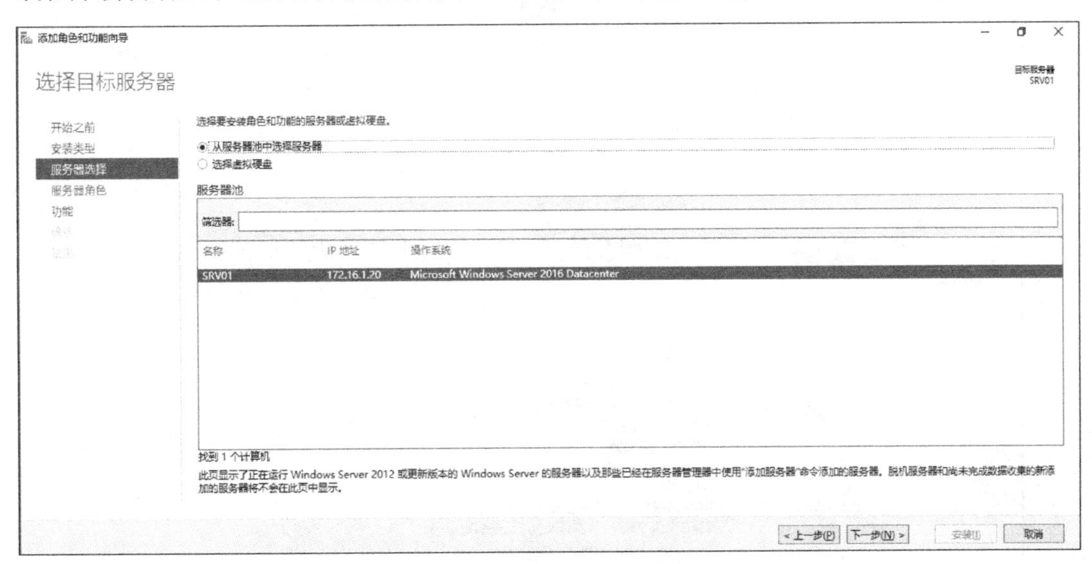

图 3-17　“选择目标服务器”窗口

（5）单击“下一步”按钮，打开“选择服务器角色”窗口，勾选“角色”列表框中的“打印和文件服务”复选框，如图 3-18 所示，单击“下一步”按钮。

（6）打开“选择功能”窗口，选择要安装的功能，如图 3-19 所示。

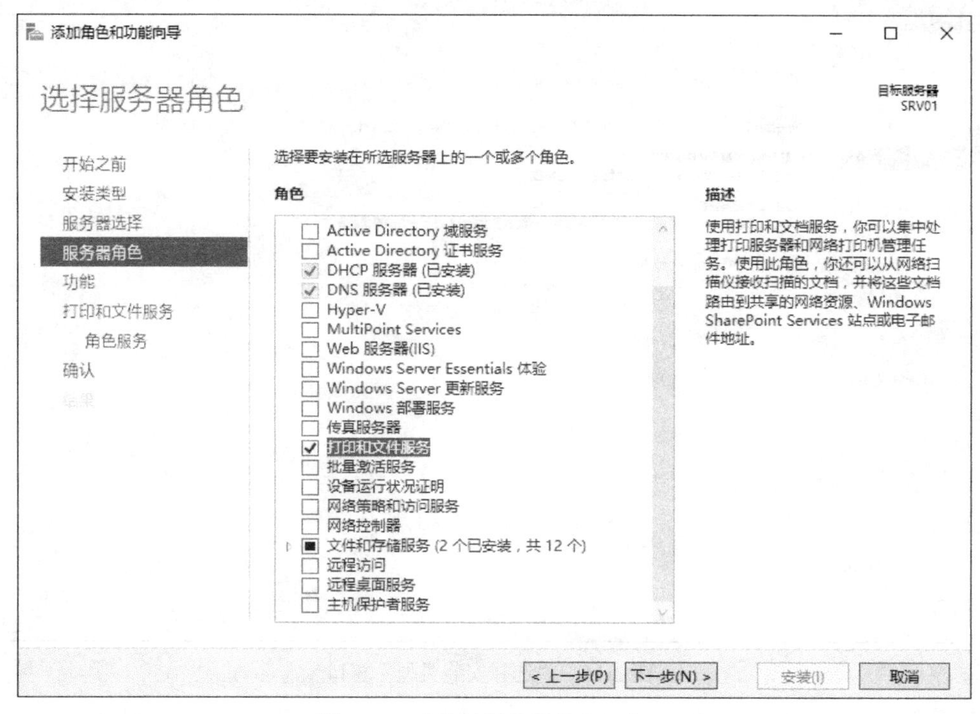

图 3-18 “选择服务器角色”窗口

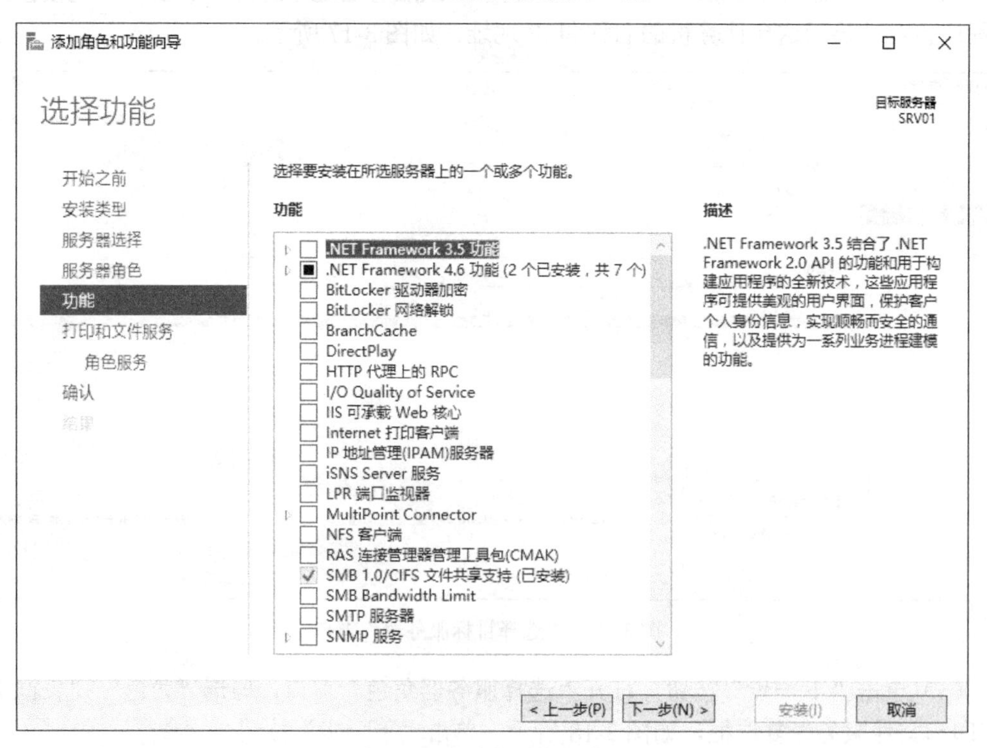

图 3-19 “选择功能”窗口

（7）单击“下一步”按钮，打开“打印和文件服务”窗口，如图 3-20 所示。

（8）单击“下一步”按钮，打开“选择角色服务”窗口，勾选“角色服务”列表框中的“打印服务器”复选框，如图 3-21 所示。

（9）单击“下一步”按钮，打开“确认安装所选内容”窗口，如图3-22所示。确认所需服务都已选择后，进行安装。

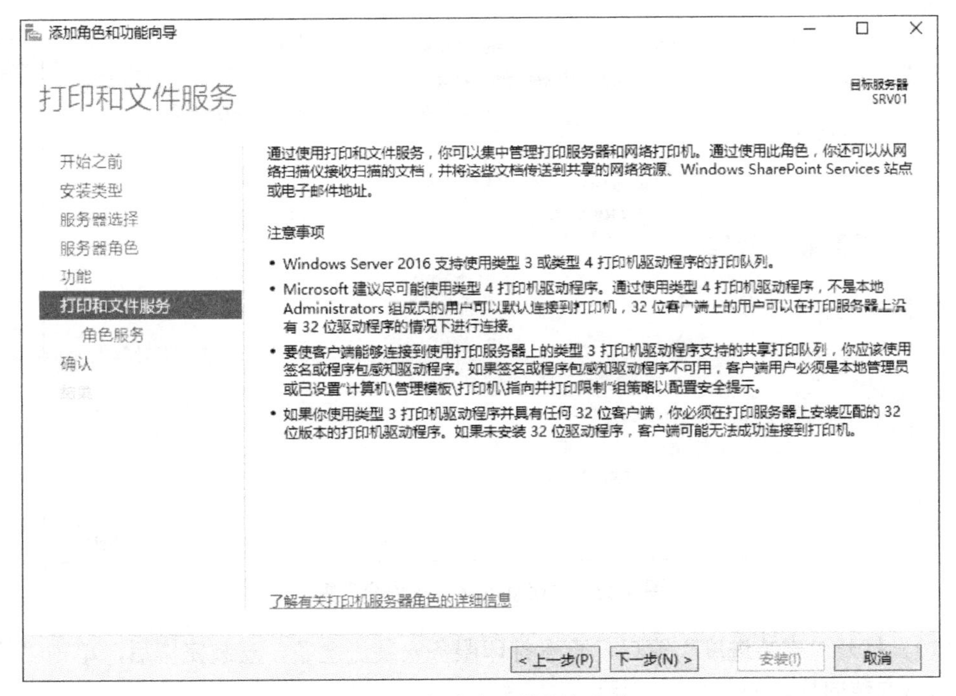

图3-20 “打印和文件服务”窗口

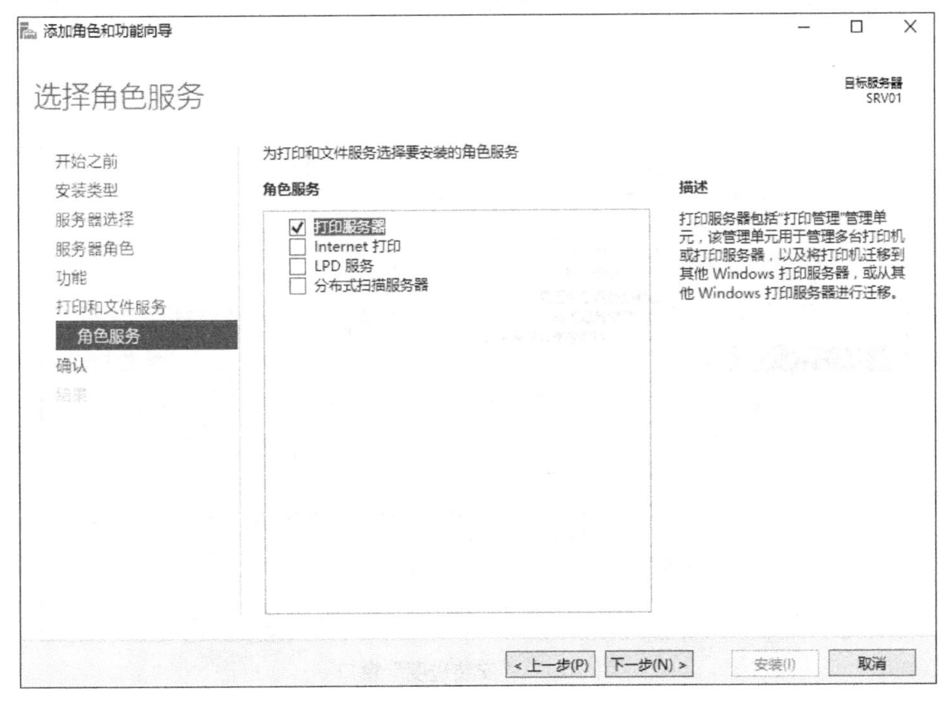

图3-21 “选择角色服务”窗口

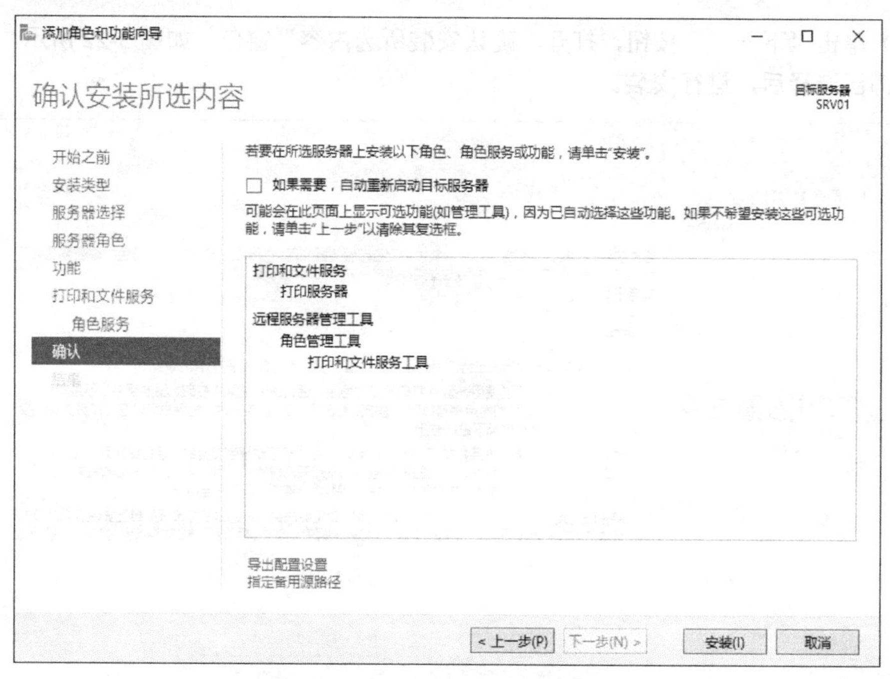

图 3-22 “确认安装所选内容”窗口

（10）打开“安装进度”窗口，查看打印服务安装进度条，安装完毕后，单击“关闭”按钮退出安装向导，如图 3-23 所示。

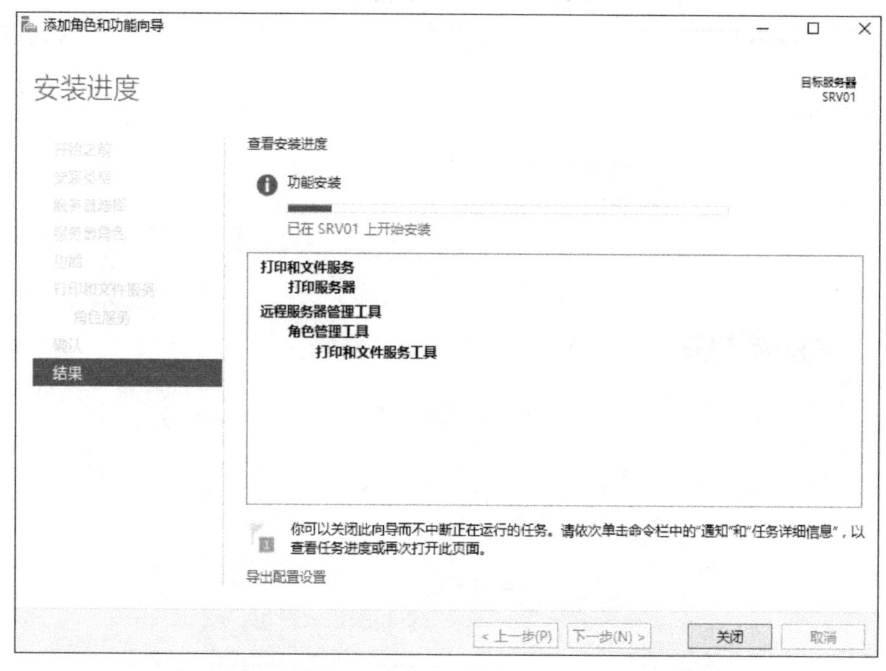

图 3-23 “安装进度”窗口

3.2.3 在服务器上安装网络打印机

（1）选择“SRV01”计算机，选择“开始”→“打印管理”选项，打开“打印管理”

窗口，如图 3-24 所示。

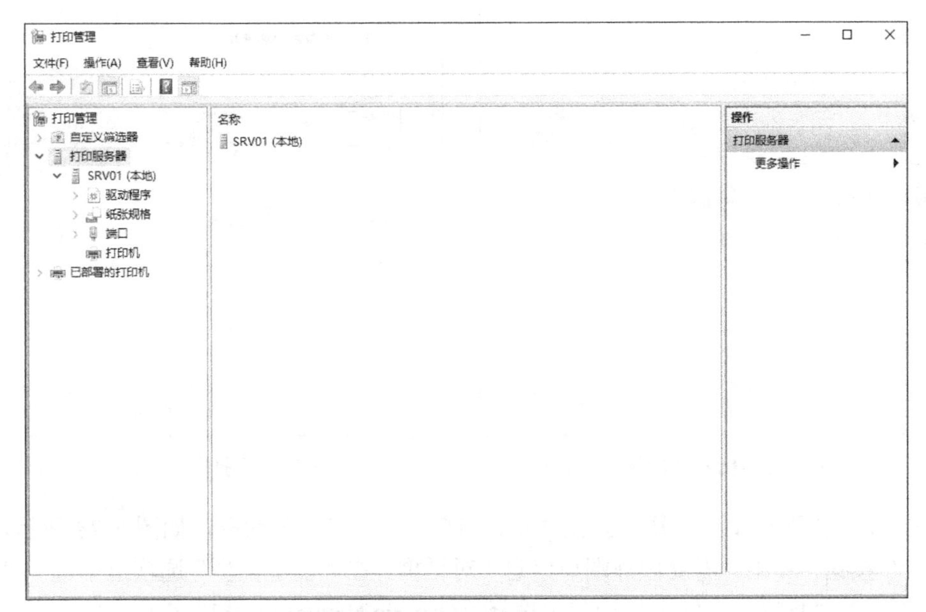

图 3-24 “打印管理”窗口

（2）展开“打印服务器”→“打印机”节点。

（3）在“打印机”上右击，在弹出的快捷菜单中选择“添加打印机”选项，弹出“网络打印机安装向导”对话框，选中“按 IP 地址或主机名添加 TCP/IP 或 Web 服务打印机”单选按钮，如图 3-25 和图 3-26 所示。

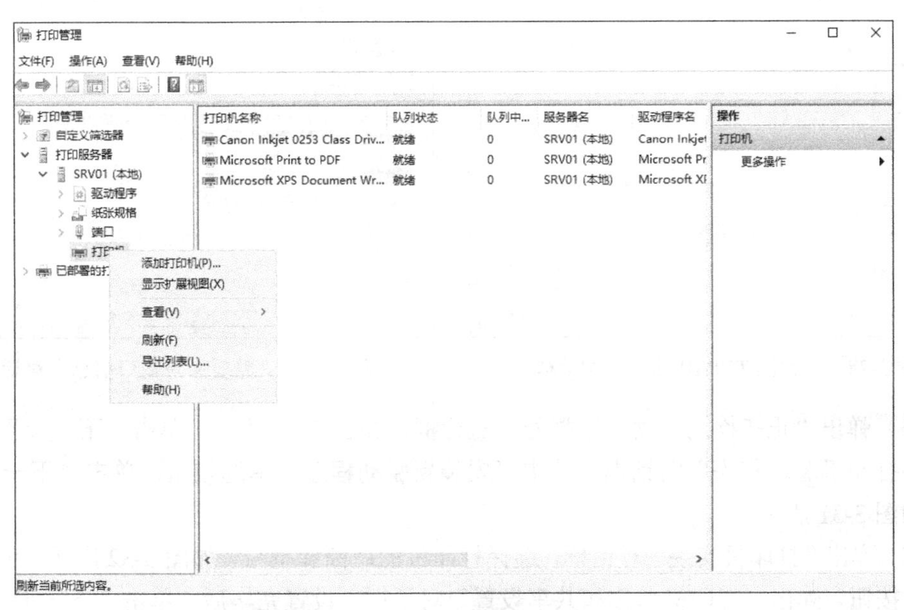

图 3-25 选择“添加打印机”选项

（4）单击“下一步”按钮，弹出“打印机地址”对话框，在“主机名称或 IP 地址”文本框中输入打印机 IP 地址“172.16.1.10”，其余保持默认设置，如图 3-27 所示。

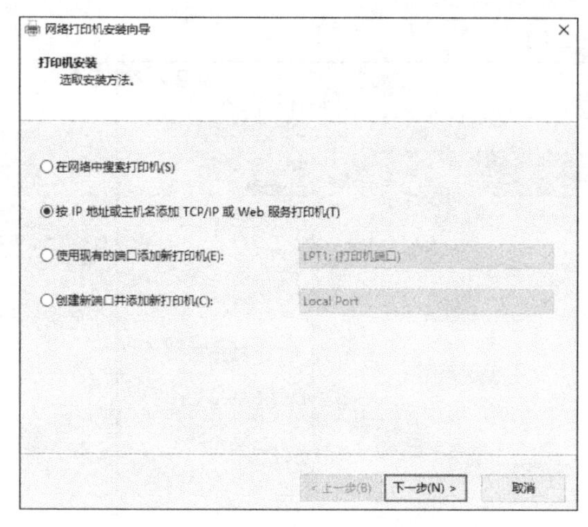

图 3-26 “网络打印机安装向导”对话框

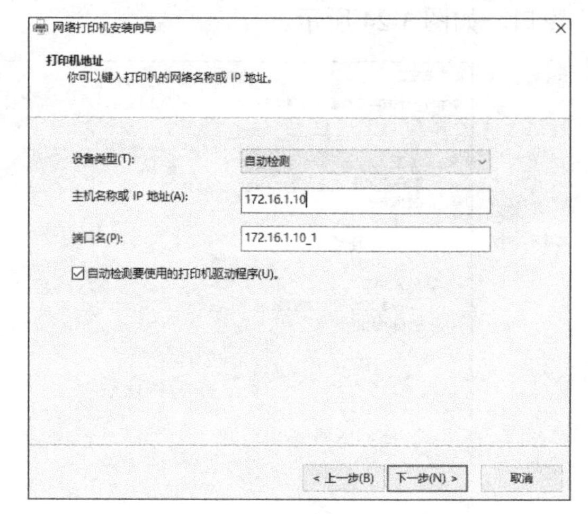

图 3-27 “打印机地址”对话框

（5）单击“下一步”按钮，弹出“检测 TCP/IP 端口”对话框，如图 3-28 所示。单击“下一步”按钮，弹出“需要额外端口信息”对话框，在“设备类型”选项组中选中“标准”单选按钮，在“标准”右侧下拉列表中选择“Generic Network Card”选项，单击“下一步”按钮，如图 3-29 所示。

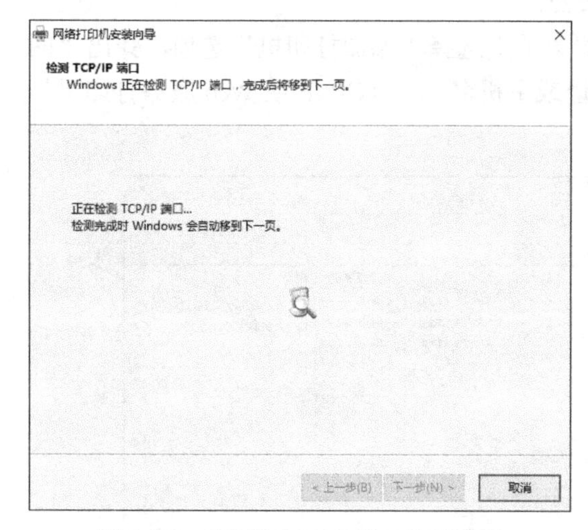

图 3-28 “检测 TCP/IP 端口”对话框

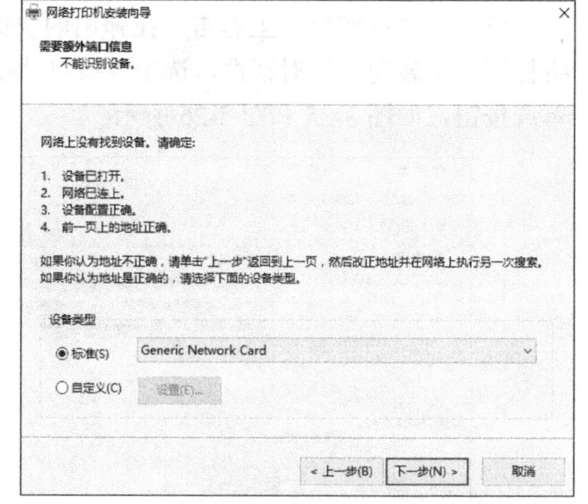

图 3-29 “需要额外端口信息”对话框

（6）弹出“正在检测驱动程序型号”对话框，如图 3-30 所示。单击“下一步”按钮，弹出“打印机驱动程序”对话框，选中“安装新驱动程序”单选按钮，单击“下一步”按钮，如图 3-31 所示。

（7）弹出“打印机安装”对话框，选择打印机的厂商和型号，如图 3-32 所示。单击“下一步”按钮，弹出“打印机名称和共享设置”对话框，设置完毕后，单击“下一步”按钮，如图 3-33 所示。

（8）弹出“找到打印机”对话框，显示打印机信息，如图 3-34 所示。单击“下一步”按钮，弹出“正在完成网络打印机安装向导”对话框，单击“完成”按钮，完成安装，如图 3-35 所示。

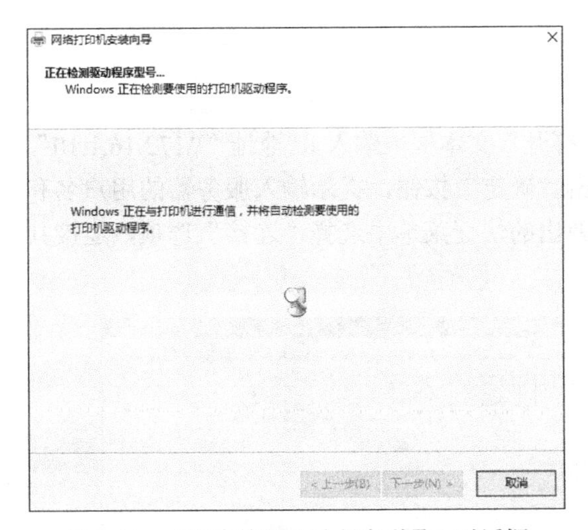

图 3-30　“正在检测驱动程序型号”对话框

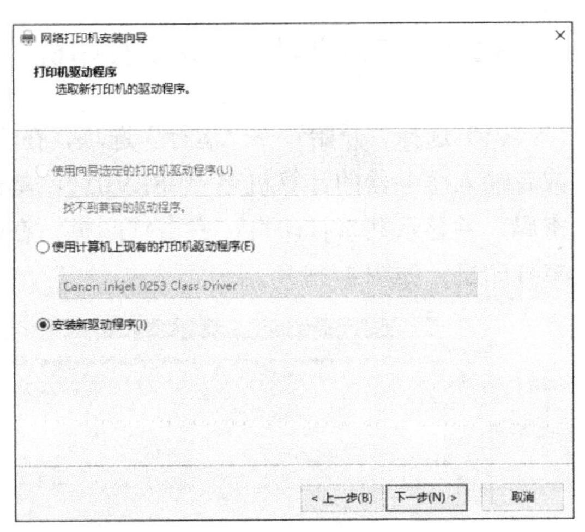

图 3-31　“打印机驱动程序”对话框

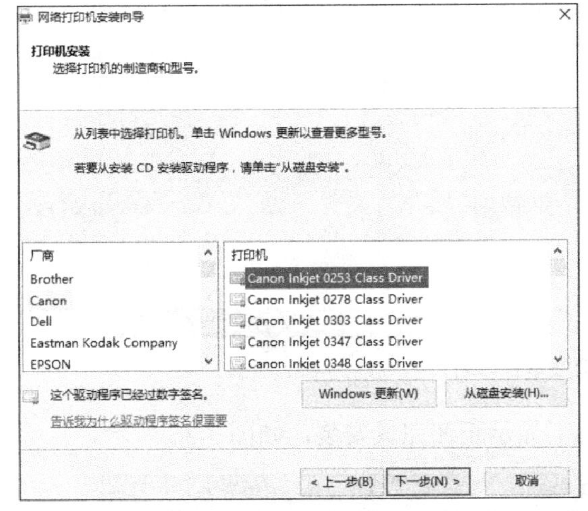

图 3-32　选择打印机的厂商和型号

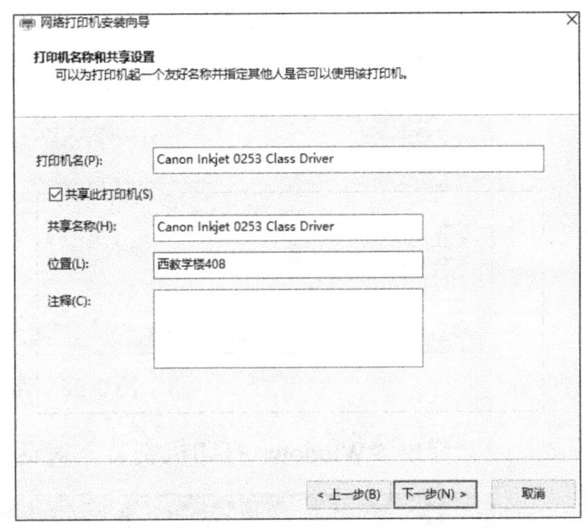

图 3-33　“打印机名称和共享设置”对话框

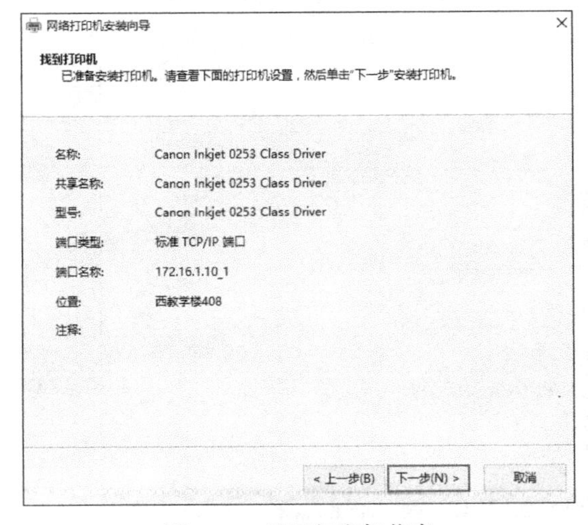

图 3-34　显示打印机信息

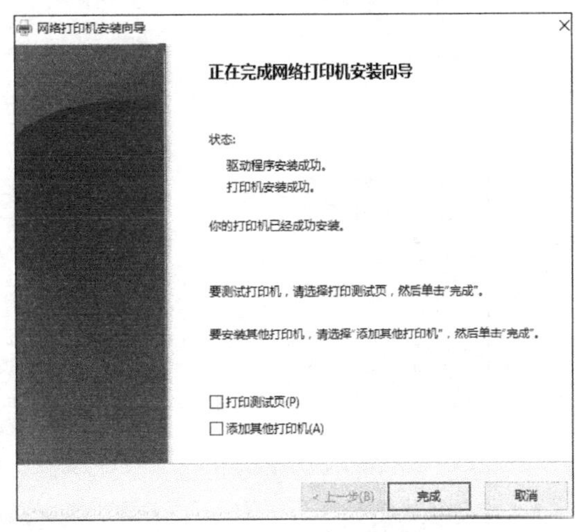

图 3-35　打印机安装完成状态

3.2.4 在客户端连接共享打印机

（1）选择“开始”→“运行”选项，在“打开”文本框中输入 IP 地址“\\172.16.1.10”，或者输入服务器的计算机名“\\SRV01”，单击“确定”按钮，提示输入服务器的用户名和密码，并显示共享打印机，右击打印机，在弹出的快捷菜单中选择“连接”选项，连接共享打印机，如图 3-36 所示。

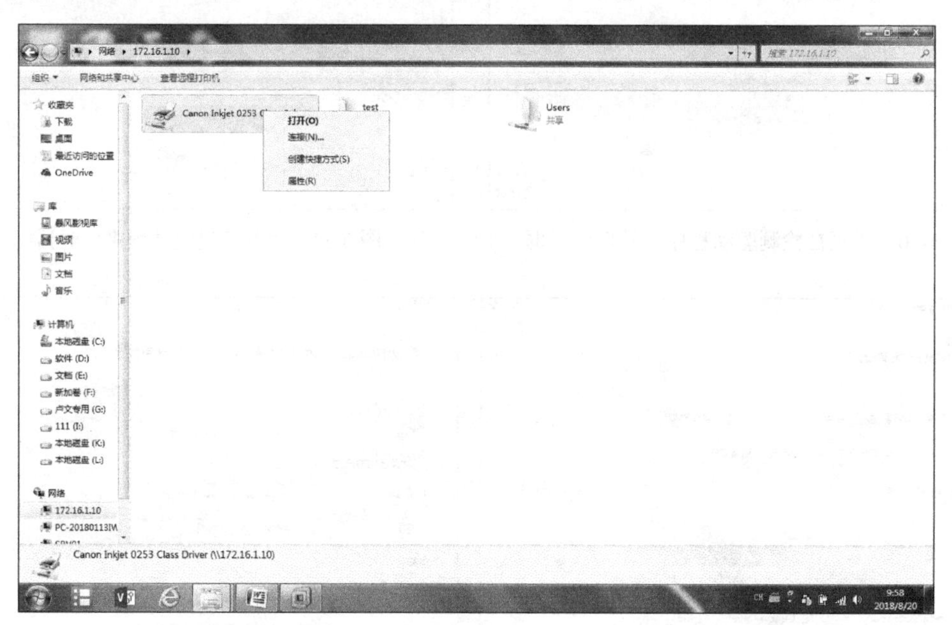

图 3-36 连接共享打印机

（2）弹出“Windows 打印机安装”对话框，显示正在完成安装，如图 3-37 所示。

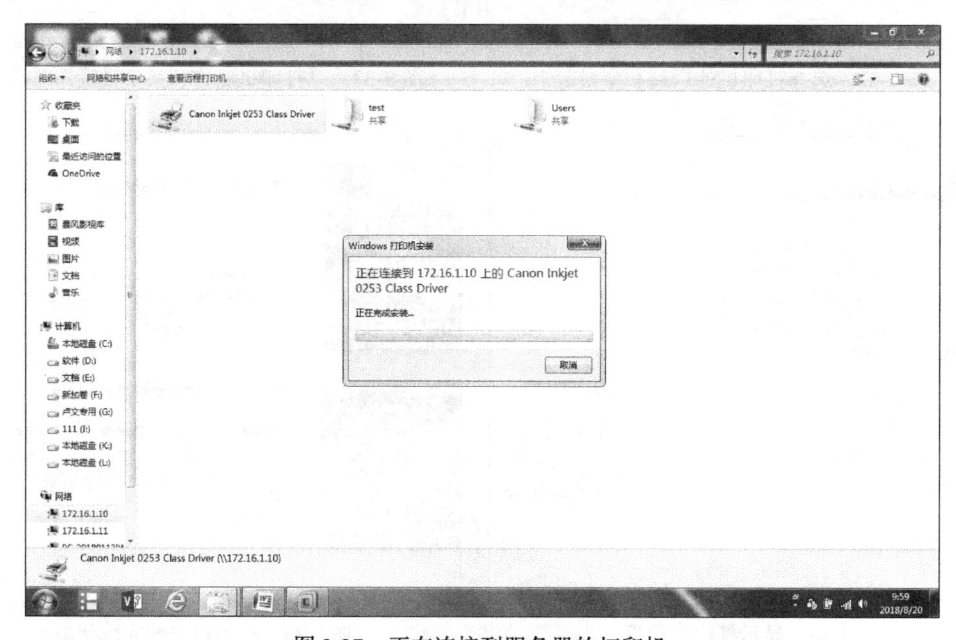

图 3-37 正在连接到服务器的打印机

3.2.5 管理打印服务器

1. 共享打印机权限

Windows Server 2016 提供了四种类型的权限，它们分别是打印、管理此打印机、管理文档和特殊权限。

（1）打印：用户能够连接到打印机并发送需要打印的文件进行打印。

（2）管理此打印机：允许或拒绝用户执行与“打印”权限相关联的任务，具有对打印机的完全管理控制权。

（3）管理文档：允许或拒绝用户暂停、继续、重新开始和取消由其他用户提交的文档，重新安排这些文档的顺序。

（4）特殊权限：系统管理员可以更改打印机的所有者。

设置打印机的访问权限方法：在打印服务器上，选择“开始”→“打印管理”选项，打开“打印管理”窗口，双击刚刚安装的打印机，弹出打印机的属性对话框，选择“安全”选项卡，如图 3-38 所示。

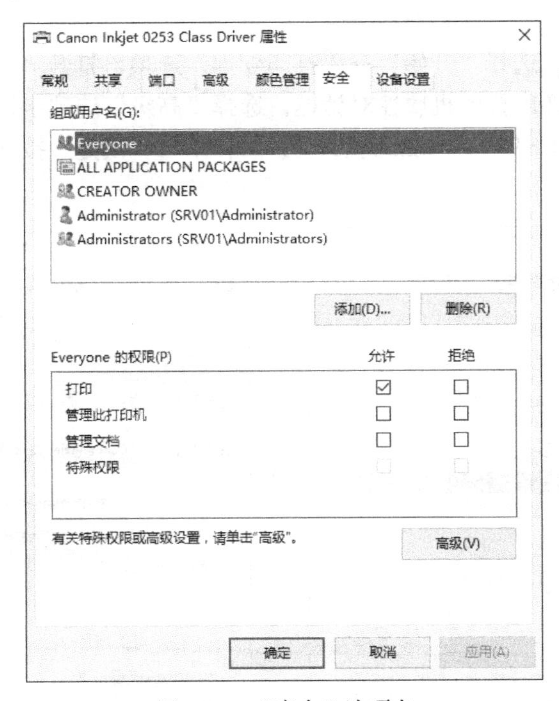

图 3-38 “安全”选项卡

2. 设置打印机池

（1）打印池是由一组打印机组成的一个逻辑打印机，它通过打印服务器的多个端口连接到多台打印机。处于空闲状态的打印机便可以接收发送到逻辑打印机的下一份文档。

（2）打印机池对于打印量很大的网络非常有帮助，因为它可以减少用户等待文档的时间。使用打印池还可以简化管理，因为可以用打印服务器上的同一台逻辑打印机来管理多台打印机。打印机池使用户打印文档时不再需要查找哪一台打印机目前可用，逻辑打印机将检查可用的端口，并按端口的添加顺序将文档发送到各个端口。应优先添加连接到快速打印机上的端口，这样可以保证发送到打印机的文档在分配给打印机池中的慢速打印机前以最快的速度打印。

（3）在设置打印机池之前，应注意打印机池中的所有打印机必须使用相同的驱动程序。由于用户不知道指定的文档由打印机池中的哪台打印机打印，因此必须确保打印机池中的所有打印机位于同一位置。

打印机池设置方法如下：在打印服务器上，选择“开始”→“打印管理”选项，打开“打印管理”窗口，双击刚刚安装的打印机，选择“端口”选项卡，勾选选项卡中的“启用打印机池”复选框，勾选被中的打印机的端口，单击“确定”按钮完成设置，如图 3-39 所示。

3. 设置打印机的优先级

一台打印机有若干个任务，但是打印机每次只能打印一个任务，每个任务是有优先级的，可将重要的文档发送给高优先权的打印机，将不重要的文档发送给低优先级的打印机。

其设置方法如下。

在打印服务器上，选择“开始”→“打印管理”选项，打开“打印管理”窗口，双击刚刚安装的打印机，弹出打印机属性对话框，选择“高级”选项卡，在“优先级”文本框中输入数值（优先级 1～99，优先级高的先打印），单击“确定”按钮完成设置，如图 3-40 所示。

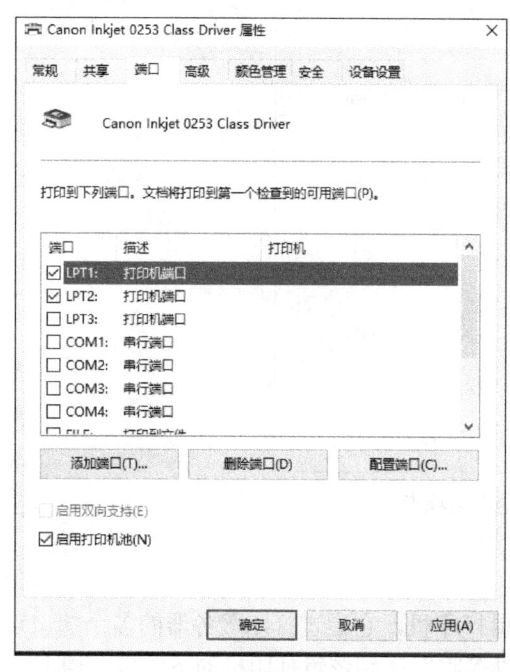

图 3-39　设置打印机池

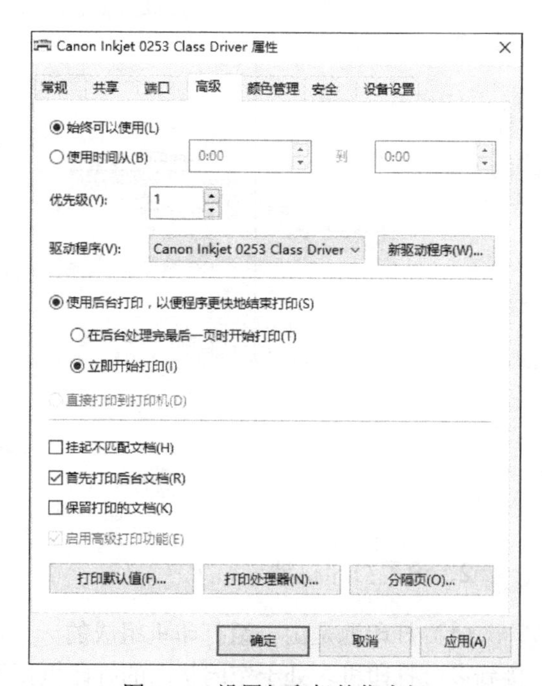

图 3-40　设置打印机的优先级

课 后 练 习

（1）在设置文件夹共享属性时，可以选择的三种访问类型为完全控制、更改和（　　）。

A. 共享　　B. 只读　　C. 不完全　　D. 不共享

（2）要设置隐藏共享，需要在共享名后面加（　　）符号。

A. @　　B. #　　C. $　　D. %

（3）在局域网中，有一个文件需要与他人共享，但不允许改变和删除，可以将该文件所在的文件夹共享属性设置为（　　）。

A. 更改　　B. 只读　　C. 不共享　　D. 完全控制

（4）要访问同一工作组的另一台计算机的共享文件夹的内容，可以通过以下操作来实现（　　）。

① 打开网上邻居　　② 双击要访问的计算机

③ 打开需要查看的共享文件夹　　④ 查看工作组计算机

A. ①②③④　　B. ②①④③　　C. ③④②①　　D. ①④②③

（5）下面不是 Windows Server 2016 提供的权限是（　　）。

A. 管理此打印机　　B. 特殊权限

C. 只读　　D. 协议

（6）以下不属于计算机连接打印机的端口是（　　）。

A. RS232　　B. COM　　C. LPT　　D. 网络端口

（7）以下关于打印机池的作用错误的是（　　）。

A. 打印池是由一组打印机组成的一个逻辑打印机

B. 可以减少用户等待文档的时间

C. 通过打印服务器的多个端口连接到多台打印机

D. 建立打印机池的目的是共享打印机

（8）打印机设备通过使用 TCP/IP 协议的网卡连接网络，要对这个打印机配置（　　）。

A. 本地端口　　B. IP 地址　　C. URL 端口　　D. 网络端口

课 后 实 践

在虚拟机中打开两台 Windows Server 2016，其中一台为服务器，另一台为客户端，服务器的 IP 地址为 172.16.1.100/24，客户端的 IP 地址为 172.16.1.200/24。完成以下任务：

（1）在服务器中设置共享资源。

（2）在客户端访问共享资源。

（3）在服务器中观察共享权限和 NTFS 权限组合后的变化。

（4）在服务器中观察复制和移动文件夹后 NTFS 权限的变化。

（5）在服务器中安装打印服务器。

（6）在客户端连接共享打印机。

（7）管理打印服务器。

项目 4

安装和配置 Hyper-V 服务器

Windows Server 2016 包括 Hyper-V 角色，它允许管理员创建虚拟机（VMS），每个虚拟机都在自己的孤立环境中运行。VMS 是独立的单元，管理员可以很容易地从一个物理单元移动计算机到另一个物理单元，大大简化了部署网络应用程序和服务的难度。本项目涵盖了 Hyper-V 的一些基本概述，创建 Hyper-V 基本任务并部署 Hyper-V 服务器和搭建多个 VMS、虚拟硬盘的管理和虚拟机的设置。

4.1 Hyper-V 概述

在 Windows Server 2016 中，通过 Hyper-V 管理器来管理虚拟机，包括对虚拟机进行安装部署、复制虚拟机、对虚拟机进行快照等操作。在使用服务器管理器安装 Hyper-V 角色时，除非专门排除管理工具，否则还将包括管理工具。可以在用户的物理机上运行多个操作系统，每个操作系统都是隔离的。使用 Hyper-V 虚拟化技术可以提高用户计算机资源的利用效率并释放硬件资源。

学习目标

- 了解 Hyper-V 的基本概念。
- 了解 Hyper-V 的基本框架。
- 了解 Hyper-V 的基本优点。
- 掌握 Hyper-V 的系统需求。

4.1.1 Hyper-V 的基本概念

什么是 Hyper-V？

Hyper-V 是微软公司的一款虚拟化产品，服务器虚拟化基于 hypervisor（Hyper-V 的微内核）模块，在用户创建和管理虚拟机的时候为用户提供了一个虚拟计算环境，有时也被称为虚拟机监视器。管理员负责抽象计算机的物理硬件并创建多个虚拟化硬件环境，称为 VMS，每个 VM 都有自己的（虚拟）硬件配置，并且可以运行操作系统的单独副本，因此管理员可以像管理单独的计算机一样管理它们。Hyper-V 的关键功能如下。

（1）支持 64 位基于管理程序的虚拟化。

（2）可以同时运行 32 位和 64 位虚拟机。

（3）支持单处理器与多处理器虚拟机。

（4）可以捕捉正在运行的虚拟机的状态、数据和硬件配置的虚拟机快照。快照记录了系统状态，因此用户可以将虚拟机回滚到之前的状态。

（5）支持大量虚拟机内存。

（6）支持虚拟本地网络。

（7）支持微软管理控制台管理插件。

（8）支持编写脚本和管理的管理工具接口文档。

4.1.2 Hyper-V 的基本架构

1. 虚拟化的概念

虚拟化将一部分计算机资源从一台计算机当中分离，虚拟化会提高资源利用效率，并使操作更加灵活，同时简化了变更管理。虚拟化技术用来对服务器进行整合，节省了物理资源，避免浪费情况发生。虚拟化技术是一个术语，用来描述一个软件的堆栈，或者一个操作系统的功能，这项技术用于在同一个物理资源上建立虚拟机。虚拟化产品可以使用几种不同的架构来共享计算机的硬件资源。基于不同的虚拟化类型，一些虚拟化层运行在操作系统上，或者直接运行在硬件资源上。从虚拟化的实现结构来看；虚拟化主要有裸金属架构虚拟化层、寄居架构虚拟化层、Monolithic Hypervisor 虚拟化层和 Microkernel Hypervisor 虚拟化层四种类型。

（1）裸金属架构虚拟化层（也称 Hypervisor 虚拟化、裸机或 I 型）：指直接在底层硬件上安装 VMM 作为 Hypervisor 接管，Hypervisor 将负责管理所有的资源和虚拟环境支持。在该模型中，VMM 可以看作一个为虚拟化而生的完整的操作系统，掌控所有资源（CPU、内存、I/O 设备等）。VMM 承担管理资源的重任，其还需要向上提供 VM 用于运行 Guest OS，因此 VMM 也负责虚拟环境的创建和管理，如图 4-1 所示。虚拟机操作系统运行在裸金属架构虚拟化层之上，而裸金属架构虚拟化层运行在硬件层之上，主要产品有微软的 Hyper-V、VMware vSphere 的 ESXI 和 Citrix 的 XenServer 等。

（2）寄居架构虚拟化层；此模型的物理资源由 Host OS（如 Windows、Linux 等）管理。实际的虚拟化功能由 VMM 提供，其通常是 Host OS 的独立内核模块（有的实现还含有用户进程，如负责 I/O 虚拟化的用户态设备模型），如图 4-2 所示。虚拟机操作系统运行在寄居架构虚拟化层之上，主要产品有微软的 Virtual PC 及 VMware vSphere 的 VMware Player、VMware Workstation 等。

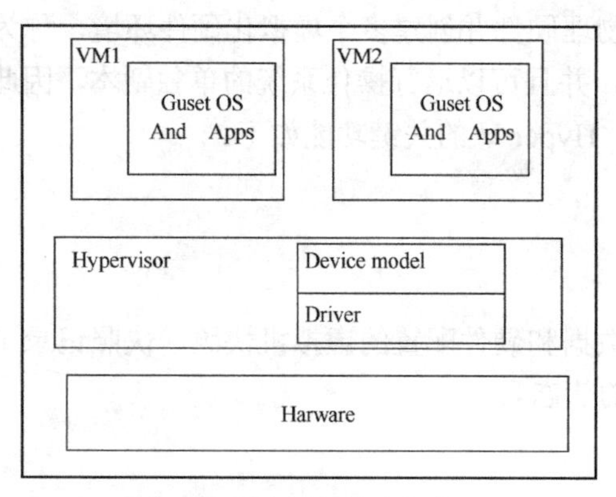

图 4-1　裸金属架构虚拟化层

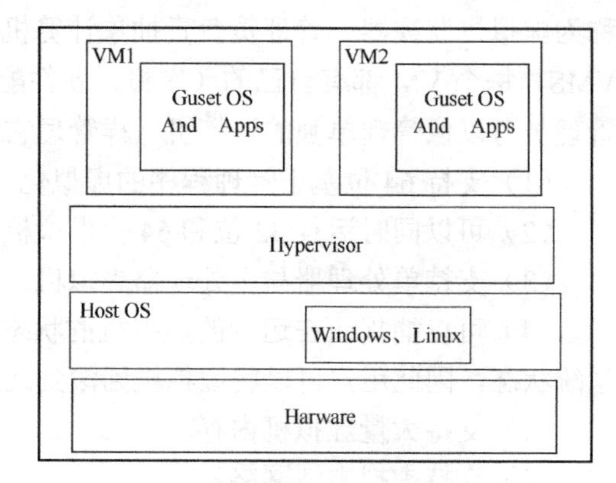

图 4-2　寄居架构虚拟化层

（3）Monolithic Hypervisor 虚拟化层：此虚拟化层是裸金属架构虚拟化层的一个子类型，这种类型的虚拟机管理程序的驱动程序来自虚拟化操作系统，它要求 Hypervisor 感知设备驱动，被托管和管理在“Hypervisor 层”，如图 4-3 所示。VMware vSphere 的 ESXI Server 采用的就是这种类型。

（4）Microkernel Hypervisor 虚拟化层：此虚拟化层不需要设备驱动，它的设备驱动是独立运行在“控制层”上的，如图 4-4 所示。它要求驱动程序必须安装在物理机上运行的操作系统中，并且必须运行在虚拟化层的父分区中，不需要将设备驱动安装在每个 VM 的子分区上，当需要访问硬件资源时，只需要和父分区进行通信。微软 Hyper-V 架构采用的就是这种类型。

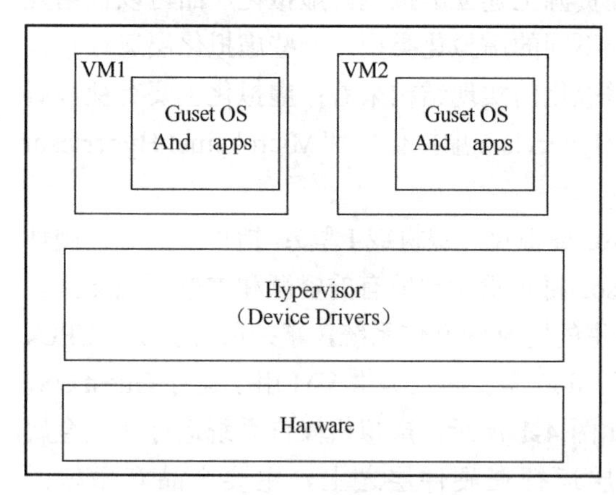

图 4-3　Monolithic Hypervisor 虚拟化层

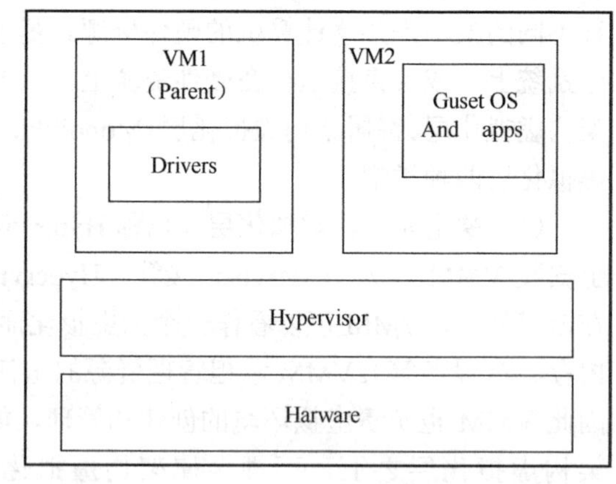

图 4-4　Microkernel Hypervisor 虚拟化层

2. Hyper-V 2016 的架构

Hyper-V 2016 的架构采用裸金属架构虚拟化层类型，如图 4-5 所示。在硬件和虚拟化层上运行一个父分区（VSP）和多个子分区（VSC），将物理资源和网络资源划分为若干小份，即隔离的分区，并分配给不同的虚拟机。每个子分区中都可以有一个操作系统，VSP 中包含一个虚拟栈，提供了用于管理和自动化操作的组件，VSP 中必须运行包含了 Hyper-V 技术的 Windows Server 2016 的 64 位 OS。

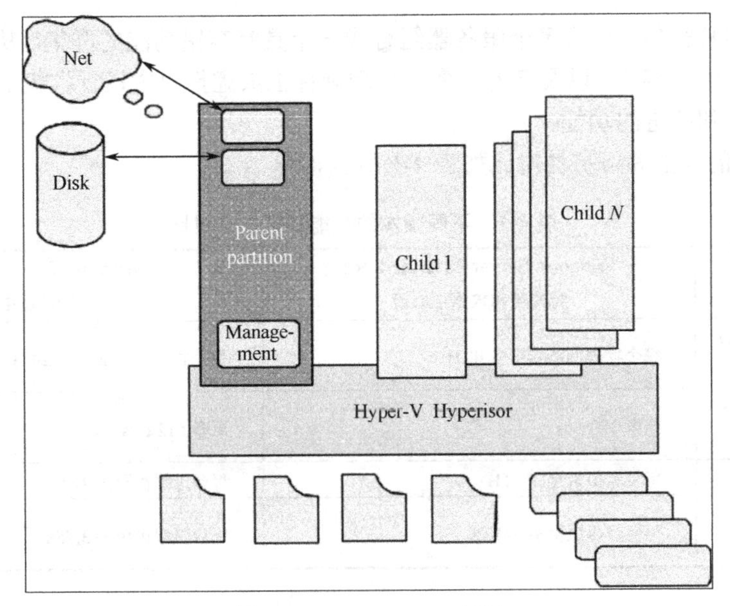

图 4-5 Hyper-V 2016 架构

4.1.3 Hyper-V 的基本优点

Hyper-V 具有以下优点。

（1）**扩展性、性能与密度**。为了运行要求更高的负载，客户希望运行规模更大、性能更强大的虚拟机。而随着硬件性能的增长，客户还希望充分利用更大规模的物理系统获得更高密度，进一步降低整体成本。

（2）**安全与多租户**。虚拟化的数据中心变得越来越流行，并且更加实用。IT 机构与托管供应商开始提供基础结构即服务，这种服务能为客户提供更灵活的虚拟化基础结构——“按需服务器实例”。由于这些趋势的影响，IT 机构与托管供应商必须为客户提供更好的安全保护与隔离，在某些情况下还需要通过加密来满足合规性要求。

（3）**灵活的基础结构**。在现代化的数据中心内，客户希望变得更敏捷，以便更高效、快速地响应业务需求的变化。在基础结构内，灵活移动负载这一能力变得更加重要，并且客户希望能根据负载的具体需求选择最佳部署位置。

（4）**高可用性与适应性**。随着客户对虚拟化需求的持续增长，他们希望将更多关键业务应用程序虚拟化，而确保负载持续可用这一要求也更加突出。将这样的功能内建在平台中，不仅可以让负载获得高可用性，如果遭遇灾难，还能在其他地理位置快速恢复，这对现代化的数据中心选择所用的平台起到了巨大影响。

- **增强的存储功能**。Hyper-V 支持高级格式驱动器（4KB 扇区磁盘）。
- **Nano 服务**。在 Windows Server 2016 中有新安装选项，该服务器安装的是远程管理的服务器操作系统。
- **Windows 容器**。使用 Windows 服务和 Hyper-V 容器提供了一个标准的开发、测试的环境。

- **故障转移群集**。可将多个服务器组合成一个具有容错功能的群集，从而为软件定义的数据中心客户，以及其他众多在物理硬件上或虚拟机中运行群集的工作负载提供新功能和改进的功能。

不同版本的性能和可扩性对比如表 4-1 所示。

表 4-1　不同版本的性能和可扩性对比

性能和可扩性	Windows Server 2012/2012 R2 标准版和数据中心版	Windows Server 2016 标准版和数据中心版
物理内存（主机）支持	每个物理服务器至多 4TB	每个物理服务器至多 24TB
物理（主机）逻辑处理器支持	至多 320 Lps	至多 512 LPs
虚拟机内存支持	每台虚拟机至多 1TB	每台虚拟机至多 12TB
虚拟机虚拟处理器支持	每台虚拟机至多 64VPs	每台虚拟机至多 3,75x

4.1.4　Hyper-V 的系统需求

1．处理器要求

处理器性能不仅取决于处理器的时钟频率，还取决于处理器内核数及处理器缓存大小。以下是 Hyper-V 对处理器的最低要求。

（1）1.4 GHz、64 位处理器。

（2）与 x64 指令集兼容。

（3）支持 NX 和 DEP。

（4）支持 CMPXCHG16b、LAHF/SAHF 和 PrefetchW。

（5）支持二级地址转换（EPT 或 NPT）。

（6）支持硬件虚拟化功能。

2．RAM 要求

RAM 的最低要求如下。

（1）512 MB（对于带桌面体验的服务器安装选项而言，RAM 至少为 2GB）。

（2）ECC 类型或类似技术。

3．存储控制器和磁盘空间要求

运行 Windows Server 2016 的计算机必须包括符合 PCI Express 体系结构规范的存储适配器。服务器上归类为硬盘驱动器的永久存储设备不能为 PATA。Windows Server 2016 不允许将 ATA/PATA/IDE/EIDE 用于启动驱动器、页面驱动器或数据驱动器，Hyper-V 对存储空间的最低要求为 32GB。

4．网络适配器要求

Hyper-V 对网络适配器的最低要求如下。

（1）至少有千兆位吞吐量的以太网适配器。
（2）符合 PCI Express 体系结构规范。
（3）支持预启动执行环境。

5. 存储

Hyper-V 支持多种存储选项。用户可以为运行 Hyper-V 的服务器提供下列类型的物理存储。

（1）直接连接的存储：用户可以使用串行进阶技术连接（Serial Advanced Technology Attachment，SATA）、外部串行进阶技术连接（external Serial Advanced Technology Attachment，eSATA）、并行高级技术连接（Parallel Advanced Technology Attachment，PATA）、串行连接 SCSI（Serial Attached SCSI，SAS）、SCSI、USB 及火线连接。

（2）存储区网络（Storage Area Network，SAN）：用户可以使用 Internet SCSI（iSCSI）、光纤通道（Fibre Channel）及 SAS 技术。

（3）网络连接存储：这是一个优越的存储方案，用户可以快速、直接共享文件，且只需要很小的存储管理开销，就能帮助用户消除从通用服务器访问文件时面临的瓶颈问题。

4.2 安装和卸载 Hyper-V 角色

学习目标

- 掌握 Hyper-V 角色的安装。
- 掌握 Hyper-V 角色的卸载。

4.2.1 安装 Hyper-V 角色

在 Windows Server 2016 系统中，在服务器管理器中通过“添加角色和功能”来安装 Hyper-V。

其安装过程如下。

（1）使用一个具有管理员权限的账户登录到运行 Windows Server 2016 的服务器中，打开“服务器管理器”窗口，选择“仪表板”中的“添加角色或功能”选项，打开“添加角色和功能向导”窗口，如图 4-6 所示。

（2）单击“下一步”按钮，打开“选择安装类型”窗口，选中“基于角色或基于功能的安装”单选按钮，单击“下一步”按钮，打开“选择目标服务器”窗口，选中“从服务器池中选择服务器”单选按钮，如图 4-7 和图 4-8 所示。

（3）单击“下一步”按钮，打开“选择服务器角色”窗口，勾选“角色”复选框列表中的“Hyper-V”复选框，如图 4-9 所示。

（4）单击“下一步”按钮，弹出“添加 Hyper-V 所需的功能？”对话框，单击“添加功能”按钮，打开“选择功能”窗口，单击“下一步”按钮，打开“Hyper-V”窗口，如图 4-10 和图 4-11 所示。

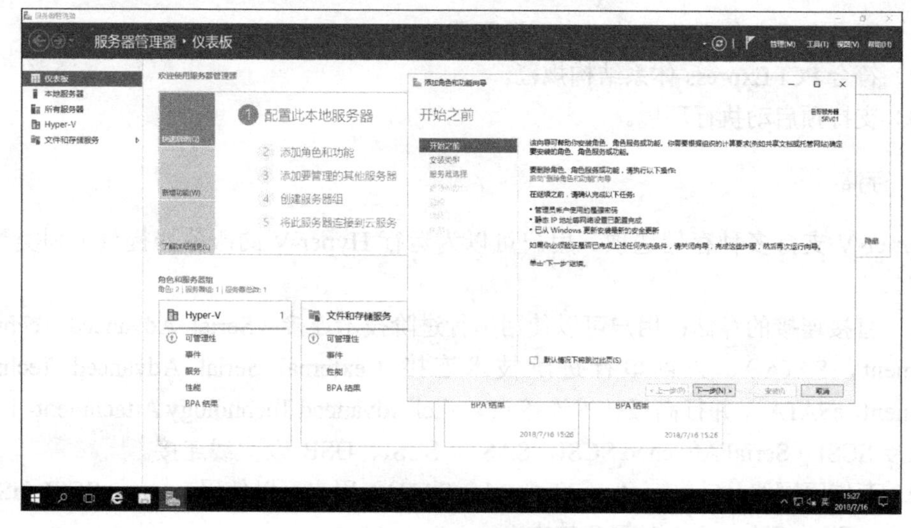

图 4-6 “添加角色和功能向导”窗口

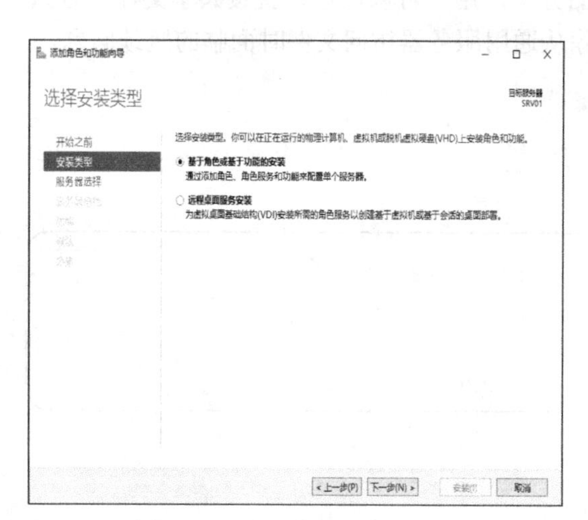

图 4-7 “选择安装类型”窗口

选择目标服务器

SRV01 172.16.1.1,17... Microsoft Windows Server 2016 Datacenter

图 4-8 “选择目标服务器”窗口

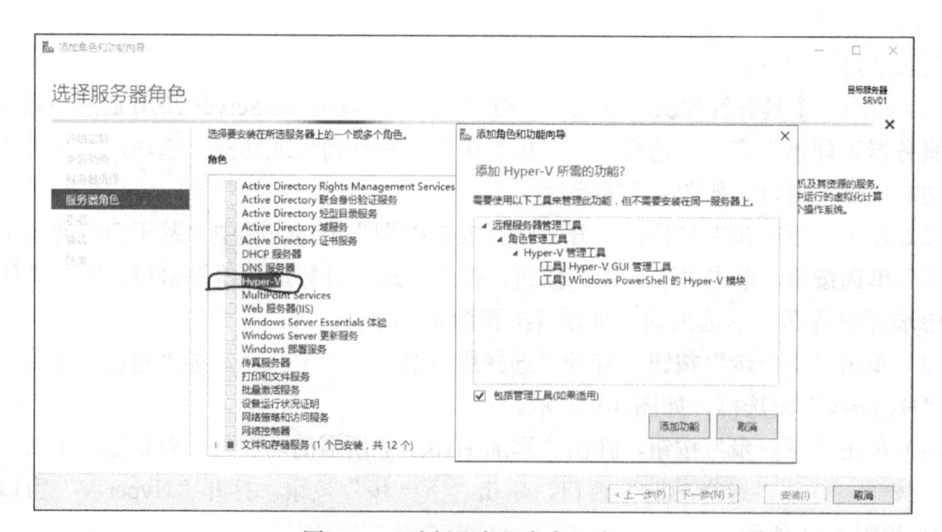

图 4-9 “选择服务器角色”窗口

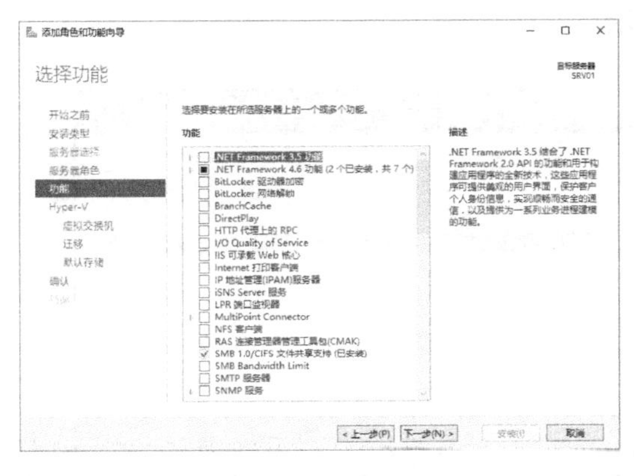

图 4-10 “选择功能”窗口

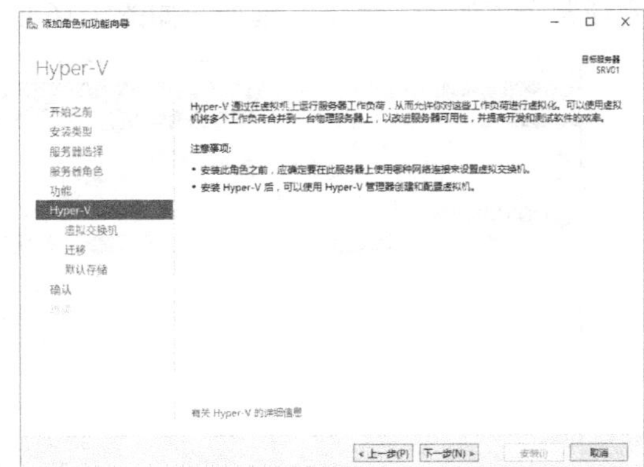

图 4-11 “Hyper-V”窗口

（5）单击“下一步”按钮，打开“创建虚拟交换机”窗口，选择需要用于虚拟网络的网络适配器。依次单击“下一步”按钮，直到打开“默认存储”窗口，设置虚拟硬盘文件与虚拟机配置文件的默认位置，如图 4-12 和图 4-13 所示。

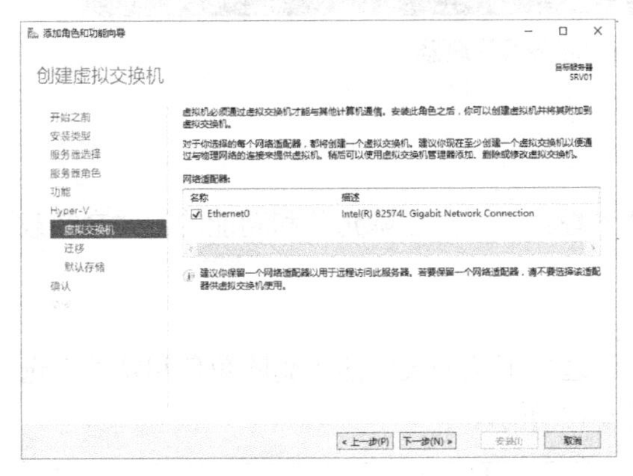

图 4-12 “创建虚拟交换机”窗口

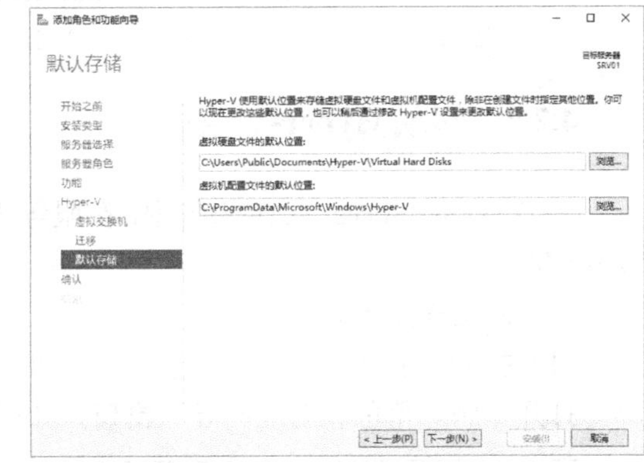

图 4-13 “默认存储”窗口

（6）单击“下一步”按钮，打开“确认安装所选内容”窗口，单击“安装”按钮，打开“安装进度”窗口，如图 4-14 和图 4-15 所示。

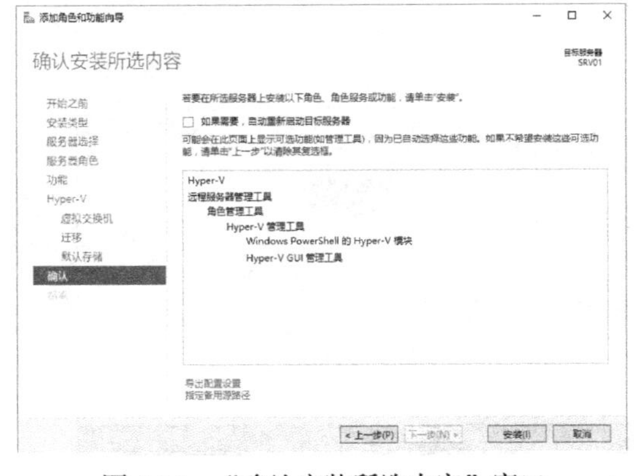

图 4-14 “确认安装所选内容”窗口

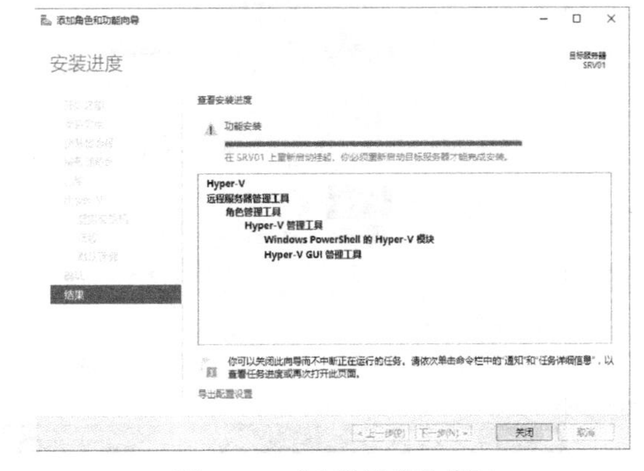

图 4-15 “安装进度”窗口

（7）安装完成，单击“关闭”按钮，重新启动服务器完成安装，此时可以看到服务器管理器中增加了 Hyper-V 选项，如图 4-16 所示。

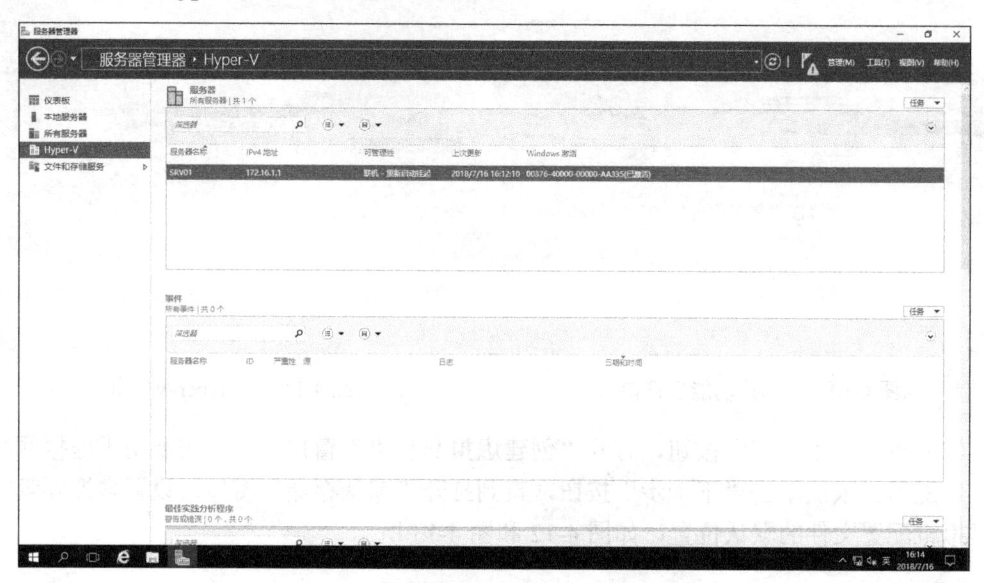

图 4-16　安装完成后的服务器管理器

4.2.2　卸载 Hyper-V 角色

在 Windows Server 2016 系统中，在服务器管理器中通过删除角色和功能的方式来卸载 Hyper-V。

其卸载过程如下。

（1）打开“服务器管理器”窗口，选择“管理”下拉列表中的“删除角色和功能”选项，打开“删除角色和功能向导”窗口，如图 4-17 所示。

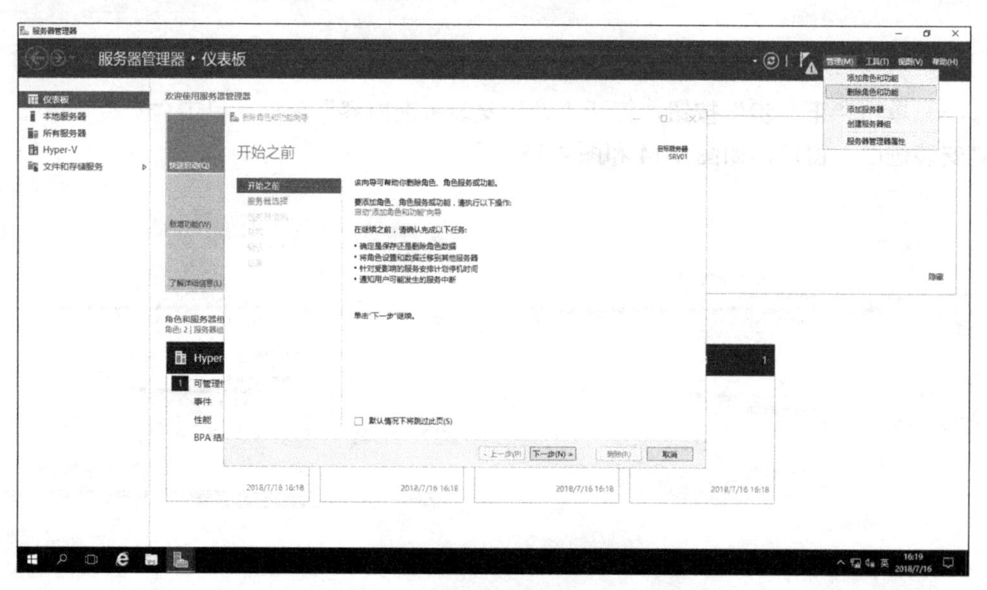

图 4-17　“删除角色和功能向导”窗口

（2）依次单击“下一步”按钮，直到打开“删除服务器角色”窗口，去掉“Hype-V”

复选框的勾选，弹出“删除需要 Hyper-V 的功能？”对话框，单击“删除功能”按钮，如图 4-18 所示。

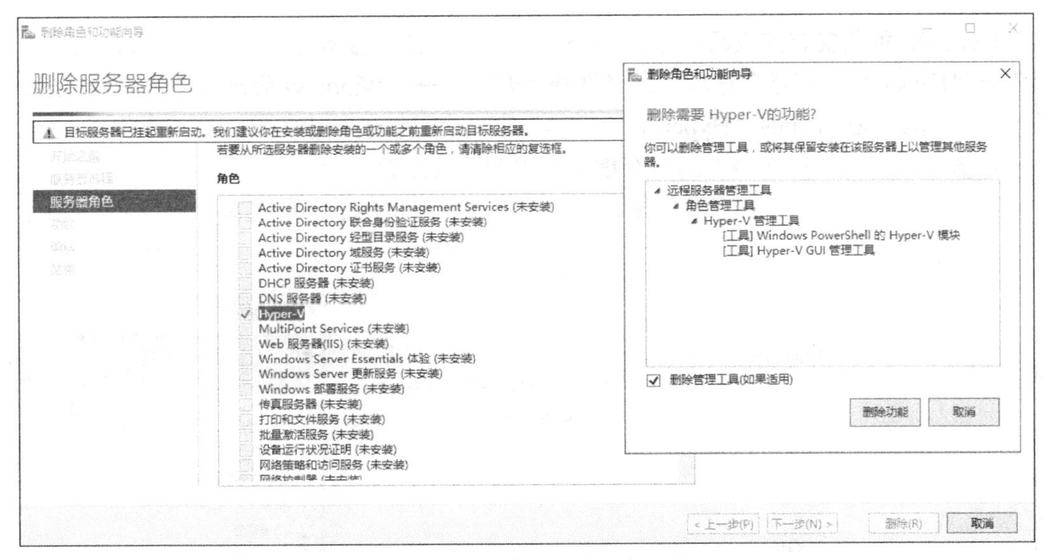

图 4-18　选择需要的删除服务器角色

（3）依次单击“下一步”按钮，直到打开“确认删除所选内容”窗口，单击“删除”按钮，打开“删除进度”窗口，查看删除进度。完成后单击“关闭”按钮完成 Hyper-V 的删除，如图 4-19 和图 4-20 所示。

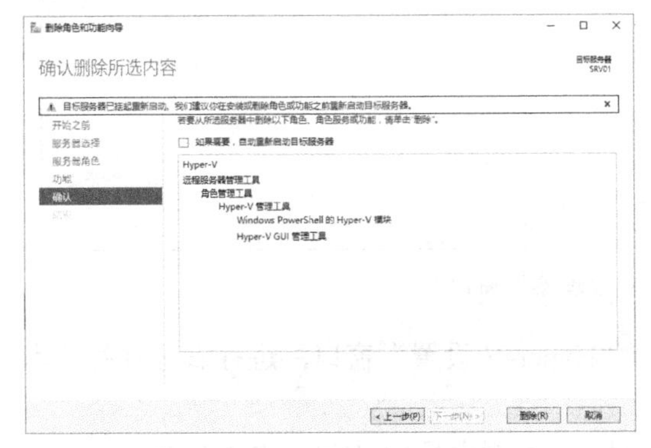

图 4-19　“确认删除所选内容”窗口

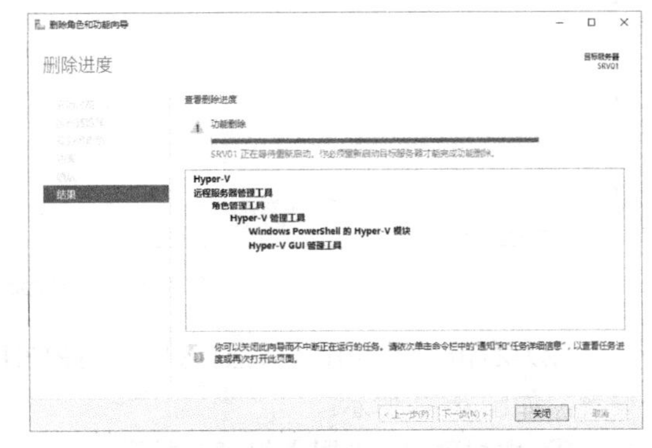

图 4-20　“删除进度”窗口

4.3　配置 Hyper-V

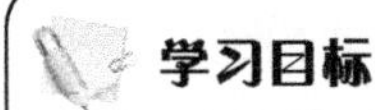

学习目标

- 掌握 Hyper-V 服务器的配置。
- 掌握 Hyper-V 虚拟机的配置。

4.3.1 配置 Hyper-V 服务器

Hyper-V 角色安装完成后，打开 Hyper-V 服务器的“服务器管理器”窗口，选择“工具”→“Hyper-V 管理器”选项，或者选择“开始”→“Windows 管理工具”→“Hyper-V 管理器”选项，在打开的“Hyper-V 管理器”窗口中可以进行服务器配置和虚拟机配置。

服务器配置对该服务器上的所有虚拟机生效。其配置过程如下。

（1）打开“Hyper-V 管理器”窗口，可以看到右边框中的功能菜单，如图 4-21 所示。

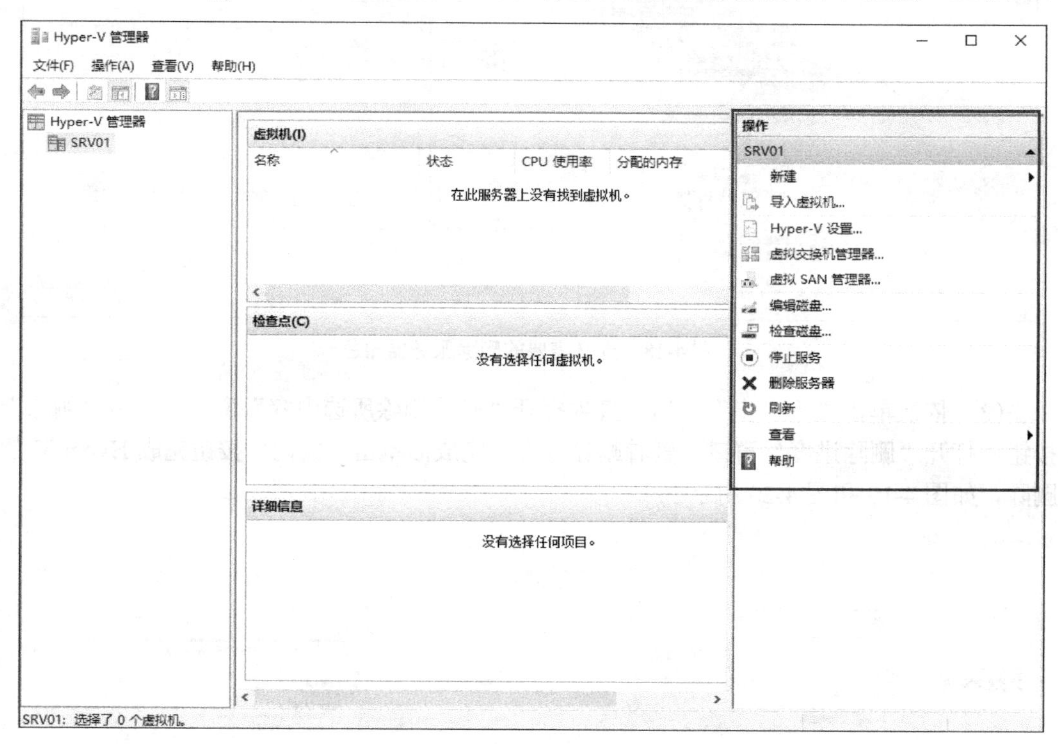

图 4-21 “Hyper-V 管理器”窗口

（2）右击“SRV01”节点，打开“SRV01 的 Hyper-V 设置”窗口，进行服务器的基本设置，如图 4-22 所示。

① 虚拟硬盘：设置虚拟硬盘的默认存储文件夹，本例中是“C:\Users\Public\Documents\Hyper-V\Virtual Hard Disks”文件夹，可以更改设置。

② 虚拟机：设置虚拟机的默认存储文件夹，这里是“C:\ProgramData\Microsoft\Windows\Hyper-V”文件夹。

③ 管理 RemoteFX GPU：RemoteFX 是微软的一项桌面虚拟化技术，用户在使用远程桌面或虚拟桌面进行游戏应用或者图形创作时，可以获得和本地桌面一致的效果；只有服务器中具有独立显卡时，在 Hyper-V 中才能进行设置。

④ NUMA 跨越：非统一内存访问（NUMA）是一种用于多处理器的计算机记忆体设计，内存访问时间取决于处理器访问内存的位置。在 NUMA 下，处理器访问本地存储器的速度比非本地存储器快一些。

⑤ 实时迁移：Hyper-V 的“实时迁移”功能可将正在运行的虚拟机从一台物理服务器

移动到另一台物理服务器，而不会影响用户对虚拟机的正常使用。

⑥ 存储迁移：将虚拟机的文件转移到其他地方，在转移过程中，虚拟机不需要关机。

⑦ 复制配置：复制可以提供业务连续性和灾难恢复的功能。

⑧ 设置好后，单击“确定”按钮，完成设置。

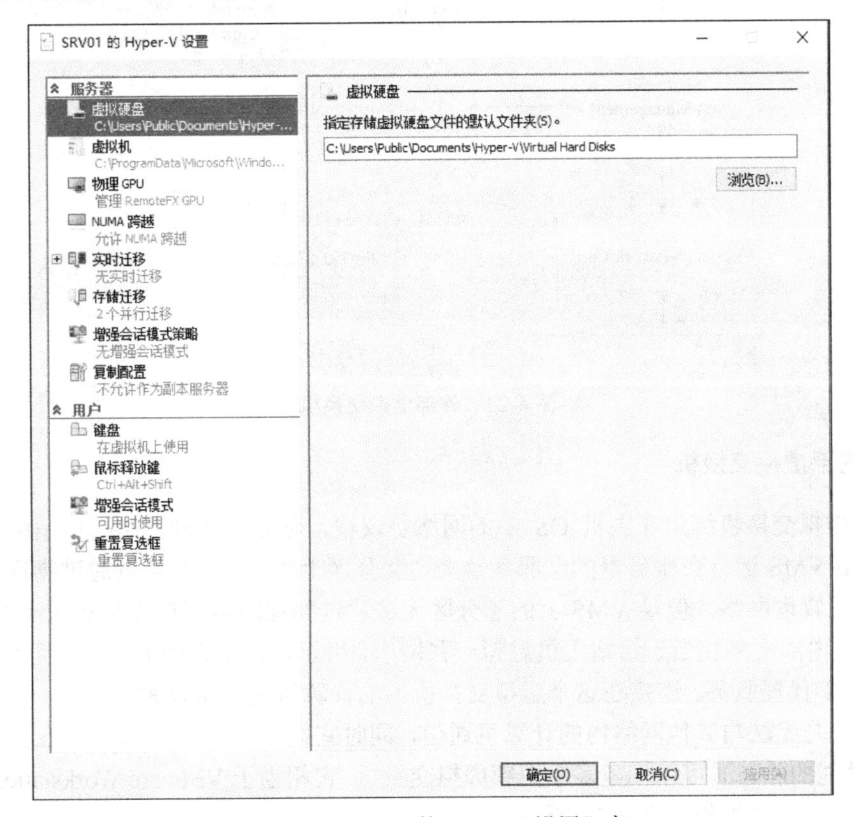

图 4-22 “SRV01 的 Hyper-V 设置”窗口

4.3.2 配置 Hyper-V 虚拟交换机

在 Hyper-V 中可以创建三种类型的虚拟交换机：外部虚拟交换机、专用虚拟交换机和内部虚拟交换机。

1．外部虚拟交换机

虚拟交换机部署完成后，虚拟机和宿主机连接到同一个虚拟交换机。虚拟交换机绑定到宿主机中的网络协议栈并连接到 Hyper-V 服务器中的物理网络接口适配器。在服务器的父分区和子分区上运行的 VMS 都可以访问物理网络接口适配器连接到的网络。虚拟机与宿主机获取同一网段的 IP 地址，与宿主机所在的网络中的其他计算机通信，每台虚拟机等同于宿主机所在网络的宿主机，甚至可以连接 Internet，如果宿主机有多块网络适配器，则可以针对每块网卡创建一个外部虚拟交换机。它相当于 VMware Workstation 的桥接模式。外部虚拟交换机如图 4-23 所示。

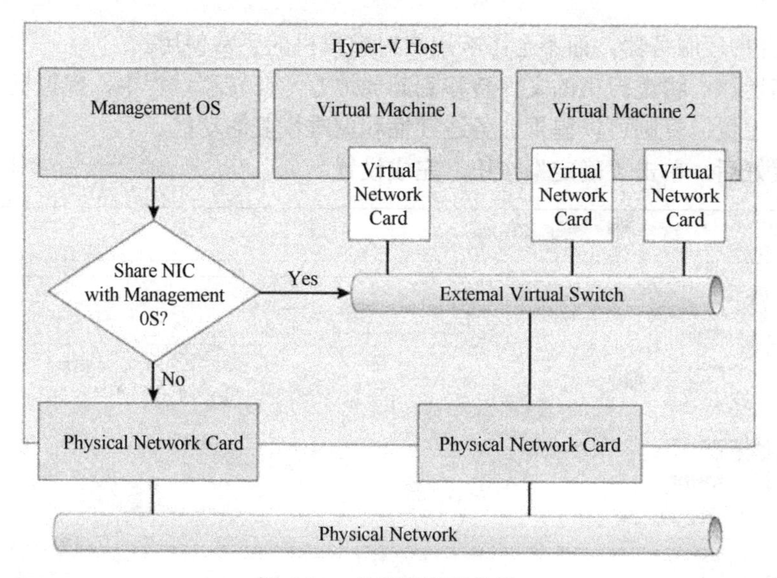

图 4-23　外部虚拟交换机

2．内部虚拟交换机

内部虚拟交换机绑定在主机 OS 中的网络协议栈，独立于物理网络接口适配器及其连接的网络。VMS 运行在服务器的父服务器上，父分区上的主机 OS 可以通过物理网络接口适配器访问物理网络，但是 VMS 上的子分区无法通过物理网络接口适配器访问物理网络。也就是说，内部网络相当于给宿主机虚拟一张网卡，用于虚拟机之间通信，并且提供 DHCP 服务和 NAT 代理服务。连接在这个虚拟交换机上的计算机之间可以相互通信，也可以与主机通信，但是无法与其他网络内的计算机通信，同时它们无法连接 Internet（在主机上启用了 NAT 功能的除外），可以创建多个内部虚拟交换机。它相当于 VMware Workstation 的 NAT 模式。内部虚拟交换机如图 4-24 所示。

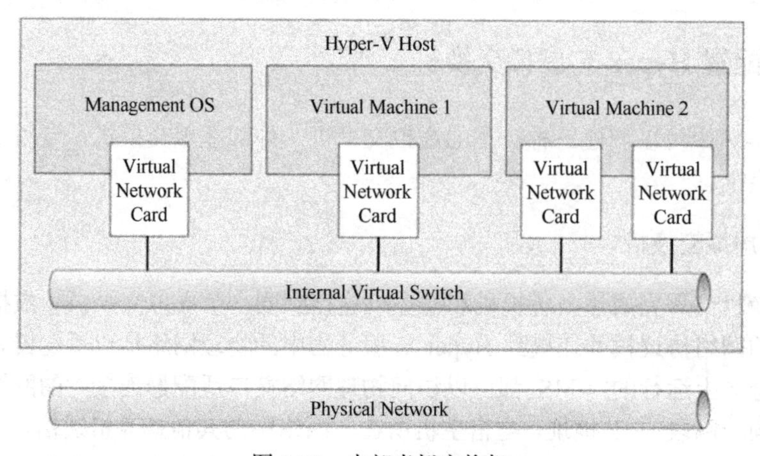

图 4-24　内部虚拟交换机

3．专用虚拟交换机

专用网络只存在于 Hyper-V 服务器中，并且只对运行在子分区上的 VMS 进行筛选。父分区上的主机 OS 可以通过物理网络接口适配器访问物理网络，但它不能访问虚拟交换机创建的虚拟网络，即其相当于虚拟一个专供虚拟机之间连接的虚拟交换机，所有的虚拟机连接到同一个虚拟交换机上，所有的虚拟机之间可以通信，但是不能访问宿主机及宿主机所在的网络。可以创建多个专用虚拟交换机，其相当于 VMware Workstation 的 Host 模式。专用虚拟交换机如图 4-25 所示。

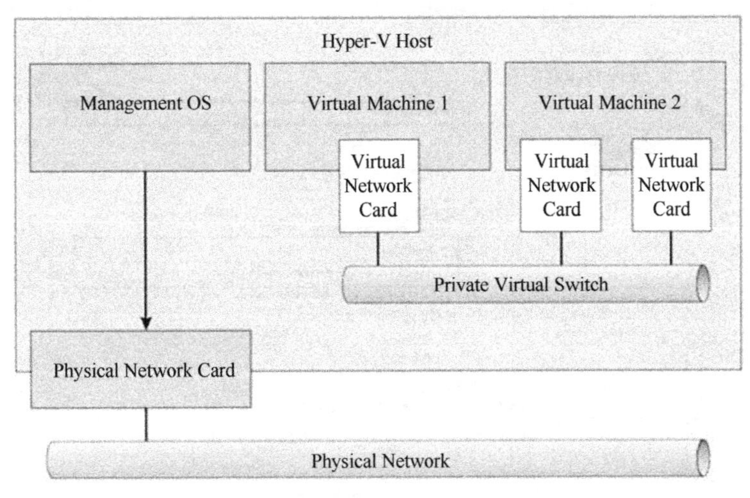

图 4-25　专用虚拟交换机

接下来对虚拟交换机进行配置。

（1）打开“Hyper-V 管理器”窗口，选择“操作”中的“虚拟交换机管理器”选项，打开“SRV01 的虚拟交换机管理器”窗口或者右击“SRV01”服务器，在弹出的快捷菜单中选择“虚拟交换机管理器”选项，打开“SRV01 的虚拟交换机管理器”窗口，如图 4-26 所示。

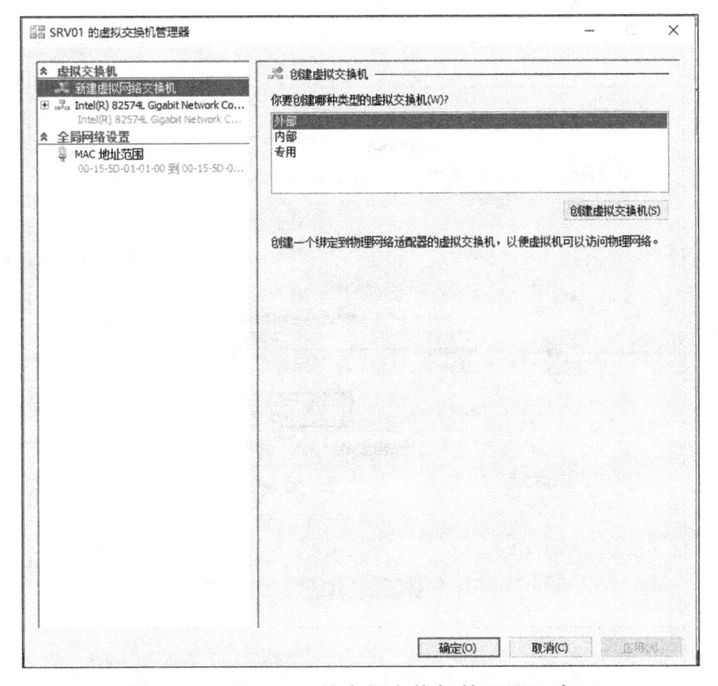

图 4-26　“SRV01 的虚拟交换机管理器”窗口

（2）在“SRV01 的虚拟交换机管理器”窗口中单击“新建虚拟网络交换机”节点，在右侧选择创建的虚拟交换机类型为“外部”，单击“创建虚拟交换机”按钮，设置虚拟交换机名称为“外部虚拟交换机”，“连接类型”设置为“外部网络”，单击“确定”按钮，如图 4-27 所示。

图 4-27　新建外部虚拟交换机

（3）弹出“应用网络更改”对话框，提示“挂起的更改可能会中断网络连接”，单击“是”按钮，虚拟交换机创建完成，如图 4-28 所示。

图 4-28　“应用网络更改”对话框

（4）同理，在虚拟交换机管理器中单击“新建虚拟网络交换机”节点，打开“SRV01 的虚拟交换机管理器”窗口，在右侧选择创建虚拟交换机类型为“内部”，然后单击“创建虚拟交换机”按钮，设置虚拟交换机名称为“内部虚拟交换机”，设置“连接类型”为“内部网络”，单击“确定”按钮，完成创建，如图 4-29 所示。

图 4-29　创建内部虚拟交换机

（5）打开“网络和共享中心”窗口，可以查看到刚刚创建的外部虚拟交换机和内部虚拟交换机，如图 4-30 所示。

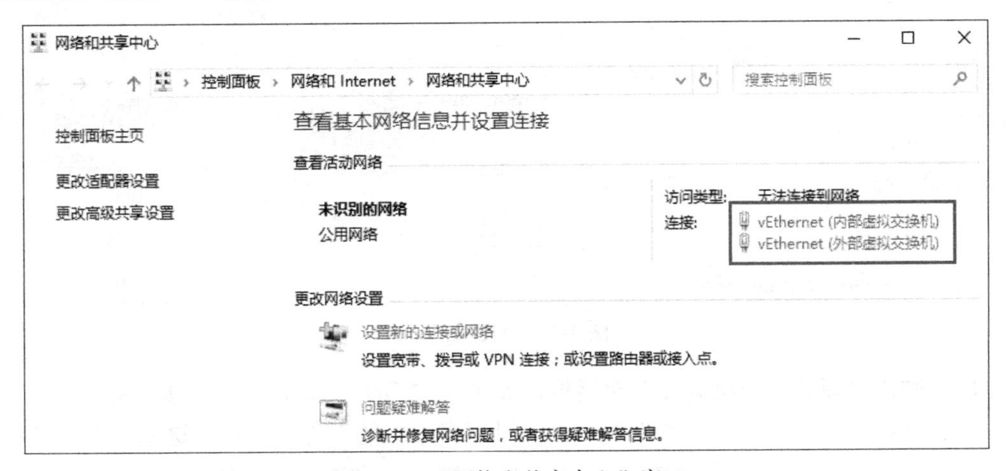

图 4-30　“网络和共享中心”窗口

4.4 创建虚拟机

学习目标

- 掌握一台虚拟机的创建。
- 掌握多台虚拟机的创建。

4.4.1 创建一台虚拟机

在 Windows Server 2016 的 Hyper-V 管理器中可以创建多台虚拟机，可以根据向导轻松地创建虚拟机，接下来介绍如何创建虚拟机。

（1）打开“Hyper-V 管理器”窗口，右击“SRV01”节点，在弹出的快捷菜单中选择“新建”→“虚拟机”选项，或者在“操作”窗格中选择“新建”→“虚拟机”选项，创建虚拟机。

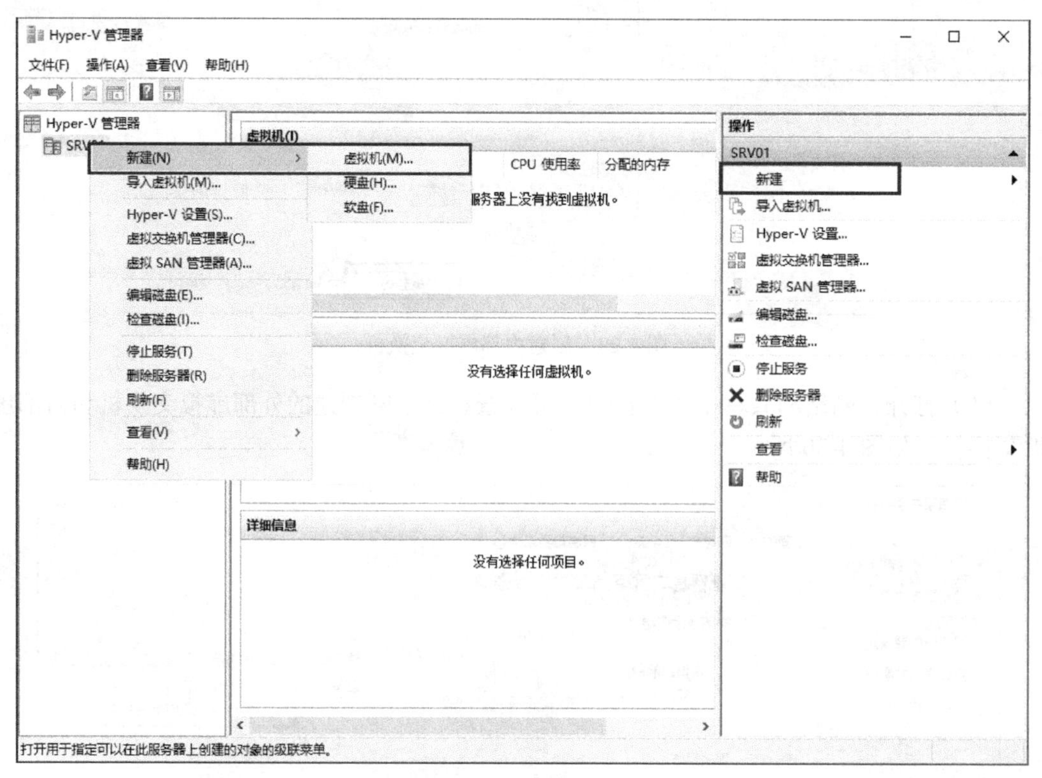

图 4-31　创建虚拟机

（2）弹出“新建虚拟机向导”对话框，如图 4-32 所示，单击“下一步”按钮。

（3）弹出“指定名称和位置”对话框，设置虚拟机的名称和位置，这里设置虚拟机名称为“v-SRV01”，存储位置为“C:\ProgramData\Microsoft\Windows\Hyper-V\”，如图 4-33 所示，单击“下一步”按钮。

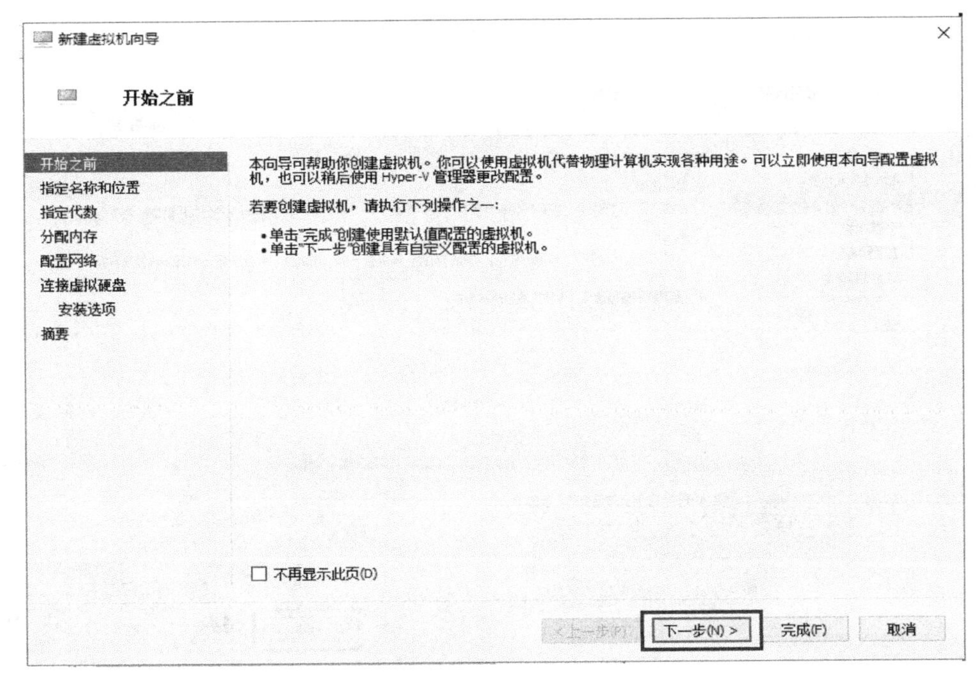

图 4-32　“新建虚拟机向导”对话框

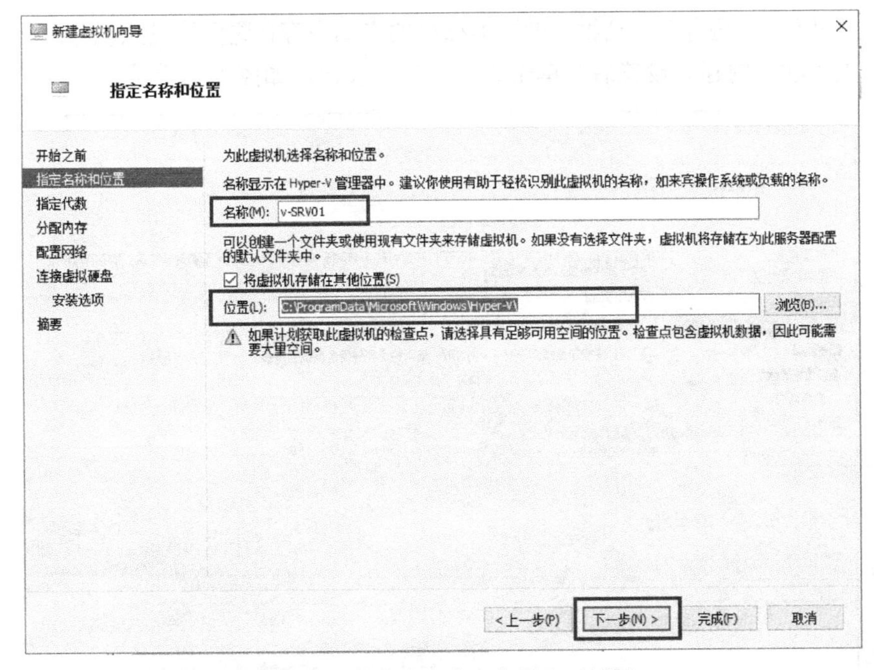

图 4-33　“指定名称和位置”对话框

（4）弹出“指定代数”对话框，选择虚拟机的代数，这里选中“第一代”单选按钮，第一代兼容性好一些，适用于 Windows 较低版本；第二代具有 UEFI 功能，可以从 SCSI 设备或标准网络适配器启动虚拟机，至少运行在 Windows Server 2012 或者 64 位版本的 Windows 8 系统上。选择后单击“下一步”按钮，如图 4-34 所示。

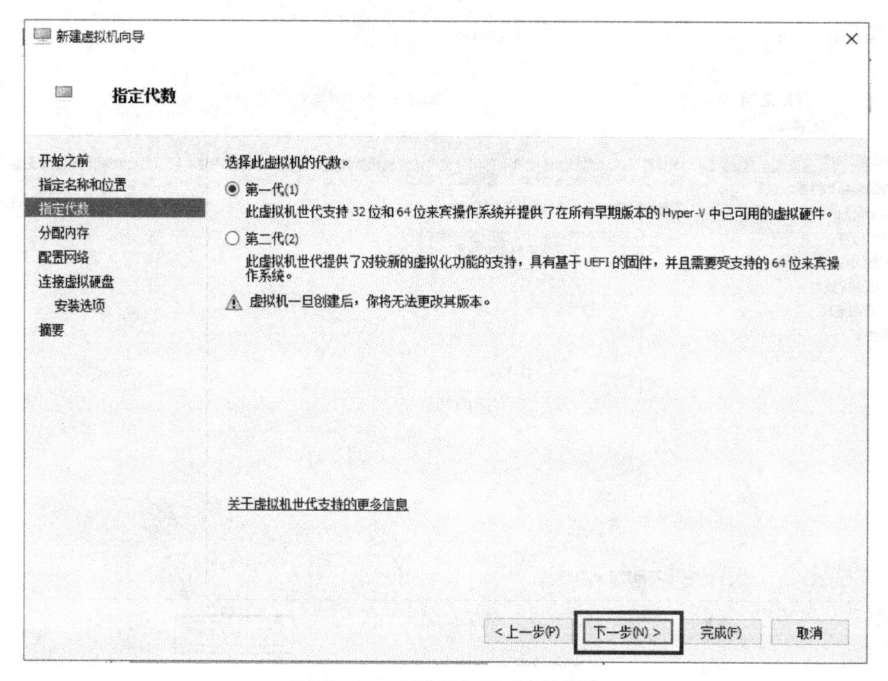

图 4-34 “指定代数”对话框

（5）弹出“分配内存”对话框，设置虚拟机的启动内存，这里给虚拟机分配 2GB 内存，也可以设置为动态内存。设置后，单击“下一步”按钮，如图 4-35 所示。

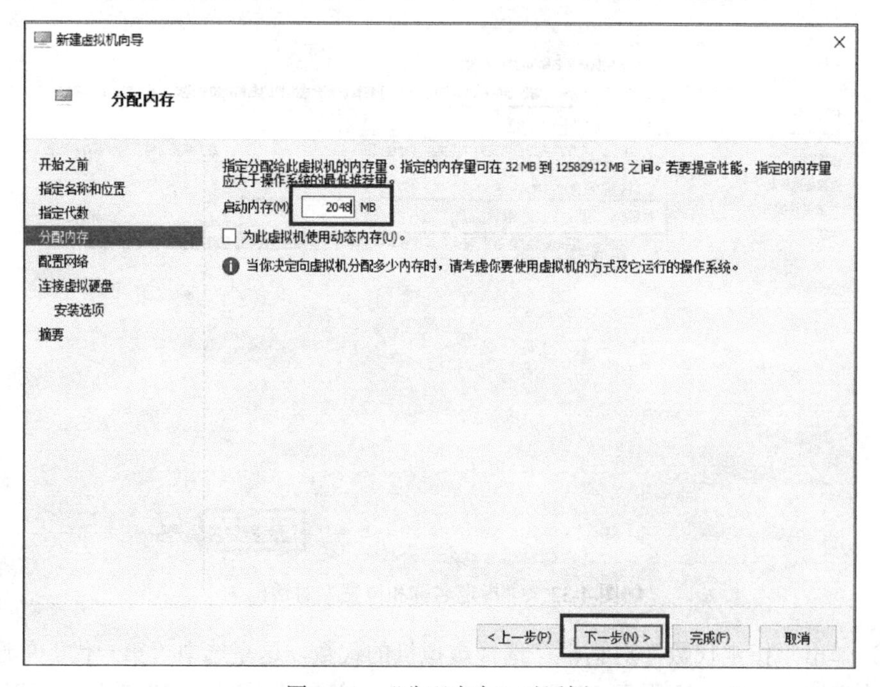

图 4-35 “分配内存”对话框

（6）弹出“配置网络”对话框，设置“连接”为“外部虚拟交换机”，单击“下一步”按钮，如图 4-36 所示。

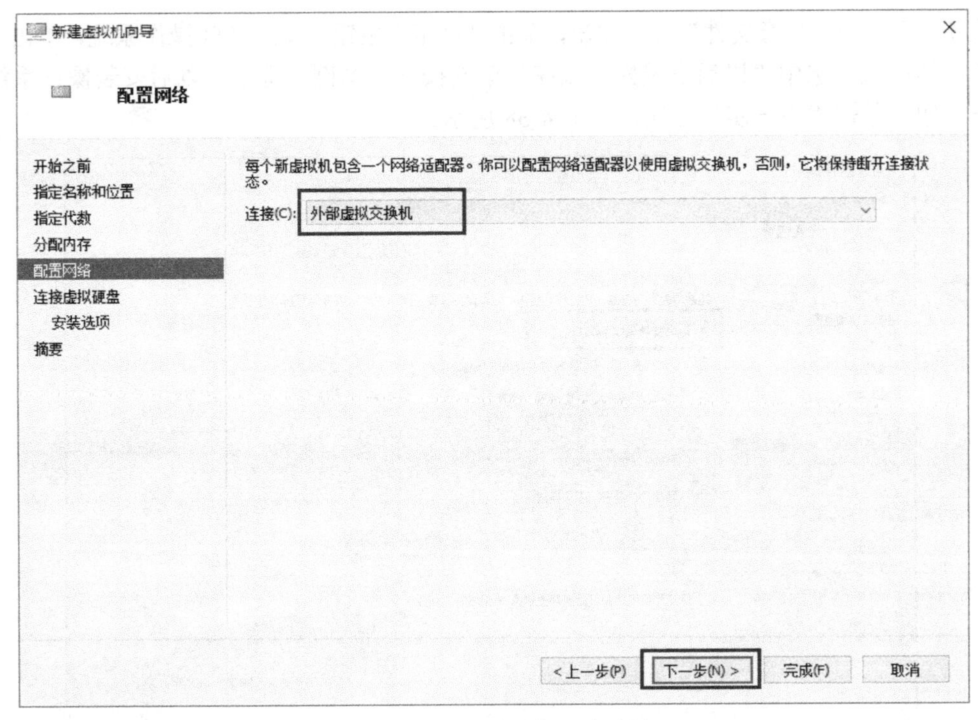

图 4-36 “配置网络”对话框

（7）弹出“连接虚拟硬盘”对话框，选中“创建虚拟硬盘”单选按钮，设置“名称”为“v-SRV01.vhdx”，“大小”为“127 GB”，用户可以根据自己的需要进行设置。设置后，单击“下一步”按钮，如图 4-37 所示。

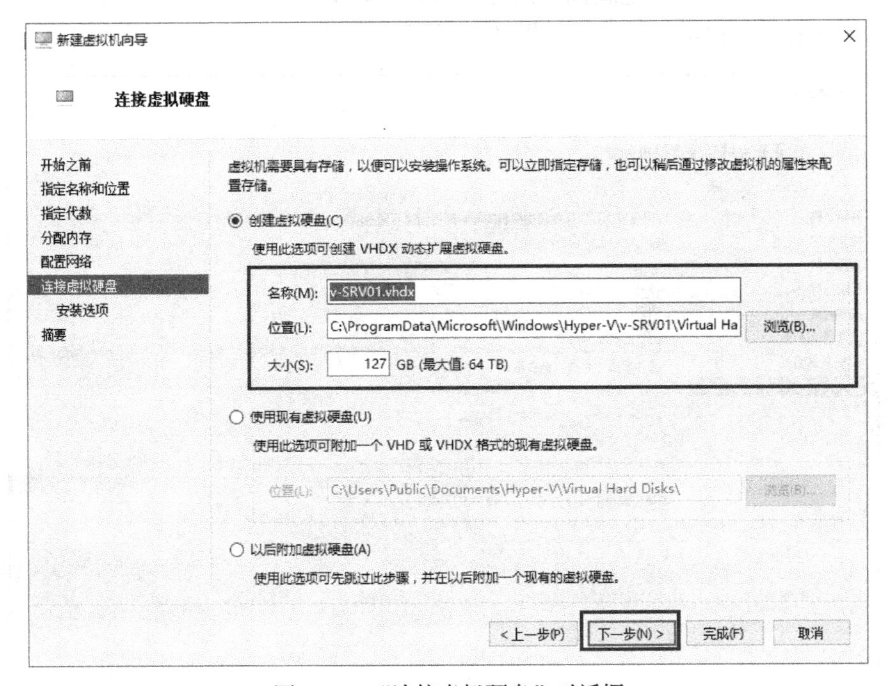

图 4-37 “连接虚拟硬盘”对话框

（8）弹出“安装选项”对话框，选中“从可启动的 CD/DVD-ROM 安装操作系统”单选按钮，再选中“映像文件”单选按钮，单击“浏览”按钮，找到 ISO 操作系统，单击“打开”按钮；或者选中“以后安装操作系统”单选按钮。本例中选中“以后安装操作系统”单选按钮，单击“下一步”按钮，如图 4-38 所示。

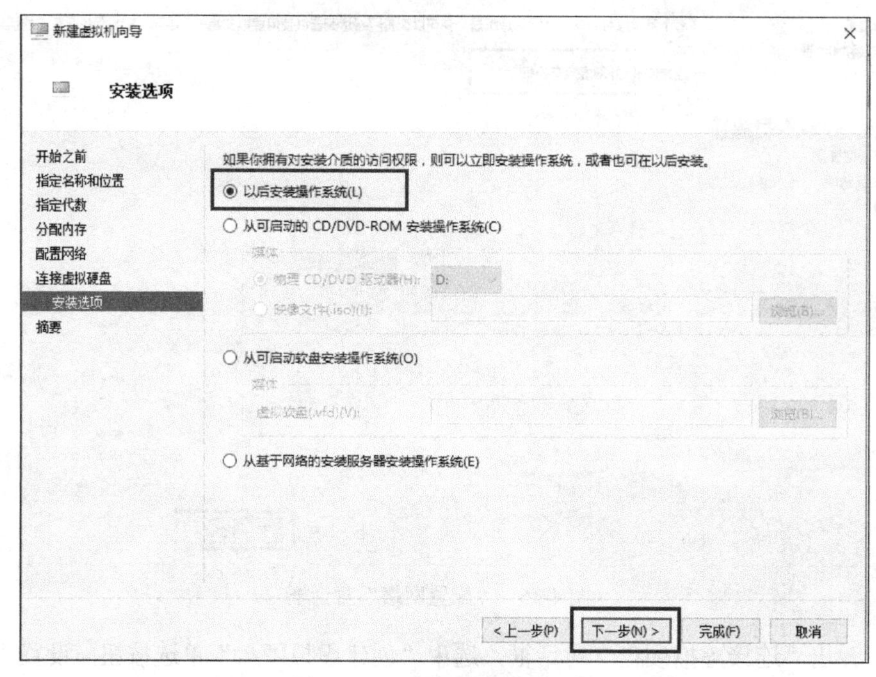

图 4-38 “安装选项”对话框

（9）弹出“正在完成新建虚拟机向导”对话框，确认配置后单击“完成”按钮，启动虚拟机，选择映像文件进行安装，如图 4-39 所示。

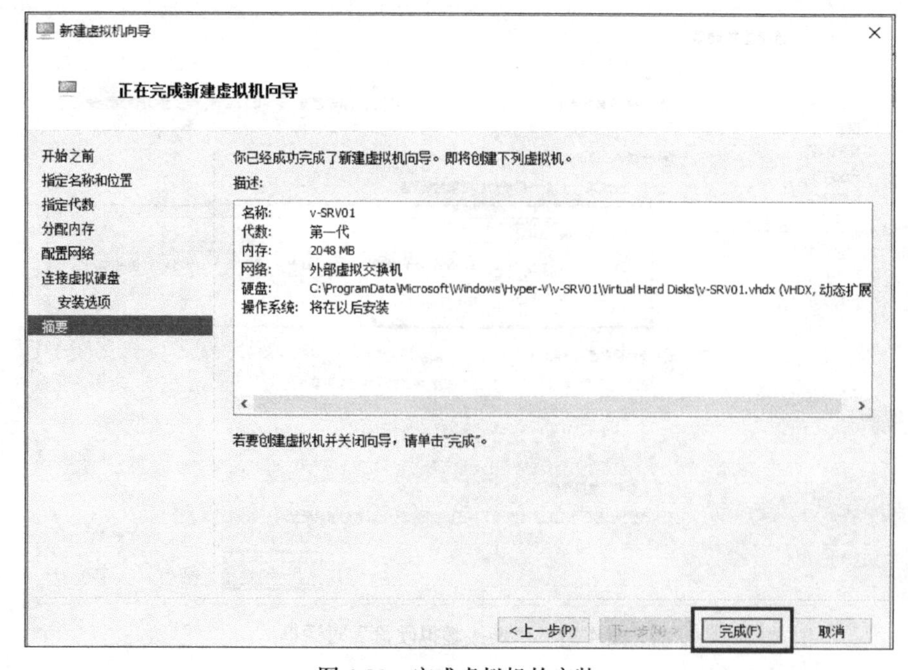

图 4-39 完成虚拟机的安装

4.4.2 创建多台虚拟机

将选定的虚拟机“导出”后再“导入”，可以创建多台相同备份虚拟机。虚拟机的“导入”与“导出”功能可以使虚拟机通过文件的方式进行转移，可以将虚拟机的文件复制到移动硬盘中，并在其他的地点进行导入，这样方便了虚拟机的跨地域的转移。这种方法创建的虚拟机与原虚拟机完全一样，占用的硬盘空间大小、虚拟机的 SID 都相同（可以使用 Sysprep.exe 更改虚拟机的 SID）；如果“模板”虚拟机被再次启动或删除，使用“导出”功能“导入”的虚拟机将不受影响。下面将介绍如何通过 Hyper-V 管理器进行虚拟机的导出。

（1）打开“Hyper-V 管理器”窗口，看到已经创建了一台“v-SRV01”虚拟机，选中虚拟机并右击，在弹出的快捷菜单中选择“导出”选项（注意：要导出的虚拟机必须处于关机的状态），如图 4-40 所示。

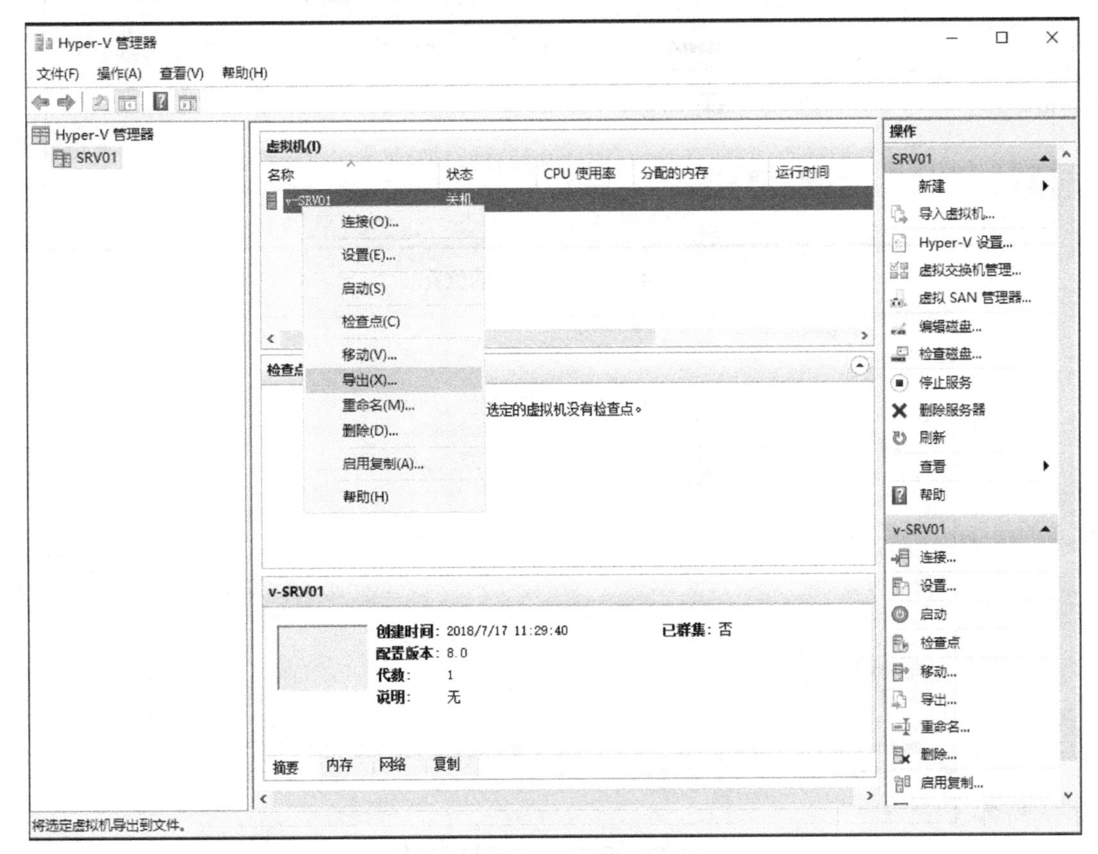

图 4-40 导出虚拟机

（2）弹出“导出虚拟机”对话框，指定导出的位置，这里把位置指定为“C:\Hyper-V\template”文件夹，单击“导出”按钮，如图 4-41 所示。

（3）打开导出的文件目录，可以看到导出的“v-SRV01”文件夹，此时导出虚拟机完成，如图 4-42 所示。

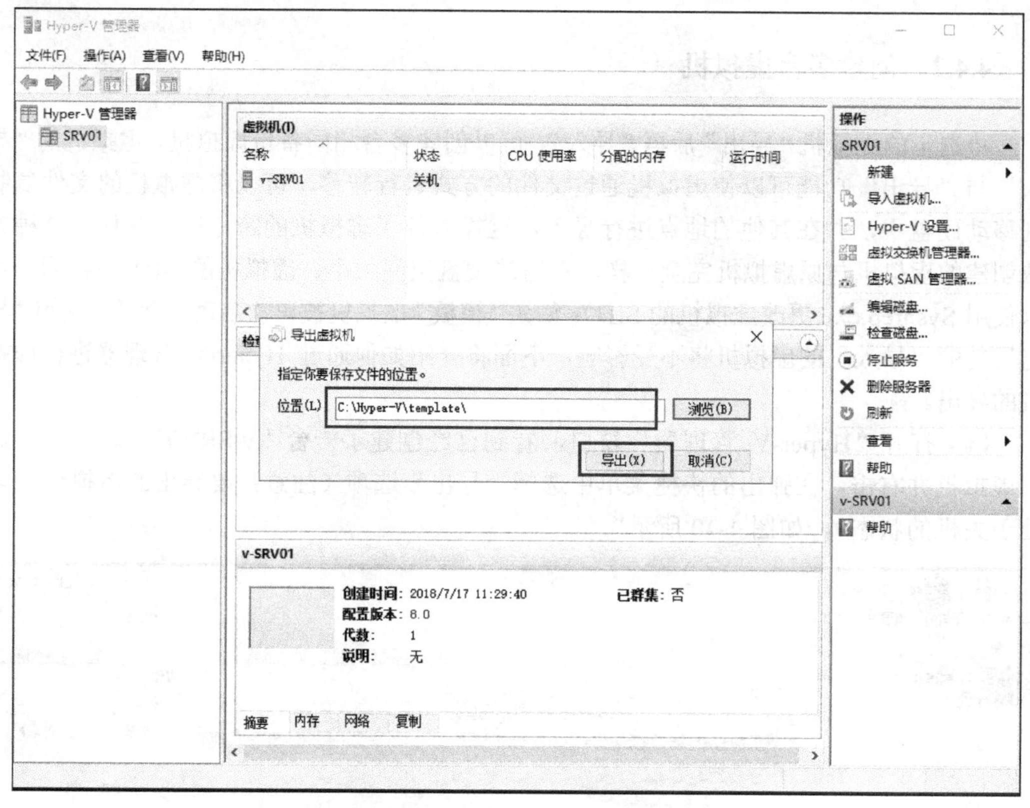

图 4-41　指定导出的位置

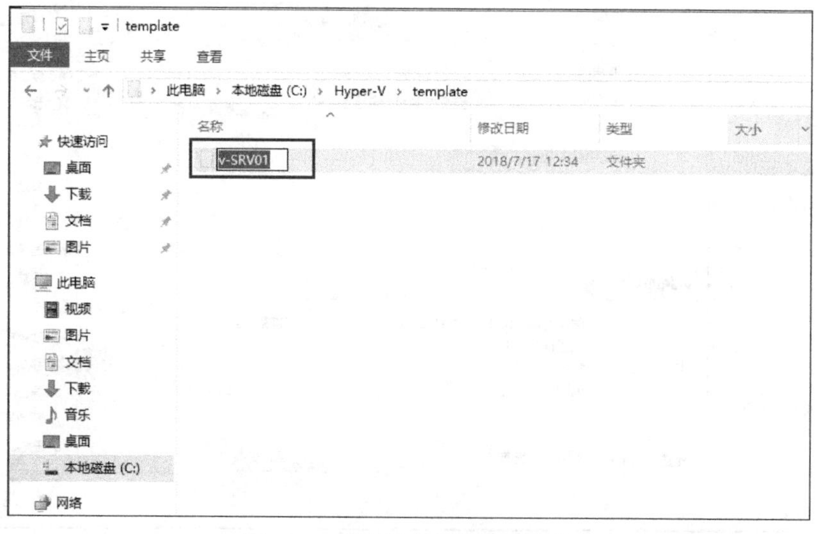

图 4-42　查看导出的虚拟机文件

接下来介绍如何导入虚拟机。相比导出虚拟机操作，导入虚拟机时会有导入虚拟机向导，以帮助用户更好地导入虚拟机。在“Hyper-V 管理器”窗口中，在右下方选择“导入...”选项，打开导入虚拟机向导。

（1）回到“Hyper-V 管理器”窗口中，进行导入操作，选择“导入虚拟机”选项，如图 4-43 所示。

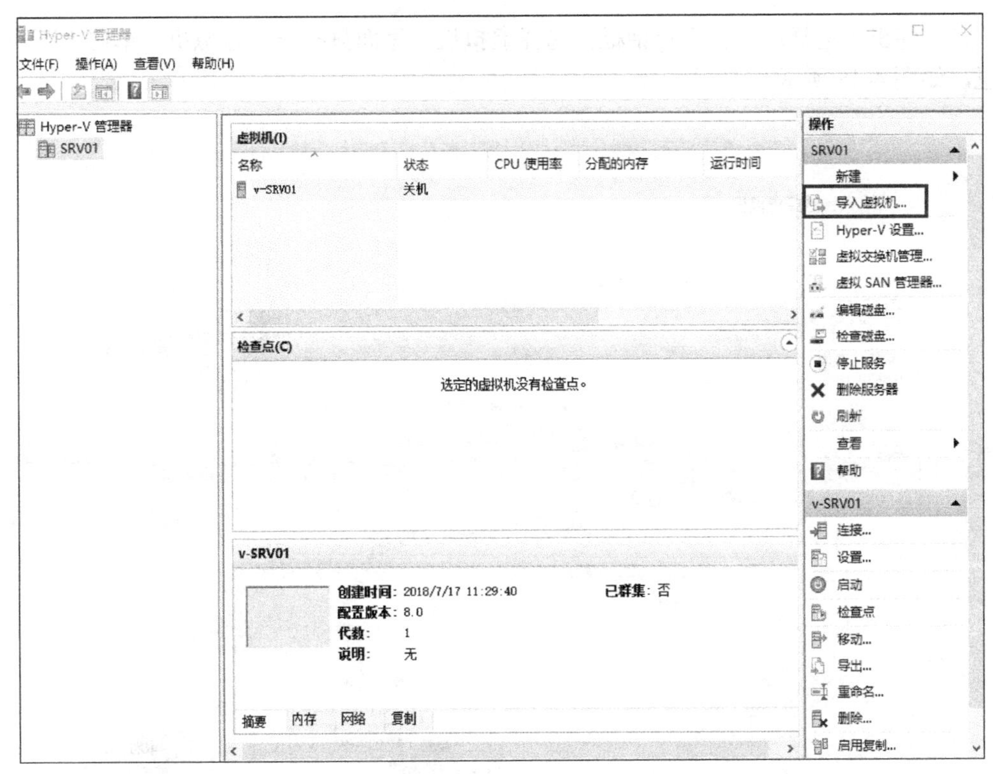

图 4-43　导入虚拟机

（2）在打开的“导入虚拟机”对话框中单击“下一步”按钮，弹出“定位文件夹”对话框，单击“浏览”按钮，在导出的虚拟机目录中选择要导入的文件夹，如图 4-44 所示，单击“下一步”按钮。

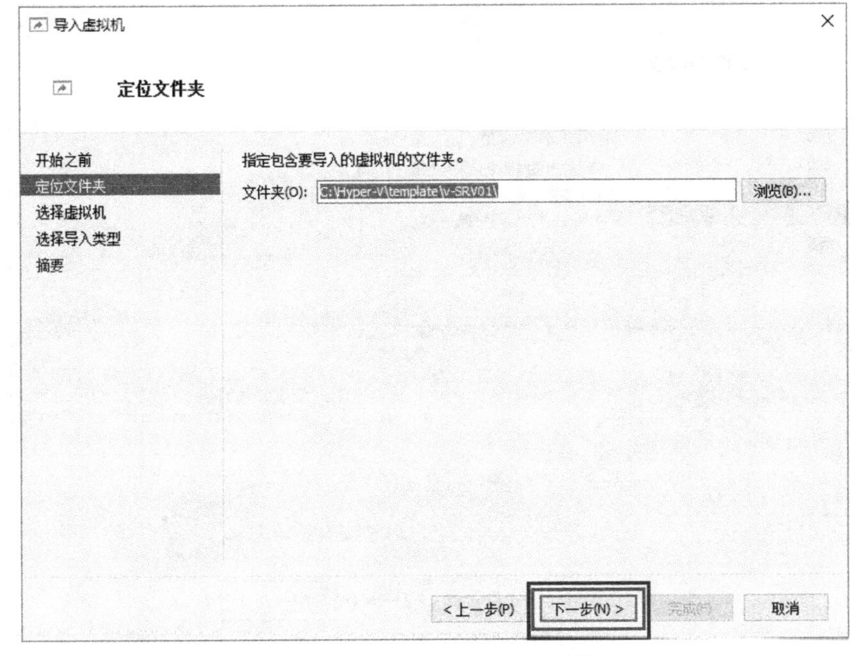

图 4-44　“定位文件夹”对话框

（3）弹出“选择虚拟机”对话框，选择虚拟机，里面只有一台虚拟机，单击“下一步”按钮，如图4-45所示。

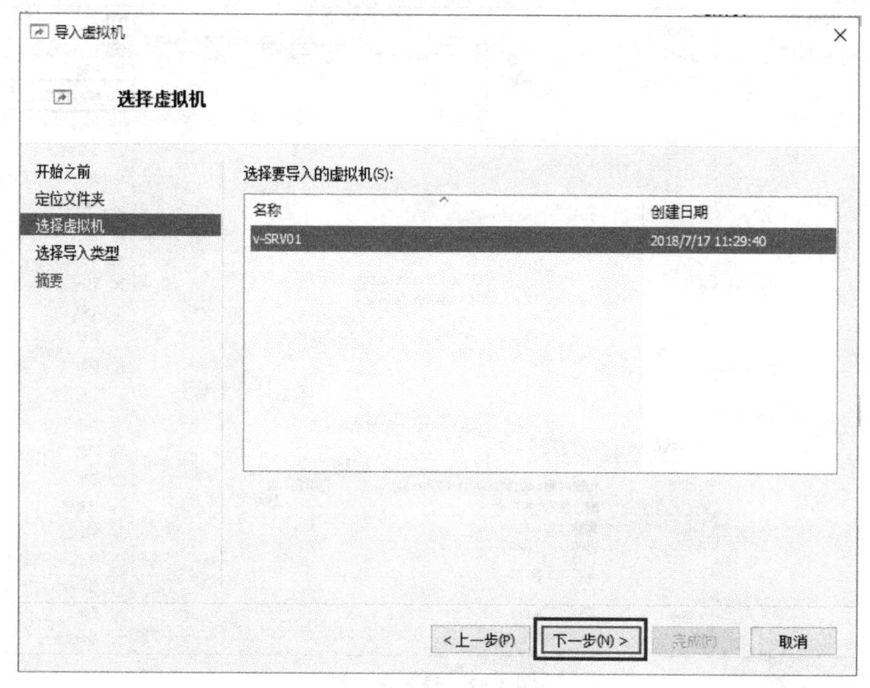

图4-45　“选择虚拟机”对话框

（4）弹出“选择导入类型”对话框，选中“复制虚拟机（创建新的唯一 ID）”单选按钮，当然也可以根据需要选择要执行的导入类型，单击“下一步”按钮，如图4-46所示。

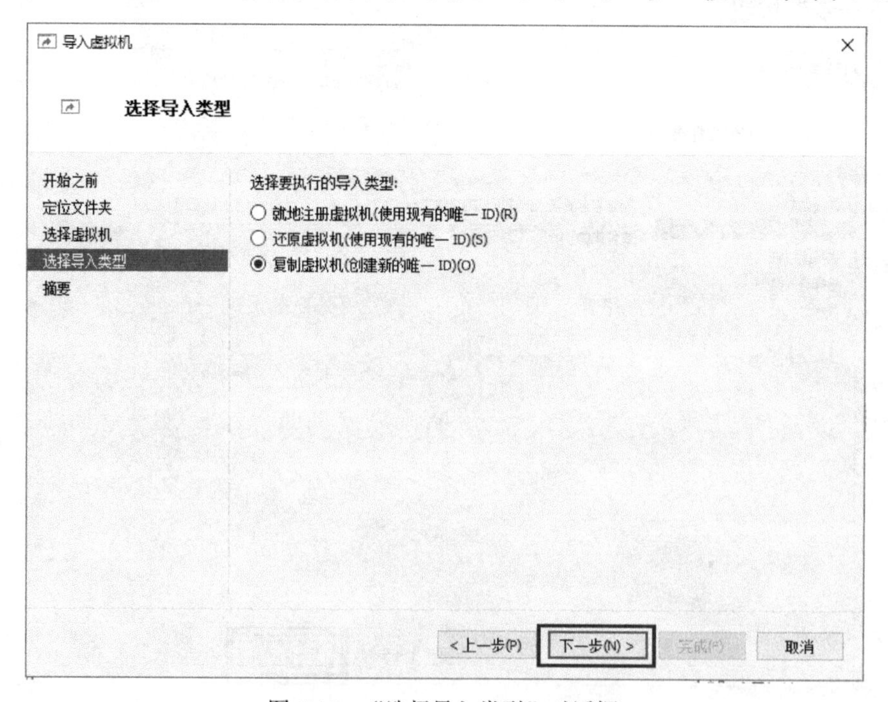

图4-46　“选择导入类型”对话框

（5）弹出“选择虚拟机文件的文件夹”对话框，设置虚拟机文件的存放位置，这里指定为“C:\Hyper-V\v-SRV02\”文件夹，也可以选择默认设置，单击“下一步”按钮，弹出“选择用于存储虚拟硬盘的文件夹”对话框，设置虚拟硬盘的存放位置为“C:\Hyper-V\v-SRV02\Virtual Hard Disks\”文件夹，单击“下一步”按钮，如图 4-47 和图 4-48 所示。

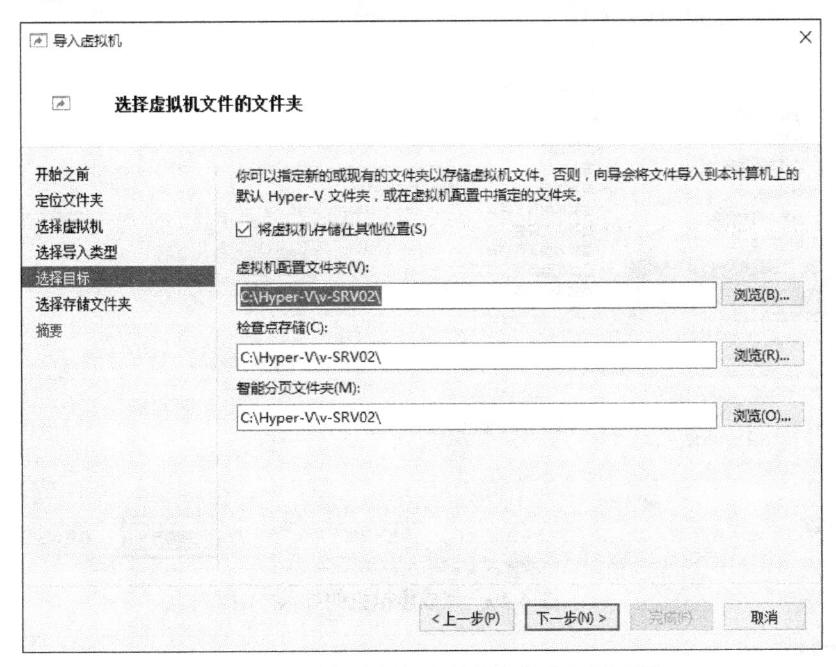

图 4-47 “选择虚拟机文件的文件夹”对话框

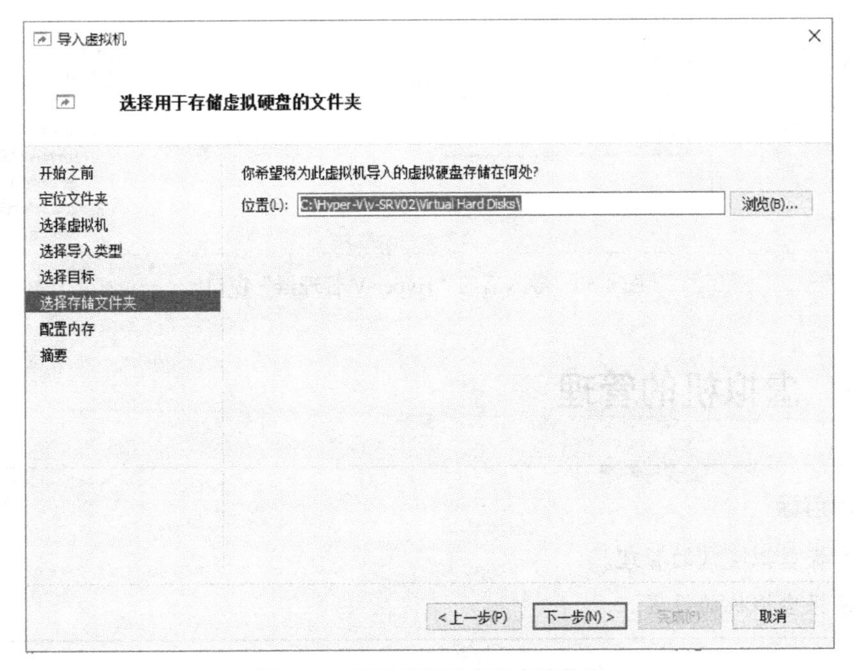

图 4-48 设置虚拟硬盘的存储位置

（6）弹出“正在完成导入向导”对话框确认配置，单击“完成”按钮，虚拟机导入成功，如图4-49所示。在“Hyper-V管理器”窗口中会出现与原来导出的虚拟机名称一样的虚拟机，将其重命名为“v-SRV02”，即创建了2台虚拟机，如图4-50所示。

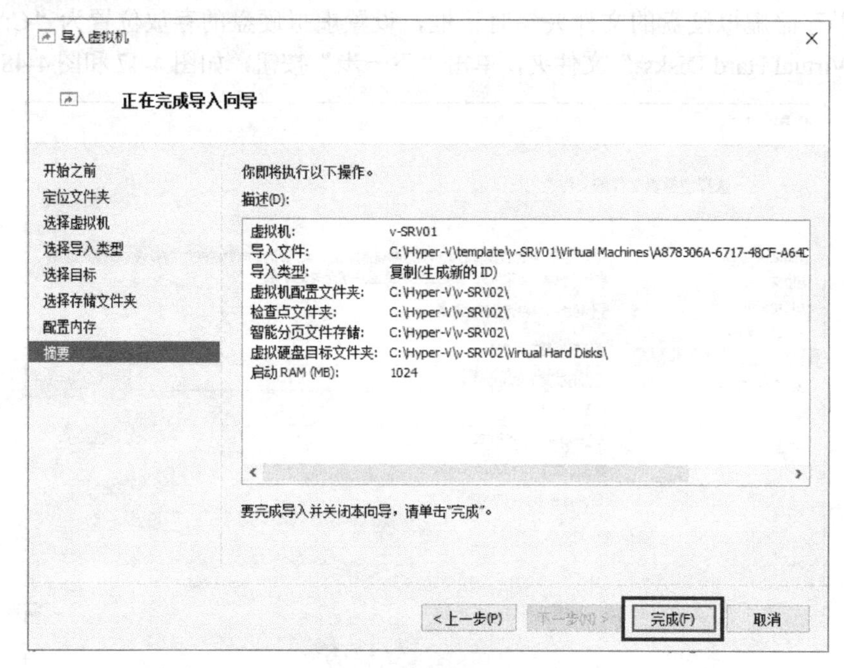

图4-49　完成虚拟机的导入

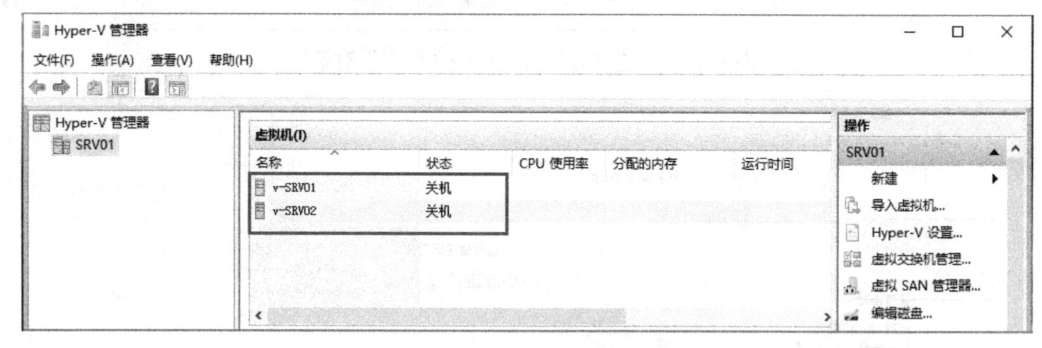

图4-50　导入后的“Hyper-V管理器”窗口

4.5　虚拟机的管理

学习目标

- 掌握虚拟硬盘的管理。
- 掌握虚拟机的设置。

4.5.1　虚拟硬盘的管理

与物理硬盘相比，虚拟硬盘的特点是它可以在虚拟机中简单快速地创建、加载和移除。

虚拟硬盘支持不同的配置，可以使用户高效地利用物理硬盘空间。虚拟硬盘包含 VHD 和 VHDX 两种格式，Windows Server 2012 之前的 Hyper-V 服务都支持 VHD 的虚拟硬盘，Windows Sever 2012 和 Windows Sever 2016 中的 Hyper-V 服务引入新版本的 VDH 格式，称为 VDHX 格式。VDHX 格式具有更大的存储容量，在 Windows Server 2012 之前。Hyper-V 虚拟硬盘存在最大 2TB 的容量限制，而 VHDX 最大能够达到 64TB。VHDX 的优势不只限于容量方面的改进，VHDX 为现在的硬盘而设计，相对于 VHD 文件，其 4 KB 大小的逻辑区域大小有助于提高性能。通过不断监控元数据更新，VHDX 还提供在突然断电情况下的文件讹误保护功能，而 VHD 格式并不具备这个特性。为动态和差分磁盘提供更大的文件块，存储自定义元数据特性，这些都是 VHD 和 VHDX 的不同之处。

1. 新增虚拟硬盘

虚拟硬盘的种类分为动态扩展虚拟硬盘、固定大小虚拟硬盘和差异虚拟硬盘。

（1）动态扩展虚拟硬盘：只在需要的时候分配空间，根据系统的需求动态分配磁盘的大小，大概 1∶1 对等，但实际虚拟硬盘占用的空间大小会稍大于系统安装时使用的空间。由于是动态分配的，必然会消耗部分性能，但节约了物理硬盘的空间。

（2）固定大小虚拟硬盘：会自动占用主机文件系统的物理硬盘空间，给这块虚拟硬盘划分一个固定的区域，这个区域大小是固定的，其他文件不能使用。一经配置，文件将占据大小一样的空间，其优点是性能比动态扩展好、速度快，缺点是磁盘空间占用较大，易造成资源浪费。

（3）差异虚拟硬盘：基于一个现有的虚拟硬盘（父虚拟硬盘）创建，当使用差异虚拟硬盘时，差异虚拟硬盘上的数据基于父虚拟硬盘上的数据，但是对父虚拟硬盘所做的任何修改都将保存在差异虚拟硬盘上，而不是提交到父虚拟硬盘上，并且差异虚拟硬盘只保存对父虚拟硬盘所做的修改。

这三种虚拟硬盘的优缺点如表 4-2 所示。

表 4-2　三种虚拟硬盘的优缺点

	动态扩展虚拟硬盘	固定大小虚拟硬盘	差异虚拟硬盘
虚拟硬盘类型	动态填充 VHD	固定大小 VHD	上层 VHD 及差异的 VHD
优点	节约了物理硬盘的空间	存储速度快	可以轻松还原更改
缺点	存取速度比固定大小虚拟硬盘慢	大小固定，有时会浪费物理空间	管理不方便

2. 虚拟硬盘的创建

在 Hyper-V 管理器中创建虚拟硬盘的过程如下。

（1）打开“Hyper-V 管理器”窗口，右击“SRV01”节点，在弹出的快捷菜单中选择“新建”→“硬盘”选项，如图 4-51 所示。

（2）单击“下一步”按钮，弹出“选择磁盘格式”对话框，选择磁盘格式（注意，创建 2 TB 的虚拟硬盘，需要选择 VDHX 格式），选中“VDHX”单选按钮，单击“下一步”按钮，如图 4-52 所示。

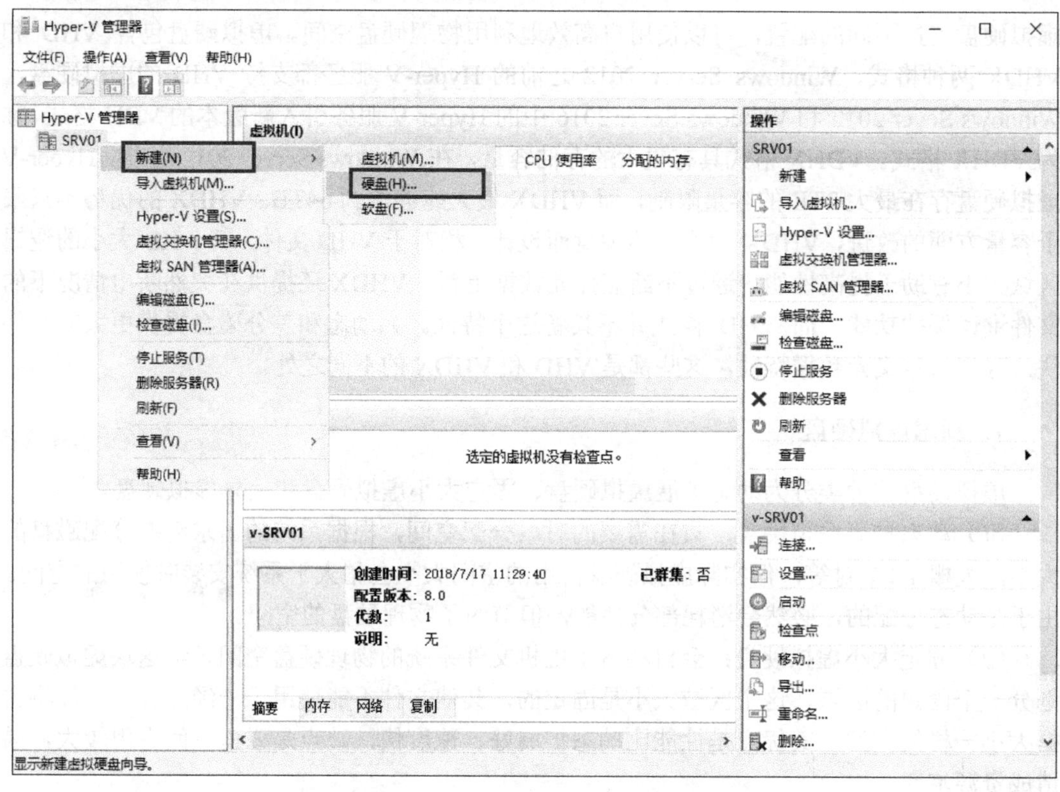

图 4-51 “SRV01”右键快捷菜单

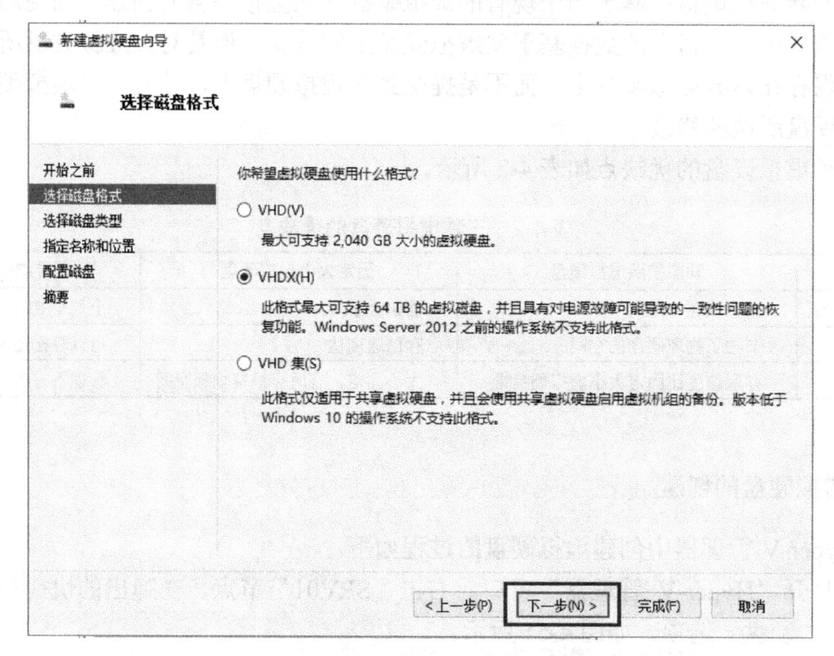

图 4-52 “选择磁盘格式”对话框

（3）弹出“选择磁盘类型”对话框，有三种虚拟硬盘类型可供用户选择，选中“差异”单选按钮，单击“下一步”按钮，如图 4-53 所示。

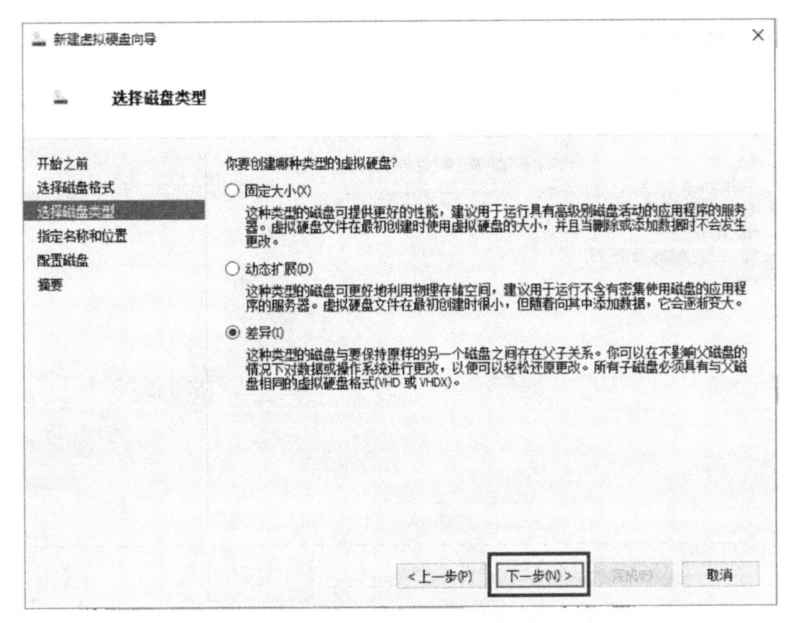

图 4-53 “选择磁盘类型”对话框

（4）弹出的“指定名称和位置”对话框，设置虚拟硬盘的名称和位置，单击“下一步”按钮，如图 4-54 所示。

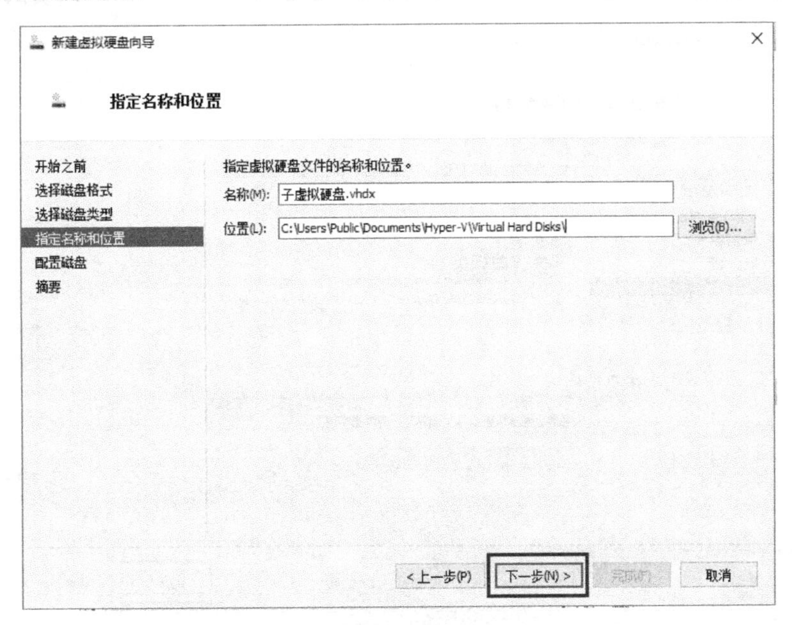

图 4-54 “指定名称和位置”对话框

（5）弹出“配置磁盘”对话框，为新的差异虚拟硬盘指定用作其父虚拟硬盘的虚拟硬盘具体位置，如图 4-55 所示（注意，差异虚拟硬盘的创建与固定大小虚拟硬盘和动态扩展虚拟硬盘都不同，差异虚拟硬盘需要两块虚拟硬盘，这两块虚拟硬盘互为父子关系，一块作为父虚拟硬盘，另一块作为子虚拟硬盘，所以在创建差异虚拟硬盘的时候，需要指定父虚拟硬盘的存储位置，且子虚拟硬盘的磁盘格式一定要和父虚拟硬盘的磁盘格式一样）。本例中选择的父虚拟硬盘是 v-SRV01.vdhx，单击“下一步”按钮。

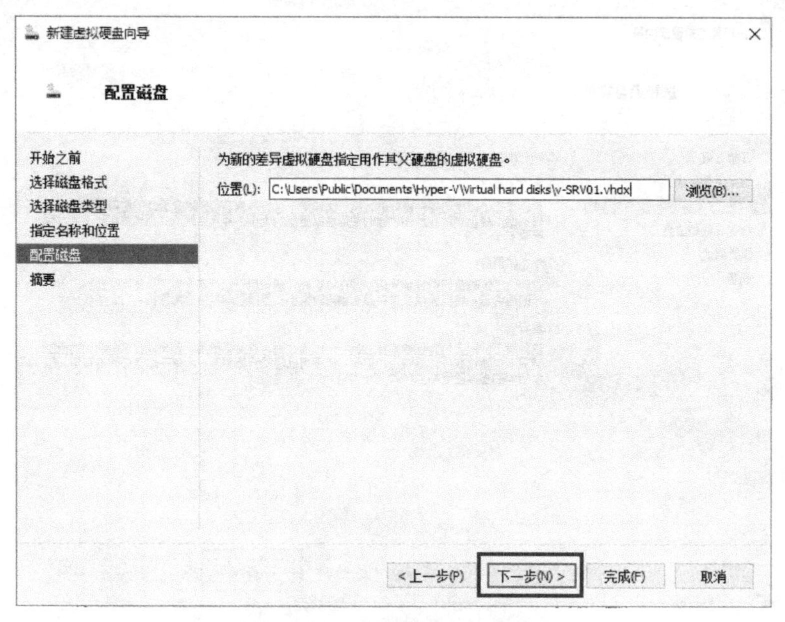

图 4-55 “配置磁盘”对话框

（6）在打开的“正在完成新建虚拟硬盘向导”对话框中，查看创建的差异虚拟硬盘的描述信息，确认无误后单击“完成”按钮，虚拟硬盘创建完成，如图 4-56 所示。

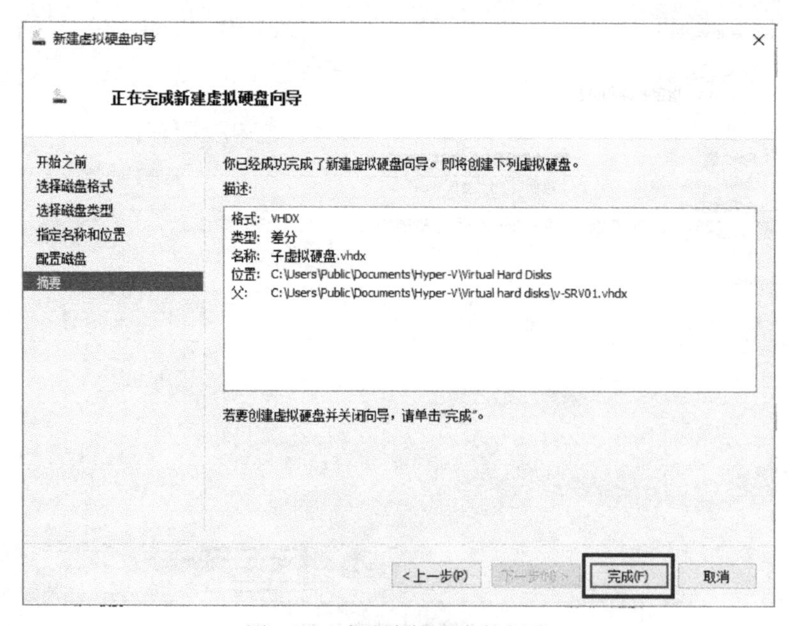

图 4-56 完成虚拟硬盘的创建

3．编辑虚拟硬盘

当建立了 VHD 或者 VHDX 虚拟硬盘，或者使用了一段时间之后，可以采用压缩、转换、扩展等功能对虚拟硬盘进行管理。对于不同的虚拟硬盘类型，所能编辑的功能也有所不同，如表 4-3 所示。

表 4-3　虚拟硬盘编辑功能

	压　缩	转　换	扩　展	合　并
动态扩展虚拟硬盘		可以	可以	
固定大小虚拟硬盘	可以	可以	可以	
差异虚拟硬盘	可以	可以	可以	可以

（1）压缩：通过虚拟硬盘中删除数据后留下的空白空间来压缩 VHD 或 VHDX 文件的大小。

（2）转换：可以将 VHD 文件转换为 VHDX 文件，可以将动态扩展虚拟硬盘转换为固定大小虚拟硬盘。

（3）扩展：增加动态扩展虚拟硬盘或固定大小虚拟硬盘的存储容量（注意，扩充的空间不能大于物理空间）。

（4）合并：仅适用于差异虚拟硬盘。可以将子虚拟硬盘中的一些更改与父虚拟硬盘的内容合并或者应用到父虚拟硬盘。

虚拟硬盘的编辑步骤如下。

（1）打开“Hyper-V 管理器”窗口，右击“SRV01”节点，在打开的快捷菜单中选择“编辑磁盘”选项，如图 4-57 所示，弹出“编辑虚拟硬盘向导”对话框。

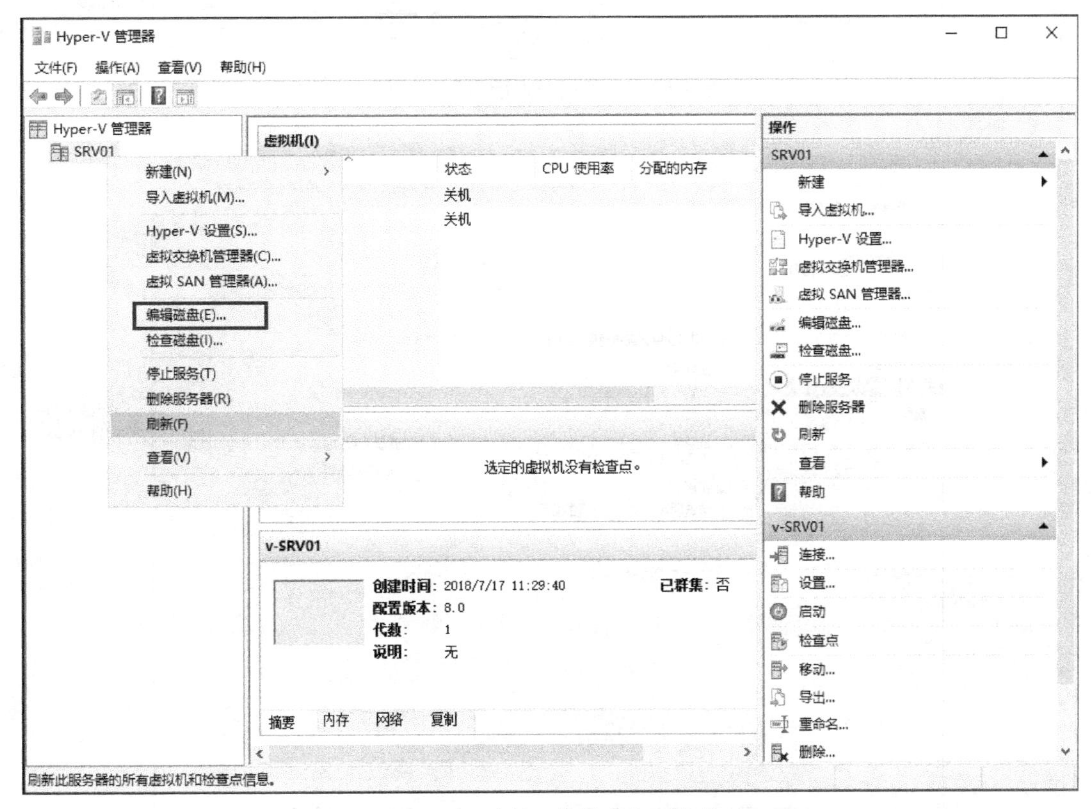

图 4-57　选择“编辑磁盘”选项

（2）单击“下一步”按钮，弹出“查找虚拟硬盘”对话框，找到需要编辑的虚拟硬盘对应的文件存放位置，单击“下一步”按钮，如图 4-58 所示。

（3）弹出“选择操作”对话框，选择所需要的功能，如图4-59所示，这里选中“压缩”单选按钮。单击“下一步”按钮，弹出“正在完成编辑虚拟硬盘向导”对话框，单击“完成”按钮，显示磁盘处理进度，处理完成后自动关闭该对话框，如图4-60所示。

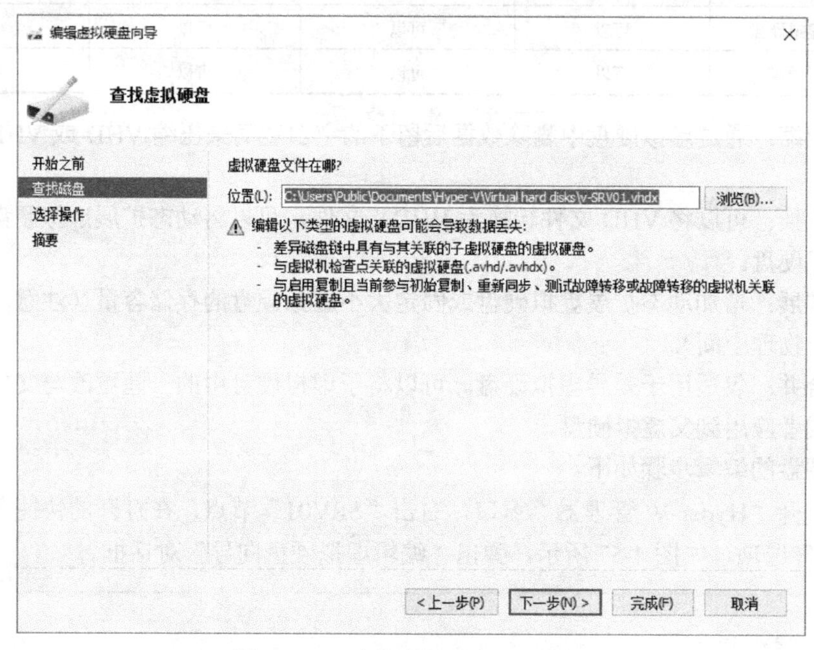

图4-58　“查找虚拟硬盘”对话框

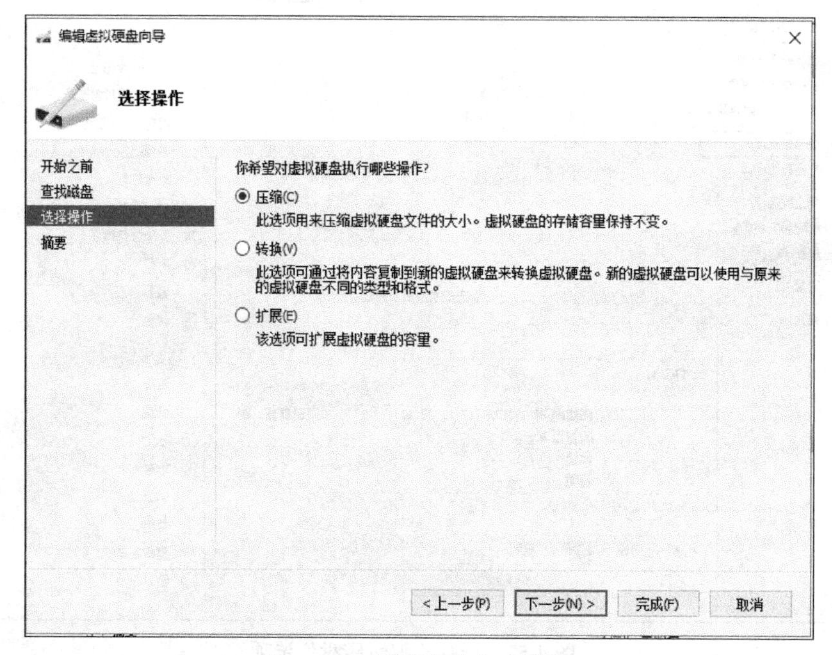

图4-59　“选择操作”对话框

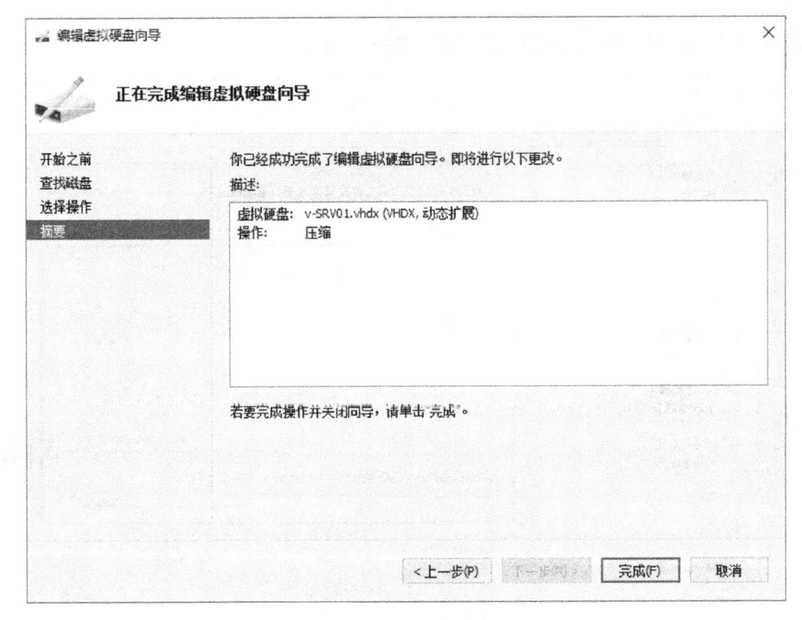

图 4-60 完成编辑

4.5.2 虚拟机的设置

当虚拟机创建完成后，可以对虚拟机进行一些设置，包括对虚拟机的硬件、BIOS、内存、处理器等进行设置，为虚拟机增加或者减少资源等，对虚拟机的设置可以在“Hyper-V 管理器”窗口中完成。下面针对虚拟机的一些功能进行设置。

1. 安装操作系统

一旦用户创建了一个 VM，就可以在其中安装一个操作系统，Windows Server 2016 中的 Hyper-V 支持很多 OS，如 Windows Server 2003 R2、Windows Server 2003 SP2、Windows 8、Windows 7 Enterprise and Ultimate、Windows Server 2008 R2、Windows Server 2008、Windows Server 2012、Windows XP Professional SP3、Windows XP x64 Professional SP2、Cent OS 6.0～6.2、Red Hat Enterprise Linux 6.0～6.2 等。在 VMS 上安装软件时有几种方法可以访问安装文件。在默认情况下，VM 具有 DVD 驱动器，其本身可以是物理的或虚拟的，如图 4-61 所示。当 VM 从所安装的磁盘上启动时，操作系统的安装类似物理计算机。在安装过程中，用户可以使用 VHD 创建各种大小的分区并选择其中之一。当安装完成后，VM 重新启动，就可以登录和正常使用了。

2. 虚拟机硬件设置

（1）右击要设置的虚拟机“v-SRV01”，在弹出的快捷菜单中选择“设置”选项，打开“SRV01 上 v-SRV01 的设置”的窗口，单击“硬件”→“添加硬件”节点，在右侧窗格可以为虚拟机添加“SCSCI 控制器”“网络适配器”“旧版网络适配器”“光纤通道适配器”等硬件。单击“添加”按钮可以添加所选择的硬件，如图 4-62 所示。以添加网络适配器为例，在图 4-62 中选择要添加的设备为“网络适配器”。Windows Server 2016 中最多可以添加 12 个网络适配器，其中，包含 8 个合成的和 4 个模拟的网络适配器，如图 4-63 所示，需要指定虚拟交换机、VLAN ID 和是否启用带宽管理。

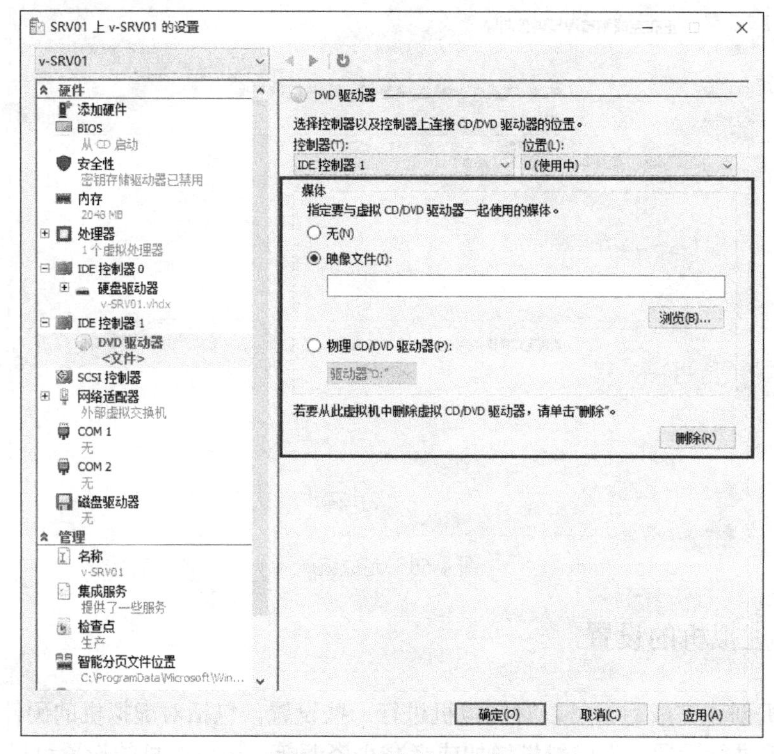

图 4-61　安装操作系统

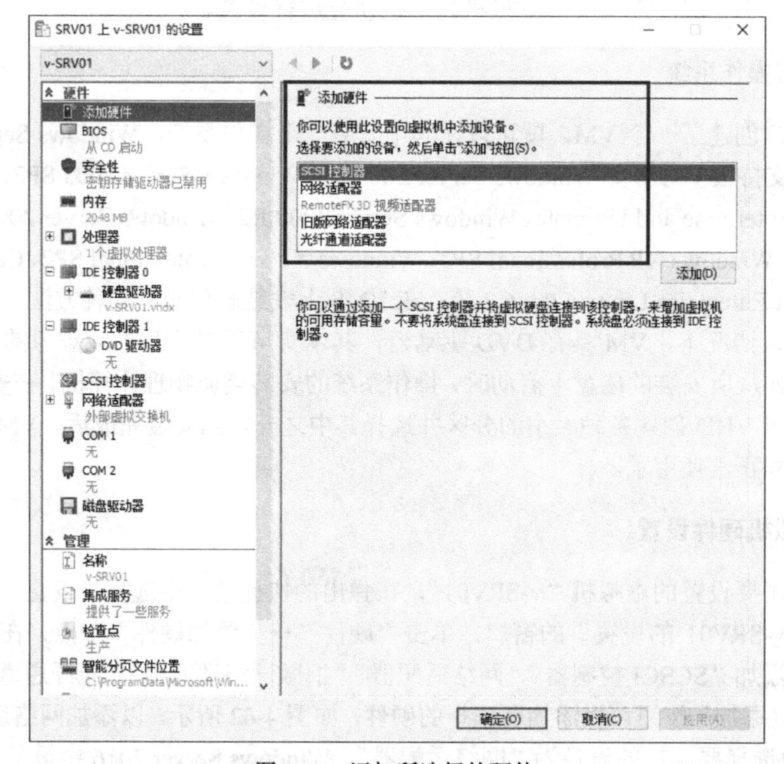

图 4-62　添加所选择的硬件

注意：模拟的网络适配器是一种旧版本的 10 Mb/s 的网络适配器，其驱动程序在大多数 32 位操作系统上适用，在添加网络适配器时默认添加合成的网络适配器。合成的网络适配器是一种纯粹的虚拟设备，它与实际的硬件设备无关。父分区与运行在子分区上的 VM 中的合成设备通信是通过一个称为 VMBUS 的高速管道进行管理的。合成的网络适配器的性能比其他模拟的网络适配器要高得多，合成的网络适配器支持来宾操作系统。模拟网络适配器通过直接调用管理程序与父分区通信的驱动程序，这种通信方式比合成的网络适配器使用的 VMBUS 要慢得多，因此不太理想。与合成适配器不同，模拟的网络适配器在操作系统之前加载驱动程序，因此可以使用启动前执行环境并在网络上部署操作系统。另外，如果用户的客户机上没有安装来宾集成服务，则可以选择使用模拟的网络适配器。

图 4-63　添加网络适配器

（2）BIOS 设置：每台虚拟机都有自己的一个 BIOS，在 BIOS 中，可以设置虚拟机开启设备的顺序，默认 CD 驱动器是第一启动器，如图 4-64 所示。

3. 虚拟内存设置

当使用新的虚拟机向导创建 VM 时，需要决定分配多少内存给虚拟机。显然，虚拟内存的大小设置基于安装在计算机中的物理内存。在“SRV01 上 v-SRV01 设置”的窗口中，内存设置如图 4-65 所示。

Windows Server 2016 Hyper-V 的主机上的虚拟动态内存设置有如下选项。

（1）动态内存：动态内存技术可以实时调整虚拟机能够使用的内存的数量。例如，如果虚拟化服务器开始经历更大的客户端流量，Hyper-V 可以增加分配给系统的内存，并在流量消退时再次减少。要启用动态内存，必须勾选“启用动态内存”复选框，设置最大内存、最小内存和内存缓冲区。

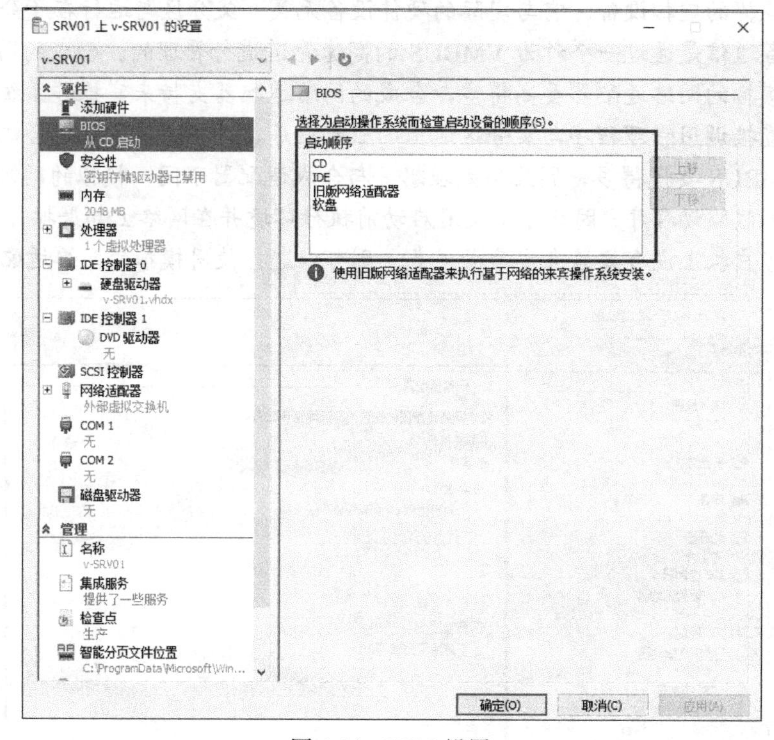

图 4-64　BIOS 设置

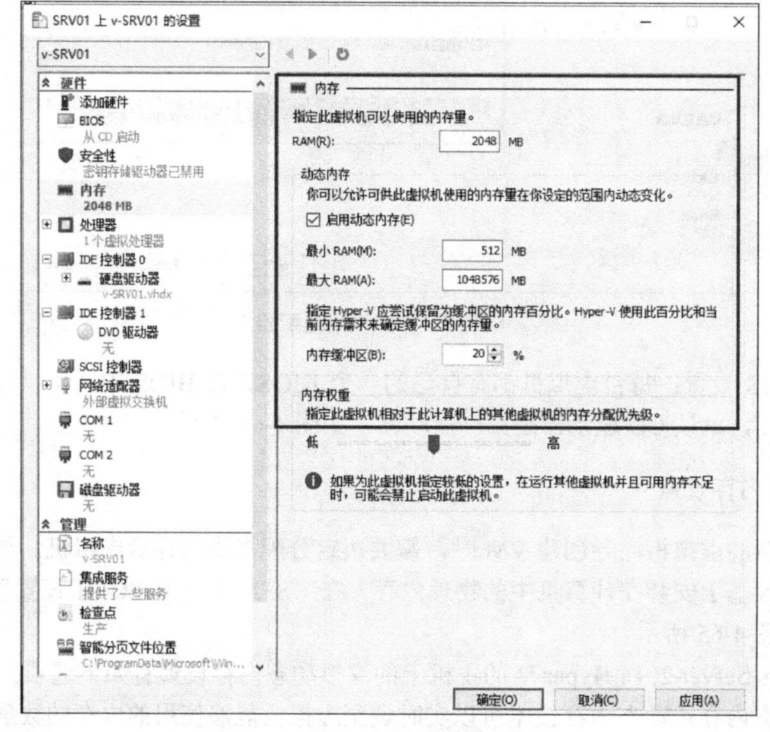

图 4-65　内存设置

（2）最大内存：虚拟机最大可用内存，该值的范围最低等于启动时的 RAM 值，最高可以是 64 GB。

（3）最小内存：当服务器资源紧张时，所分配的虚拟机内存资源大于物理主机内存，虚拟机之间出现抢夺资源的情况，主机要保证虚拟机所使用的最小内存，这就是最小内存。OS 在启动时需要的内存比运行时多，因此这个值可以小于启动时的 RAM 值。

（4）内存缓冲区：当主机上有足够的内存资源时，可以分配给该虚拟机的额外内存数量（用虚拟机执行负载所需实际内存数量，用百分比表示）与其实际利用率之比，用于性能计数器。例如，内存缓冲区设置为 20%，一个应用程序的 VM 和消耗 1 GB 内存的操作系统将接收动态分配 1.2 GB。

（5）内存权重：决定了主机上的虚拟机动态内存的使用优先级。运行内存在每台虚拟机之间进行分配，指定一个相对值，该值指定此 VM，与同一台计算机上的其他 VMS 相比的优先级。

注意：当减少最小内存、增加最大内存，或更改内存缓冲区和内存权重时，为了启用或禁用动态内存，用户必须关闭 VM。

4．处理器设置

在打开的“处理器”窗格中，可以设置虚拟机的虚拟处理器的数量、虚拟机保留（百分比）、占总系统资源的百分比、虚拟机限制（百分比）和相对权重等，如图 4-66 所示。

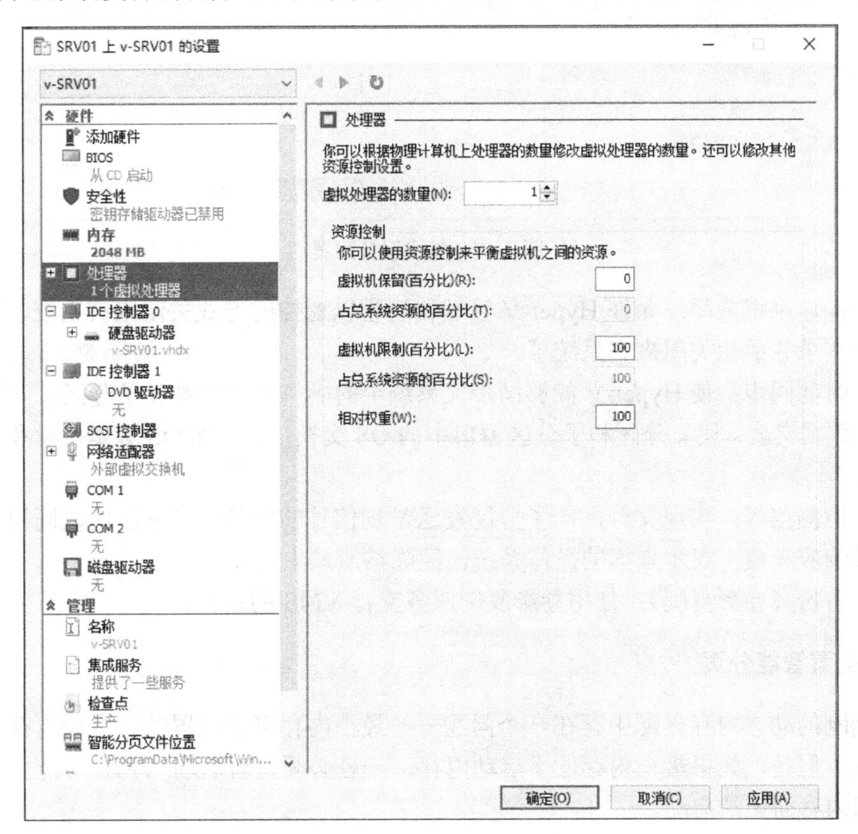

图 4-66　处理器设置

5. 配置集成服务

用户安装或升级来宾集成服务后，可以打开 VM 的设置窗口，单击“管理”→“集成服务”节点，在右侧“集成服务”窗格中选择要启用的集成服务，如图 4-67 所示。集成服务安装在虚拟机中是为了兼容。从图 4-67 中可以看到集成服务提供了以下功能。

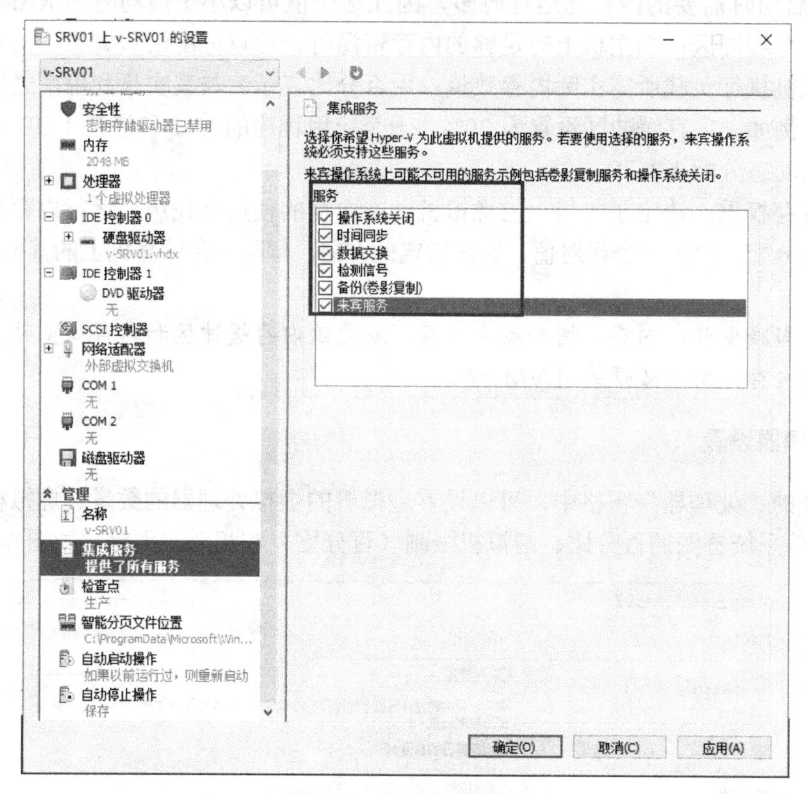

图 4-67　集成服务配置

（1）操作系统关闭：允许 Hyper-V 管理器远程以遥控的方式关闭来宾系统，这样就不需要用户登录并手动关闭来宾系统了。

（2）时间同步：使 Hyper-V 能够同步父系统中的操作系统时钟和子分区。

（3）数据交换：使父分区和子分区窗口中的 OS 交换信息，如 OS 版本信息和完全限定域名。

（4）检测信号：实现父分区向子分区发送常规信号的服务，子分区应以同样的方式响应。如果响应失败，表示来宾的操作系统已经冻结或发生故障。

（5）备份（卷影复制）：使用卷影复制服务支持 VMS 的备份。

6. 配置智能分页

在刚刚的动态内存分配中存在一个问题——最小内存可以设置的比启动内存小，内存会被回收。但是，如果最小内存低于启动内存，一旦必须重新启动 VM，可能因为没有足够的空闲内存而无法启动。

为了解决这个问题，Hyper-V 包含了一个称为智能分页的功能。如果 VM 需要重新启动，并且没有足够的内存来分配它的启动内存，即系统使用硬盘空间来弥补差异，则可将开始分页内容保存到磁盘中。当然，磁盘访问率要比内存访问率慢得多，所以智能分页会造成严重的性能损失，但是分页只会持续到重新启动 VM 并将其返回到最小内存分配的时候。

Hyper-V 只在特定条件下使用智能分页功能：当一个 VM 必须重新启动，没有可用的自由内存，也没有其他方法释放必要的内存时，可以在 VM 的设置窗口中选择智能分页文件位置指定分页文件的位置，推荐选择最快的硬盘。智能分页只需要指定在何处存储虚拟机的智能分页文件即可，如图 4-68 所示。

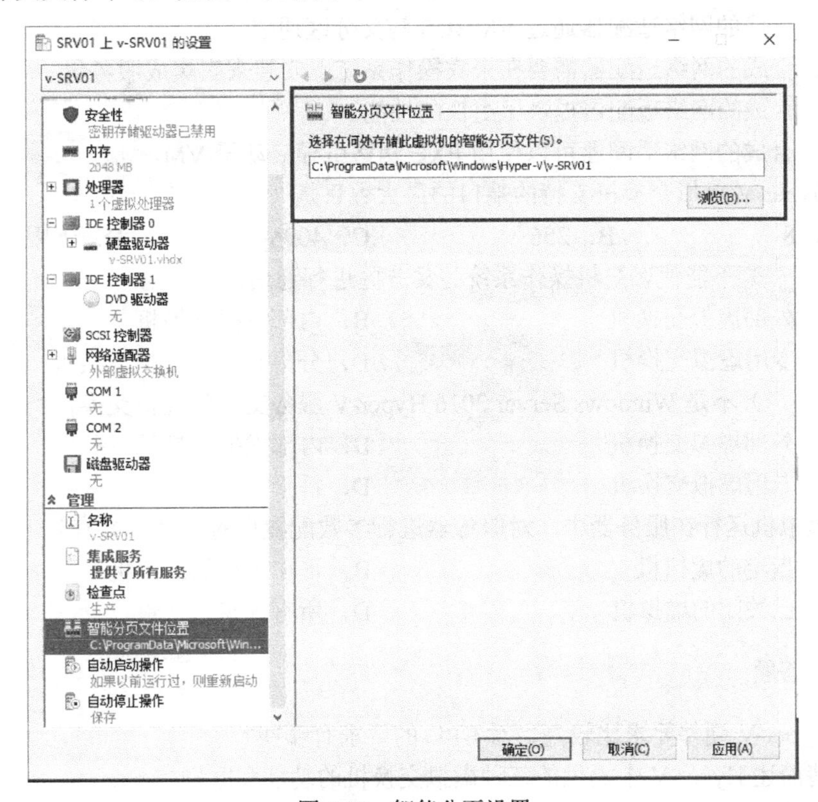

图 4-68　智能分页设置

课 后 练 习

一、选择题

（1）（　　）类型的服务器虚拟化提供了最好的性能。

　　A．裸金属架构虚拟化层　　　　B．寄居架构虚拟化层

　　C．Monolithic Hypervisor 虚拟化层　　D．Microkernel Hypervisor 虚拟化层

（2）下面的 Hyper-V 特性中可以使 VM 允许最小内存比启动内存低的是（　　）。

　　A．智能分页　　B．动态内存　　C．内存权重　　D．来宾集成服务

（3）在运行 Windows 服务器的服务器上安装 Hyper-V 角色时，安装该角色的 OS 的实例将转换为（　　）系统元素。

A．Hypervisor　　B．VMM　　C．父分区　　D．子分区

（4）选择使用模拟的网络适配器比合成的网络适配器好的有效理由是（　　）。

A．使用 Windows 部署服务器来安装客户

B．没有为计划的来宾操作系统提供来宾集成服务包

C．物理网络适配器的制造商尚未提供合成的网络适配器驱动程序

D．模拟的网络适配器提供了更好的性能

（5）关于合成的网络适配器，下列描述不正确的是（　　）。

A．合成的网络适配器通过 VMBUS 与父分区通信

B．合成的网络适配器需要在来宾操作系统上安装来宾集成服务包

C．合成的网络适配器提供了更快的性能

D．合成的网络适配器可以使用 PXE 网络引导启动子 VM

（6）Hyper-V 虚拟交换机支持的端口的最大数目是（　　）个。

A．8　　B．256　　C．4096　　D．无限

（7）（　　）不能使客户机操作系统与父分区进行通信。

A．外部虚拟交换机　　B．内部虚拟交换机

C．专用虚拟交换机　　D．分离独立的虚拟交换机

（8）（　　）不是 Windows Server 2016 Hyper-V 服务支持的虚拟交换机类型。

A．外部虚拟交换机　　B．内部虚拟交换机

C．专用虚拟交换机　　D．桥接

（9）虚拟机运行在服务器中，对服务器进行参数配置后对（　　）有效。

A．指定的虚拟机　　B．正在运行的虚拟机

C．已关闭的虚拟机　　D．所有虚拟机

二、简答题

（1）Hyper-V 硬件要求比较高，对 CPU 的要求有哪些？

（2）请简述 Hyper-V 中提供的三种虚拟交换机的功能和区别。

（3）安装 Hyper-V 角色后，可创建或导入虚拟机，但是有时无法启动虚拟机，请说明原因。

（4）在创建虚拟硬盘时，可以创建哪些磁盘类型？请简述其区别。

课 后 实 践

（1）安装和卸载 Hyper-V 服务器。

（2）连接服务器。

（3）设置 SRV02 服务器的虚拟硬盘路径为 C:\SRV02\Virtual Hard Disks。

（4）在 SRV02 服务器中创建虚拟机 v1- SRV02 和 v2- SRV02。

（5）设置不同虚拟交换机网络，使用 ping 命令进行测试。

项目 5

安装和管理活动目录

目录服务是一个关于硬件、软件和用户通过网络连接的信息仓库。通过网络，用户、计算机和应用程序可以对其进行多种功能访问，如用户认证、配置数据存储及用户信息数据查询等。活动目录域服务（Active Directory Domain Services，AD DS）首次在 Windows Server 2000 中作为目录服务出现，微软在每次发布的新版本的 Windows Server 中都对其进行了升级。

用户可以从逻辑和物理两个方面来理解 Active Directory。

Active Directory 的逻辑组件（由管理员创建、组织和管理）包括以下内容。

组织单位（Organization Units，OU）：域中的容器，允许用户组织和分组资源以便于管理，包括提供委托管理权限。

域（Domain）：用户和计算机的管理边界，它们存储在公共目录数据库中。单个域可以跨越多个物理位置或站点，并且可以包含数百万个对象。

域树（Domain Tree）：以分层结构分组并共享公共根域的域集合。域树可具有单个域或多个域。父域可以具有子域，子域可以有自己的子域。因为子域与父域名组合形成了其唯一域名系统名称，所以具有树形结构的域的集合具有连续的名称空间。

林（Forest）：共享公用 AD DS 的域树集合。一个林可以包含一个或多个域树或域，它们共享一个公用的逻辑结构、全局编录、目录架构和目录配置，以及自动的双向可传递信任关系。林可以是单域树，甚至是单个域。林中的第一个域称为林根域。对于多个域树，每个域树由唯一的名称空间组成。

组成 Active Directory 的物理组件包括以下内容。

域控制器（Domain Controllers，DC）：包含 Active Directory 数据库的服务器。域控制器只存储位于该域中的对象的信息。同一域中的所有域控制器都接收更新，并将这些更新复制到域中的所有域控制器中。因此，所有域控制器都是域中的对等体，维持相同的 Active Directory 信息。

全局编录服务器（Global Catalog Servers，GCS）：将所有 Active Directory 对象的完整副本存储在其目录的域控制器中，并存储林中的其他域的所有对象的部分副本。应用程序和客户端可以查询全局编录以定位林中的任何对象。在林中的第一台域控制器上会自动创建全局编录，其他域控制器也可以依据需要被配置为全局编录服务器。

只读域控制器（Read-Only Domain Controllers，RODC）：Windows Server 2008 或更新的操作系统中的一种新类型的域控制器。只读域控制器可以在无法保证物理安全性的位置中轻松部署域控制器。RODC 承载了 Active Directory 域服务数据库的只读分区。

5.1 安装域控制器

域控制器是存储和运行 Active Directory 数据库的服务器。Active Directory 是身份验证、授权和审计的重要组成部分。因此，用户需要了解不同类型的域控制器以及如何使用它们来创建 Active Directory 环境。

学习目标

- 安装 Active Directory 域服务。
- 添加和移除域控制器。
- 添加额外域控制器。
- 添加子域控制器。
- 解决 DNS SRV 记录注册问题。
- 配置全局目录服务器。

5.1.1 安装第一台域控制器

1. 域与活动目录

1）域

活动目录域服务是一种目录服务，使管理员能够创建称为域的组织部门。域是由至少一台指定为域控制器的服务器托管的网络组件的逻辑容器。每个域的域控制器在其中复制数据，以达到容错和负载平衡。

域是 Windows 网络中独立运行的单位，域之间相互访问时需要建立信任关系（Trust Relation）。信任关系是连接在域与域之间的桥梁。当一个域与其他域建立了信任关系后，两个域之间不但可以按需要进行管理，而且可以跨网分配文件和打印机等设备资源，使不同的域之间能够实现网络资源的共享与管理。

试想，如果资源分布在 N 台服务器上，若采取传统的工作组模式，那么用户需要资源时就要分别登录这 N 台服务器，也就需要 N 个账户。一个用户如此，那么 M 个呢，管理员需要创建 $N \times M$ 个账户，这样不仅复杂还难管理，工作组模式如图 5-1 所示。

一旦引入域的概念，管理员只需要给每个用户创建一个域用户，用户在域中登录一次就可以访问域中的资源，实现了单一登录，域模式如图 5-2 所示。

域由域控制器和成员计算机组成，域控制器就是安装了活动目录的计算机。活动目录提供了存储网络中的对象信息及网络用户使用该数据的方法。

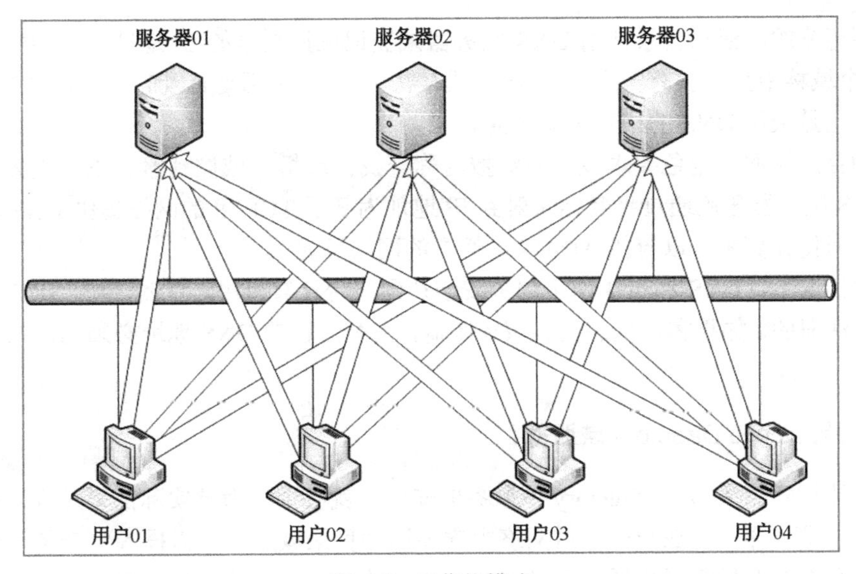

图 5-1 工作组模式

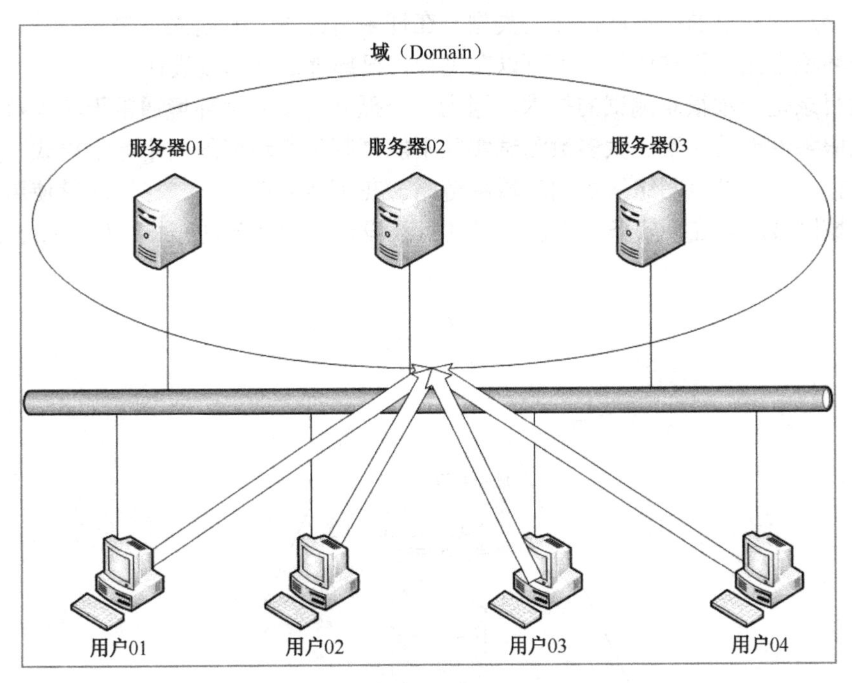

图 5-2 域模式

2）活动目录的特点

（1）集中管理，可以集中管理企业中成千上万个分布于异地的计算机和用户。

（2）便捷的网络资源访问，能够容易地定位到域中的资源。

（3）集中的身份验证，用户一次登录即可访问整个网络中的资源。网络资源主要包含用户账户、组、共享文件夹、打印机等

（4）可扩展性，既可以适用于几十台计算机的小规模网络，也可以适用于跨国公司。

3）活动目录和 DNS 的关系

在 TCP/IP 网络中，DNS 是用来解决计算机名称和 IP 地址的映射关系。活动目录和 DNS

是紧密不可分的，活动目录使用 DNS 服务器来登记域控制器的 IP 地址、各种资源的定位等，在一个域林中至少要有一个 DNS 服务器存在，所以安装活动目录时需要同时安装 DNS。此外，域也是采用 DNS 的格式来命名的。

活动目录域服务角色要求域名系统按名称查找计算机、域控制器、成员服务器和网络服务。DNS 服务器角色通过将名称映射到 IP 地址为基于 TCP/IP 的网络提供 DNS 名称解析服务，从而使计算机可以查找 AD DS 环境中的网络资源。

通常情况下，DNS 和 AD 两个服务安装在同一台计算机中。DNS 中的 SRV 记录是由域控制器注册的。如果客户机想找到域控制器，则客户机的 DNS 地址必须指向域控制器的 DNS。

2．部署 Active Directory 域服务

一旦计划开始 Active Directory 域服务的安装，就必须要考虑实际部署过程，与大多数主要网络技术一样，先在一个测试网络中安装活动目录域服务，再投入生产是一个比较好的办法。有许多变量会影响活动目录安装程序的性能，包括域控制器的硬件性能、网络的性能及连接远程站点的广域网链接的类型。在许多情况下，看起来不错的活动目录设计在真实生产环境中无法正常运行，也可以在进行实况部署之前修改设计。

活动目录是一项很难测试的技术，因为一个孤立的实验室环境通常无法模拟许多可能影响目录服务性能的因素。大多数测试实验不能复制生产环境的网络流量模式，并且很少有用于模拟实际多站点网络所需的广域网链路。在可能的情况下，应该尽量使用真实的局域网和广域网技术，在现实条件下测试活动目录设计。本任务的拓扑结构如图 5-3 所示。

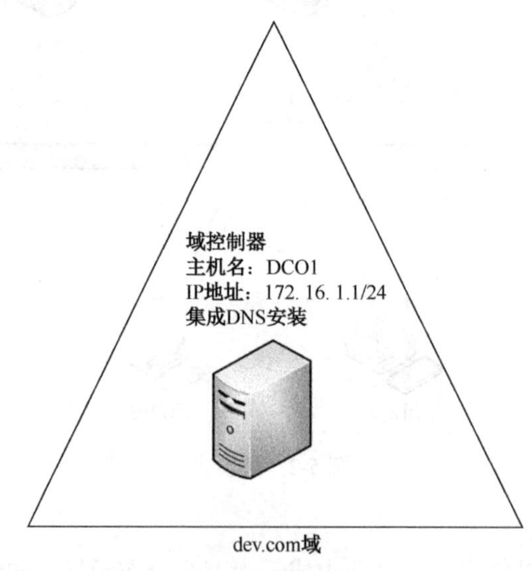

图 5-3 拓扑结构

若要创建新的林或域，或向现有域中添加域控制器，则必须在 Windows Server 2016 计算机上安装活动目录域服务角色，并运行活动目录域服务配置向导。要使用 Windows Server 2016 计算机作为域控制器，其必须使用静态 IP 地址，而不是使用由 DHCP 服务器提供的地址。此外，如果在现有的林中创建域或向现有域添加域控制器，则必须在 Active Directory 安装期间设置计算机使用现有的林或域的域名系统服务器。因此，安装活动目录域服务前

需要将 IP 地址设置为固定的。域控制器需要向 DNS 注册相应的 SRV 记录，因此应将首选的 DNS 服务器设置为自己的 IP 地址。

选择“开始”→“控制面板”选项，打开控制面板，选择“网络和 Internet”→“网络连接”，更改以太网的 TCP/IP 属性，将 IP 地址设置为固定的，将首选的 DNS 指向自己的 IP 地址，如图 5-4 所示。

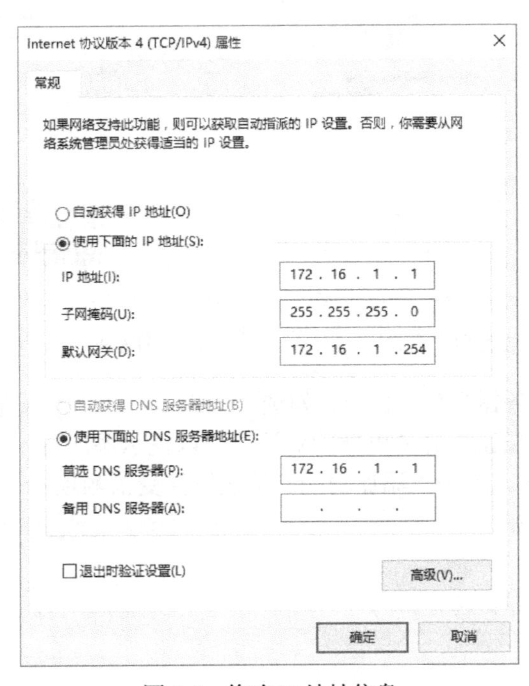

图 5-4 修改 IP 地址信息

虽然安装活动目录域服务角色实际上并不将计算机转换为域控制器，但安装活动目录域服务角色可为转换过程做好准备。

其安装过程如下。

(1)使用一个具有管理员权限的账户登录运行 Windows Server 2016 的服务器，打开“服务器管理器”窗口，并选择“仪表板”中的“添加角色和功能”选项，打开“添加角色和功能向导”窗口，如图 5-5 和图 5-6 所示。

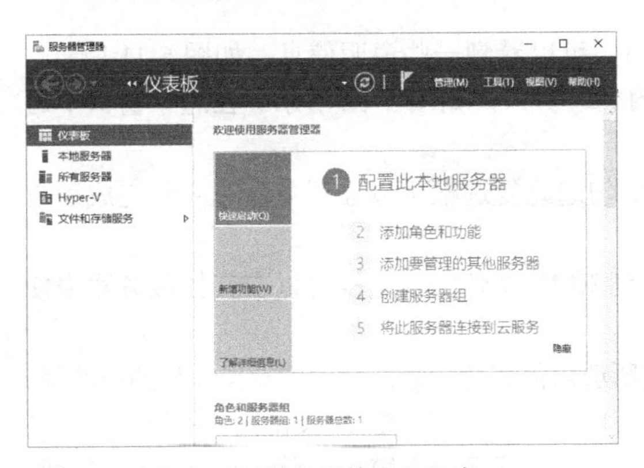

图 5-5 “服务器管理器”窗口

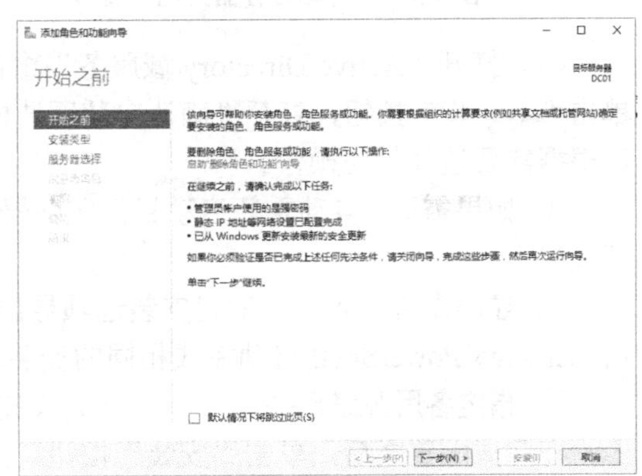

图 5-6 “添加角色和功能向导”窗口

（2）单击“下一步”按钮，打开“选择安装类型”窗口，选中“基于角色或基于功能的安装”单选按钮并单击“下一步”按钮，打开“选择目标服务器”窗口，选择要提升到域控制器的服务器，单击“下一步”按钮，如图5-7和图5-8所示。

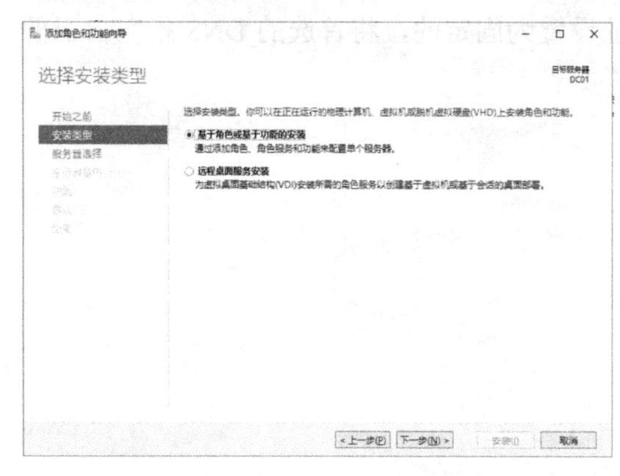

图5-7　“选择安装类型”窗口

图5-8　“选择目标服务器”窗口

（3）打开“选择服务器角色”窗口，勾选“Active Directory域服务”复选框，如图5-9所示，单击“下一步”按钮，会弹出新的对话框，以提示添加Active Directory域服务所需的功能，如图5-10所示。单击“添加功能”按钮以接受依赖项。

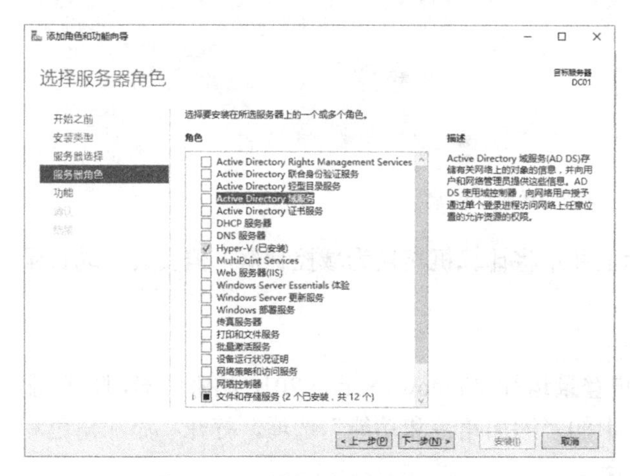

图5-9　“选择服务器角色”窗口

图5-10　添加所需功能

（4）打开“Active Directory域服务”窗口，可以看到一些说明信息，如图5-11所示。单击“下一步”按钮，打开“确认安装所选内容”窗口，如图5-12所示。在这个窗口中可以根据需要选择相应操作。

① **如果需要，自动重新启动目标服务器：**勾选此复选框可以让服务器在安装完成后自动重启。

② **导出配置设置：**将配置安装选项导出到XML文件中，这样可以在其他服务器中使用Windows PowerShell自动完成相同的安装。

③ **指定备用源路径：**指定另一个包含安装所选角色和功能所需软件的映像文件的源路径。

在完成配置之后，单击“安装”按钮，打开“安装进度”窗口，如图5-13所示。一旦完成Active Directory域服务角色的安装，在“服务器管理器”窗口中就会出现一个将此服务器升级为域控制器的节点，如图5-14所示。

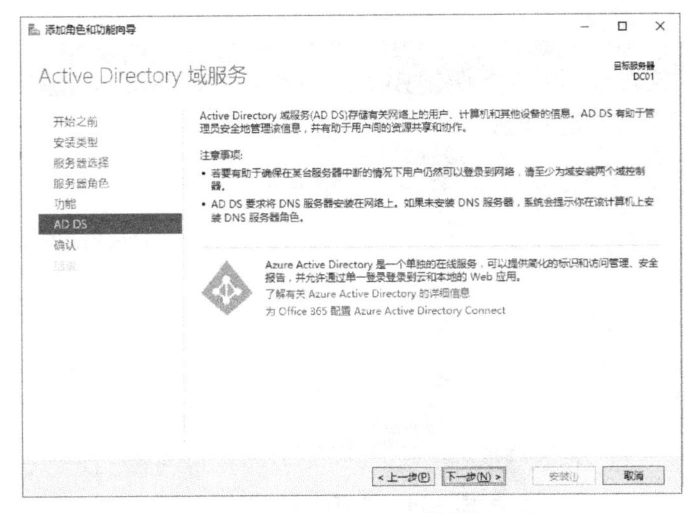

图 5-11 “Active Directory 域服务”窗口

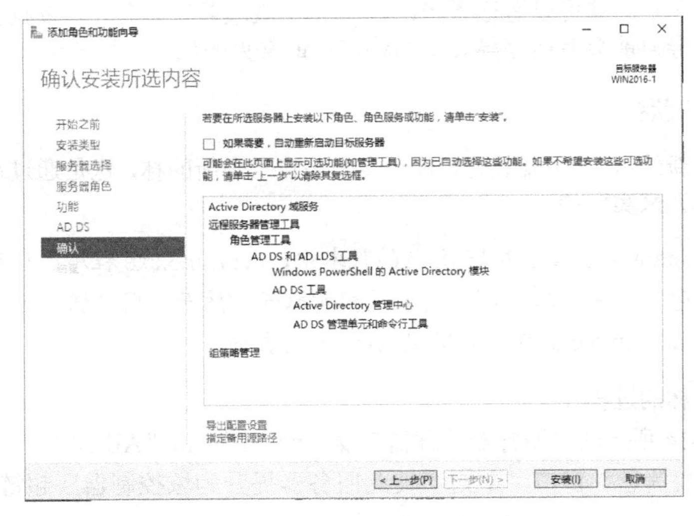

图 5-12 “确认安装所选内容”窗口

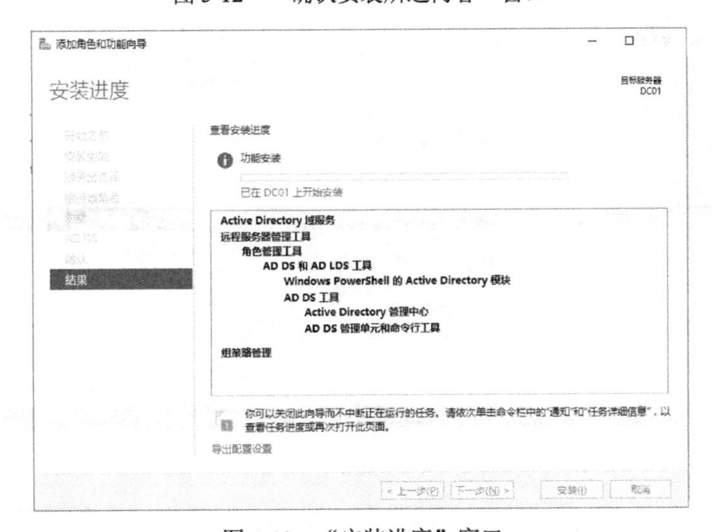

图 5-13 “安装进度”窗口

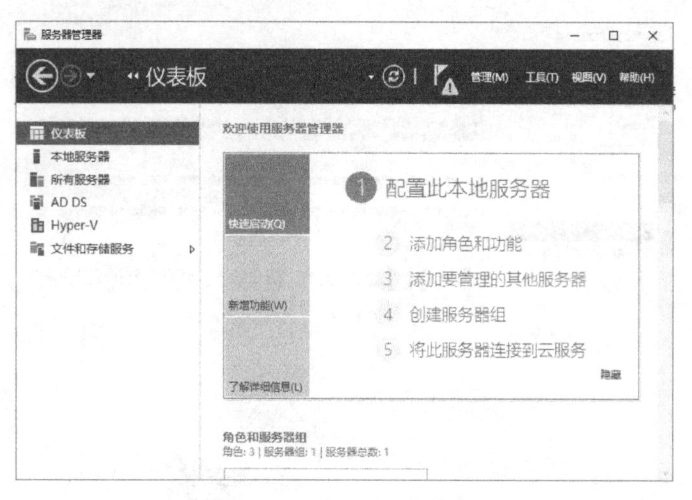

图 5-14 “AD DS”节点

一旦安装了角色，就可以运行 Active Directory 域服务安装向导。依据新的域控制器功能不同，安装向导可能会有所差异。下面将描述最常见的域控制器安装类型的过程。

3．创建一个新林

当开始一个新的 AD DS 安装时，第一步是创建一个新的林，这是通过在林中创建第一个域（即林根域）来实现的。

注意：*在 Windows Server 2016 之前的版本中，dcpromo.exe 程序已被弃用，转而被下面讲到的服务器管理器中的域控制器安装过程所取代。然而，用户仍然可以通过运行一个带有应答文件的 dcpromo.exe 程序来实现 AD DS 的自动安装。*

创建一个新林的过程如下。

（1）在图 5-14 所示的“服务器管理器”窗口的左侧单击“AD DS”节点，打开“所有服务器 任务详细信息”窗口，单击“使此服务器提升为域控制器”超链接，如图 5-15 所示。

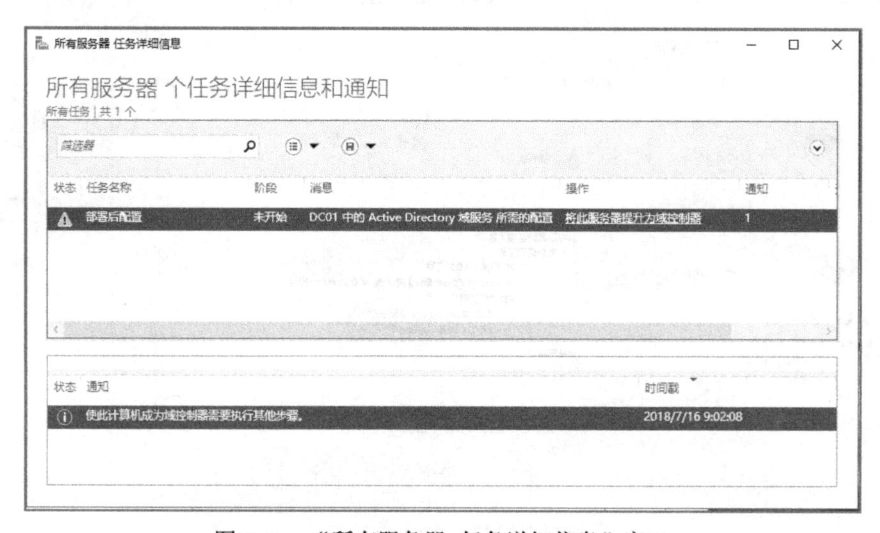

图 5-15 “所有服务器 任务详细信息”窗口

（2）打开“Active Directory 域服务配置向导”窗口，选中“添加新林”单选按钮，并填写根域名，创建新林时，必须指定林根域的名称。林根域名无法单标记（例如，必须是“dev.com”，而不是“dev”），它必须使用合法的 DNS 域命名惯例。你可以指定国际域名名称（IDN）。本例中“根域名”为“dev.com”，如图 5-16 所示。

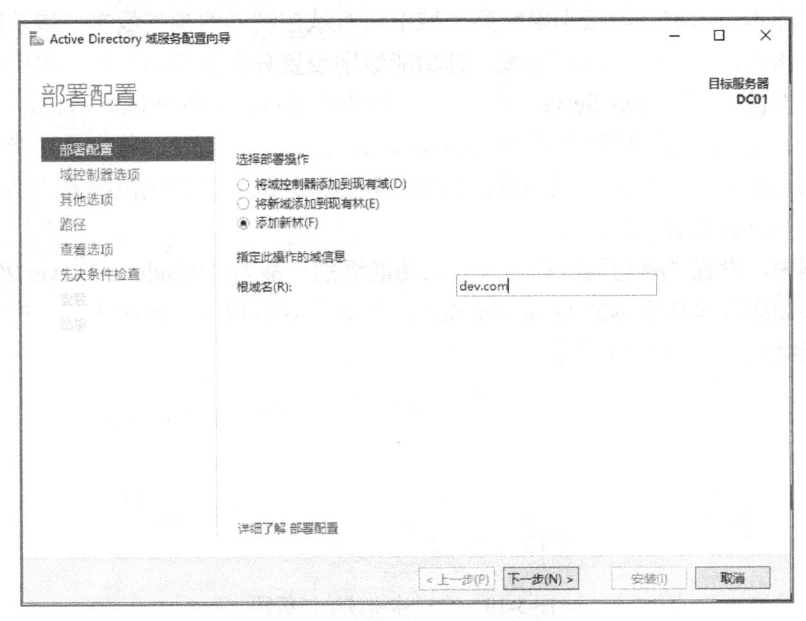

图 5-16　添加新林并填写根域名

需要注意的是，不要使用与外部 DNS 相同的名称来创建新 Active Directory 林，否则会导致兼容性问题的发生。

（3）单击“下一步”按钮，打开“域控制器选项”窗口，如图 5-17 所示。

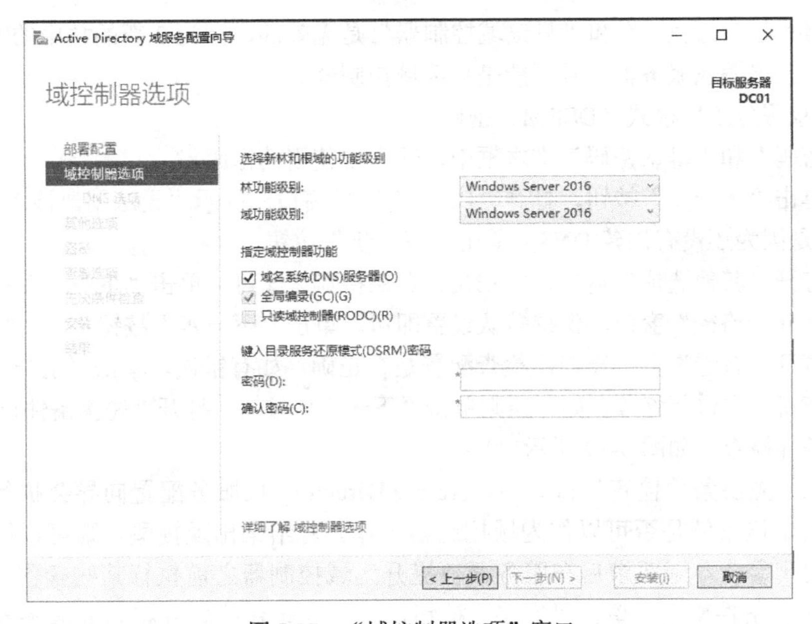

图 5-17　“域控制器选项”窗口

根据需求调整域和林的功能级别、指定域控制器功能和键入目录服务还原模式（DSRM）密码。

① 域和林的功能级别。

功能级别指限制域控制器的操作系统版本。其中，林功能级别限制整个林中所有域控制器的操作版本，而域功能级别限制整个域中所有域控制器的操作版本。域功能级别设置只会影响到该域，不会影响到其他域。林功能级别设置只会影响到该林内的所有域。若将林功能级别设置为 Windows Server 2016，那么域功能级别必须在 Windows Server 2016 或以上，同时整个域中的域控制器必须为 Windows Server 2016 或以上；若将域功能级别设置为 Windows Server 2016，那么该域的域控制器、其他额外或者只读域控制器的功能级别必须为 Windows Server 2016 或以上。

在本例中，设置“林功能级别”和“域功能级别”都为“Windows Server 2016”。如果用户计划添加运行早期版本的 Windows Server 到这个林或域中，则应在其下拉列表中选择对应的功能级别，如图 5-18 所示。

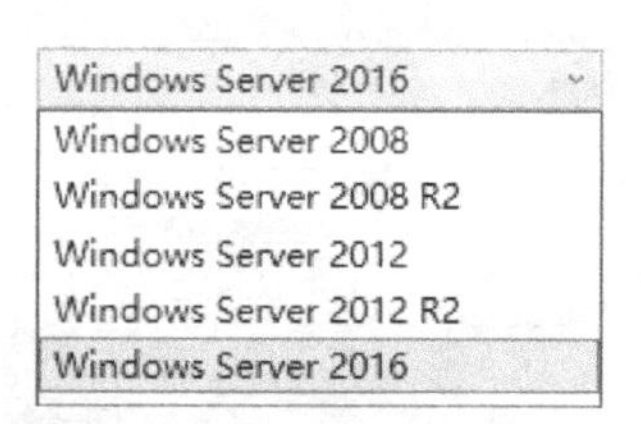

图 5-18　选择林和域功能级别

② 指定域控制器功能

如果用户的网络中没有 DNS 服务器，那么要勾选“域名系统（DNS）服务器”复选框。如果网络中有 DNS 服务器，并且域控制器配置为使用 DNS 服务的服务器，那么应取消勾选复选框。

“全局编录（RODC）”和“只读域控制器”是无效的，因为在新的林中的第一个域控制器必须是全局编录服务器，且不能是只读域控制器。

③ 目录服务还原模式（DSRM）密码。

在“密码”和“确认密码”文本框中，输入要使用的密码。

（4）单击“下一步”按钮，打开“DNS 选项”窗口，提示“无法创建该 DNS 服务器委派”，这是因为还没有创建 DNS，单击“下一步”按钮。

（5）打开“其他选项”窗口，NetBIOS 名保持默认即可，单击“下一步”按钮。

（6）打开“路径”窗口，保持默认设置即可，单击“下一步”按钮。

（7）打开“查看选项”窗口，检查配置是否正确，如有错误，单击“上一步”按钮，可回到对应窗口中进行修改，如无误则单击“下一步”按钮，打开“先决条件检查”窗口，进行先决条件检查，如图 5-19 所示。

（8）在“先决条件检查”窗口中，Active Directory 域服务配置向导会执行多个环境测试，以确定该系统是否可以作为域控制器工作。若结果出现提醒，则可以继续执行该程序；若出现警告，则要求后在服务器被提升为域控制器之前执行某些操作。系统通过了所有的先决条件检查，单击“安装”按钮，即可创建新的林并将当前服务器配置为域控制器。

（9）在完成域控制器的安装之后，系统会自动重新启动，并在启动后，以域管理员身份登录，如图 5-20 所示。

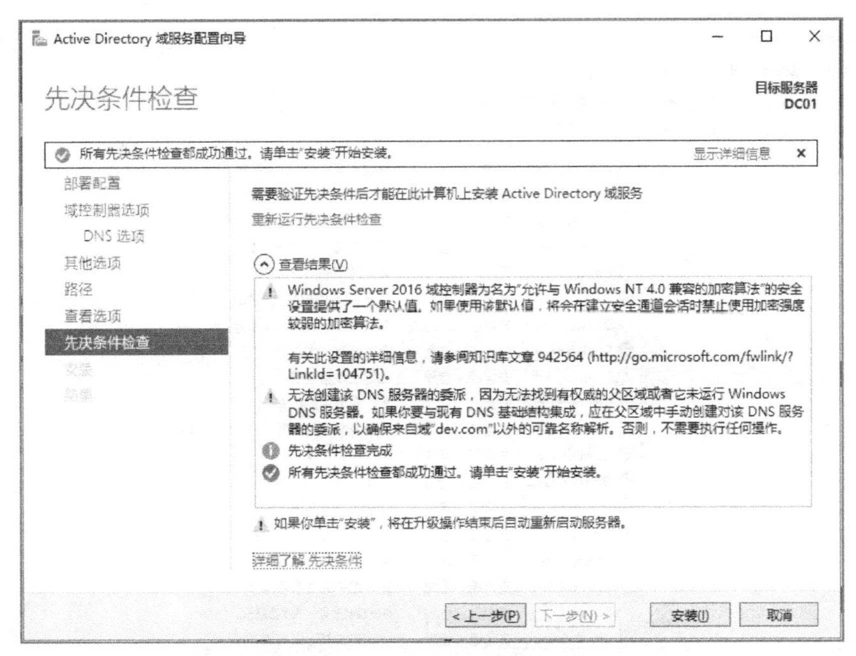

图 5-19 “先决条件检查”窗口

图 5-20 以域管理员身份登录域

一旦安装了域控制器，默认会登录到创建的域中，如果要登录到其他域的本地计算机，那么应该在登录界面中单击其他用户。在用户名文本框中输入“域名\域用户名”以登录其他域；或者输入“本地计算机名\本地用户名”以登录这台电脑（而不是登录域）。

4．验证域控制器

登录域控制器之后，用户需要验证与控制是否正确安装，可以通过以下方法验证。

（1）查看“Active Directory 用户和计算机”服务器工具是否正确安装。在“服务器管理器”主窗口中选择“工具”→“Active Directory 用户和计算机”选项，打开“Active Directory 用户和计算机”窗口，查看是否安装正确，如图 5-21 所示。

（2）查看“Active Directory 域和信任关系”服务器工具是否正确安装。在“服务器管理器”窗口中选择“工具”→“Active Directory 域和信任关系”选项，打开“Active Directory 域和信任关系”窗口，查看是否安装正确，如图 5-22 所示。

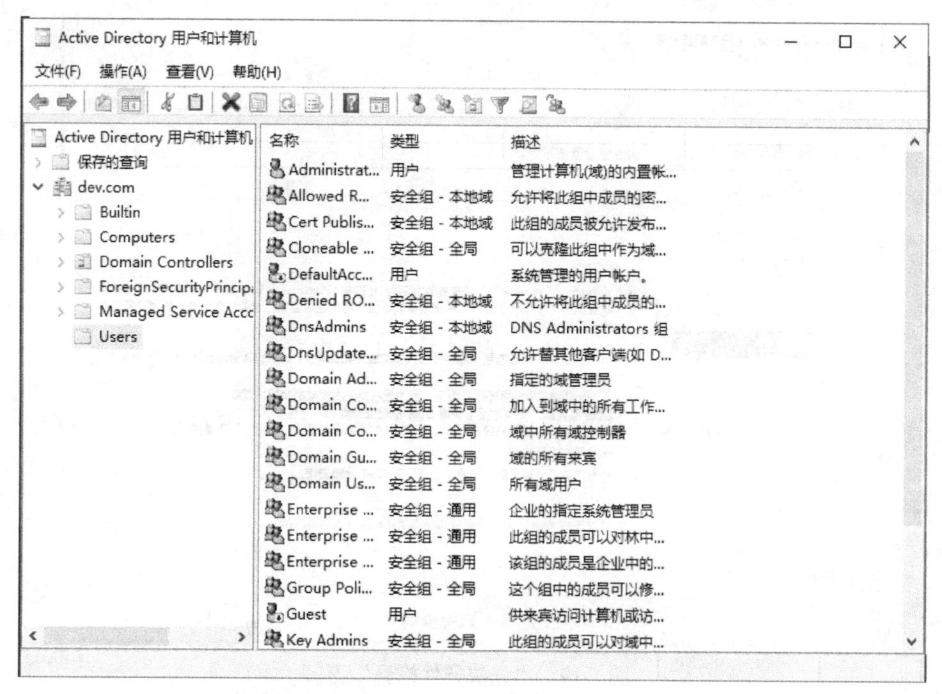

图 5-21 “Active Directory 用户和计算机”窗口

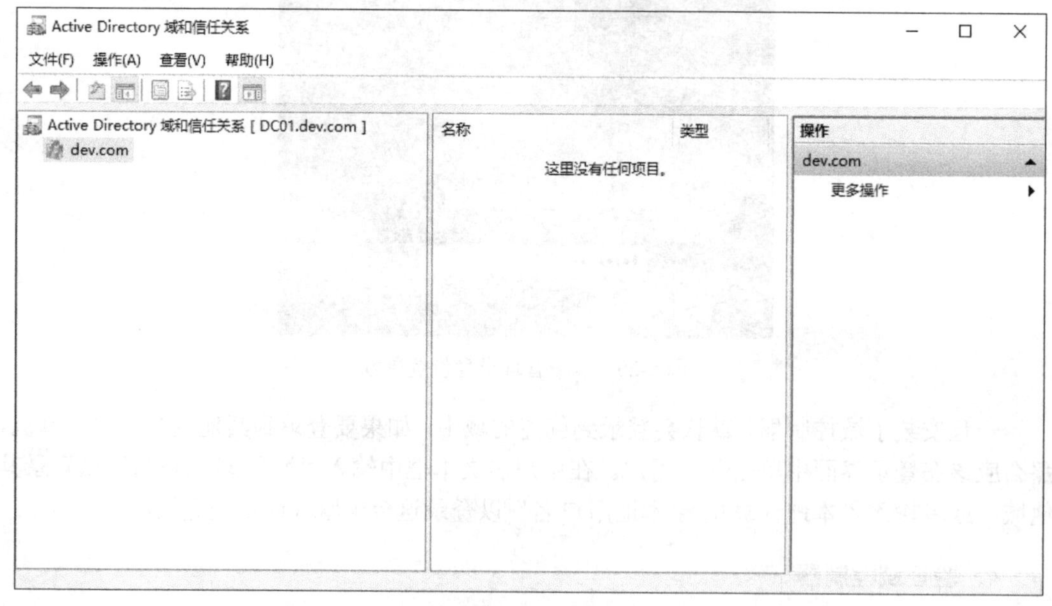

图 5-22 “Active Directory 域和信任关系”窗口

（3）查看“Active Directory 站点和服务”服务器工具是否正确安装。在“服务器管理器”窗口中选择“工具”→“Active Directory 站点和服务”选项，打开“Active Directory 站点和服务”窗口，查看是否安装正确，如图 5-23 所示。

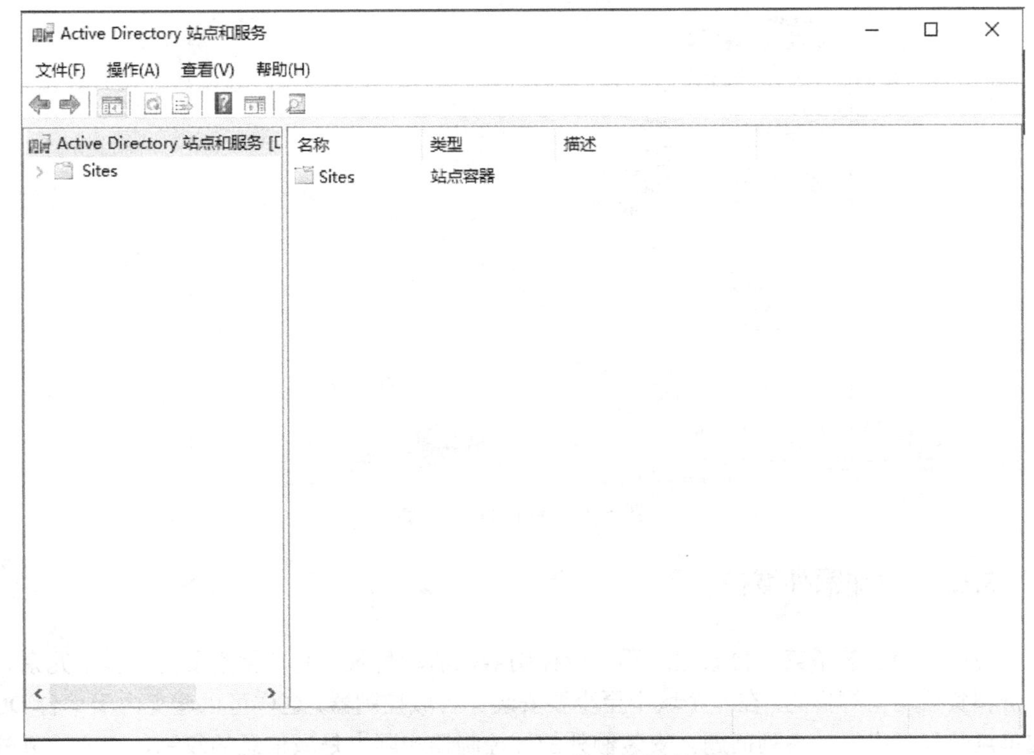

图 5-23 “Active Directory 站点和服务”窗口

（4）在“运行”对话框（组合键为“Win+R”）的“打开”文本框中输入“\\dev.com”，在打开的窗口中查看在网络中是否存在如图 5-24 所示的共享文件夹。

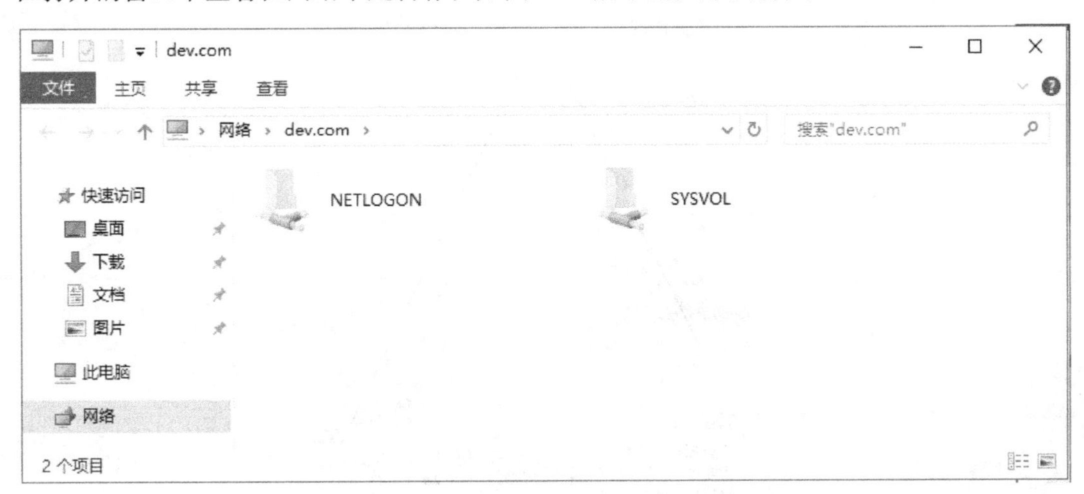

图 5-24 查看共享文件夹

（5）检查 DNS 相关记录。在“服务器管理器”窗口中选择“工具”→“DNS”选项，打开“DNS 管理器”窗口，展开“DC01”→“正向查找区域”→“dev.com”节点，检查是否有相应记录，如图 5-25 所示。

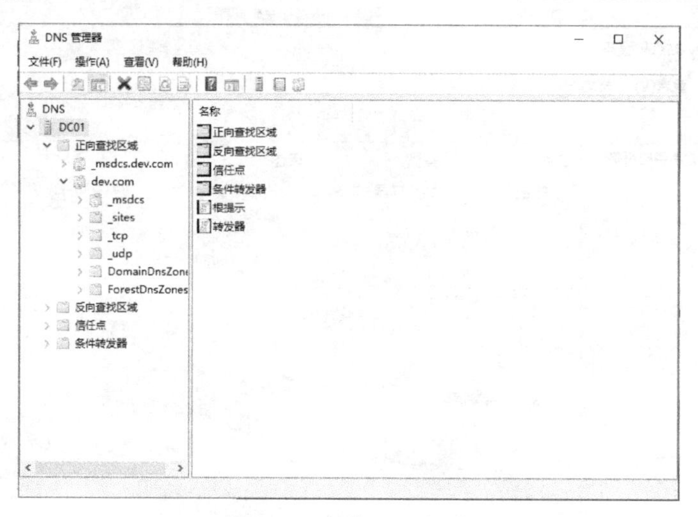

图 5-25 查看 DNS 记录

5.1.2 添加额外域控制器

前面已经安装了第一台域控制器，域控制器在活动目录中是非常重要的。基于冗余、备份和负载均衡等目的，在一个域中至少要安装 2 台域控制器，这样可以避免由于单台 DC 的单点故障而引发一系列问题。安装额外的域控制器实际上是域信息的复制，在安装额外域控制器的过程中会对活动目录的所有信息进行复制，最终与第一台域控制器的数据保持一致，即使第一台域控制器出现故障，活动目录依然存在，其工作也能继续执行。添加额外域控制器的拓扑结构，如图 5-26 所示。

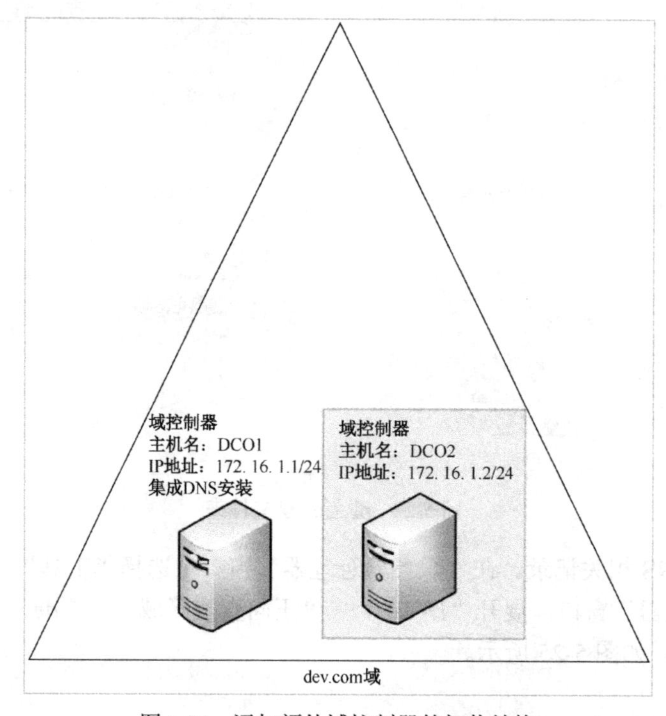

图 5-26 添加额外域控制器的拓扑结构

1. 在现有域中添加一台域控制器

这里要求将另一台 Windows Server 2016 服务器（主机名为 DC02）提升为额外域控制器，修改该服务器的 IP 地址为 172.16.1.2/24，“首选 DNS 服务器”指向 DC01 的 172.16.1.1，“备用 DNS 服务器”指向自己的 IP 地址，如图 5-27 所示。

注意：如果在 VMware Workstation 中通过克隆方式得到另一台 Windows Server 2016，这两台服务器的 SID 将会一致，SID 一致的情况下是无法加入域或提升额外域控制器的，所以必须要使用系统准备工具——Sysprep.exe。Sysprep.exe 使用方法如下。

（1）登录系统之后，在“运行”对话框的“打开”文本框中输入“sysprep”。

（2）双击“Sysprep.exe”（Windows Server 2016 中提供的版本为 3.14）。

（3）在系统准备工具对话框中设置“系统清理操作”为“进入系统全新体验（OOBE）”，勾选“通用”复选框，设置“关机选项”为“重新启动”，单击“确定”按钮，如图 5-28 所示。

自动获得 IP 地址(O)
使用下面的 IP 地址(S):
IP 地址(I): 172 . 16 . 1 . 2
子网掩码(U): 255 . 255 . 255 . 0
默认网关(D): . . .
自动获得 DNS 服务器地址(B)
使用下面的 DNS 服务器地址(E):
首选 DNS 服务器(P): 172 . 16 . 1 . 1
备用 DNS 服务器(A): 172 . 16 . 1 . 2

图 5-27 DC02 IP 地址信息

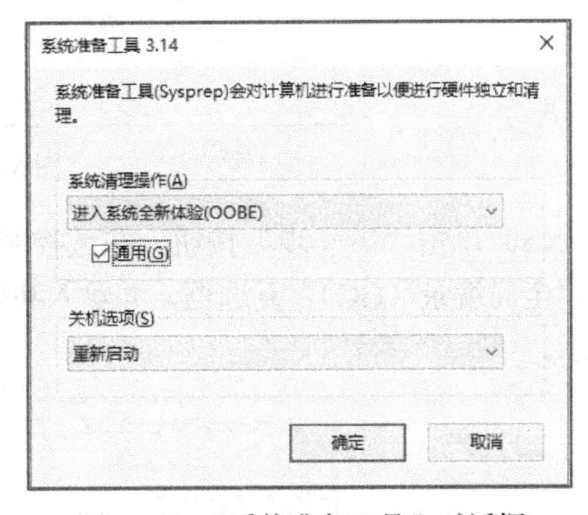

图 5-28 “系统准备工具”对话框

在完成操作之后，系统将会重新启动，此时需要重新输入系统的基本信息和用户信息，登录之后将得到一个全新的系统，此时用户可能需要重新配置计算机名和 IP 地址信息。

2. 安装步骤

若要将域控制器添加到现有的 Windows Server 2016 域中，请按照以下步骤进行。

（1）使用具有管理权限的账户登录到运行 Windows Server 2016 的服务器中，并安装 Active Directory 域服务角色，参照安装活动目录域角色的过程。

（2）在 Active Directory 域服务角色安装进度结束时，单击“使此服务器提升为域控制器”超链接，如图 5-29 所示。Active Directory 域服务配置向导启动，弹出相关对话框部署配置，如图 5-30 所示。

（3）选中“将域控制器添加到现有域”单选按钮，“指定此操作的域信息”下的“域”为“dev.com”。

（4）如果未登录到林中的现有域，则打开“提供执行此操作所需的凭据”窗口，在该窗口中必须提供域管理员的账户和密码。

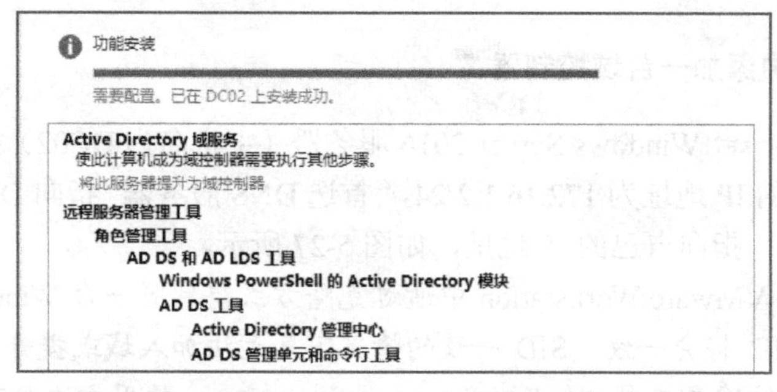

图 5-29　完成 Active Directory 域服务角色的安装

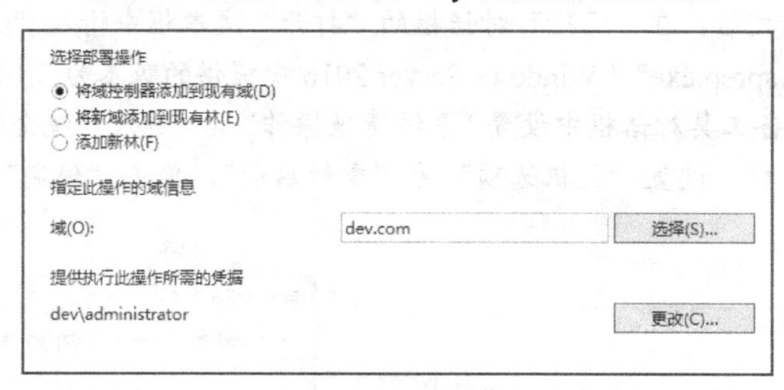

图 5-30　部署配置

（5）单击“下一步”按钮，在域控制器选项窗口中勾选“域名系统（DNS）服务器”和“全局编录（GC）”复选框，并输入和确认目录服务还原模式（DSRM）密码，如图 5-31 所示。

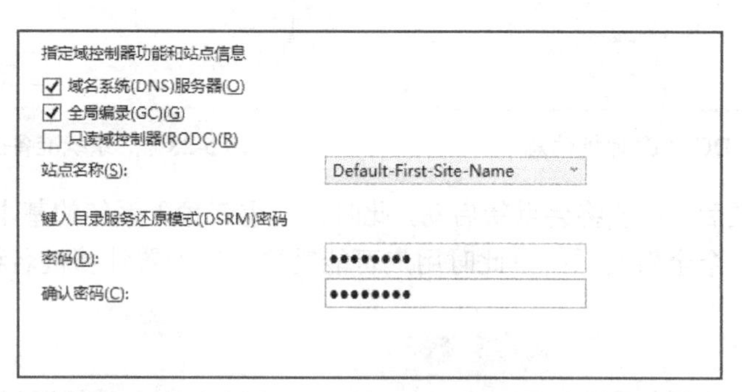

图 5-31　域控制器选项

（6）单击“下一步”按钮，打开“DNS 选项”窗口，提示无法创建该 DNS 服务器委派，那是因为依然没有创建 DNS，所以不能委派，而且也不需要委派，单击“下一步”按钮。

（7）在“其他选项”窗口中，选择复制自任何域控制器，单击“下一步”按钮。

（8）在“路径”窗口中保持默认设置即可，单击“下一步”按钮。

（9）在“查看选项”窗口检查配置是否正确，如有错误，单击“上一步”按钮回到对应窗口进行修改，如无误，则单击“下一步”按钮，打开“先决条件检查”窗口，进行先决条件检查。

（10）在先决条件检查通过后，单击“安装”按钮。

（11）安装完成之后，系统会自动重启，此时需要使用域管理员登录系统。

此时，域控制器 DC02 被配置为服务现有域。该域控制器将与位于与相同的站点中的其他域控制器之间自动开始复制 AD DS 信息。

3．测试

这里做一个简单的测试，打开“DC01”主机的“Active Directory 用户和计算机”窗口，新建一个用户“TEST01”，如图 5-32 所示；这个用户同样出现在“DC02”主机的“Active Directory 用户和计算机”窗口中，如图 5-33 所示。

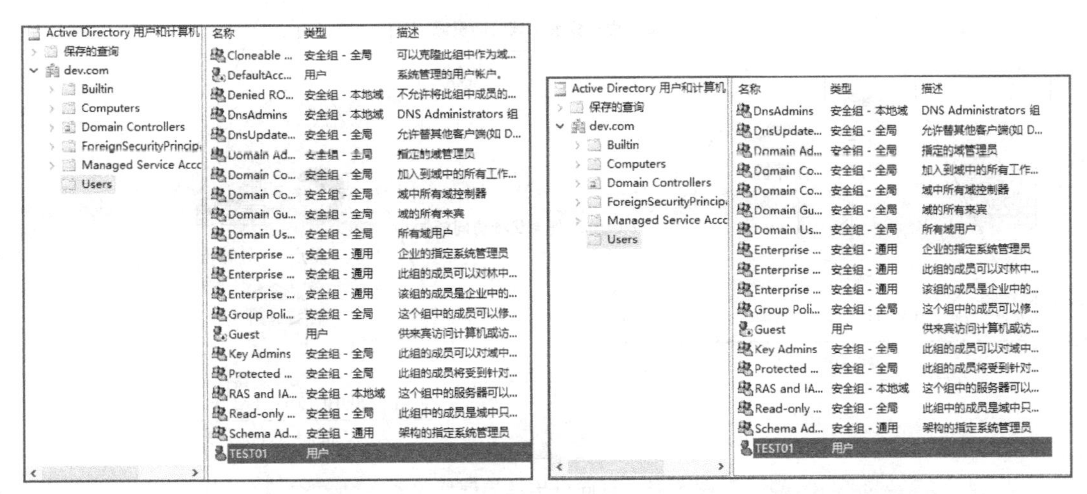

图 5-32 在“DC01”主机上新建用户“TEST01” 图 5-33 “DC02”主机上显示用户“TEST01”

5.1.3 在林中创建新的子域

一旦林拥有至少一个域，就可以在任何现有域下添加子域。对于一个存在着子公司或者分支机构的企业来说，如果子公司或者分支机构的管理差异较大，资源相对独立，通常会设置一个独立域（子域）来进行管理，从而构成域的树形结构，也被称为域树。域树如图 5-34 所示。

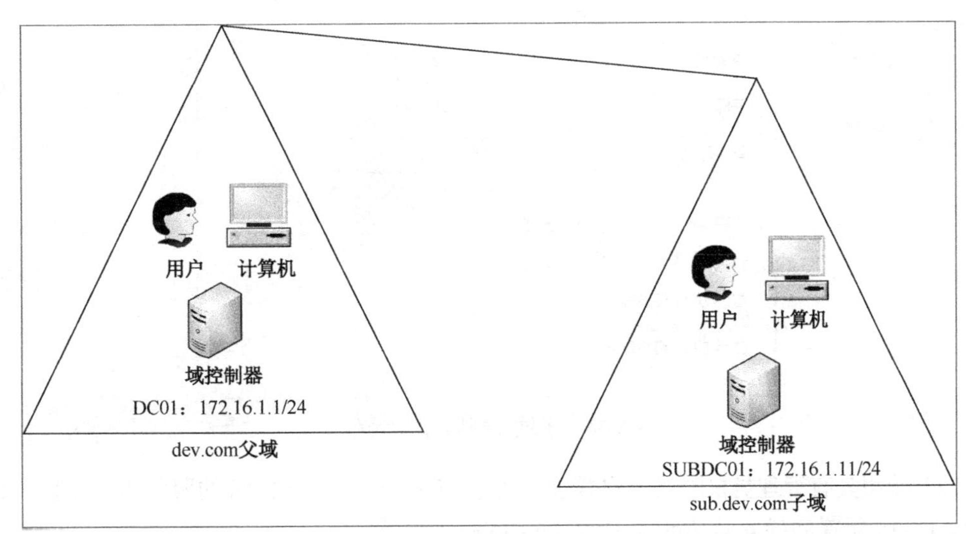

图 5-34 域树

同时，在父域与子域之间会建立双向可传递的信任关系，因此，默认情况下，父域的用户可以使用子域中的计算机和资源；同样，子域中的用户也能使用父域的计算机和资源。父域与子域的信任关系如图 5-35 所示。

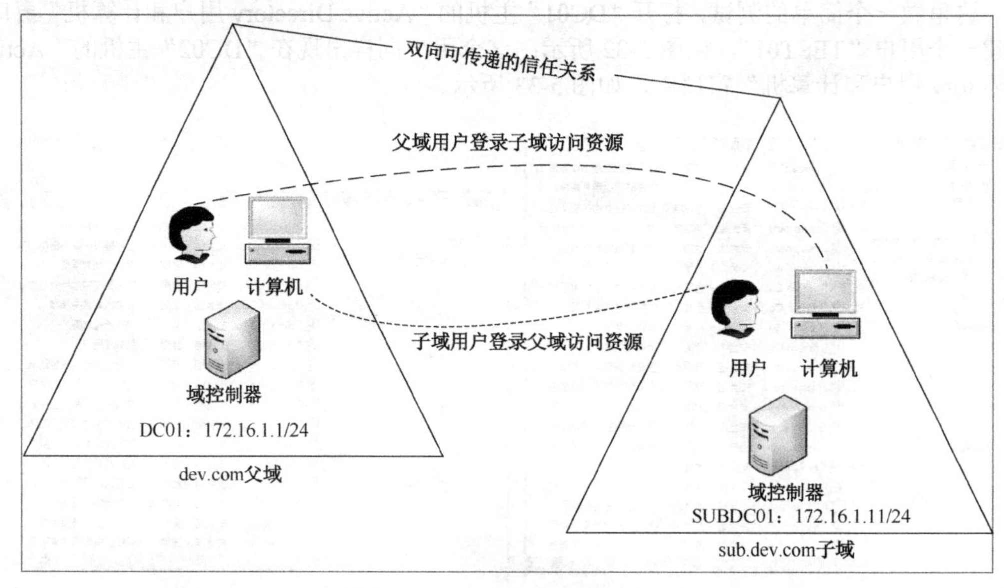

图 5-35　双向可传递的信任关系

1. 在现有林中添加一个新的子域

创建新子域的过程与创建新的林类似，只是在 Active Directory 域服务配置向导的“部署配置”窗口中要求用户指定要在其下创建子域的父域。安装子域控制器的过程如下所示。

（1）在“SUBDC01”主机上配置 IP 地址为“172.16.1.11/24”，将首选 DNS 服务器 IP 地址设置为本机，备用 DNS 服务器 IP 地址设置为林根域 DNS 服务器 IP 地址“172.16.1.1”，如图 5-36 所示。

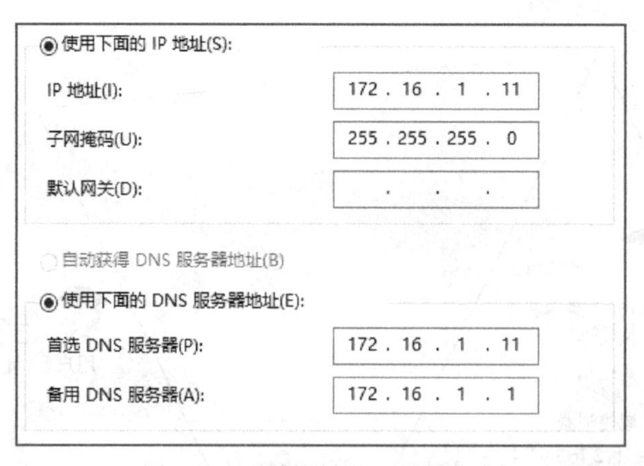

图 5-36　子域控制器 IP 地址信息

（2）使用具有管理员权限的账户登录到运行 Windows Server 2016 的服务器“SUBDC01”，打开 AD DS 配置向导安装 Active Directory 域服务角色。

（3）如前所述，在 Active Directory 域服务角色安装进度结束时，单击“使此服务器提升为域控制器”超链接，Active Directory 域服务配置向导启动，打开“部署配置”窗口。设置“选择部署操作”为“将新域添加到现有林”，“选择域类型”为“子域”，单击“父域名”右边的“选择”按钮，在弹出的对话框中填写父域管理员账户“dev/Administrator”和密码，单击“确定”按钮；在随后弹出的“从林中选择域”对话框中选中“dev.com”域，“新域名”设置为“sub”，如图5-37所示。

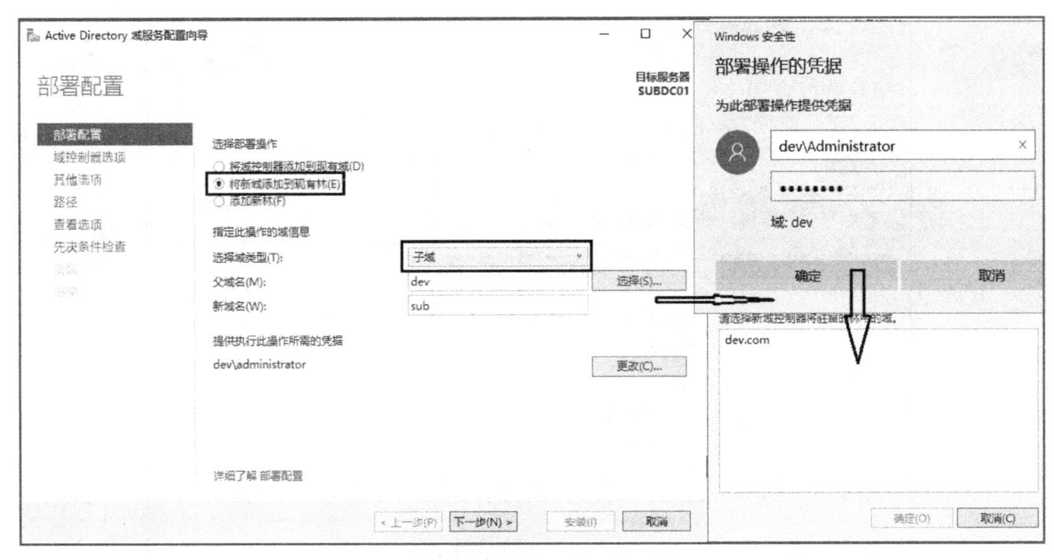

图5-37 添加子域部署配置

（4）单击“下一步”按钮，在“域控制器选项”窗口中“将域功能级别”设置为“Windows Server 2016”，勾选“域名系统（DNS）服务器”和“全局编录（GC）”复选框，输入目录还原模式密码，如图5-38所示。

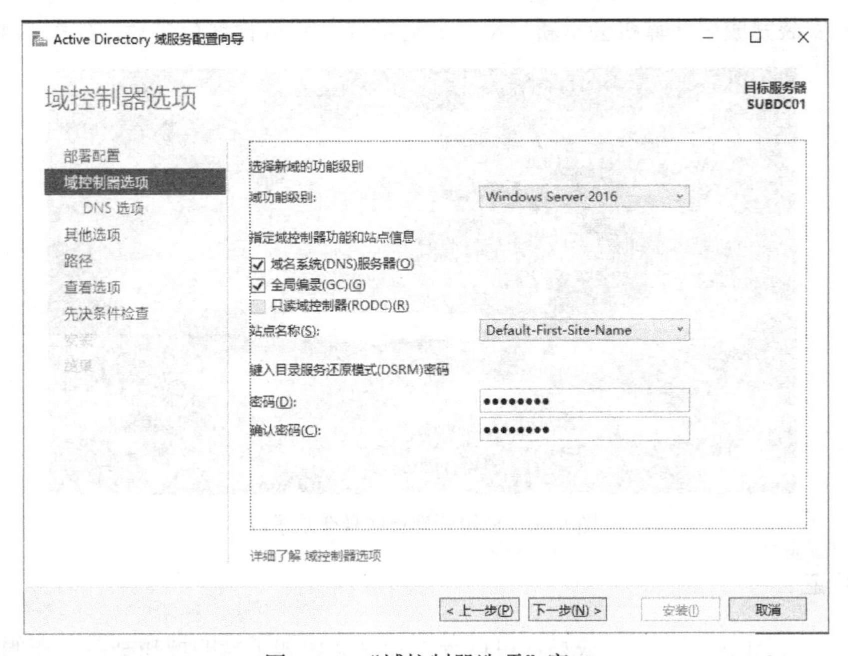

图5-38 “域控制器选项”窗口

（5）单击“下一步”按钮，打开“DNS 选项”窗口，保持默认设置。

（6）单击“下一步”按钮，打开“其他选项”窗口，NetBIOS 选项保持默认设置。

（7）单击“下一步”按钮，打开“路径”窗口，安装路径选择保持默认设置。

（8）单击“下一步”按钮，打开“查看选项”窗口，检查所选择的内容是否和需要配置的一致，如图 5-39 所示。

图 5-39　“查看选项”窗口

（9）确认无误后，单击“下一步”按钮，打开“先决条件检查”窗口，进行先决条件检查。所有先决条件检查都通过后，单击“安装”按钮进行安装。

（10）安装完成后计算机会重新启动，此时需要使用域管理员登录，如图 5-40 所示。

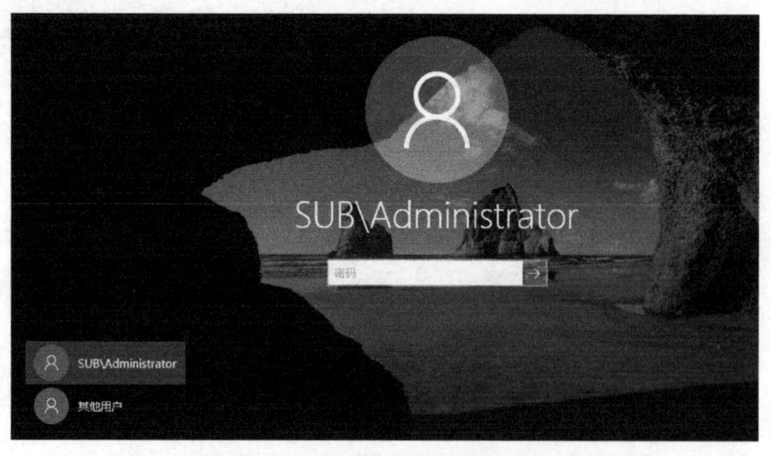

图 5-40　使用管理员账号登录子域

2．验证

为了验证父子之间的信任关系，可以分别登录父域和子域的域控制器，在服务器管理器中，选择“工具”→“Active Directory 域和信任关系”选项，在打开的窗口中可以看到父域和子域之间已经建立了信任关系，如图 5-41 所示。

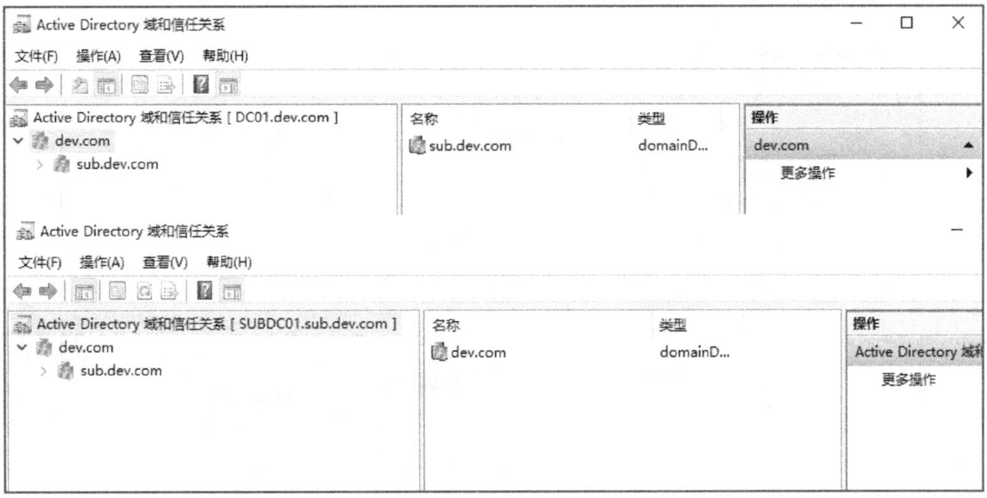

图 5-41　验证信任关系

5.1.4　配置全局编录、排除 DNS SRV 注册失败的故障和删除域

1. 配置全局编录

单一域的域控制器只能存储当前域的信息，即存储这个域的目录。当一个林中存在多个域时，每个域都将有一个活动目录，一个域的用户要在整个林范围内查找某个对象就需要对整个林中的所有域进行查找。全局编录（Global Catalog，GC）包含了各个活动目录中每一个对象的最重要的属性，是域林中所有对象的集合。在域林中，同一域林中的域控制器共享同一个活动目录，这个活动目录是分散存放在各个域的域控制器中的，每个域中的域控制器保存着该域的对象的信息（用户账号及目录数据库等）。如果一个域中的用户要访问另一个域中的资源，则要先找到另一个域中的资源。为了让用户快速查找到另一个域中的对象，微软设计了全局编录。全局编录包含了各个活动目录中每一个对象的最重要的属性（即部分属性），这样，即使用户或应用程序不知道对象位于哪个域，也可以迅速找到被访问的对象。全局编录允许用户在林中的所有域中搜索目录信息，而不用考虑数据存储的位置。执行林内的搜索时可获得最大的速度并产生最少的网络通信。

林中的初始域控制器会自动创建全局编录。可以向其他域控制器添加全局编录功能，或者将全局编录的默认位置更改到另一个域控制器中。

默认情况下，Windows Server 2016 的所有域控制器都是全局编录服务器，当用户将服务器提升到域控制器时，可以选择将域控制器设为全局编录服务器。除此之外，还可以通过以下步骤使任何域控制器成为全局编录服务器。

（1）使用具有管理权限的账户登录到 Windows Server 2016 服务器中，打开“服务器管理器”窗口。

（2）“工具”选择“Active Directory 站点和服务”选项，打开“Active Directory 站点和服务”窗口。

（3）展开要配置为全局编录服务器的 DC 所在的节点，展开服务器目录，选择要配置的服务器，如图 5-42 所示。

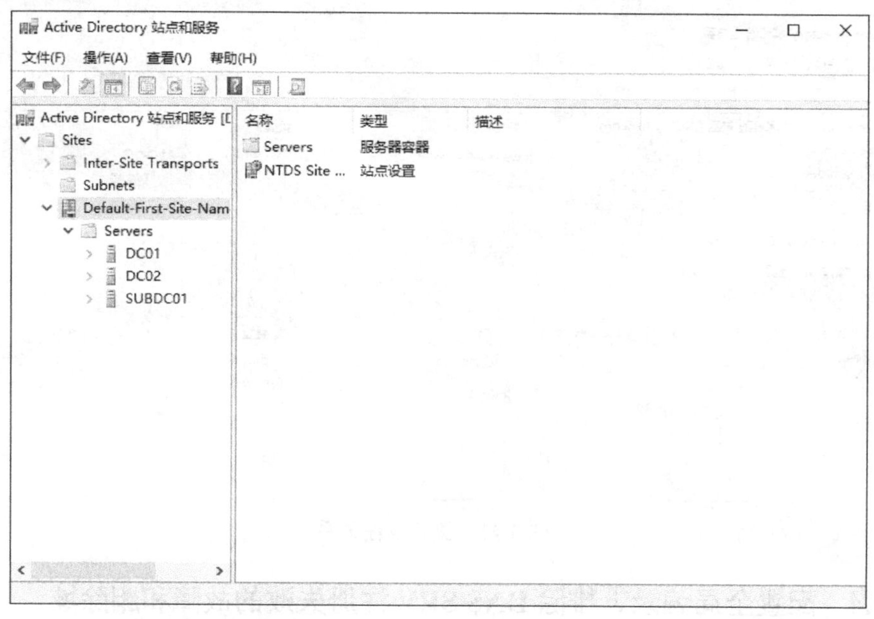

图 5-42 “Active Directory 站点和服务”窗口

（4）选择需要配置的服务器，右击“NTDS Settings”选项，在弹出的快捷菜单中选择“属性”选项，弹出“NTDS Settings 属性”对话框，如图 5-43 所示。

（5）勾选“全局编录”复选框，单击“确定”按钮，关闭对话框。

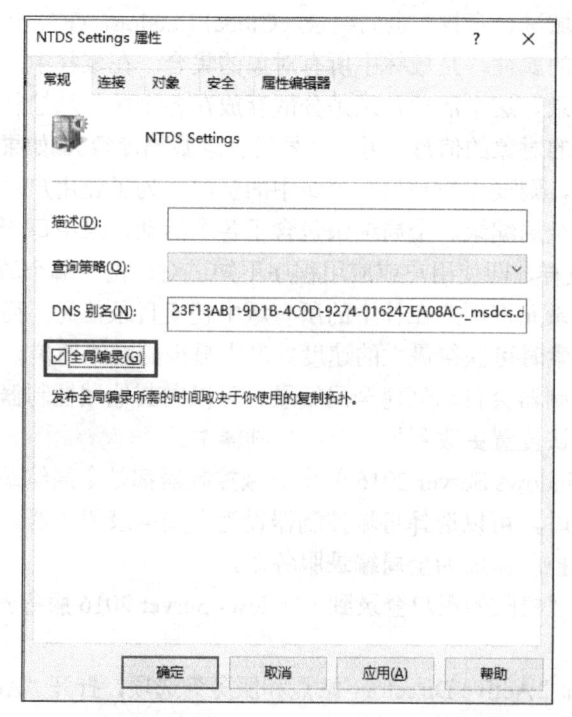

图 5-43 “NTDS Settings 属性”对话框

2. 排除 DNS SRV 注册失败的故障

对于 Active Directory 域服务而言，DNS 是必不可少的。为了适应 Active Directory 目录服务，创建了一个特殊的 DNS 资源记录，使客户端能够定位域控制器和其他重要的 AD DS 服务。当创建一个新的域控制器时，进程中最重要的一个部分就是在 DNS 中注册服务器，要求 AD DS 网络必须访问支持动态更新标准的 DNS 服务器。如果 DNS 注册过程失败，那么网络上的计算机将无法定位该域控制器，会造成严重的后果——计算机将无法使用该域控制器加入该域，现有的域成员将无法登录，其他域控制器将无法与之复制。

在大多数情况下，DNS 的问题是由于一般的网络故障或 DNS 客户端配置错误引起的。应该先尝试使用 ping 命令访问 DNS 服务器，确保 TCP/IP 客户端配置正确的 DNS 服务器地址。

若要确认域控制器已在 DNS 中注册，请以管理员身份运行命令提示符（cmd），并执行以下命令：

```
dcdiag /test:registerindns /dnsdomain:<domain name> /v
```

3. 删除域

这里需要将域控制器 DC01 降级为一台独立服务器，随着 Dcpromo.exe 的弃用，域控制器的降级过程变得没有之前那么直观了。要从 AD DS 安装中删除域控制器，必须从打开“删除角色和功能向导”窗口开始，具体操作过程如下。

（1）使用具有管理权限的账户登录到 Windows Server 2016 服务器中，打开“服务器管理器”窗口。

（2）在“服务器管理器”窗口中选择“管理”→“删除角色和功能”选项。打开“删除角色和功能向导”窗口，如图 5-44 所示。

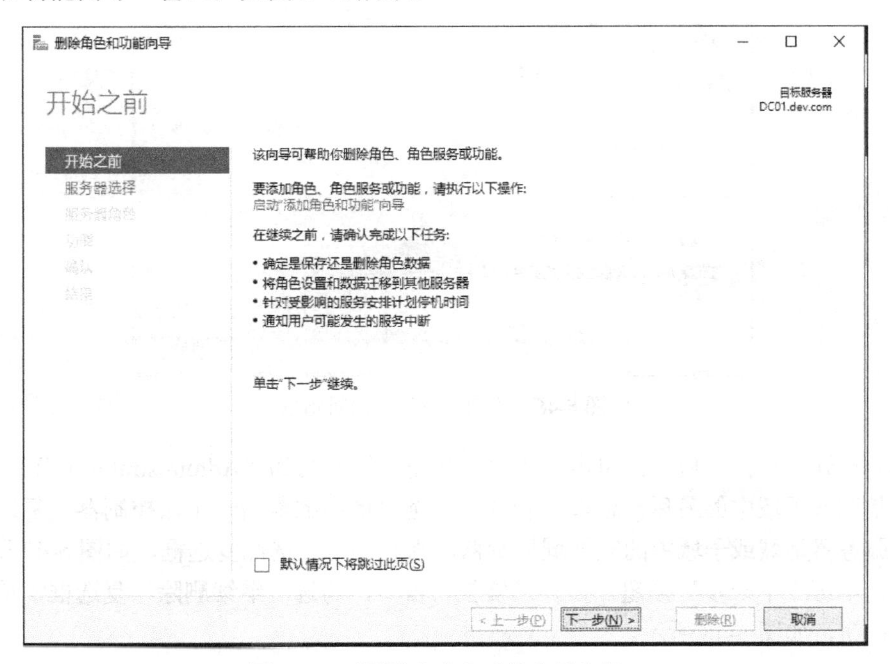

图 5-44 “删除角色和功能向导”窗口

（3）单击“下一步”按钮，打开“删除服务器角色”窗口，取消勾选“Active Directory域服务”复选框，单击“下一步”按钮，如图5-45所示。

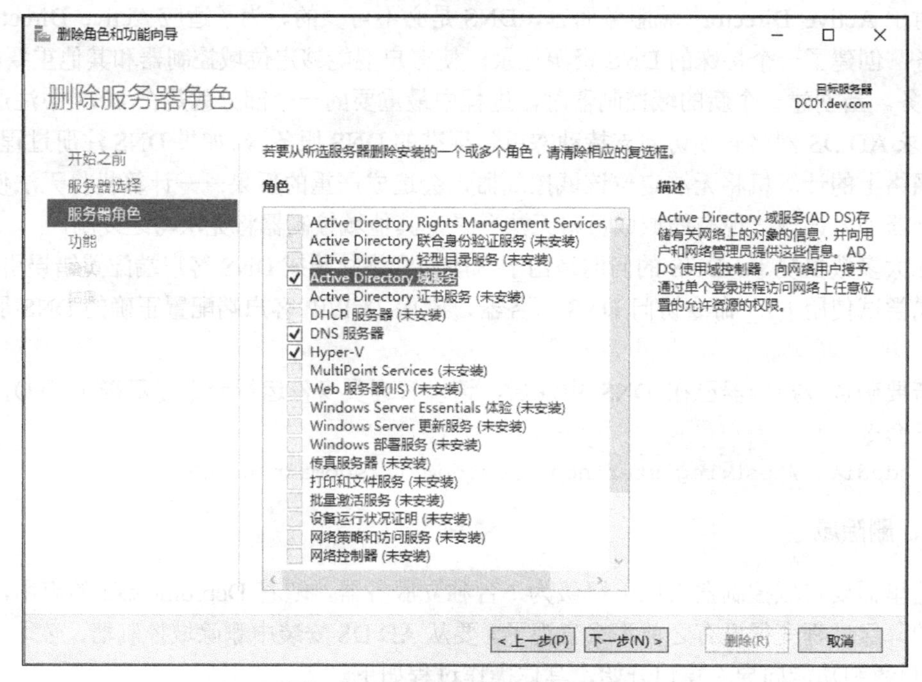

图5-45 “删除服务器角色”窗口

（4）打开“功能”窗口，单击“删除角色”按钮，弹出“验证结果”对话框，提示“在删除AD DS角色之前，需要将Active Directory域控制器降级”，单击“将此域控制器降级”超链接，如图5-46所示。

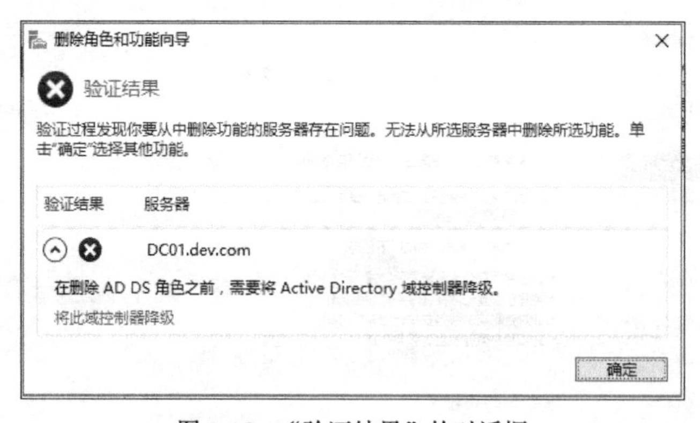

图5-46 “验证结果”的对话框

（5）打开“凭据”窗口，单击“更改”按钮。用户名为“Administrator（当前用户）”，如果这是域或子域中的最后一台域控制器，勾选“域中的最后一个域控制器”复选框；如果当前服务器是域或子域中的额外域控制器，那么不可勾选此复选框，如图5-47所示。

（6）单击“下一步”按钮，打开“警告”窗口，勾选“继续删除”复选框，单击“下一步”按钮，如图5-48所示。

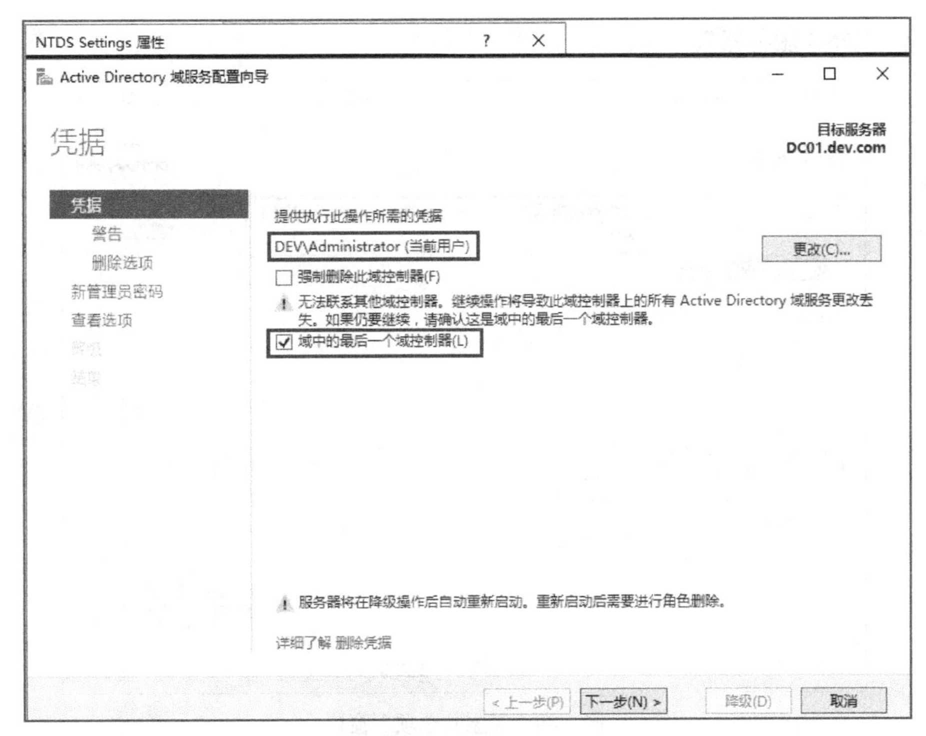

图 5-47 “凭据”窗口

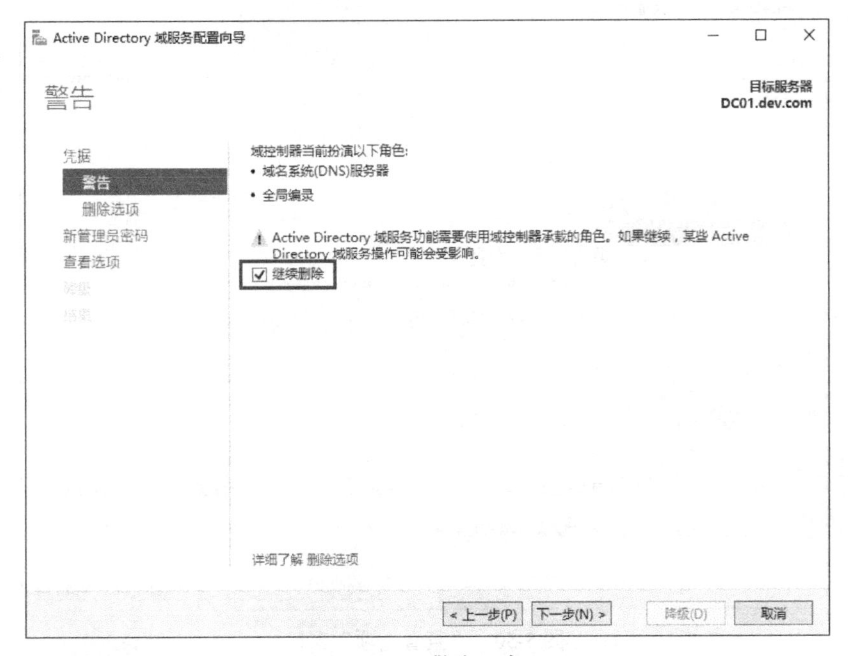

图 5-48 “警告”窗口

（7）打开“删除选项”窗口，依据实际情况勾选“删除此 DNS 区域（这是承载该区域的最后一个 DNS 服务器）”和“删除应用程序分区”复选框，如图 5-49 所示。

（8）单击“下一步”按钮，打开“新管理员密码”窗口，设置管理员密码。单击“下一步”按钮，打开“查看选项”窗口，确认信息是否和计划一致，单击“降级”按钮，如图 5-50 所示。系统稍后会重启，完成域控制器降级，重启后可以移除“Active Directory 域服务”和“DNS 服务器”。

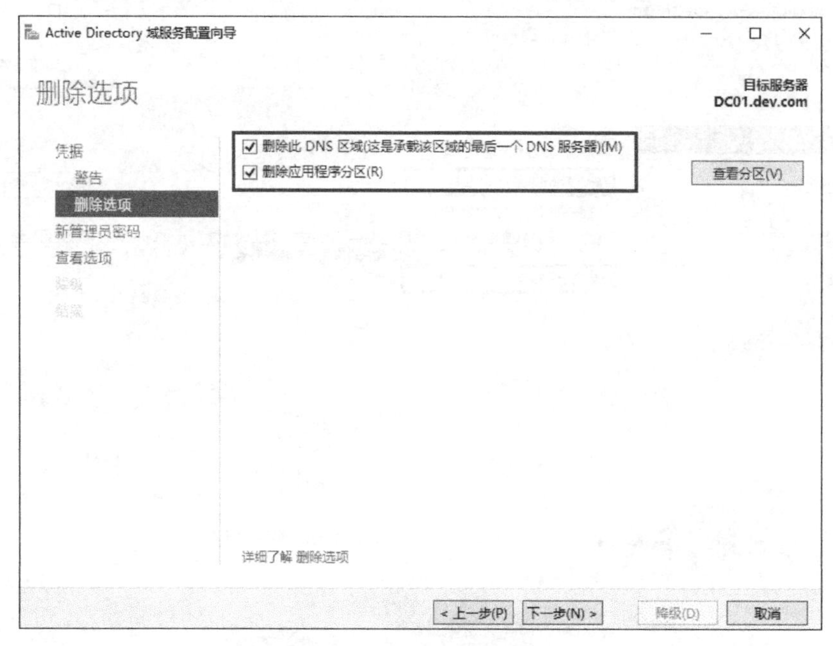

图 5-49 “删除选项”窗口

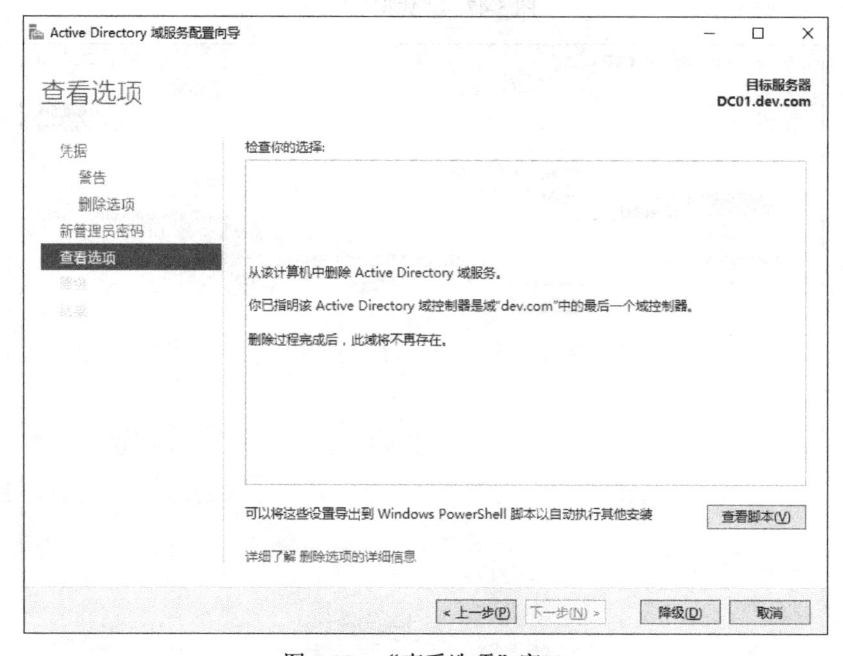

图 5-50 “查看选项”窗口

5.2 创建和管理活动目录和计算机

用户和计算机是 AD DS 的基本对象。创建和管理这些对象是大多数 AD DS 管理员的日常任务。

学习目标

- 自动创建 Active Directory 账户。
- 创建、复制、配置和删除用户及计算机。
- 配置模板。
- 执行批量活动目录操作。
- 配置用户权限。
- 离线域连接。
- 管理非活动账户和禁用账户。

5.2.1 创建用户对象

使用用户账户是访问 AD DS 网络资源的主要手段，为了能访问网络资源，用户必须通过特定的用户账户进行网络身份认证。认证是通过使用诸如密码、智能卡或指纹等已知信息来确认用户身份的过程。当用户提供用户名和密码时，身份验证过程验证登录中提供的凭据，而这些证书已经存储在 AD DS 数据库中。不要将认证与授权混淆，授权是确认经过认证的用户具有访问一个或多个网络资源的正确权限的过程。

在运行 Windows Server 2016 的系统上有两种类型的用户账户，分别为本地用户和域用户。

本地用户：本地用户只能访问本地计算机中的资源，这些账户存储在本地计算机的安全账户管理器（Security Account Manager，SAM）数据库中。本地账户从不复制到其他计算机中，也不提供域访问功能。这意味着在一台服务器中配置的本地账户不能用于访问另一台服务器中的资源，如果要访问，用户必须在另一台服务器中重新配置一个本地账户。

域用户：域用户可以访问 AD DS 或基于网络的资源，如共享文件夹和打印机。这些用户的账户信息存储在 AD DS 数据库中，并复制到同一域中的所有域控制器。域用户账户信息的子集被复制到全局编录，然后将其复制到整个森林中的其他全局编录服务器。

在运行 Windows Server 2016 的计算机上默认会创建两个内置用户账户：管理员账户（Administrator）和来宾账户（Guest）。内置的用户账户可以是本地账户或域账户，这取决于服务器是配置为独立服务器还是域控制器。在独立服务器的情况下，内置账户是当前服务器本地账户。在域控制器上，内置账户是域账户，且会被复制到所有域控制器中。

在成员服务器或独立服务器中，内置的本地管理员账户具备对所有文件完全控制权限并具备本地计算机的管理权限。在域控制器中，Active Directory 中创建的内置管理员账户对其创建的域具有完全控制权。默认情况下，每个域只有一个内置管理员账户。无论是成员服务器或独立服务器的本地管理员账户，还是域管理员账户，都不能被删除；但是其可以被重命名。

为了保证账户安全，建议对管理员账户进行以下操作。

重命名管理员账户：重命名管理员账户将暂时避免在服务器或域中针对 Administrator 用户名的攻击。但这只能保护相当简单的攻击，不能将其作为来保护网络账户的唯一手段。

设置一个强密码：确保密码满足复杂度要求，至少有 7 个字符，包含大写字母、小写字母、数字和特殊符号。

只有少数特定人员知道管理员密码： 限制管理员密码分发将降低使用此账户的安全漏洞的风险。

不使用管理员账号进行日常非管理任务： 微软建议使用非管理员用户账户进行正常工作，并在执行管理任务时使用“Run AS”命令。

内置来宾账户用于为来宾（如供应商代表或临时员工）提供对网络的临时访问。与管理员账户一样，此账户也不能删除，但可以修改用户名。默认情况下，客户账户被禁用，并且未分配默认密码。在大多数环境中，应该考虑为临时用户访问创建特定账户，而不是使用来宾账户。如果决定使用来宾账户，则建议对来宾账户进行以下操作。

启用后重命名来宾账户： 如同管理员账户一样，重命名来宾账户也能暂时避免入侵。

设置一个强密码： 默认情况下，来宾账户配置了一个空密码。出于安全考虑，不能使用空密码，所以建议给来宾账户设置一个强密码，确保密码满足复杂度要求，至少有 7 个字符，包含大写字母、小写字母、数字和特殊符号。

1. 创建单个用户

对于一些管理员来说，创建单个用户账户是日常任务。这里需要创建 User01 和 User02 两个用户，初始密码为均为“123abc,.”。可以采取以下两种方法实现这一目标。

1）Active Directory 管理中心应用程序

Windows Server 2016 使用了 Active Directory 管理中心（ADAC）应用程序（最早在 Windows Server 2008 R2 中引入），包含 Active Directory 回收站、细粒度密码策略等。用户可以使用该工具创建和管理 AD DS 用户账户。

以下过程将引导用户使用 Active Directory 管理中心创建单个用户账户。

（1）使用具备管理权限的用户登录运行 Windows Server 2016 的计算机，打开“服务器管理器”窗口。

（2）选择“工具”→“Active Directory 管理中心”选项，打开“Active Directory 管理中心”窗口，如图 5-51 所示。

图 5-51　“Active Directory 管理中心”窗口

（3）找到想要创建用户的域，并选择一个容器，这里选择“Users”。

（4）在右侧所选容器任务列表中，选择“新建”→“用户”选项，打开“创建 用户:”窗口，如图 5-52 和图 5-53 所示。

图 5-52 新建用户

（5）在“全名”文本框中输入用户全名“User01”，在“用户 SamAccountName 登录”文本框中输入用户名“User01”。

（6）在“密码”文本框中输入用户的初始密码并确认。

（7）提供其他需要提供的相关信息（可选）。

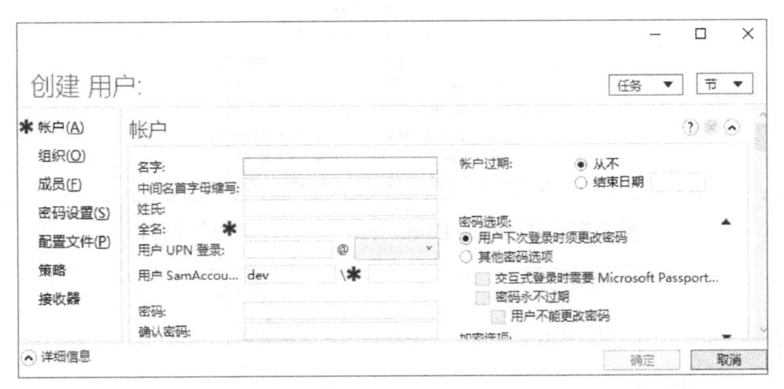

图 5-53 “创建用户”窗口

（8）单击“确定”按钮，此用户对象出现在对应的容器之中，如图 5-54 所示。

2）Active Directory 用户和计算机

管理员熟悉的“Active Directory 用户和计算机”窗口也可以用于创建用户对象，如图 5-55 所示。

（1）打开“Active Directory 用户和计算机”窗口，在左侧找到要添加用户的域，展开后找到对应的容器（本例依然使用“Users”容器），右击选定的容器，在快捷菜单中选择“新建”→“用户”选项，弹出“新建对象-用户”对话框。在“姓名”文本框中输入姓名“User02”，在“用户登录名”文本框中输入“User02”，如图 5-56 所示，单击“下一步”按钮。

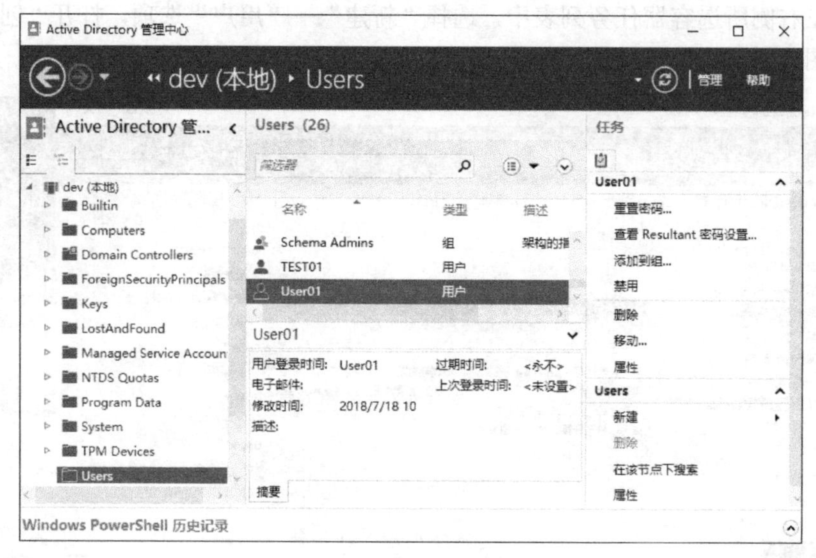

图 5-54　用户已建立

图 5-55　“Active Directory 用户和计算机”窗口

图 5-56　“新建对象-用户”对话框

（2）在弹出的对话框中设置并确认密码，依据需要设置密码属性，如图5-57所示。

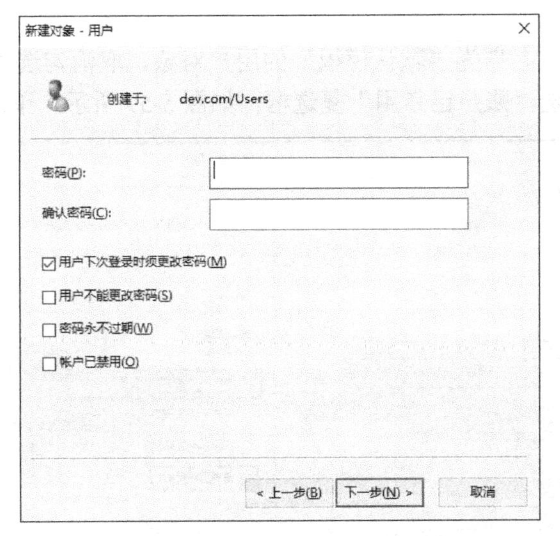

图5-57 设置密码及其属性

（3）单击“下一步”按钮，发现用户“User02”在“Users”容器中被成功创建，如图5-58所示。

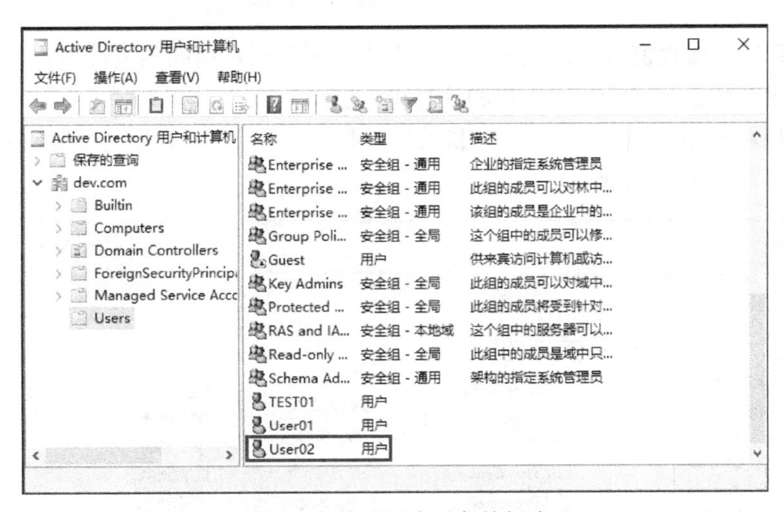

图5-58 完成用户对象的创建

2. 创建用户模板

在某些情况下，管理员必须定期创建单个用户，但用户账户包含的属性很多，每次单独创建它们需要消耗大量的时间。使用New-ADUser命令或Dsadad.exe程序并将命令保存在脚本或批处理文件中可以加快创建复杂用户对象的过程。在图形界面中，用户可以通过创建一个用户模板来做大致相同的事情。用户模板是包含样板属性设置的标准用户对象。当用户想创建具有这些相同设置的新用户时，只需将模板复制到新的用户对象，并更改该名称和其他的属性即可。

在“Active Directory用户和计算机”窗口中创建用户模板，其过程如下。

（1）使用具备管理权限的用户登录运行 Windows Server 2016 的计算机，打开“服务器管理器”窗口。

（2）创建一个“姓名”为“默认模板”的用户对象，取消勾选“用户下次登录时须更改密码”复选框并勾选“账户已禁用”复选框，如图 5-59 所示，单击“下一步”按钮。

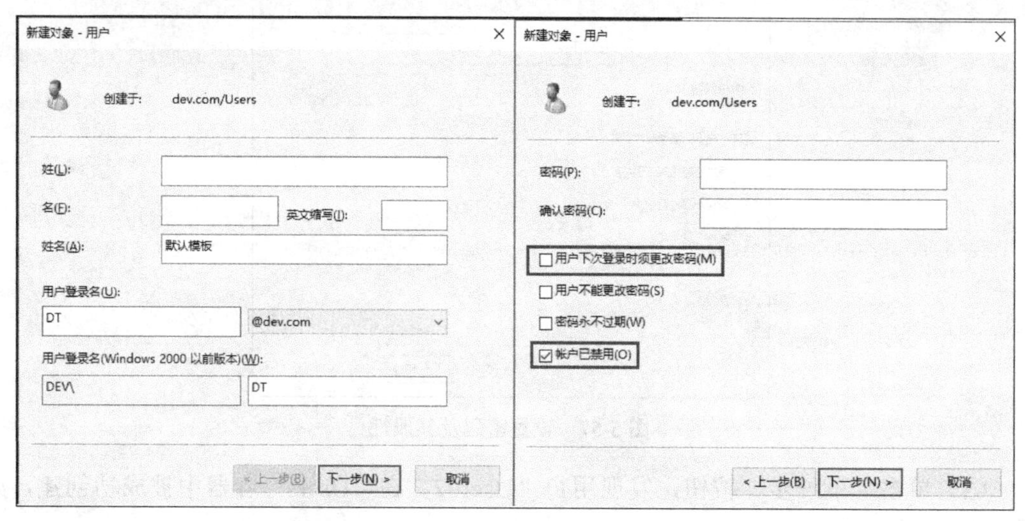

图 5-59　创建模板用户对象

（3）打开用户属性窗口，修改各个选项卡中的所有用户相同的属性值。

（4）关闭“Active Directory 用户和计算机”窗口。

如要使用用户模板，只需要右击“默认模板”用户对象，在弹出的快捷菜单中选择“复制”选项即可，如图 5-60 所示。

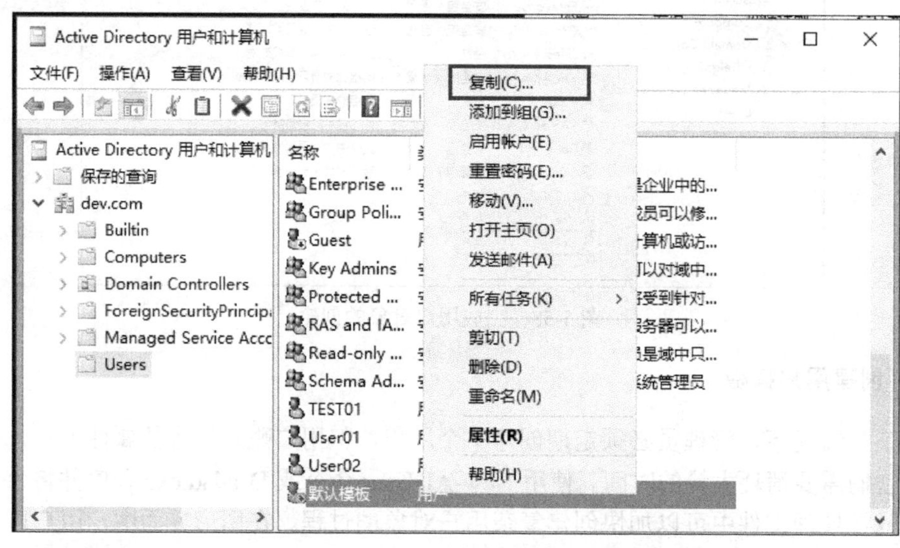

图 5-60　复制用户模板

此时会弹出“复制对象-用户”对话框，如图 5-61 所示。

输入用户所需的特定信息，单击“下一步”按钮，取消勾选“账户已禁用”复选框，并单击“确定”按钮。向导会使用模板中配置的所有属性创建新的用户对象。

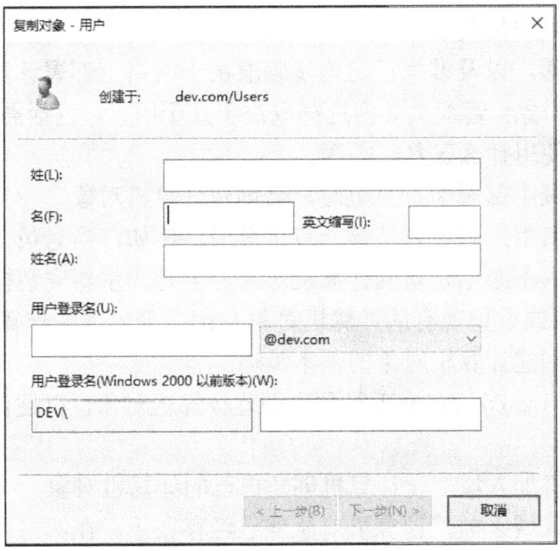

图 5-61　“复制对象-用户”对话框

5.2.2　创建计算机对象

因为 AD DS 网络使用集中式目录，所以必须有一些追踪域中实际计算机的方法。对此，Active Directory 使用计算机账户，这些计算机账户以计算机对象形式存储在 Active Directory 数据库中。即使用户有一个有效的 Active Directory 用户账户和密码，但如果用户的计算机不是 Active Directory 中的计算机对象，依然无法登录到该域。

计算机对象和用户对象一样存储在 Active Directory 层次结构中，它们具有以下相同的功能。

（1）计算机对象的属性，包括特定的计算机名称、其所在的位置及管理权限归属等。

（2）计算机对象继承来自容器对象（如域、站点）的组策略设置。

（3）计算机对象可以是组成员并继承组对象的权限。

当用户尝试登录到 Active Directory 域时，客户端计算机建立与域控制器的连接，以验证用户的身份。在用户认证发生之前，两台计算机通过使用它们各自的计算机对象来执行初步认证，以确保两个系统都是域的一部分。客户端计算机上运行的 NetLogon 服务连接到域控制器，域控制器检查该客户端是否为一个有效的计算机账户。当此验证完成时，它们之间建立了安全通信信道，用于开启用户认证过程。

域控制器和客户端之间的计算机账户验证也是使用账户名和密码的真实身份验证过程，就像域对用户进行身份验证一样。不同之处在于，计算机账户使用的密码自动生成并是隐匿的。管理员可以重置计算机账户，但不用为它们提供密码。

对于管理，这意味着除了在域中创建用户账户，还必须确保计算机是域的一部分。向 AD DS 域添加计算机包括以下两个步骤。

创建计算机账户：通过在 Active Directory 中创建新的计算机对象，并在网络中分配实际计算机的名称来创建计算机账户。

将计算机连接加入域：当计算机加入域中时，系统与域控制器联系，建立与域的信任关系，定位（或创建）与计算机名称相对应的计算机对象，改变其安全标识符（SID）以匹配计算机对象，修改组成员关系。

如何执行这些步骤，以及谁执行这些步骤取决于网络上部署计算机的方式。有许多方法可创建新的计算机对象，管理员如何选择取决于几个因素，包括需要创建的对象的数量、创建对象的位置以及使用什么工具，等等。

总而言之，当在域中部署新计算机时，会创建计算机对象。一旦计算机由对象表示并加入域中，域中的任何用户就可以从该计算机登录。例如，当老员工离开公司，新员共使用老员工的计算机时，不必创建新的计算机对象。但是，重新安装操作系统后就必须为其创建新的计算机对象（或重置现有的计算机对象），因为新安装的计算机会使用不同的 SID。

虽然以下有两种创建计算机对象的基本策略。

（1）通过使用 Active Directory 工具预先创建计算机对象，以便计算机在加入域时定位现有对象。

（2）直接将计算机加入域，让计算机创建自己的计算机对象。

无论如何，在加入域之前，计算机对象就已经存在了。在第二种策略中，似乎先开始的是加入域的过程，但是计算机在实际连接过程开始之前就已经创建对象了。当需要部署不同位置的大量计算机的时候，大多数管理员更倾向于预先创建计算机对象。对于大量的计算机，可以通过使用命令行工具和批处理文件实现计算机对象创建过程的自动化。

1．使用“Active Directory 用户和计算机”窗口创建计算机对象

与创建用户对象一样，可以使用“Active Directory 用户和计算机”窗口创建计算机对象。使用“Active Directory 用户和计算机”窗口或使用任何工具在 Active Directory 域中创建计算机对象时，用户必须对对象所在的容器具有适当的权限。

默认情况下，管理员组（Administrators）具有在域中的任意位置创建对象的权限，并能在计算机容器和任何新创建的 OUs 中删除它们。域管理员（Domain Admins）和企业管理员组（Enterprise Admins）是管理员组的成员，因此这些组的成员可以在任何地方创建计算机对象。管理员还可以明确地将容器的控制权委托给特定的用户或组，使其能够在这些容器中创建计算机对象。

使用“Active Directory 用户和计算机”窗口创建计算机对象的过程与创建用户类似。这里，用户需要在“Computers”容器中创建一个“SRV01”计算机对象。

（1）打开“Active Directory 用户和计算机”窗口，在左侧找到要添加计算机对象的域，展开后找到对应的容器（这里使用“Computers”容器），右击，在弹出的快捷菜单中选择“新建”→“计算机”选项，将会弹出“新建对象-计算机”对话框，在“计算机名”文本框中输入计算机名“SRV01”，如图 5-62 所示，单击“确定”按钮。

（2）可以在“Computer”容器中看到创建的计算机对象“SRV01”，如图 5-63 所示。

计算机对象具有相对较少的属性，在大多数情况下，用户只给计算机对象提供一个计算机名，且不多于 64 个字符。此计算机名必须与连接到对象的计算机的名称匹配。

2．使用“Active Directory 管理中心”应用程序创建计算机对象

与用户对象一样，用户也可以在 Active Directory 管理中心中创建计算机对象。若要创建计算机对象，可先选择容器，在任务列表中选择“新建”→“计算机”选项，打开“创建计算机”窗口。此处，创建一个名为“SRV02”的计算机对象，如图 5-64 所示，在“计

算机名”文本框中输入“SRV02”，单击“确定”按钮。

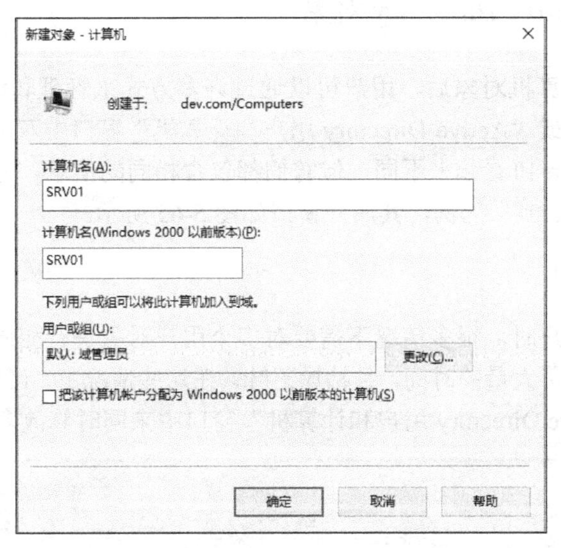

图 5-62 “创建对象-计算机”对话框

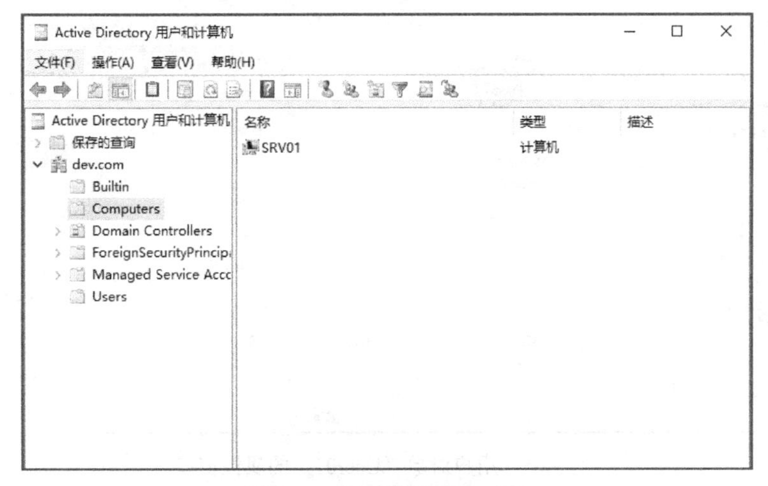

图 5-63 创建的计算机对象

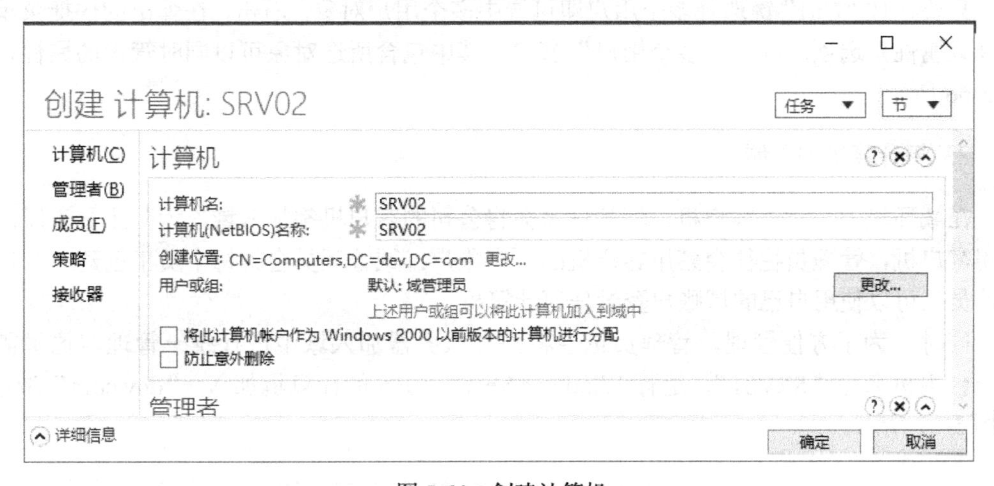

图 5-64 创建计算机

5.2.3 管理 Active Directory 对象

创建了用户和计算机对象后，用户可以通过许多方式来管理和修改它们。在“Active Directory 管理中心”或“Active Directory 用户和计算机”窗口中双击任何对象，可以打开该对象的属性窗口。窗口看起来不同，但它们都包含相同的信息，并都能修改对象属性。这里以用户对象“User01”为例，其属性窗口如图 5-65 所示。

1. 管理多个用户

在管理域用户账户时，很多情况下需要对多个用户对象进行相同的修改，而逐个修改单一用户对象需要花费大量的时间，且枯燥乏味。在这些情况下，可以在“Active Directory 管理中心”或“Active Directory 用户和计算机”窗口中来同时修改多个用户账户的属性。

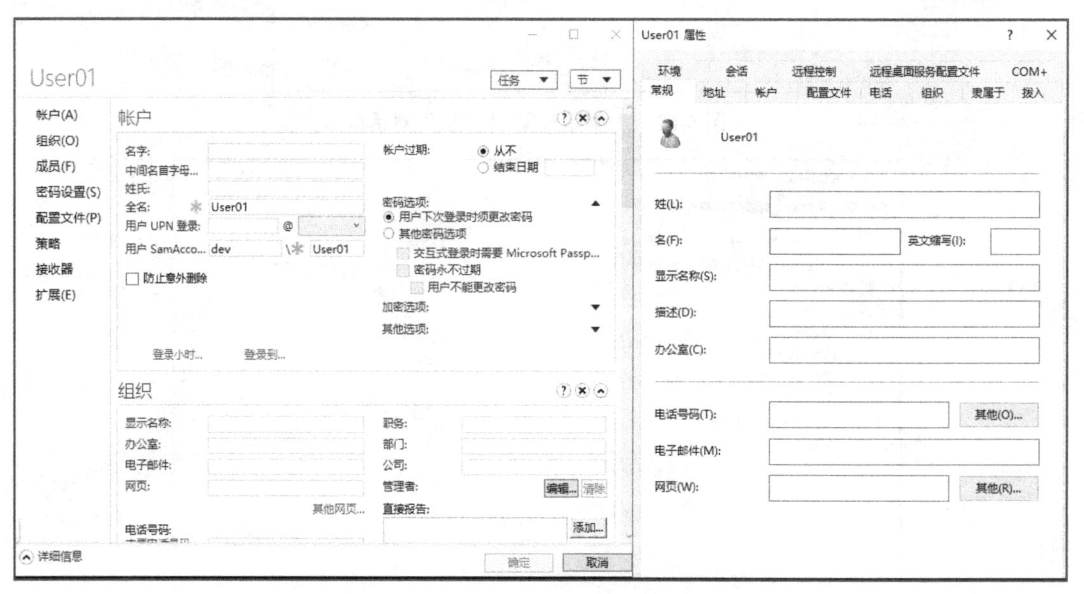

图 5-65 用户对象“User01”的属性窗口

只要按住“Ctrl”键选择多个用户即可选中多个用户对象，右击，在弹出的快捷菜单中选择“属性”选项。打开“多个用户”窗口，其中包含所选对象可以同时管理的属性，如图 5-66 所示。

2. 将计算机加入域

在域环境中，对于客户机，域管理员会将公司的客户机都加入域，为防止员工脱离域使用客户机，管理员往往会禁用客户机的所有账户；域管理员会为每个员工创建一个域账户，员工可以使用自己的域账户登录任何计算机。

同时，为了方便管理，管理员也会将独立服务器加入域中进行统一管理，这里需要将一台主机名为“SRV01”、运行 Windows Server 2016 的计算机加入 “dev.com”域中，如图 5-67 所示。

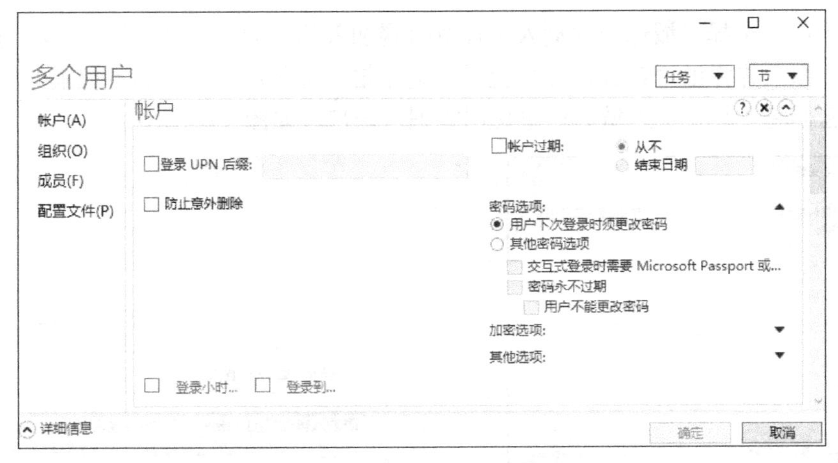

图 5-66 “多个用户”窗口

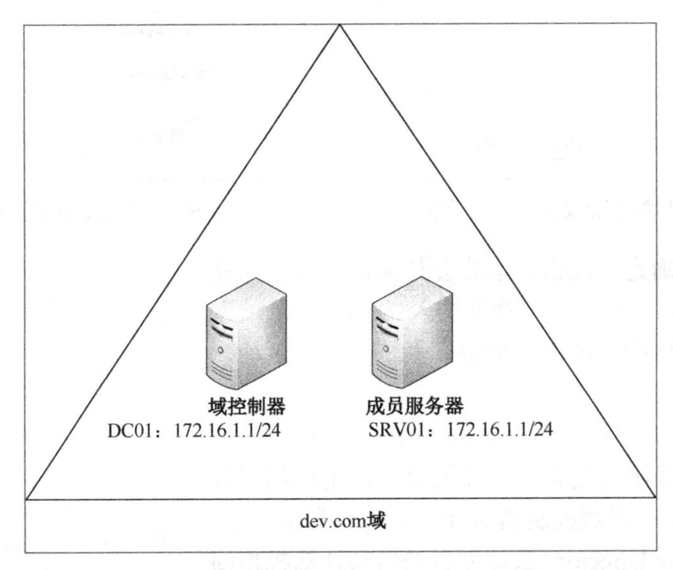

图 5-67 将计算机加入“dev.com”域

1）加入域的过程

（1）修改独立服务器的 IP 地址为 172.16.1.21/24，将“首选 DNS 服务器”指向域控制器的 IP 地址“172.16.1.1”，并保证独立服务器可以联系到域控制器。

（2）修改计算机名，打开“服务器管理器”窗口，打开“本地服务器”窗口，单击“计算机名”超链接，此时会弹出“系统属性”对话框。

（3）在未连接到域的计算机上，“计算机名”选项卡中显示了操作系统安装期间分配给计算机的名称和系统当前所属的工作组的名称（默认情况下是“WORKGROUP”）。将计算机加入域，单击“更改”按钮，弹出“计算机名/域更改”对话框。

在此对话框中，可以更改计算机的名称。根据是否已经创建了计算机对象，需要注意以下几点。

① 要加入一个域，如果在该域已经在 AD DS 中为系统创建了计算机对象，则该字段的名称必须与对象的名称完全匹配，这里为“SRV01”，如图 5-68 所示。

② 如果在加入域的过程中创建计算机对象，则该字段中的名称在域中不要求已经存在。

（4）当用户选择了域选项并输入了计算机将加入的域的名称时，计算机将与域的域控制器建立联系，并弹出“Windows 安全性”对话框，提示用户使用具备权限的域用户账户的名称和密码将计算机加入域。这里使用管理员账户，如图 5-69 所示。

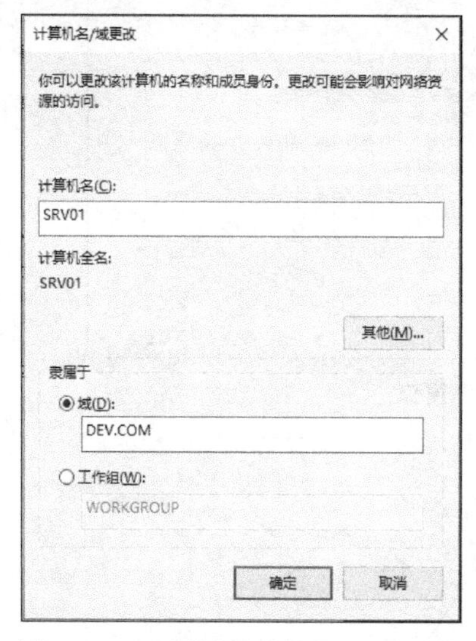

图 5-68 “计算机名/域更改”对话框

图 5-69 “Windows 安全性”对话框

（5）单击“确定”按钮，系统会与域控制器建立联系。在完成授权后，会弹出“欢迎加入 DEV.COM 域”的提示对话框，单击“确定”按钮，系统将重新启动，如图 5-70 所示。

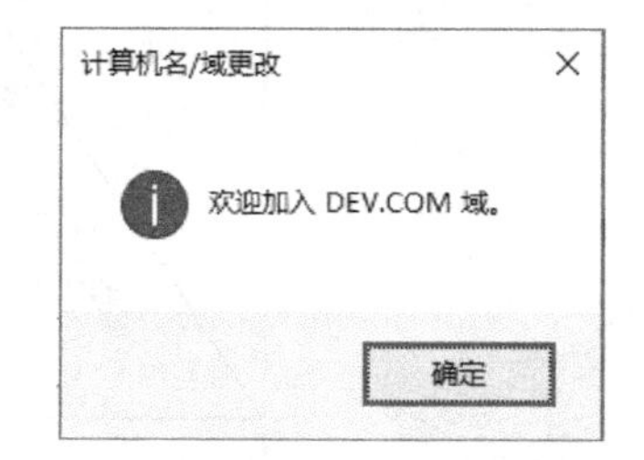

图 5-70 “欢迎加入 DEV.COM 域”的提示对话框

2）在加入域时创建计算机对象

无论是否已经事先创建了计算机对象，用户都可以将计算机加入域。一旦域控制器对计算机进行身份验证，就开始扫描 Active Directory 数据库以获得与计算机相同名称的计算机对象。如果没有找到匹配对象，则域控制器使用当前计算机提供的名称在计算机容器中创建一个对象。

对于以这种方式自动创建的计算机对象，在连接到域控制器时，期望所指定的用户账户具有在计算机容器中创建对象的权限，如管理员组中的成员。然而，情况并非总是如此。

域用户还可以通过间接的过程创建计算机对象。默认的域控制器组策略对象将对“添加工作站”的用户授予认证用户特殊身份。这意味着，任何被成功认证到 Active Directory 的用户都被允许将最多 10 个工作站加入域并创建 10 个对应的计算机对象，即使用户不具有显性对象创建权限。

5.3 创建和管理 Active Directory 组织单位和组

当首次安装 Active Directory 域服务时，默认情况下，域中只有一个 OU：域控制器 OU。其他 OU 必须由域管理员创建。OU 不考虑安全原则，这意味着不能基于 OU 的成员资格将访问权限分配给资源。这是OUs和全局组、本地域组和全局组的区别。组用于分配访问权限，而OU用于组织资源和授予权限。

域中还有一种对象——容器。例如，新创建的域中有多个容器对象，包括一个称为用户（Users）的容器，它包含域的预定义用户和组，以及计算机（Computers）容器，它包含所有与域连接的计算机对象。

与OUs不同，不能将组策略设置分配给容器对象或委托其管理。用户也不能使用标准Active Directory管理工具（如“Active Directory用户和计算机”窗口）创建新的容器对象。所以，OU是细分域的首选方法。

学习目标

- 配置组嵌套。
- 转换组。
- 使用组策略管理组成员资格。
- 掌握表示创建和管理Active Directory对象的方法。
- 管理默认的活动目录容器。
- 创建、复制、配置和删除组和OUs。

5.3.1 创建和管理组织单位

组织单位是在AD DS层次结构中所创建的最简单的对象类型。用户只需为对象提供名称，并在Active Directory树中定义其位置即可。在本例中，需在Active Directory树根目录中新建一个名称为“HQ”的OU，并对其进行管理，如图5-71所示。

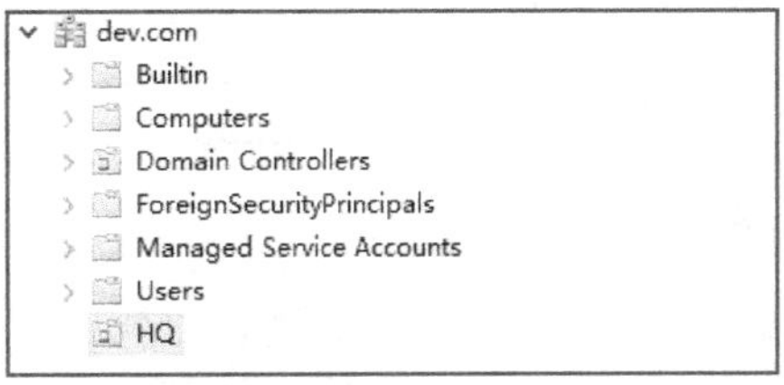

dev.com
Builtin
Computers
Domain Controllers
ForeignSecurityPrincipals
Managed Service Accounts
Users
HQ

图5-71 dev.com域目录树

1. 创建OU

创建一个OU对象的步骤如下。

（1）使用具有管理权限的账户登录到dev.com的域控制器，并打开“服务器管理器”窗口。

（2）选择“工具”→“Active Directory管理中心”选项，打开“Active Directory管理中心”窗口。

（3）在左侧中找到要创建对象的域，本例中是“dev.com”或，右击，在弹出的快捷菜单中选择“新建”→“组织单位”选项，如图5-72所示。

（4）打开“创建组织单位”窗口，设置“名称”为“HD”，勾选“防止意外删除”复选框，如图5-73所示。

（5）单击“确定”按钮，创建的HQ组织单位出现在对应的容器中，关闭“Active Directory管理中心”窗口。

在“Active Directory用户和计算机”窗口中创建一个OU的过程与前述大致相同，只是“新建对象-组织单位”对话框有些不同。右击创建的OU，在弹出的快捷菜单中选择“属性”选项，在弹出的属性对话框中修改它的属性；或者右击，在弹出的快捷菜单中选择“移动”选项，打开“移动”对话框，如图5-74所示。

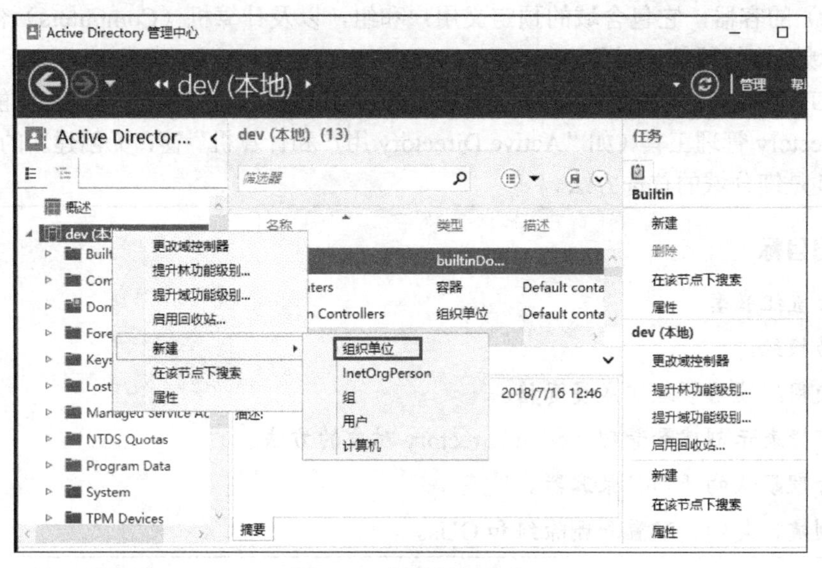

图5-72　新建组织单位

图5-73　“创建组织单位”窗口

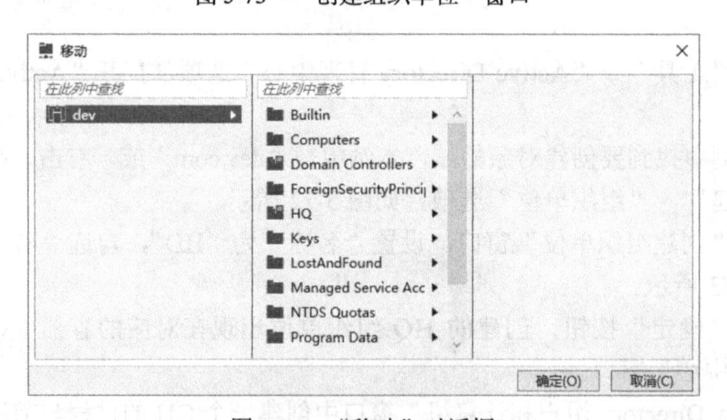

图5-74　“移动”对话框

2. 使用组织单位委派 Active Directory 管理任务

创建 OU 使用户能够实现了分布式管理，可以管理 AD DS 层次结构中的某一部分，而不影响其他部分的结构。

在站点级别委托权限会影响站点中的所有域和用户，在域级别委派权限会影响整个域。但是，在 OU 级别委派权限仅影响 OU 及其附属对象。授予 OU 结构的管理权限有如下优势。

① **全局管理员数量最小化：** 通过创建层次结构的管理级别使拥有全局权限的管理员数量最小化。

② **控制错误范围：** 如容器删除或组对象删除等管理错误发生时，仅能影响各自的 OU 结构。

控制委派向导提供了一个简单的界面，用户可以使用它来委派域、OU 和容器的权限。AD DS 有自己的权限系统，与 NTFS 和打印机非常类似。控制委派向导本质上是一个前台界面，它基于特定的管理任务创建复杂的权限组合。

控制委派向导界面允许用户指定要委派管理权限的用户或组，以及希望它们能够执行的特定任务。用户可以委派预设任务或创建更具体的自定义任务。

在本例中，用户事先在“HQ”OU 对象中创建了一个名称为“HQAdmin”的用户，并对其进行委派，其操作步骤如下。

（1）使用具有管理权限的账户登录到 dev.com 的域控制器，并打开“服务器管理器”窗口。

（2）打开“Active Directory 用户和计算机”窗口，选择需要委派的对象并右击，在弹出的快捷菜单中选择“委派控制”选项，如图 5-75 所示。

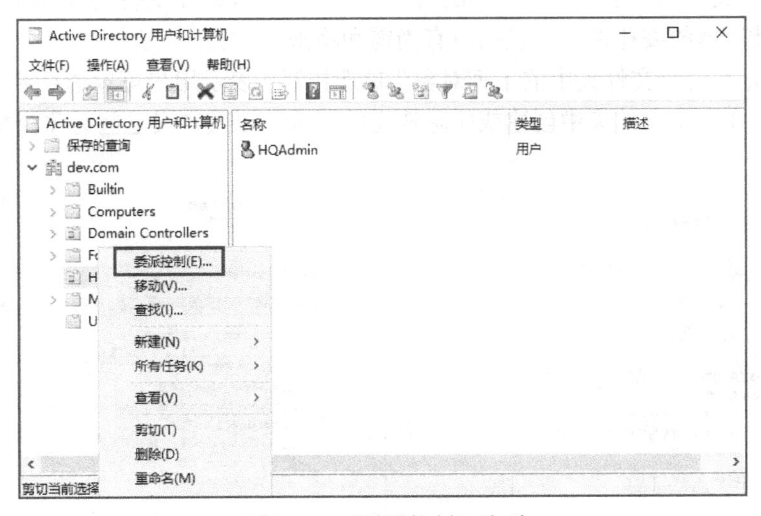

图 5-75 “委派控制”选项

（3）弹出“控制委派向导”对话框，单击“下一步”按钮，弹出“用户或组”对话框，单击“添加”按钮，弹出“选择用户、计算机或组”对话框，在“输入对象名称来选择”文本框中输入用户名“HQAdmin”，单击“确定”按钮，用户出现在“选定的用户和组”列表框，如图 5-76 所示。

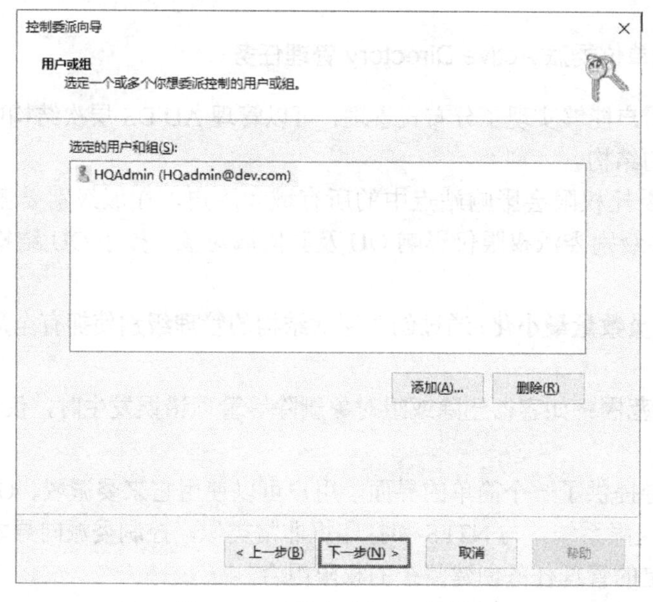

图 5-76 “用户或组”对话框

（4）单击“下一步”按钮，弹出“要委派的任务”对话框，其中有两个单选按钮，如图 5-77 所示。

① “委派下列常见任务”：表示用户可以从预设任务列表框中进行选择。

② “创建自定义任务去委派”：表示用户可以更具体定义任务委派。

（5）选中“创建自定义任务去委派”单选按钮，单击“下一步”按钮，弹出“Active Directory 对象类型选择”对话框，有如下两个单选按钮，如图 5-78 所示。

① “这个文件夹，这个文件夹中的对象，以及创建在这个文件夹中的新对象”单选按钮，表示对此容器的委托控制，包括所有当前和将来的对象。

② “只是在这个文件夹中的下列对象”单选按钮，表示用户可以选择要控制的特定对象。可以选择在这个文件夹中创建或删除选定的对象，以及定义这些对象类型。

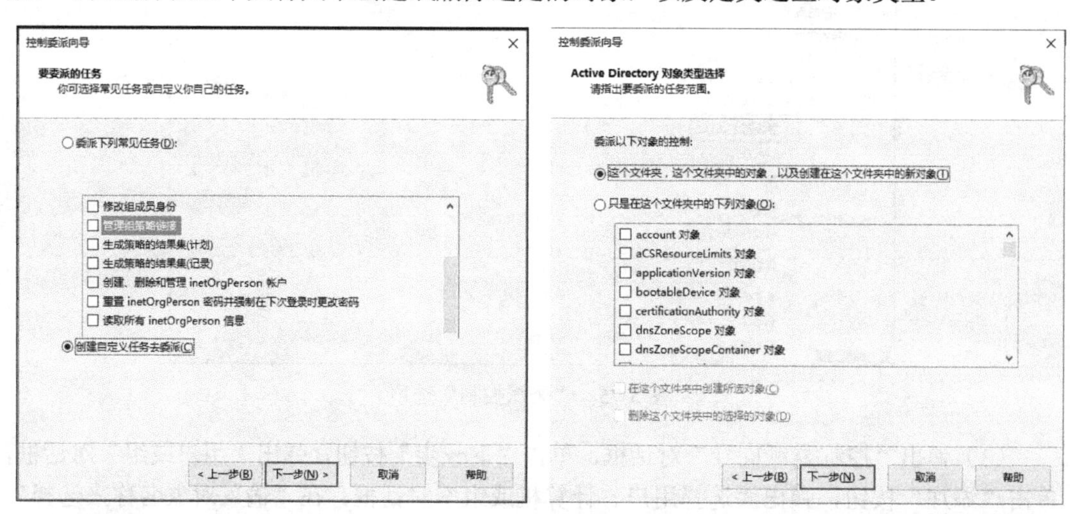

图 5-77 “要委派的任务”对话框　　图 5-78 “Active Directory 对象类型选择”对话框

（6）选中“这个文件夹，这个文件夹中的对象，以及创建在这个文件夹中的新对象”

单选按钮，单击“下一步”按钮，弹出“权限”对话框。用户可以依据委派控制的组或者用户在以下三类权限中进行选择。

① **“常规”**：显示一般权限，这些权限与对象属性的“安全”选项卡中显示的权限相同。

② **“特定权限”**显示适用于对象的特定属性或属性的权限。

③ **“特定子对象的创建/删除”**：显示适用于指定对象类型的创建和删除权限。

在此选择所有权限组合并赋予“HQAdmin”完全控制权限，如图5-79所示。

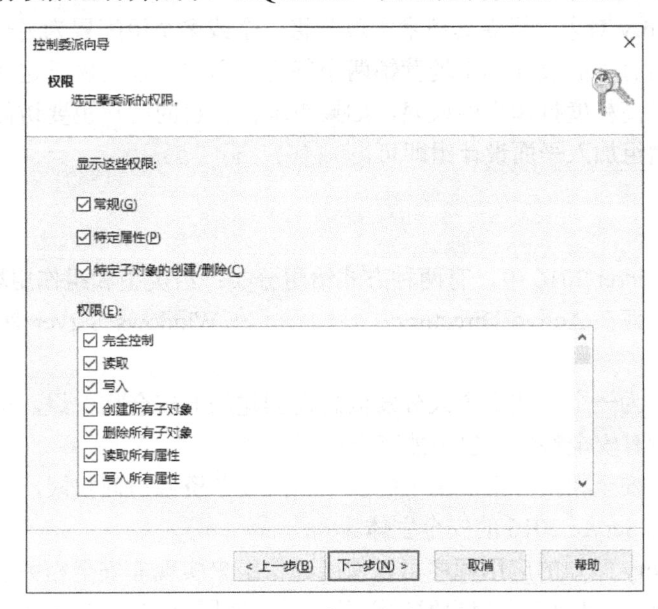

图5-79 “权限”对话框

（7）单击“下一步”按钮，弹出“你已成功地完成委派向导”提示对话框，单击“完成”按钮，委派控制完成。

在以上过程中，将Active Directory的中“HQ”这一OU的管理权限指派给了用户“HQAdmin”。用户可以使用“控制委派向导”委派授予权限，但不能使用它来修改或删除权限。如果要执行这些任务，必须使用AD DS对象的属性对话框中的“安全”选项卡来进行。

5.3.2 创建和管理组

在早期的微软服务器操作系统中，管理员已经可以使用组来管理网络权限了。组使管理员能够同时向多个用户分配权限。组可以定义为用户或计算机账户的集合，和用户账户一样充当安全主体。

在Windows Server 2016中，当用户登录到Active Directory时会创建访问一个令牌，该令牌标识了用户和该用户所属的组。当用户试图访问本地或网络资源时，域控制器使用此访问令牌来验证用户的权限。通过使用组，管理员可以同时授予多个用户对网络中资源的相同权限。例如，某部门中有50个用户需要访问网络打印机，管理员可以为每个用户分配访问打印机的权限，也可以创建一个包含50个用户的组，并向该组分配访问打印机的权限。通过组对象访问资源，可以实现以下操作。

① 当用户需要访问打印机时，将它们添加到组中。一旦添加，用户将获得分配给该组的所有权限。类似的，当需要撤销该用户对打印机的访问时，可以将用户从组中删除。

② 管理员只需进行一次修改，即可修改所有用户对打印机的访问级别。更改组的权限会更改所有组成员的权限级别。如果没有该组，则需要单独修改这 50 个用户账户，既费时又费力。

一个用户账号可以隶属于不同的组；而一个组的成员也不仅限于用户，组还可以包含其他 Active Directory 对象。组嵌套技术实现了将一个或多个组配置为另一个组的成员的功能。例如，某公司有平面设计和市场营销两个部门，用户分别隶属于这两个组。平面设计组的用户具备访问高精度打印机的权限，如果市场营销组的用户也要访问高精度打印机，只需要将市场营销组加入平面设计组即可。

1．组类型

在 Windows Server 2016 中，有两种方式给组分类：组类型和组作用域。

组类型定义如何在 Active Directory 中使用组，在 Windows Server 2016 中，组类型有以下两种。

（1）通信组：为一个人或多个人分发信息而创建的非安全相关组，用于群发邮件、视频会议等功能，没有安全特性，也不能赋予权限。

（2）安全组：安全相关的组，用于向多个用户授予资源访问权限，具备通信组的全部功能，是 Windows Server 2016 的安全主体。

Active Directory 感知的应用程序可以使用通信组来实现非安全相关的功能。例如，微软 Exchange 使用通信组向多个用户发送消息。只有使用 Active Directory 协同工作的应用程序才能以这种方式使用通信组。

将分配资源权限的组称为安全组。管理员将需要访问相同资源的多个用户添加到一个安全组中。并授予安全组访问资源的权限。一个组被创建之后，可以随时从安全组转换为通信组，也可以从通信组转换为安全组。

2．组作用域（组范围）

除了组类型，在 Active Directory 中还有多种组作用域（组范围）。Active Directory 域中可用的组范围包括本地域组、全局组和通用组。

（1）本地域组：包含用户账号、计算机账户、林中任意域的全局组、通用组、相同域中的本地域组。

本地域组可以使权限分配和维护更容易管理。

（2）全局组：包含用户账号、计算机账户、来自同一域的其他全局组。

用户可以使用全局组授予或拒绝对位于林中任意域中的任何资源的权限。用户可以通过将全局组添加到具有所需权限的本地域组中来实现这一功能。全局组的成员资格仅在同一域中的域控制器之间复制。可以根据需要更改全局组的成员，以向用户提供必要的资源权限。

（3）通用组：包含用户账号、计算机账户、林中任意域的全局组及其他通用组。

如果存在跨林信任关系，则通用组可以包含从可信林中的相似账户。通用组和全局组一样，可以根据用户的资源访问需求来组织用户。通过使用本地域组，可以访问位于林中任意域的资源。

用户还可以使用通用组来合并跨越多个域或跨越整个林的组和账户。在使用通用组时应当注意，通用组中的组成员资格不应频繁更改，因为通用组存储在全局编录中。通用组成员列表的更改将被复制到整个林中所有的全局编录服务器。如果频繁发生变更，复制过程会消耗大量的带宽。

3. 创建组

在“Active Directory 管理中心”或“Active Directory 用户和计算机”窗口中创建组的过程与创建 OU 的过程几乎相同。创建组时，必须为组对象指定名称。可以使用最多 64 个字符的名称，并且名称在域中必须是唯一的。除此之外，必须选择组类型和组作用域。例如，在“Active Directory 管理中心”窗口中的“HQ”OU 中创建了一个名称为“Markets”的组，它的组类型为安全组、组作用域为全局组，如图 5-80 所示。

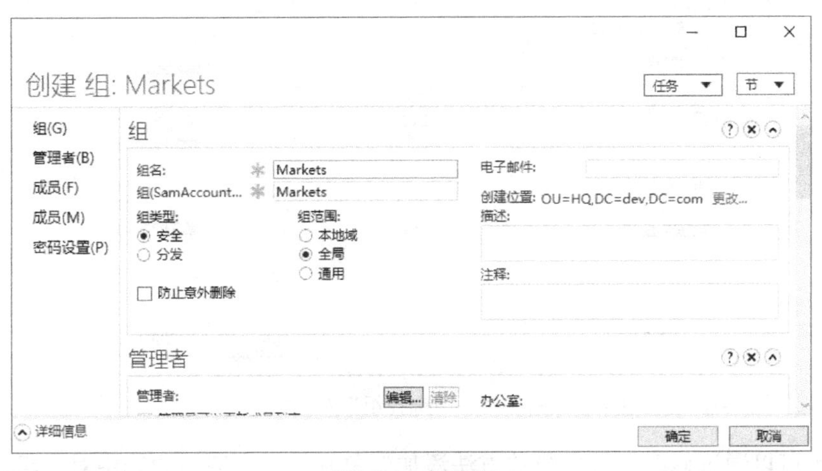

图 5-80 创建组

4. 管理组成员

在“Active Directory 管理中心”窗口中，允许用户在创建组时指定组成员，而在“Active Directory 用户和计算机”窗口中，必须先创建组对象，才能向它添加成员。若要将对象添加到组中，需要在窗口中选中该对象并右击，在弹出的快捷菜单中选择“添加到组”选项。以下操作演示如何将用户“User01”添加到“Markets”组中。

（1）打开“Active Directory 用户和计算机”窗口，选中需要操作的用户对象，右击该对象，在弹出的快捷菜单中选择“添加到组”选项，如图 5-81 所示。

（2）弹出“选择组”对话框，输入组的名称，单击“检查名称”按钮，完整组名会显示在文本框中，如图 5-82 所示。

（3）确认组名称无误后，单击“确定”按钮，弹出“已成功完成‘添加到组’的操作。”提示信息，表示成功将“User01”用户添加到“Markets”组中。

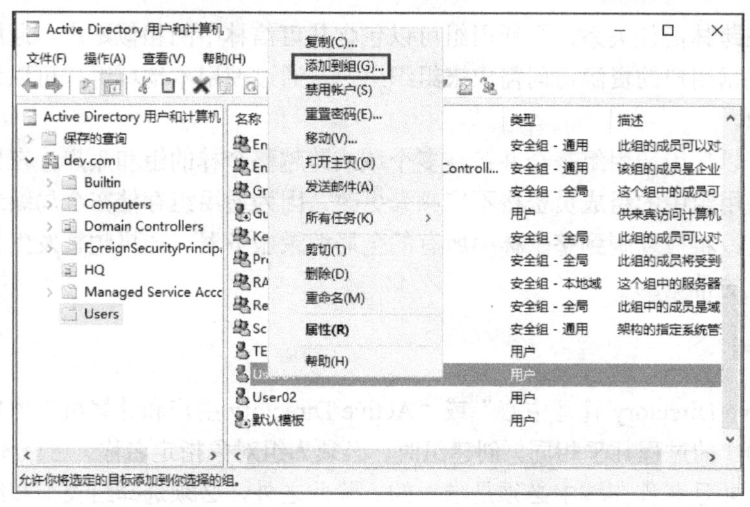

图 5-81　添加用户到组

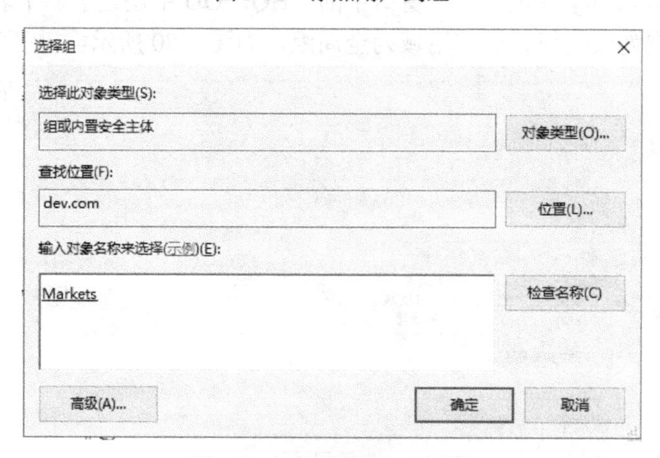

图 5-82　“选择组”对话框

用户也可以通过修改组的成员的方法添加对象到组，在窗口中选中对应组，选择“操作”→“属性”选项，弹出组的属性对话框，选择“成员”选项卡，单击“添加”按钮，即完成添加。以下操作演示如何将“User02”添加到“Markets”组。

（1）打开“Active Directory 用户和计算机”窗口，选中要操作的组对象“Markets”并右击，在弹出的快捷菜单中选择“属性”选项，如图 5-83 所示。

（2）弹出“Markets 属性”对话框，选择“成员”选项卡，如图 5-84 所示。

（3）单击“添加”按钮，弹出“选择用户、联系人、计算机、服务账户或组”对话框，输入成员对象名称，如“User02”，单击“检查名称”按钮，确认无误后，单击“确定”按钮，如图 5-85 所示。

（4）再次查看“Markets 属性”对话框，可以看到，用户“User02”已经是“Markets”组中的成员了，如图 5-86 所示。

在“成员”选项卡中，不仅可以将对象添加到组中，还可以将其他组对象添加到组中。

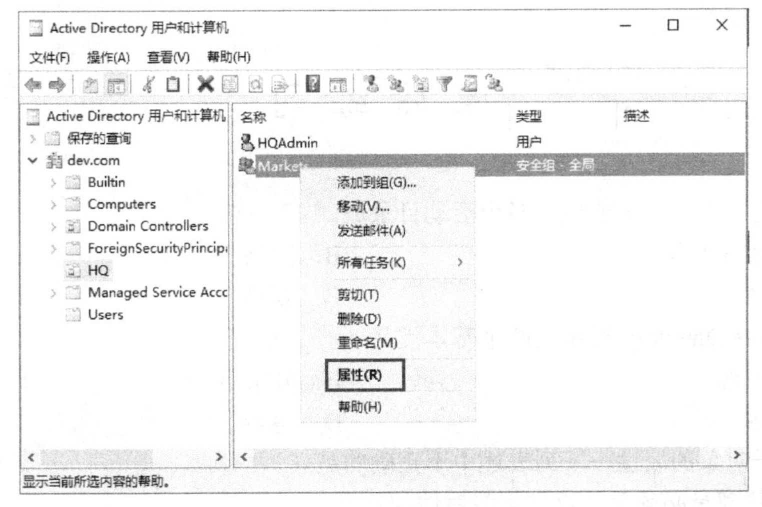

图 5-83　选择“属性”选项

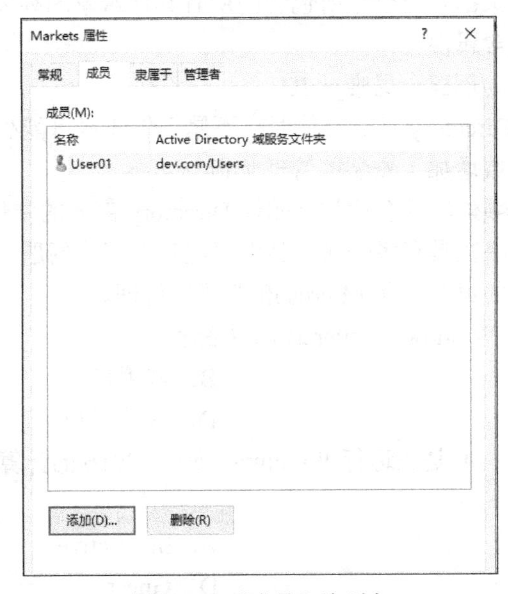

图 5-84　“成员”选项卡

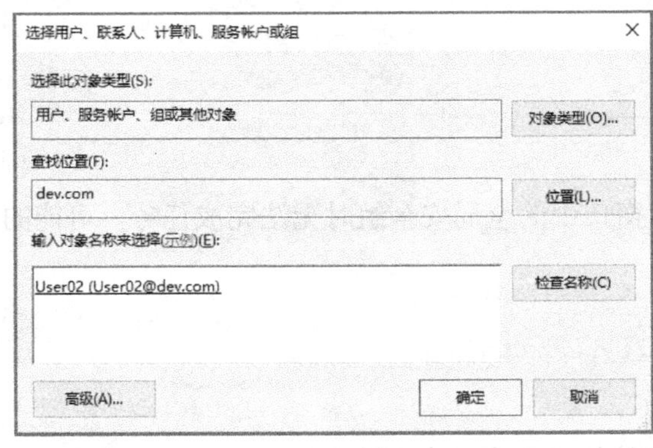

图 5-85　“选择用户、联系人、计算机、服务账户或组”对话框

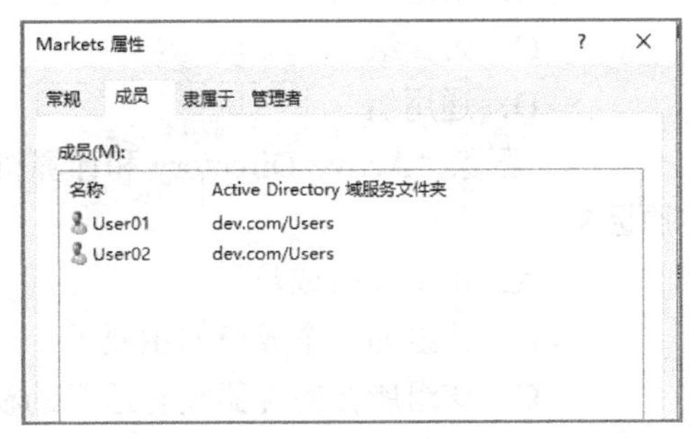

图 5-86　再次查看“成员”选项卡

课 后 练 习

（1）下列（　　）不能包含多个活动目录域。

A．组织单位　　B．网站

C．树　　D．森林

（2）Active Directory 对象的两个基本类是（　　）。

A．资源　　B．叶节点

C．域　　D．容器

（3）关于对象的属性，下列表述中不正确的是（　　）。

A．管理员必须手动提供某些属性的信息

B．每个容器对象都有一个它所包含的所有其他对象的列表作为属性

C．叶对象不包含属性

D．活动目录自动创建全局唯一 ID

（4）在设计 Active Directory 基础结构时，不属于创建尽可能少的域的原因是（　　）。

A．创建额外的域增加了安装的管理负担

B．创建的每个额外域都会增加 Active Directory 部署的硬件成本

C．一些应用程序在具有多个域的林中可能存在工作问题

D．必须为创建的每个域从 Microsoft 购买许可证。

（5）（　　）不能在 Windows Server 2016 中配置。

A．本地用户　　B．域用户

C．网络用户　　D．内置用户

（6）（　　）和（　　）是在运行 Windows Server 2016 的计算机上自动创建的内置用户账户。

A．Network　　B．Interactive

C．Administrator　　D．Guest

（7）使用（　　）组来合并跨越多个域或整个林的组和账户。

A．全局组

B．本地域组

C．内置组

D．通用组

（8）删除“Active Directory 和计算机”窗口中的全局安全组时无法完成任务，可能的原因是（　　）。

A．组中还有成员

B．该组为一个成员的主要组。

C．该组所在的容器没有适当的权限

D．不能从“Active Directory 用户和计算机”窗口中删除全局组

课 后 实 践

（1）将一台 Windows Server 2016 主机配置为林中的第一台域控制器，计算机名为 DC1，域名为 dev.com，IP 地址自定义，建立一个域用户。

（2）将 DC2 配置为额外的域控制器，在额外域控制器上创建一个新账号。关闭主域控制器 DC1，尝试是否可以登录域。

（3）创建子域 sub.dev.com，用父域的用户测试是否能登录子域客户机；测试是否能用子域账户登录父域客户机。

（4）创建另一个域 devision.com，域控制器名称为 SRV1，并建立与 dev.com 之间的双向可传递的林信任关系。

（5）建立组织单位 Markets，并建立用户 MA_admin，委派 MA_admin 对 Markets 的管理。

项目 6

创建和管理组策略

组策略是一种对网络中的计算机进行控制和部署操作系统的机制。组策略包括各种 Windows 操作系统的计算机和用户设置，在计算机启动和关闭或在用户登录和注销时实现这些设置。用户可以配置一个或多个组策略对象（Group Policy Object，GPO），并使用一个称为链接的进程将它们与特定的 Active Directory 域服务对象关联起来。

当用户将 GPO 链接到容器对象时，该容器中的所有对象都会应用 GPO 中配置的设置。用户可以将多个 GPO 链接到单个 AD DS 容器，或者将整个 GPO 链接到整个 AD DS 层次结构的多个容器。

学习目标

- 理解组策略对象。
- 管理启动组策略对象。
- 配置 GPO 链接。
- 配置多个本地组策略。
- 配置安全过滤。

6.1 创建组策略对象

虽然被称为组策略，但是策略并不能直接链接到组。组策略还可以链接到站点、域和组织单位，以便将这些设置应用于 AD DS 容器的所有用户和计算机中。

然而，安全过滤的技术使用户可以选择性地将 GPO 设置为仅应用于容器中的一个或多个用户或组中，即向容器中的某一个或多个用户或安全组授予组策略权限。

组策略使管理员管理网络的效率极大地提高，组策略有助于实现集中管理。使用组策略管理网络有以下优点。

（1）管理员可以集中对用户设置、应用程序安装和桌面配置进行控制。

（2）对用户文件的集中管理减少了从损坏的单个驱动器恢复文件的成本。

（3）通过组策略快速部署新设置取代了在每台计算机中手动安全更新。

6.1.1 理解组策略对象

组策略对象包含管理员希望部署到站点、域或 OU 中的用户和计算机对象的所有组策略设置。要部署 GPO，管理员必须将其与部署的 GPO 关联起来。这种关联是通过将 GPO 链接到所需的 AD DS 对象来实现的。组策略的管理任务包括创建 GPO、指定它们存储的位置及管理 AD DS 链接。

有三种类型的组策略对象：本地组策略对象、非本地组策略对象和 Starter 组策略对象。

1. 本地组策略对象

所有 Windows 操作系统都支持本地 GPO，有时也被称为 LGPO。从 Windows Server 2008 R2 和 Windows Vista 开始，Windows 可以支持多个本地 GPO。这使用户可以为管理员指定不同的本地 GPO，也能为工作站上配置的一个或多个本地用户创建特定的 GPO 设置。这对于公共场所的计算机特别有意义，因为它们不是 Active Directory 基础设施的一部分。早期的 Windows 版本只支持一个本地 GPO，并且本地 GPO 中的设置会应用于登录到计算机的所有用户。

本地 GPO 包含的选项比域 GPO 少。它们不支持文件夹重定向或组策略软件安装。可用的安全设置也更少。当本地和非本地（基于 Active Directory 的）GPO 有冲突的设置时，非本地 GPO 设置覆盖本地 GPO 设置。

2. 非本地组策略对象

非本地组策略对象在 AD DS 中创建，并链接到站点、域和 OU。一旦链接到容器，默认情况下，GPO 中的设置将应用于该容器的所有用户和计算机中。

3. Starter 组策略对象

Starter GPO 最早是在 Windows Server 2008 中引入的。Starter GPO 本质上是基于标准设置集合创建域 GPO 的模板。当用户从 Starter GPO 创建新 GPO 时，所有初始策略都会自动复制到新的 GPO 中并作为默认设置。

6.1.2 使用组策略管理控制台

组策略管理控制台是微软管理控制台（MMC）的管理单元，管理员可以使用它来创建 GPO 并将其部署到 AD DS 对象上。组策略管理编辑器是一个单独的管理单元，可以打开 GPO 并使用户修改其设置。

用户可以依据不同的目标采用不同方法使用这两种工具。用户可以先创建 GPO，再将其链接到域、站点或 OU，或者一步完成创建和链接 GPO 的工作。Windows Server 2016 在添加 AD DS 角色时会自动安装组策略管理功能，用户也可以通过使用服务器管理器中的“添加角色和功能向导”，在成员服务器上手动安装该功能，该功能包含在 Windows 工作站的远程服务器管理工具包中。

1. 创建和链接非本地 GPO

如果用户不改变原有的默认 GPO，则部署自定义组策略设置的第一步是创建一个或多个新 GPO，并将它们链接到适当的 AD DS 对象上。

以下介绍如何使用组策略管理控制台创建新的 GPO，并将其链接到 AD DS 的 OU 对象上。这里，将创建一个新的 GPO，并链接到“HQ”OU。

（1）使用域管理员账户登录到运行着 Windows Server 2016 的域控制器，打开“服务器管理器”窗口。

（2）选择“工具”→“组策略管理”选项，打开“组策略管理”窗口，如图 6-1 所示。

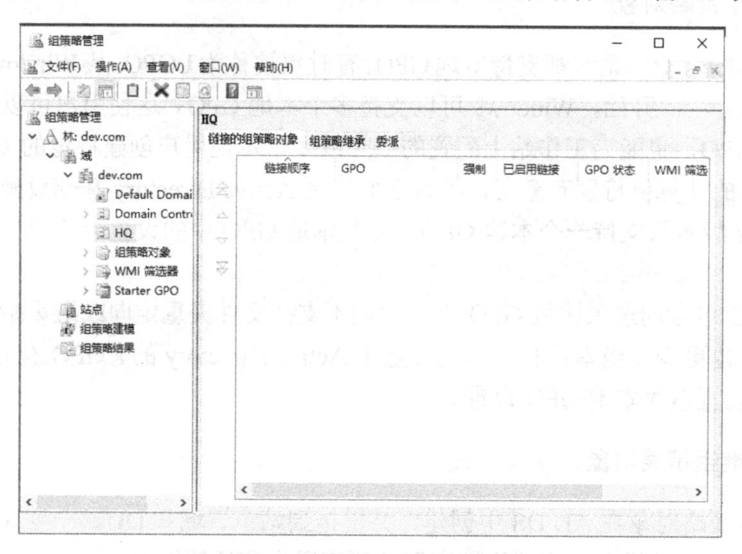

图 6-1 “组策略管理”窗口

（3）展开林容器和域容器，选择“组策略对象”文件夹，当前域中的 GPO 显示在“内容”选项卡中，如图 6-2 所示。

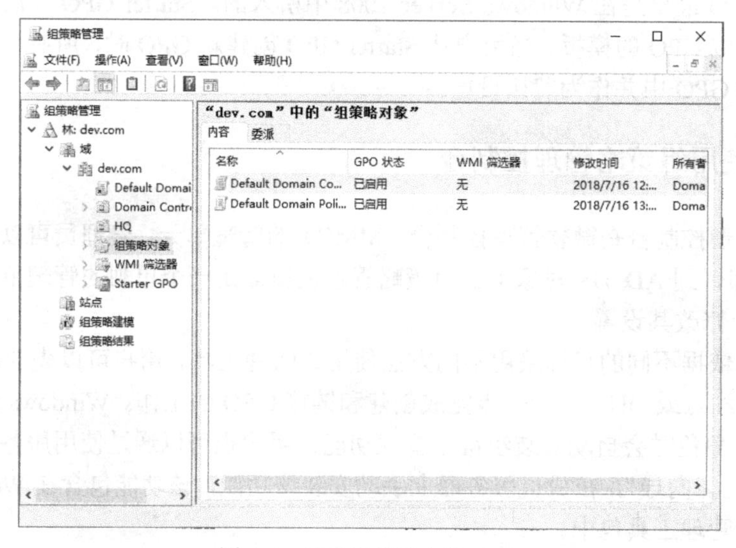

图 6-2 显示当前域中的 GPO

（4）右击“组策略对象”节点，在弹出的快捷菜单中选择“新建”选项，弹出“新建 GPO”对话框，如图 6-3 所示。

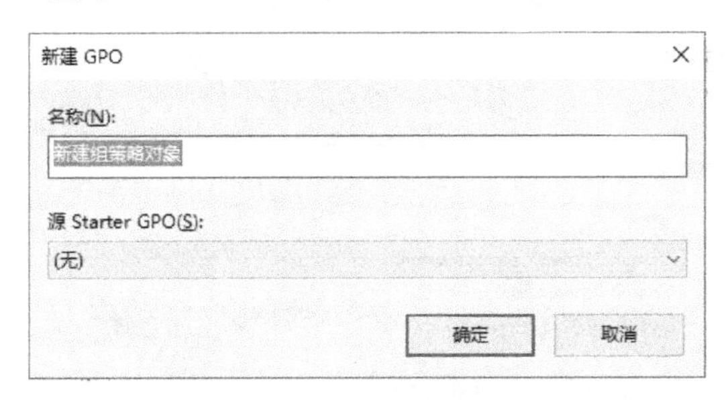

图 6-3　“新建 GPO”对话框

（5）在“名称”文本框中输入新 GPO 的名称“HQ-NEW-GPO”，单击“确定”按钮，新的 GPO 将会出现在“内容”选项卡中，如图 6-4 所示。

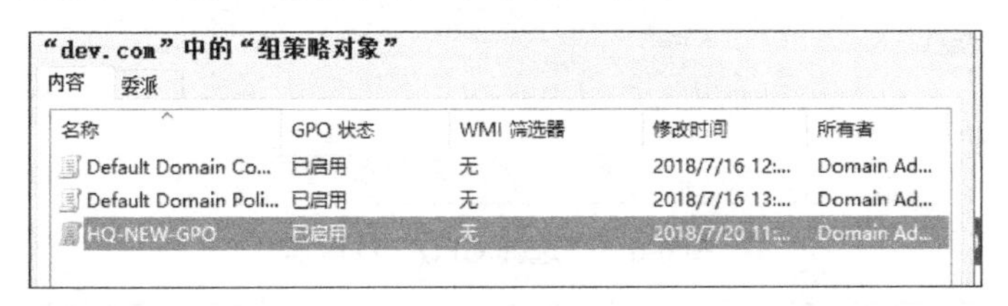

图 6-4　查看新建的 GPO

（6）在左侧窗格中右击想要链接 GPO 的域、站点或者 OU 对象（此处选择“HQ”OU），在弹出的快捷菜单中选择“链接现有 GPO”选项，如图 6-5 所示。

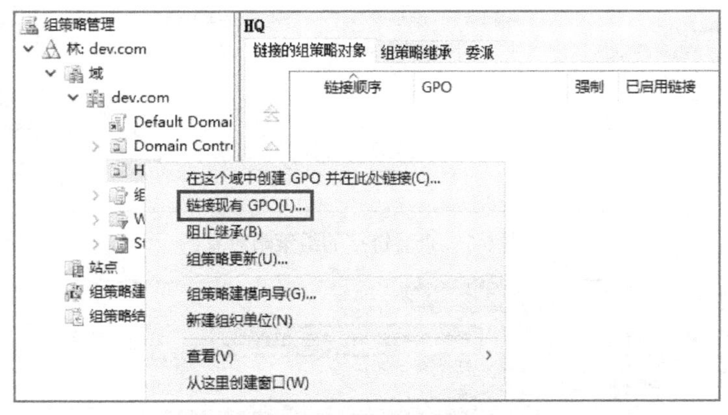

图 6-5　选择“链接现有 GPO”选项

（7）弹出“选择 GPO”对话框，选择新建的 GPO，单击“确定”按钮，如图 6-6 所示。

（8）此时，可以发现 GPO 已经出现在“HQ”OU 的“链接的组策略对象”选项卡中，如图 6-7 所示。

用户还可以创建并链接 GPO 到 Active Directory 容器，其过程是右击对象，并在弹出的快捷菜单中选择“在这个域中创建 GPO 并在此处链接”选项，如图 6-8 所示。

如果将 GPO 链接到域对象上，则将组策略应用到域中的所有用户和计算机上。如果将 GPO 链接到包含多个域的站点上，则将组策略应用到所有域及其子对象上，这个过程称为

GPO 继承。

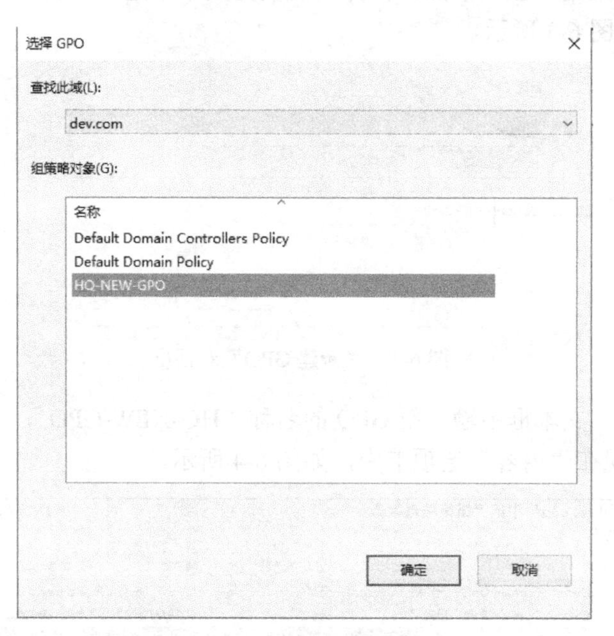

图 6-6 “选择 GPO”对话框

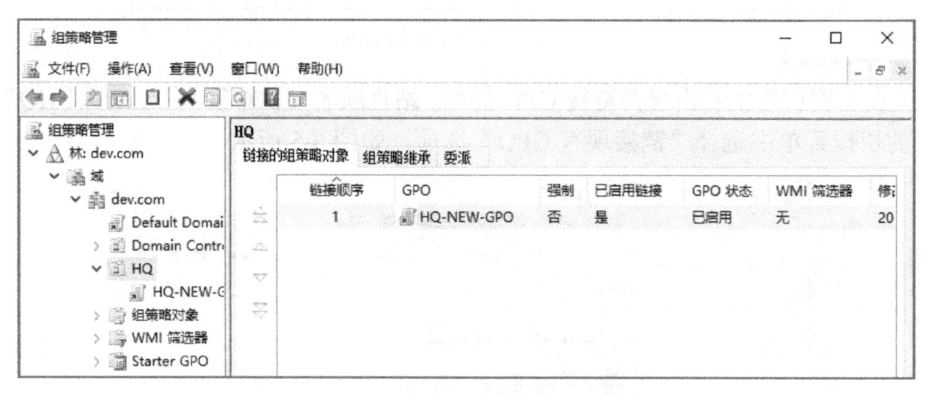

图 6-7 查看链接的组策略对象

图 6-8 “选择在这个域中创建 GPO 并在此处链接”选项

2. 使用安全筛选

将 GPO 链接到容器会导致容器中的所有用户和计算机默认应用 GPO 设置。

确切地说，系统将许可授予认证用户特殊身份，认证用户包括容器中的所有用户和计算机。然而，通过一种称为安全筛选的技术，用户可以修改默认权限分配，让某些特定的用户和计算机应用 GPO 中的设置。

如果需要修改 GPO 的默认安全筛选配置，如只将 GPO 权限分配给用户 User01，则可以参照以下步骤。

（1）在“组策略管理”窗口左侧窗格中选择对应的 GPO。

（2）在“安全筛选”用户中，可以看到，默认情况下，GPO 的内置设置已经应用了认证用户（Authenticated Users），这包括链接容器中的所有组、用户和计算机。

（3）用户可以通过单击“添加”和“删除”按钮将认证用户替换为特定的组、用户和计算机。在此选择“Authenticated Users”，单击“删除”按钮，如图 6-9 所示，弹出警告对话框，单击“确定”按钮。

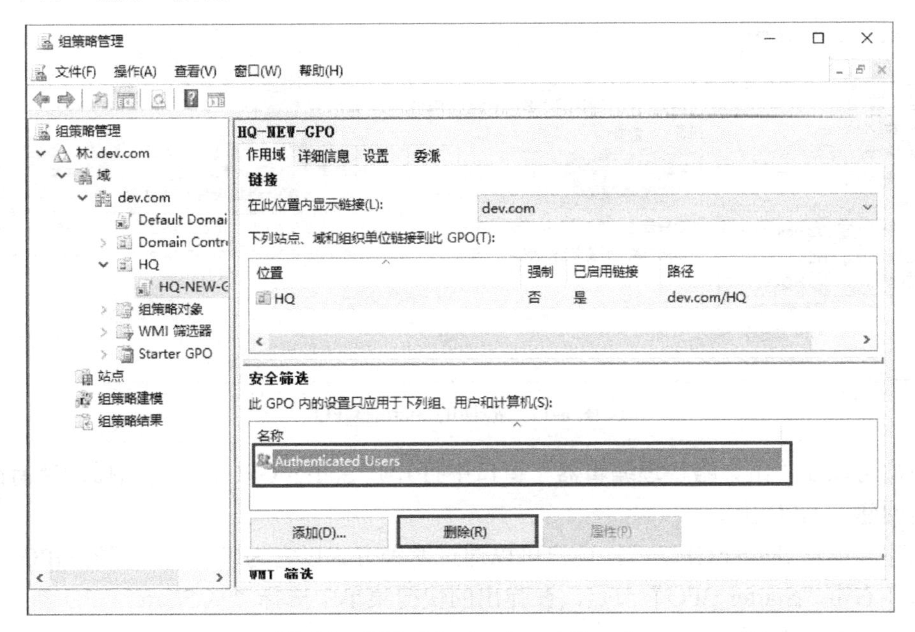

图 6-9 删除“Authenticated Users”

（4）返回窗口，单击“添加”按钮，在打开的对话框中，输入要选择的对象名称“User01”，单击“确定”按钮，如图 6-10 所示。

选择用户、计算机或组

选择此对象类型(S):

用户、组或内置安全主体 对象类型(O)...

查找位置(F):

dev.com 位置(L)...

输入要选择的对象名称(例如)(E):

User01 检查名称(C)

高级(A)... 确定 取消

图 6-10 “选择用户、计算机或组”对话框

（5）返回窗口，在“安全筛选”窗格中可以看到新定义的“User01”。与 GPO 链接的容器中的用户和计算机，只有在“安全筛选”窗格中被选中时才会应用 GPO 设置。

3. 管理 Starter GPO

Starter GPO 基本上是模板，用户可以使用这些模板创建由相同的基线设置的多个 GPO 管理模板。在“组策略管理”中，右击“Starter GPO”节点，在弹出的快捷菜单中选择“新建”选项，创建空白 Starter GPO，填写好 Starter GPO 的名称和注释（可选）后，新建的 Starter GPO 将会出现在 Starter GPO 文件夹中，如图 6-11 所示。

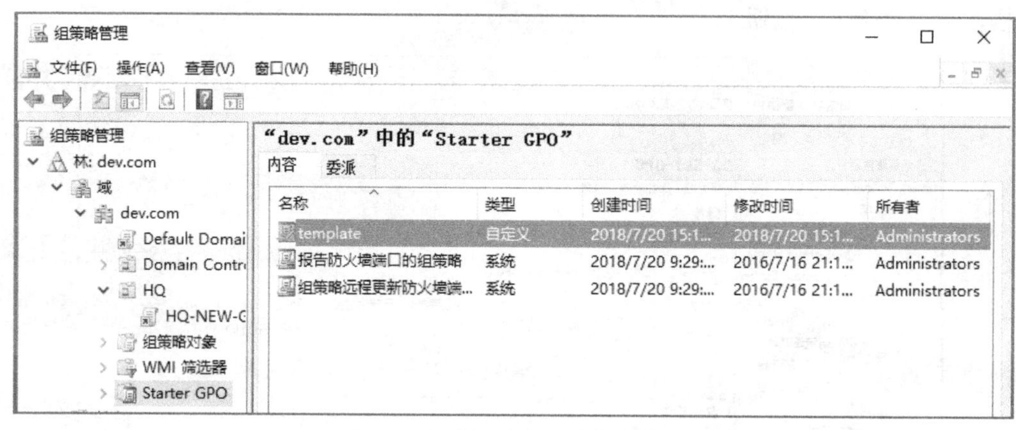

图 6-11　添加的 Starter GPO

用户可以在“组策略管理编辑器”窗口中打开此 Starter GPO，并将所做的所有配置移植到新创建的 GPO 上。

创建和编辑 Starter GPO 后，用户可以通过两种方式以它为模板创建新的 GPO。

（1）右击“Starter GPO”节点，在弹出的快捷菜单中选择“从 Starter GPO 新建 GPO”选项，如图 6-12 所示。

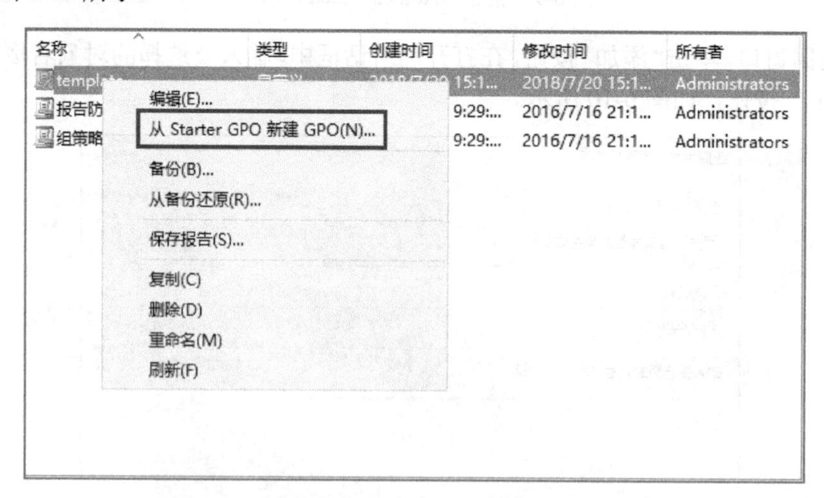

图 6-12　选择“从 Starter GPO 新建 GPO”选项

（2）用户也可以创建一个新的 GPO，在“新建 GPO”对话框中，在“源 Starter GPO”下拉列表中选择需要应用的 Starter GPO，如图 6-13 所示。

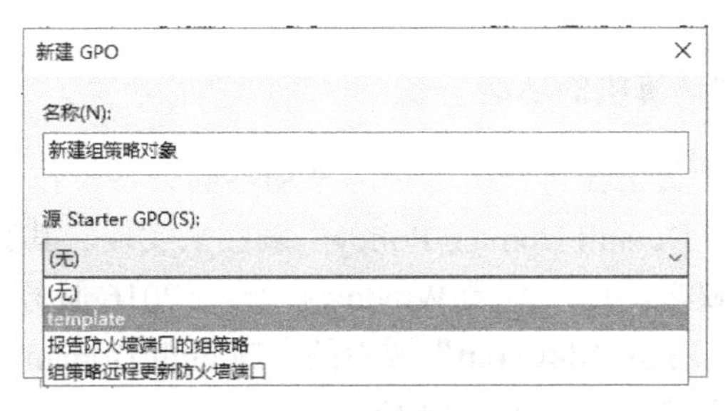

图 6-13　选择要应用的源 Starter GPO

6.1.3　配置组策略设置

组策略设置让用户能够自定义桌面、环境和安全设置。设置分为两个子类：计算机配置和用户配置。子类被称为组策略节点，只针对计算机配置和用户配置。

组策略节点提供了一种根据应用程序来组织设置的方法。在 GPO 中定义的设置可以应用于客户端计算机、用户或成员服务器和域控制器。设置的应用取决于链接 GPO 的容器。默认情况下，链接 GPO 的容器内的所有对象都受到 GPO 设置的影响。

计算机配置和用户配置节点包含三个子节点及其扩展，这些子节点进一步组织可用的组策略设置。在计算机配置和用户配置节点内，有如下子节点。

软件设置：位于计算机配置节点之下的“软件设置”包含适用于使用 GPO 影响的任何计算机登录到域的所有用户的软件安装设置。位于“用户配置”节点之下的软件设置包含应用于组策略指定的所有用户的软件安装设置。

Windows 设置：位于“计算机配置”节点下的 Windows 设置包含安全设置和脚本，这些设置和脚本适用于从特定计算机登录 AD DS 的所有用户。位于“用户配置”节点下的 Windows 设置包含与应用于特定用户的文件夹重定向、安全设置和脚本相关的设置。

管理模板：Windows Server 2016 包括数以千计的管理模板策略，其中包含所有基于注册表的策略设置。管理模板是具有.admx 扩展名的文件，它们用于生成可以通过使用组策略管理器进行设置和管理的用户界面。

要使用管理模板进行设置，必须了解每个策略设置的三种不同状态。

未配置：策略的结果不会发生注册表默认状态的修改。未配置的是大多数 GPO 设置的默认设置。当系统用未配置的设置处理 GPO 时，受该设置影响的注册表项不会被修改或覆盖，无论其当前值如何。

启用：策略功能在注册表中显示激活，无论其先前状态如何。

禁用：策略功能在注册表中显示停用，无论其先前状态如何。

当用户使用组策略继承和配置多个 GPO 时，理解这些状态是非常重要的。如果默认情况下注册表中的策略设置被禁用，而一个具有较低优先级的 GPO 明确地启用了该设置，若用户想保持它的默认状态，则必须配置更高优先级的 GPO 以禁用设置。如果只是配置“未配置”状态，则不会更改启用状态。

下面将通过两个实例来分别介绍计算机策略和用户策略配置的设置。需要注意的是，在组策略应用中，计算机策略是优于用户策略的，如果组策略间存在设置冲突，则后应用的组策略会生效。

1．利用组策略限制计算机的功能

这里，用户需要禁止员工在客户机上使用移动存储设备，作用范围为整个域，所以可以考虑在域级别下修改“Default Domain Policy”属性来实现。其具体操作步骤如下。

（1）使用具备管理权限的用户登录 Windows Server 2016 服务器，打开“组策略管理”窗口，展开“域”节点，右击“dev.com”域中的“Default Domain Policy”节点，在弹出的快捷菜单中选择“编辑”选项，如图 6-14 所示。

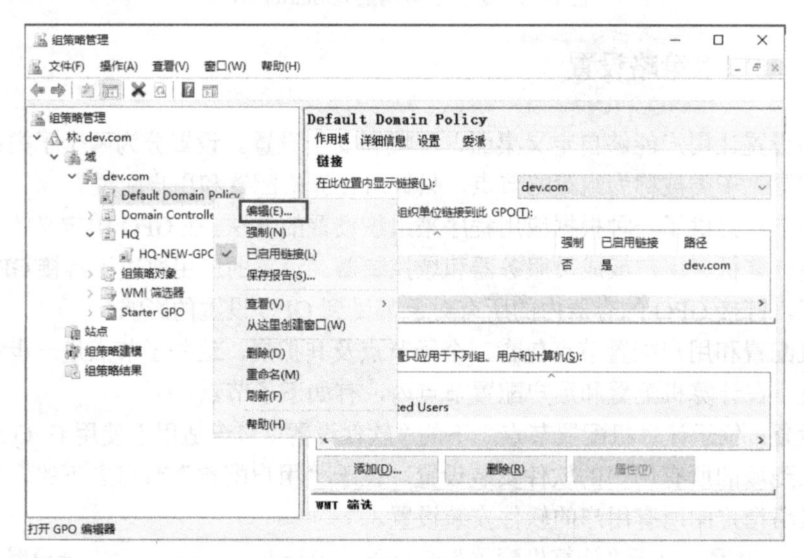

图 6-14　选择“编辑”选项

（2）打开“组策略管理编辑器”窗口，依次展开“计算机配置”→“策略”→“管理模板”→“系统”节点，选择“可移动存储访问”节点，双击右侧窗格中的“所有可移动存储类：拒绝所有权限”选项，将此策略启用，如图 6-15 所示。

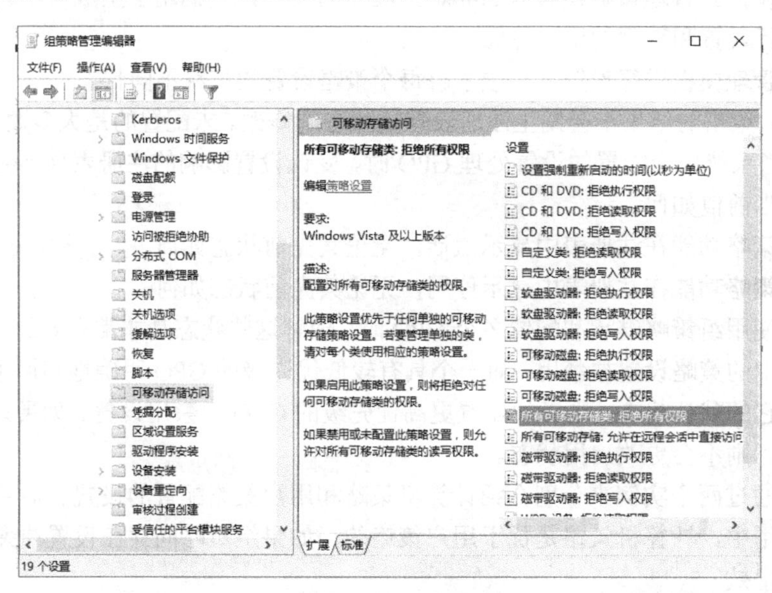

图 6-15　启用组策略

（3）如果希望组策略立即生效，则用户可以使用“gpupdate /force”命令，即在命令行窗口中，输入该命令，即可执行组策略更新操作。

（4）由于计算机配置在计算机启动时才应用，所以可以重新启动域客户机使组策略生效。当计算机重启之后，插入可移动存储设备（如 U 盘），此时系统会发现这个设备，但是无法访问它，如图 6-16 所示。

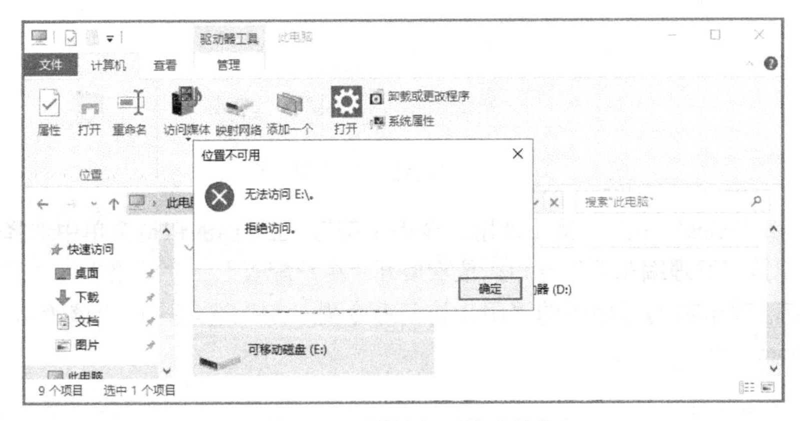

图 6-16 无法访问可移动设备

2. 利用组策略限制用户的功能

这里，公司禁止市场部员工在系统中使用“命令提示符”，所以创建一个新的组策略对象并链接到市场部“Sales”OU 中，在用户策略中禁止使用“命令提示符”，这样只有组策略对象链接的 OU 中的用户会受到限制，其他用户并不受此限制。

（1）使用具备管理权限的用户登录 Windows Server 2016 服务器，选择“工具”→“组策略管理”选项，打开“组策略管理”窗口，展开“域”节点，右击“dev.com”域中的“Sales”节点，在弹出的快捷菜单中选择“在这个域中创建 GPO 并在此处链接”选项，如图 6-17 所示。

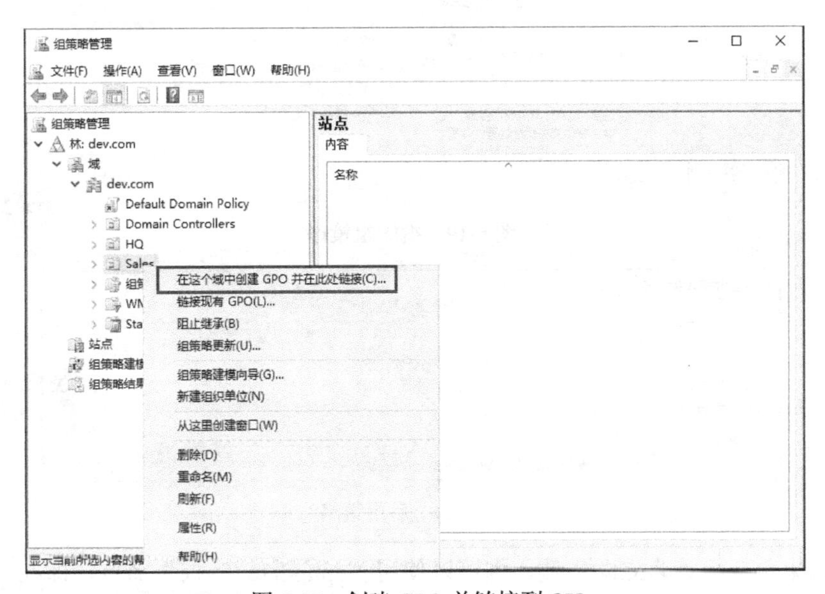

图 6-17 创建 GPO 并链接到 OU

（2）弹出“新建 GPO”对话框，输入 GPO 的名称“禁止使用命令提示符”，单击“确定”按钮，如图 6-18 所示。

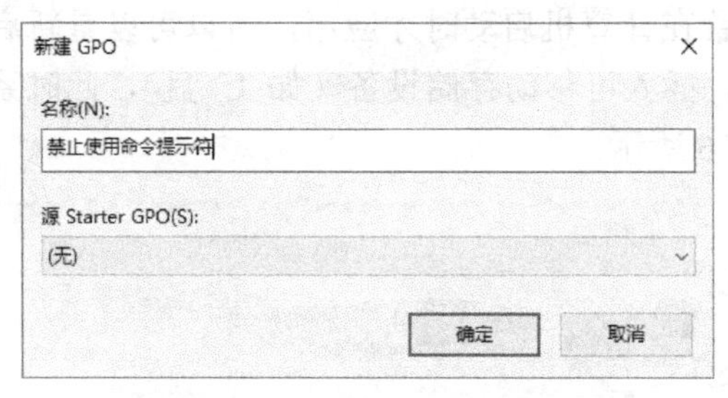

图 6-18　“新建 GPO”对话框

（3）右击“Sales”中的“禁止使用命令提示符”，在弹出的快捷菜单中选择“编辑”选项，打开“组策略管理编辑器”窗口，依次展开“用户配置”→“策略”→“管理模板”→“系统”节点，双击右侧窗格中的“阻止访问命令提示符”选项，启用该策略，如图 6-19 和图 6-20 所示。

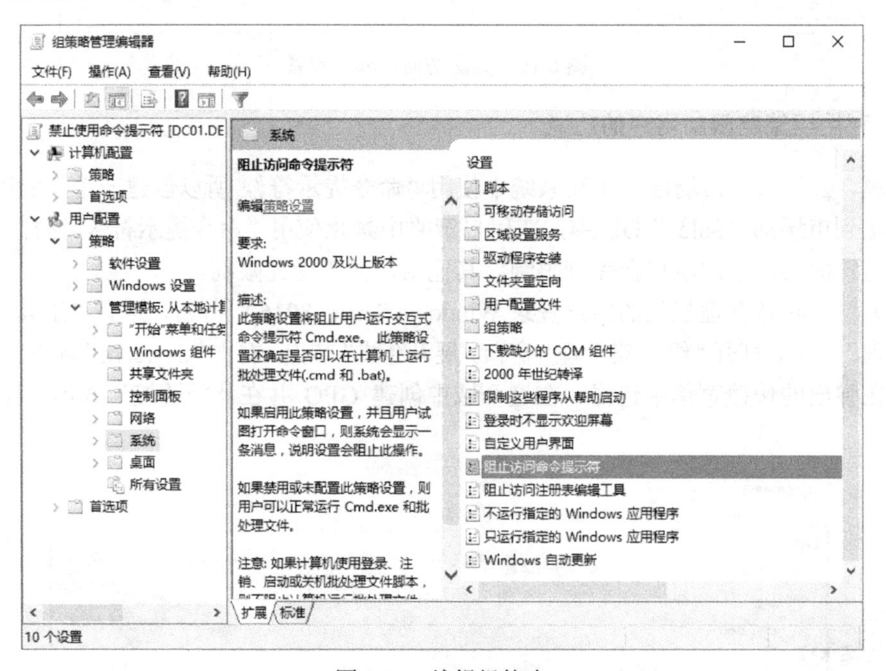

图 6-19　编辑组策略

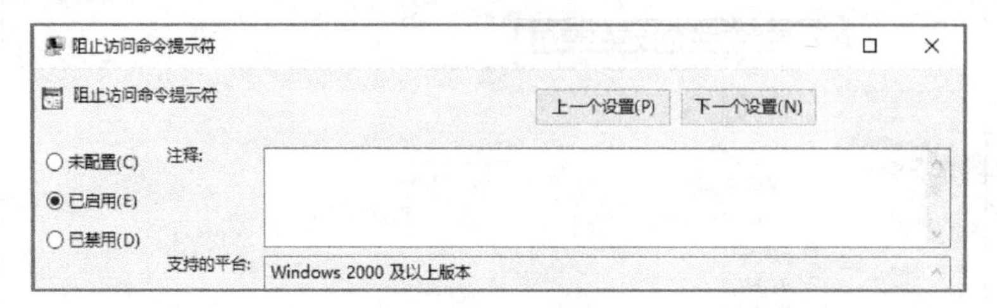

图 6-20　启用策略

（4）如果希望组策略立即生效，则可以使用“gpupdate /force”命令，即在命令行窗口中输入该命令，即可执行组策略更新操作。

（5）在域客户机上使用“Sales”OU 中的“sales01”用户登录服务器，在“运行”对话框的“打开”文本框中输入“cmd”，会提示“命令提示符已被系统管理员停用。”，如图 6-21 所示。

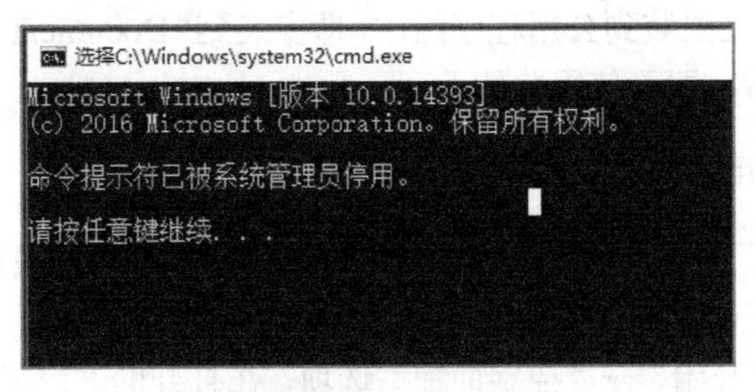

图 6-21　提示信息

6.2　配置组策略实现软件部署

可以利用 Active Directory 的组策略功能为公司的计算机部署软件。在规模比较大的网络环境中，为了降低系统管理过程中逐台给每个客户端安装、更新软件的工作量，可以利用 Active Directory 的组策略对公司内部网络计算机软件进行部署、升级等。

学习目标

- 软件部署概述。
- 创建软件分发点。
- 计算机分配软件。
- 用户分配软件。
- 发布软件给用户。

6.2.1　软件部署概述

1. 将软件分配给用户

当将一个软件通过 GPO 指派给域中的用户后，则用户在域中的任何一台计算机登录时，此软件都会被“通告”给用户，但此软件并没有真正被安装，而只是安装了与软件有关的部分信息。只有在以下两种情况下，软件才会被自动安装。

开始运行此软件：例如，用户登录后，选择“开始”→“所有程序”选项，选择此软件的安装选项，或者双击桌面上的快捷方式，即可自动安装此软件。

利用“文件启动”功能：假设被“通告”的程序为 Microsoft Excel，当用户登录后，其计算机会自动将扩展名为.xls 的文件与 Microsoft Excel 关联在一起。此时，用户只要双击扩展名为.xls 的文件，系统就会自动安装 Microsoft Excel。

2．将软件分配给计算机

当将一个软件通过 GPO 指派给域中的计算机后，在这些计算机启动时，此软件会自动安装在这些计算机中，且安装到公用程序组中，即安装到“Documents and Settings\All Users”文件夹中。用户登录后，即可使用此软件。

3．将软件发布给用户

当将一个软件通过 GPO 发布给域中的用户后，此软件不会自动安装到用户的计算机内，用户需要通过以下两种方式来安装这个软件。

执行操作：选择“开始”→“控制面板”选项，在打开的“控制面板”窗口中选择“添加或删除程序”→“添加程序”选项，选择要安装的程序即可。

利用“文件启动”功能：假设被发布的软件为 Microsoft Excel，虽然在 Active Directory 内会自动将扩展名为.xls 的文件与 Microsoft Excel 关联在一起，可是用户登录时，对此计算机来说，扩展名为.xls 的文件是一个“未知文件”，需要用户双击扩展名为.xls 的文件，用户计算机会通过 Active Directory 得知扩展名为.xls 的文件与 Excel 关联了，并自动安装 Microsoft Excel。

4．自动修复软件

一个被发布或分配的软件在安装完成后，如果此软件程序内有关键的文件损坏、遗失或被用户不小心误删了，系统会自动探测到此不正常现象，并会自动修复、重新安装此软件。

5．删除软件

一个被发布或分配的软件在其安装好后，如果不想使用户使用此软件，则只要将该程序从 GPO 内发布或指派的软件清单中删除，并设置下次用户登录或计算机启动时自动删除此软件即可。

6．MSI 文件

MSI 即 Microsoft Installer，是微软格式的安装包，一般指安装程序。Windows Installer 不只是安装程序，也是可扩展的软件管理系统。Windows Installer 的用途包括：管理软件的安装、管理软件组件的添加和删除、监视文件的复原，以及使用回滚技术维护基本的灾难恢复。另外，Windows Installer 支持从多个源位置安装和运行软件，而且可以由想要安装自定义程序的开发人员自定义。要实现这些功能，就必须使用 MSI 文件。MSI 文件是 Windows Installer 的数据包，实际上是一个数据库，包含安装产品所需要的信息和在多种安装情形下安装（和卸载）程序所需的指令及数据。MSI 文件将程序的组成文件与功能关联起来。此外，它还包含有关安装过程本身的信息，如安装序列、目标文件夹路径、系统依赖项、安装选项和控制安装过程的属性等。

采用 MSI 安装的优势在于可以随时彻底删除程序，更改安装选项，即使安装中途出现意想不到的错误，一样可以安全地恢复到以前的状态。使用组策略分发的软件必须为 MSI 格式。有许多制作 Windows Installer Package 的应用程序，可以将标准的.EXE 程序转换为

MSI 程序，这里就不再赘述。

7．创建软件分发点

“软件分发点”用于存储 Windows Installer Package 共享文件夹。可以在域中的任何一台服务器上建立一个文件夹，如在域控制器 DC01 上新建一个名称为“software”的文件夹，这个文件夹是用来存储 Windows Installer Package（.msi）文件的。其具体操作步骤如下。

（1）新建“software”文件夹，将本次要分配和发布的软件放到目录中。本次需要发布的软件为压缩工具“7z-x64.msi”和微软基线安全测试工具“MBSA-x64.msi”。

（2）将该文件夹设为共享文件夹，并赋予一个共享名，建议将此共享文件夹隐藏起来，即在共享名后面附加“$”符号，如“software$”，并赋予域用户只读权限，如图 6-22 所示。

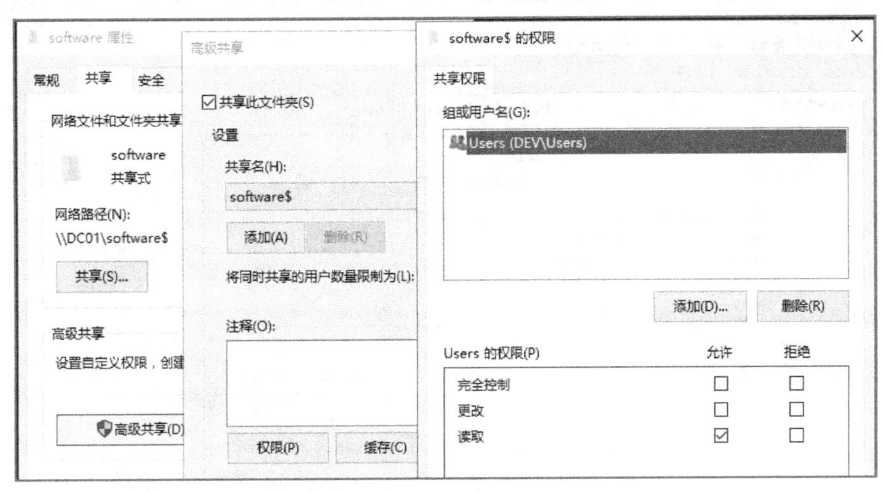

图 6-22　设置共享文件夹

（3）设置“software”文件夹的 NTFS 权限，赋予域用户“Users（DEV\Users）”“读取和执行”“列出文件夹内容”“读取”权限，如图 6-23 所示。

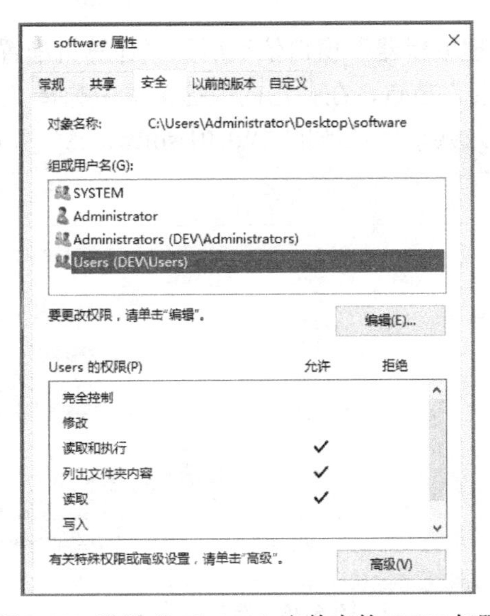

图 6-23　设置“software”文件夹的 NTFS 权限

6.2.2　计算机分配软件（MBSA-x64.msi）部署

通过计算机分配软件的方式将“MBSA-x64.msi”分配至域中的客户端计算机上，具体操作步骤如下。

（1）使用具备管理权限的用户登录 Windows Server 2016 服务器，将“MBSA-x64.msi”文件放在“software”文件夹中。

（2）打开“服务器管理器”窗口，打开“组策略管理”，展开“域”节点，右击“dev.com”域中的“Default Domain Policy”节点，在弹出的快捷菜单中选择“编辑”选项，如图 6-24 所示。

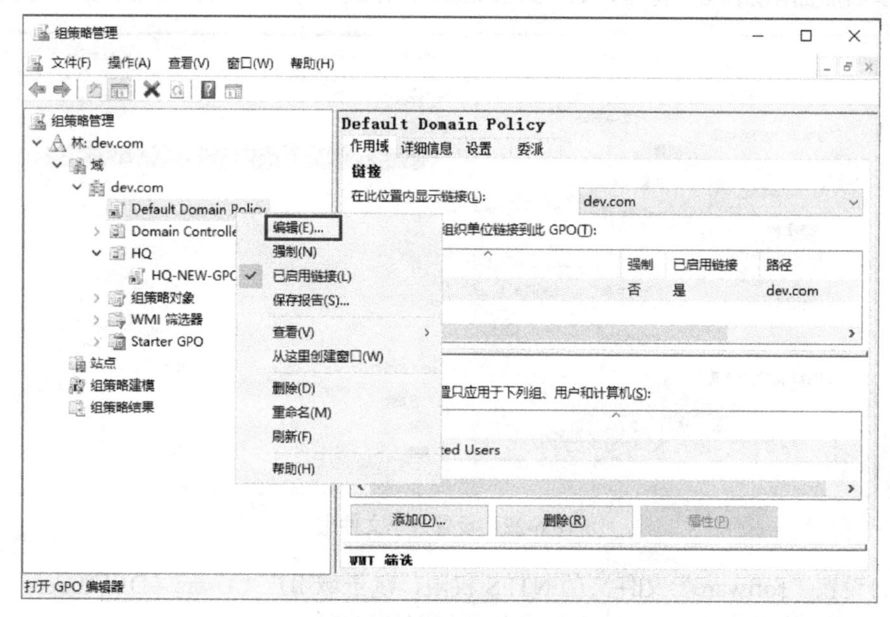

图 6-24　编辑默认组策略

（3）打开“组策略管理编辑器”窗口依次展开“计算机配置”→“策略”→“软件设置”节点，右击“软件安装”节点，在弹出的快捷菜单中选择“新建”→“数据包”选项，弹出“打开”对话框，输入共享目录地址“\\dc01\software$”并选择“MBSA-x64.msi”文件，如图 6-25 所示。

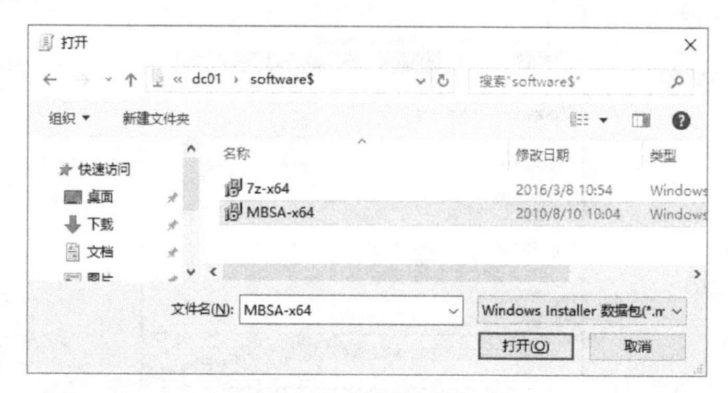

图 6-25　选择软件包

（4）单击“打开”按钮，弹出“部署软件”对话框，选中“已分配”单选按钮，如图 6-26 所示。

（5）如果希望组策略立即生效，则在命令行窗口中输入“gpupdate /force”命令，即可执行组策略更新操作。

（6）验证计算机分配软件“MBSA-x64.msi”已部署。重新启动客户机，在客户机启动时会提示系统正在安装部署的软件，如图 6-27 所示。

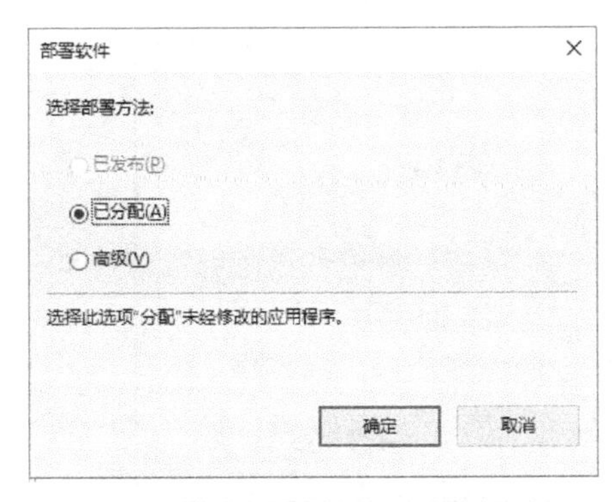

图 6-26 “部署软件”对话框

图 6-27 域客户计算机启动时提示正在安装软件

（7）输入用户名、密码登录系统之后，会发现已经成功安装了软件，如图 6-28 所示。

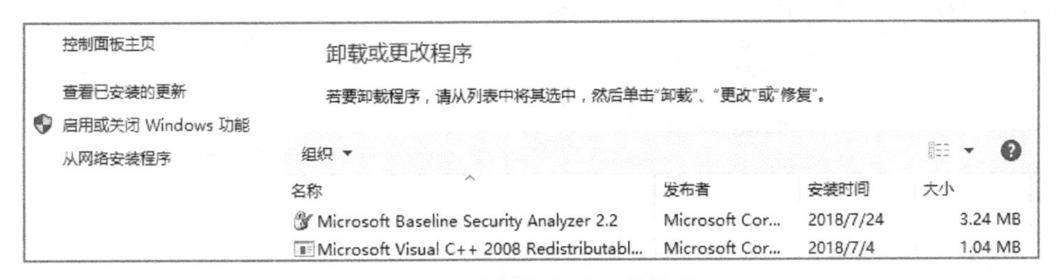

图 6-28 计算机成功安装软件

6.2.3 用户分配软件（7z-x64.msi）部署

通过用户分配软件的方式将“7z-x64.msi”分配到域中“Sales”OU 中的所有用户，具体操作步骤如下。

（1）使用具备管理权限的用户登录 Windows Server 2016 服务器，将“7z-x64.msi”文件放在“software”新建的“7z”文件夹中。

（2）在“服务器管理器”窗口中选择“工具”→“组策略管理”选项，打开“组策略管理”窗口，展开“域”节点，右击“dev.com”域中的“Sales”OU，在弹出的快捷菜单中选择“在这个域中创建 GPO 并在此处链接”，如图 6-29 所示。

（3）弹出“新建 GPO”对话框，输入名称“销售组 7z 安装”，单击“确定”按钮，如图 6-30 所示。

（4）右击该 GPO，在弹出的快捷菜单中选择“编辑”选项，打开“组策略管理编辑器”窗口，依次展开“用户配置”→“策略”→“软件设置”节点，右击“软件安装”节点，在弹出的快捷菜单中选择“新建”→“数据包”选项。在打开的“打开”对话框中输入共享目录地址，找到需要部署的软件“7z-x64.msi”，如图 6-31 和图 6-32 所示。

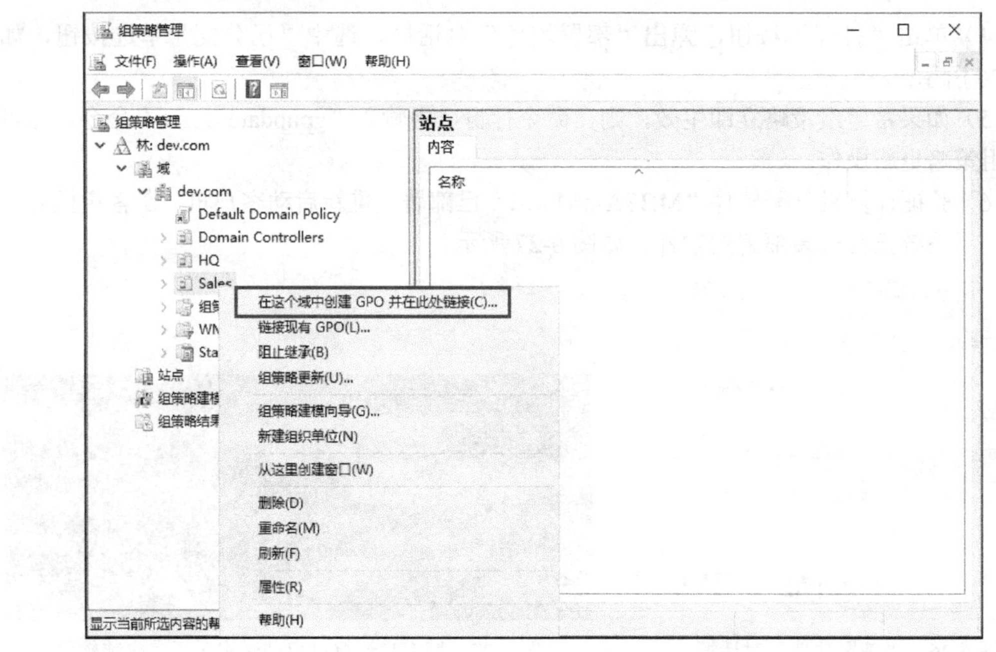

图 6-29　创建 GPO 并链接到 OU

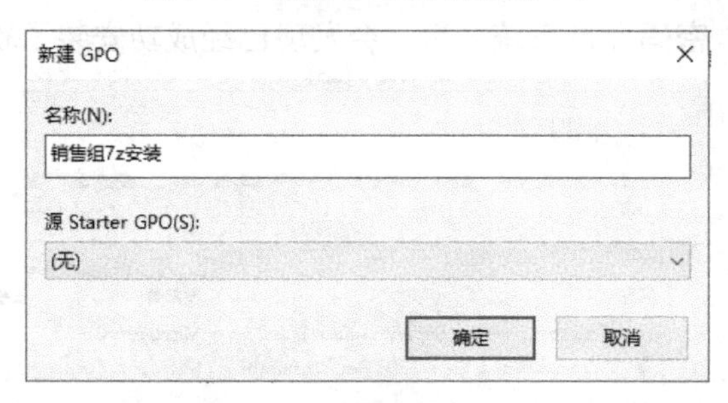

图 6-30　“新建 GPO”对话框

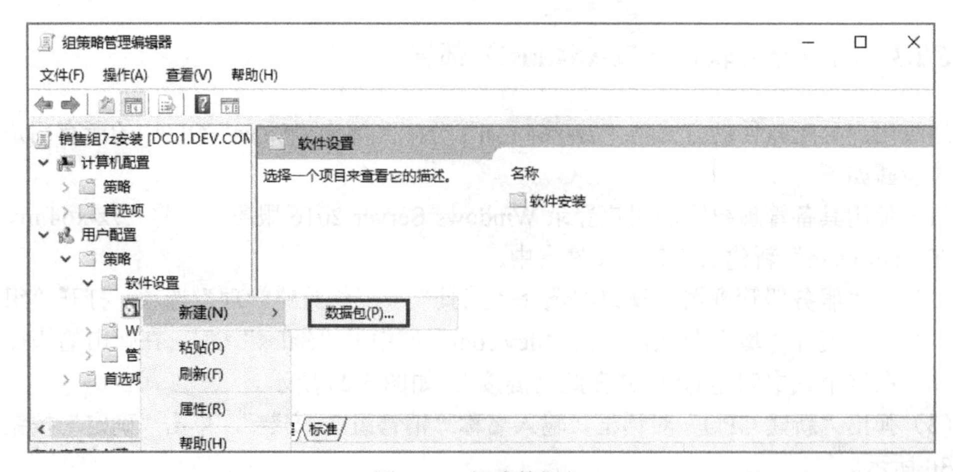

图 6-31　新建数据包

（5）单击“打开”按钮，弹出“部署软件”对话框，选中“已分配”单选按钮，如图 6-33 所示。

（6）在“组策略管理编辑器”窗口中找到“7-Zip 15.14（x64 edition）”并右击，在弹出的快捷菜单中选择“属性”选项，在弹出的属性对话框中选择“部署”选项卡，勾选“在登录时安装此应用程序”复选框，如图 6-34 所示。

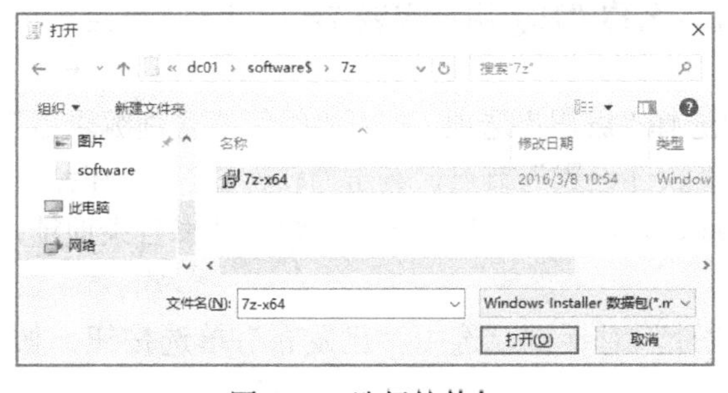

图 6-32 选择软件包

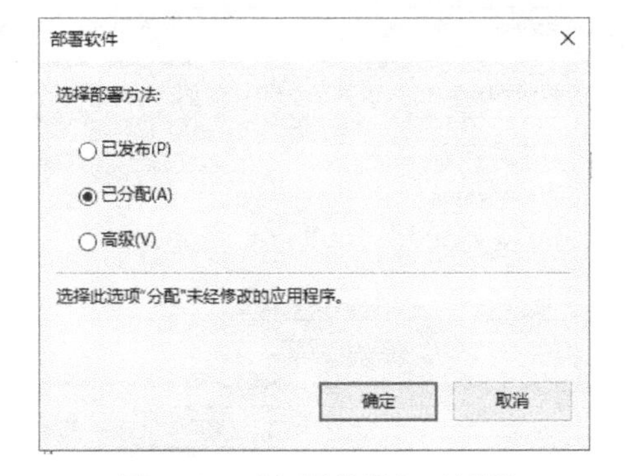

图 6-33 “部署软件”对话框

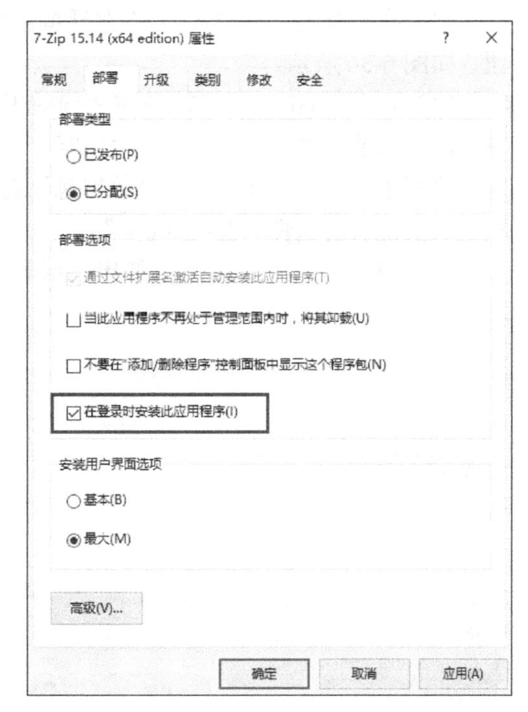

图 6-34 “部署”选项卡

（7）使用“gpupdate /force”命令，使组策略立即生效。

（8）使用“sales01”账户登录系统，登录时会提示正在安装软件，登录成功后可发现部署的软件已经安装完成，即软件安装策略应用成功，如图 6-35 所示。

图 6-35 软件安装策略应用成功

6.2.4 用户发布软件（7z-x64.msi）部署

通过用户发布软件的方式将“7z-x64.msi”发布到域中“HQ”OU 中的所有用户，具体操作步骤如下。

（1）使用具备管理权限的用户登录 Windows Server 2016 服务器，将“7z-x64.msi”文件放在“software”新建的“7z”文件夹中。

（2）与之前一样，在“服务器管理器”窗口中，选择“工具”→“组策略管理”选项，打开“组策略管理”窗口，展开“域”节点，右击“dev.com”域中的“HQ”OU，在弹出的快捷菜单中选择“在这个域中创建 GPO 并在此处链接”选项。

（3）在打开的“新建 GPO”对话框中输入名称“HQ 用户安装 7z”，单击“确定”按钮，如图 6-36 所示。

（4）右击该 GPO，在弹出的快捷菜单中选择“编辑”选项，打开“组策略管理编辑器”窗口，依次展开“用户配置”→“策略”→“软件设置”节点，右击“软件安装”，在弹出的快捷菜单中选择“新建”→“数据包”选项。弹出“打开”对话框，输入共享目录地址，找到需要部署的软件“7z-x64.msi”。

（5）单击“打开”按钮，弹出“部署软件”对话框，选中“已发布”单选按钮，如图 6-37 所示。

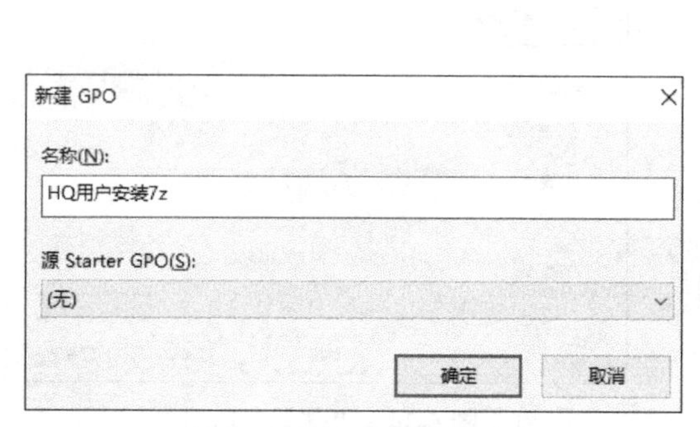

图 6-36 “新建 GPO”对话框

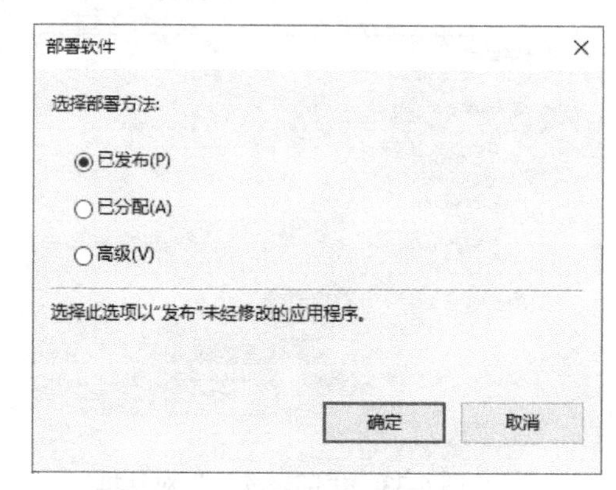

图 6-37 “部署软件”对话框

（6）使用“gpupdate /force”命令，使组策略立即生效。

（7）使用“HQAdmin”账户登录系统，打开“控制面板”窗口，选择“程序和功能”→“从网络安装程序”选项，在打开的“获得程序”窗口中可以看到发布的软件，此时用户可以手动安装，如图 6-38 所示。

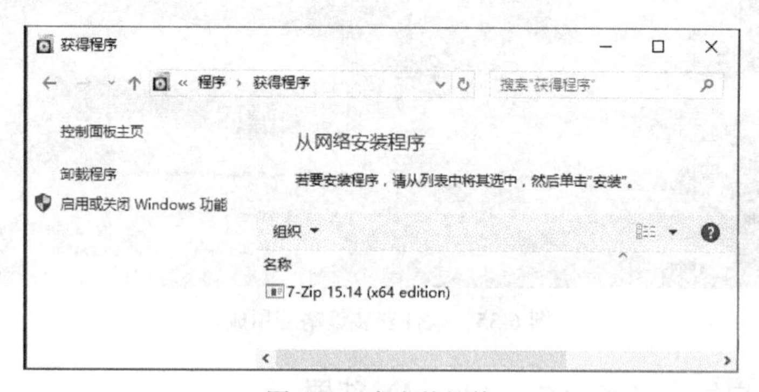

图 6-38 发布的软件

6.3 配置应用程序限制策略

软件限制策略中的选项为防止存在潜在危险的应用程序运行提供了更好的控制功能。

软件限制策略被用来识别软件并控制其执行。此外，管理员可以控制哪些账户会受到政策的影响。

学习目标

- 配置规则实施。
- 配置 Applocker 规则。
- 配置软件限制策略。

默认情况下，“软件限制策略”文件夹是空的。创建新策略时，会出现两个子文件夹：“安全级别”和“其他规则”。“安全级别”文件夹允许用户定义从中创建所有规则的默认行为。每个可执行程序的标准在附加规则文件夹中定义。

下面将学习如何设置软件限制策略的安全级别，以及如何定义规则并控制程序文件的执行。

6.3.1 使用软件限制策略

1. 强制执行策略

在创建限制可执行文件的限制或允许的任何规则之前，首先要了解默认情况下规则是如何工作的。如果策略不强制执行约束，则该可执行文件是基于用户或组在 NTFS 中的权限来运行的。

在使用软件限制策略时，必须确定执行限制的方法。实施限制有以下三个基本策略。

不允许： 无论用户的访问权如何，软件都不会运行。

基本用户： 允许程序访问一般用户可以访问的资源，但没有管理员的访问权限。

不受限： 软件访问权限由用户的访问权限来决定。

用户可以根据所在环境中的特殊需求来定制方法；而默认情况下，软件限制策略在默认安全规则下，值为不受限。

例如，用户在高安全性环境中可能希望只启用指定的应用程序，在这种情况下，可以将默认安全级别设置为“不允许”；但是，在一个对安全性要求不太高的网络中，用户可能希望除了特定程序之外，允许所有可执行文件运行，这又要求将默认安全级别设置为“不受限”。用户必须先创建一个规则来标识应用程序，才能禁用该应用程序。用户也可以修改默认安全级别为“不允许”。因为“不允许”的设置表示所有程序都将被拒绝，除非指定可运行的程序。这就要求用户测试所有希望运行的应用程序，以确保它们能够正常运行，否则将会导致一系列问题的发生。

要修改默认安全级别设置为“不允许”，可以参照以下操作步骤。

（1）使用具备管理权限的用户登录 Windows Server 2016 服务器，选择服务器管理器中的“工具”→“组策略管理”选项，打开“组策略管理”窗口，展开“域”节点，当前存在于域中的 GPO 将出现在“链接的组策略对象”选项卡列表中。

（2）右击“Default Domain Policy”节点，在弹出的快捷菜单中选择“编辑”选项，打开“组策略管理编辑器”窗口，如图 6-39 所示。

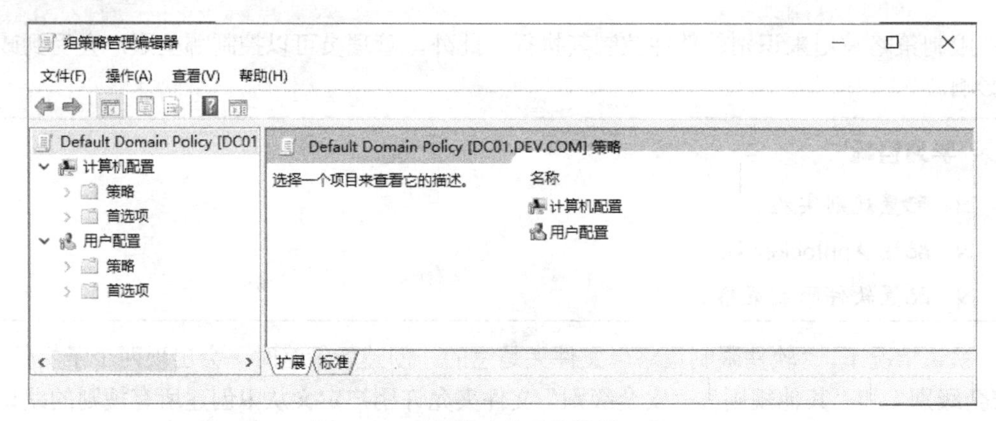

图 6-39 “组策略管理编辑器”窗口

（3）在“计算机配置”或“用户配置”节点下依次展开“策略”→“Windows 设置”→“安全设置”节点，找到“软件限制策略”节点并右击，在弹出的快捷菜单中选择“创建软件限制策略”选项，包含规则的文件夹将会出现，如图 6-40 所示。

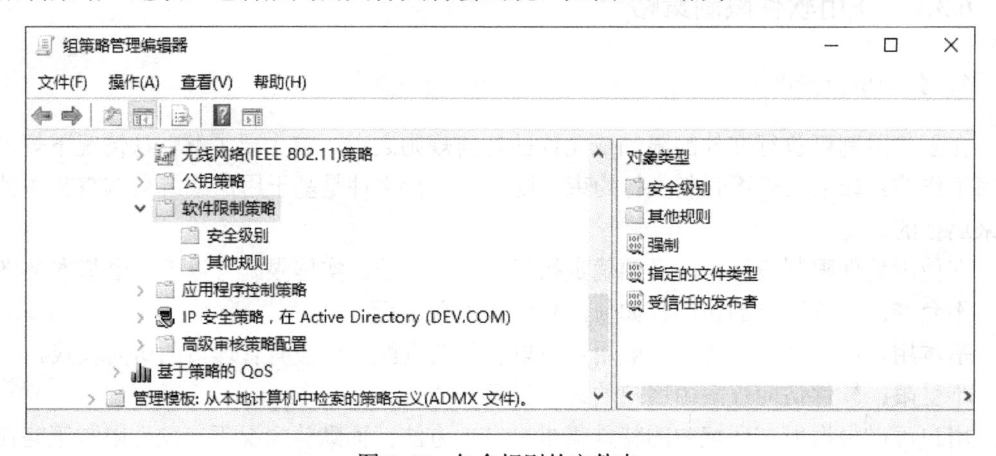

图 6-40 包含规则的文件夹

（4）双击“安全级别”节点，可以看到“不受限”图标中有一个“√”，表示这是默认安全级别，如图 6-41 所示。

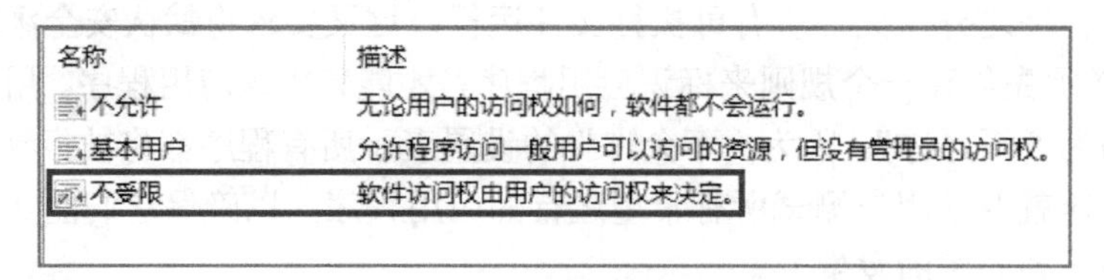

图 6-41 默认安全级别

（5）右击“不允许”安全级别，在弹出的快捷菜单中选择“设置为默认”选项，弹出警告对话框，提示“你选择的默认等级比当前默认安全等级还要严格。更改到此默认安全等级可能会使一些应用程序停止工作。你想要继续吗？”，如图 6-42 所示。

（6）单击“确定”按钮，可以发现，“不允许”已经被设置为当前默认安全级别，如图 6-43 所示。

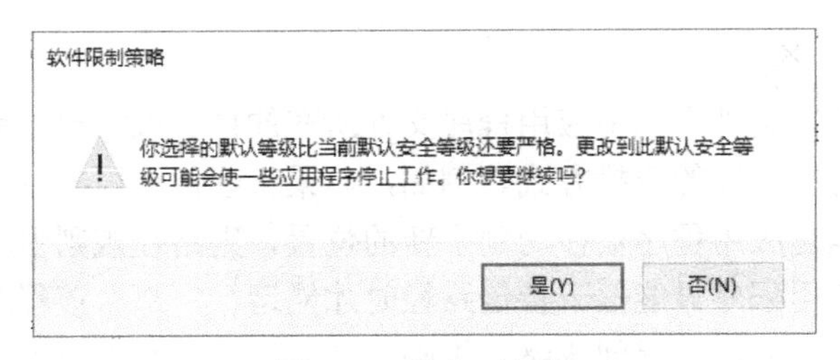

图 6-42　警告对话框

名称	描述
不允许	无论用户的访问权如何，软件都不会运行。
基本用户	允许程序访问一般用户可以访问的资源，但没有管理员的访问权。
不受限	软件访问权由用户的访问权来决定。

图 6-43　修改默认安全级别成功

2．配置软件限制规则

软件限制策略的功能实现首先取决于标识软件的规则，其次取决于其使用的规则。当创建新的软件限制策略时，会出现“其他规则”子文件夹。此文件夹允许用户创建规则，这些规则指定程序允许或拒绝执行的条件，且可以在必要时重写默认安全级别设置。

有以下四种类型的软件限制规则，用户可以使用这些规则来指定哪些程序可以或不能在网络中运行。

1）证书规则

证书规则使用与应用程序相关联的数字证书来确认其合法性。可以使用证书规则来启动来自可信源的软件或阻止来自非可信源的软件运行，也可以使用证书规则在操作系统的不允许范围内运行程序。

2）哈希规则

哈希是唯一标识程序或文件的固定字节长度的字符串。哈希值是由一种算法生成的，该算法创建了文件的“指纹”，生成几乎不可能与另一个文件相同的哈希值。创建哈希规则后，若用户试图运行受规则影响的程序，则系统检查可执行文件的哈希值，并将其与存储在软件限制策略中的哈希值进行比较。如果这两个匹配，则应用策略设置，为应用程序可执行性创建哈希规则；如果哈希值不正确，则阻止应用程序运行。散列值是基于文件本身的，如果从一个位置移动到另一个位置，文件仍能运行。如果可执行文件以任何方式被更改，如被蠕虫或病毒修改或替换，则软件限制策略中的哈希规则将阻止文件运行。

3）网络区域规则

网络区域规则仅适用于试图从指定区域安装的 Windows Installer 程序包，如本地计算机、本地 Intranet、可信站点、受限站点或 Internet 等。用户可以配置此类规则，以便仅当它们来自网络的可信区域时才安装 Windows Installer 程序包。例如，Internet 区域规则可以限制 Windows Installer 程序包从 Internet 或其他网络位置下载和安装。

4）路径规则

路径规则通过指定应用程序存储在文件系统中的目录路径来标识软件。可以使用路径规则来创建允许应用程序在软件限制策略的默认安全级别设置为“不允许”时执行的特例；或者，当软件限制策略的默认安全级别设置为“不受限”时，可以使用它们来阻止应用程序的执行。

路径规则可以指定文件系统中应用程序文件所在的位置或注册表路径。注册表路径规则提供了应用程序可执行性的查找方式。例如，如果管理员使用路径规则来定义应用程序的文件系统位置，但是应用程序被移动到了新的位置，则路径规则中的原始路径将不再有效。如果规则指定应用程序只能位于特定路径时才能运行，那么该程序将无法在新位置运行。相反，如果使用注册表位置创建路径规则，则应用程序文件位置的任何更改都不会影响规则的结果。这是因为当重新定位应用程序时，指向应用程序文件的注册表也会自动更新。

通常来说，不同的情况需要选择不同的规则。例如，用户通过哈希规则允许某个软件运行，但这个软件升级后，升级程序对软件的主文件进行了修补，导致文件的哈希值产生了改变，那么用户将无法再使用这个程序，除非管理员修改软件限制策略。此时，可以使用证书规则来限制，毕竟无论软件怎么升级，只要开发商没有发生变化，该软件包含的数字证书就不会变化。

规则的应用还存在优先级问题。例如，若同一个程序，按照证书规则来看，是允许运行的，但按照路径规则来看，是不被允许的，那么系统到底是允许还是禁止该程序运行？一般来说，上述四类规则按照优先级的高低顺序排列，依次是哈希规则、证书规则、路径规则、网络区域规则。高优先级规则的设置会覆盖低优先级规则的设置。同时，对于同一种规则，“禁止”要优先于“允许”。例如，对某个软件，用户无意中使用某种规则（如哈希规则）同时创建了禁止运行和允许运行两条规则，那么最终的结果是系统禁止该程序运行。

3．配置软件限制属性

在“软件限制策略”文件夹中，可以配置三个特定属性，以提供适用于所有策略的附加设置。这三个属性是“强制”“指定的文件类型”“可信的发布者”。下面来具体描述这三个属性。

1）强制

该策略决定了软件限制策略的适用范围。单击该策略后可以弹出如图 6-44 所示的对话框。其中，包含以下几个选项组。

应用软件限制策略到下列文件：该选项组决定了软件限制策略是否应用到库文件。简单来说，库文件为软件的运行了提供支持，有时候是运行某些软件时必不可少的组件。但有时候可能有这样的情况发生：用户通过证书规则决定只运行某个厂商开发的软件，但运行该软件需要的某个 DLL 文件的数字签名来自另一个厂商，这种情况下，为了让该软件正常运行，用户就需要选中“除库文件（如 DLL）之外的所有软件文件”单选按钮，建议如此选择，毕竟大部分软件的运行是通过一些可执行文件（如 EXE 文件）实现的，只要对可执行文件设置好限制，库文件的限制就不再那么重要了。

将软件限制策略应用到下列用户：该选项组决定了是否将软件限制策略应用于管理员用户，默认情况下将会被应用于所有用户。这是一种安全措施，可以让管理员被自己创建的策略所限制。在默认设置下，如果不小心设置了错误的策略，可能连管理员也被禁止运行策略编辑器，或者根本无法登录，此时可以使用管理员账户进入安全模式修改策略。一般情况下，如果不是很必要，建议软件限制策略只对非管理员用户生效，即选中“除本地管理员以外的所有用户”单选按钮。

在应用软件限制策略时： 该选项组决定了是否在应用软件限制策略时执行证书规则。如果希望使用证书规则，则选中“强制证书规则”单选按钮；如果希望禁用，则选中“忽略证书规则”单选按钮。

2）指定的文件类型

该策略决定了具有哪些扩展名的文件可以被视为可执行文件，所有由该策略指定的文件都会被系统当作可执行文件，而执行这些文件需要经过软件限制策略的许可。如果希望添加新的文件类型为可执行文件，则可以在“文件扩展名”文本框中输入目标文件类型的扩展名，并单击“添加”按钮；如果不希望系统将某种类型的文件当作可执行文件，则可以选择目标文件类型，并单击“删除”按钮，如图 6-45 所示。

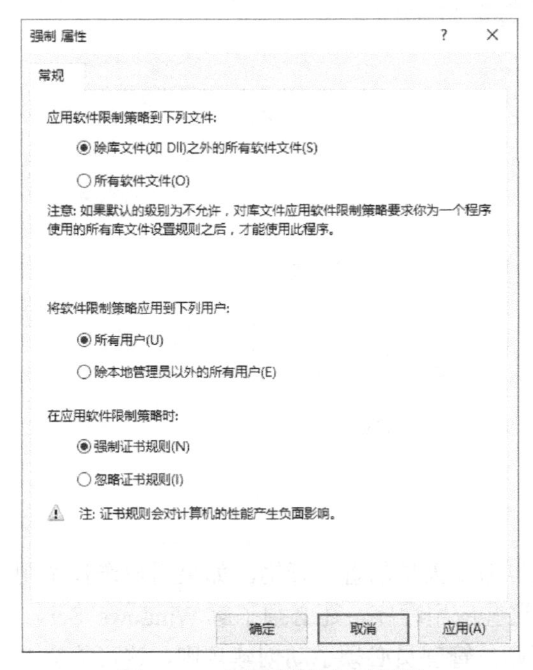

图 6-44 “强制属性”对话框

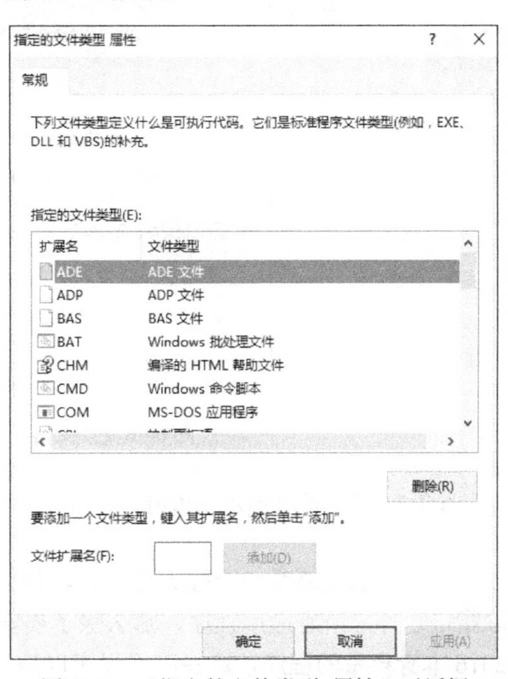

图 6-45 “指定的文件类型 属性”对话框

3）受信任的发布者

默认情况下，Windows Server 2016 并不允许用户修改设置。因此，需要勾选“定义这些策略设置”复选框。在“受信任的发布者属性”对话框中，“受信任的发布者管理”选项组可以让用户决定谁可以选择受信任的发布者（受信任的发布者发布的程序将允许运行）。例如，用户可以选中“允许所有管理员和用户管理用户自己的受信任的发布者”单选按钮，这样用户即可选择受信任的发布者；或者选中“仅允许所有管理员管理受信任的发布者”单选按钮（单机或工作组环境）或“仅允许企业管理员管理受信任的发布者”单选按钮（域环境），这样就只能由管理员选择受信任的发布者。“签名验证期间的其他检查”选项组可以用来检查 Windows 项目证书是否被吊销。通常吊销的证书是无效的，因此应该及时检查证书吊销情况，以免以前创建的证书规则在证书被吊销后依然生效，使用户运行了已经不再允许运行的程序。如果希望验证发行者证书是否依然有效，则可以勾选“验证发布者证书是否未被吊销（推荐）”复选框；如果希望验证证书的有效时间是否到期，则可以勾选“验证时间戳证书是否未被吊销”复选框，如图 6-46 所示。

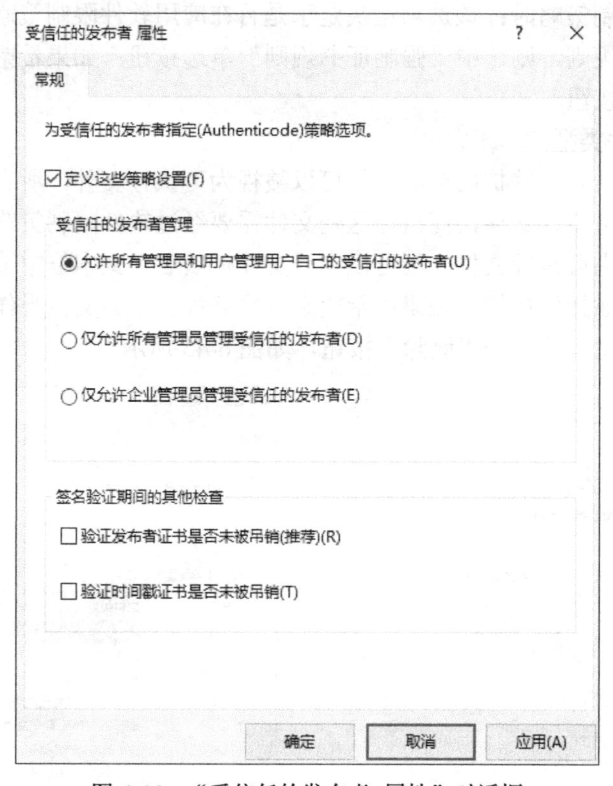

图 6-46 “受信任的发布者 属性”对话框

6.3.2 使用 AppLocker

软件限制策略是一个强大的工具，但它们也需要大量的管理开销。如果用户选择禁用除指定之外的所有应用程序，那么除了要安装这些应用程序，还必须了解 Windows Server 2016 本身自带的程序，这些应用程序也需要规则。管理员必须手动创建规则，这可能会非常烦琐。AppLocker 也称应用程序控制策略，其本质上是在软件限制策略中更新软件版本。其使用了管理员必须管理的规则，且创建规则的过程更加简单。其次，软件限制策略更加灵活，可将 AppLocker 规则应用于特定的用户和组，也可创建支持应用程序的所有未来版本更新的规则。

1. 理解规则类型

AppLocker 设置可以在 GPO 的“计算机配置”→“策略”→“Windows 设置”→“安全设置”→“应用程序控制策略”节点中找到，如图 6-47 所示。

在 AppLocker 容器中，有如下四个包含基本规则类型的节点。

（1）**可执行规则：**包含应用于扩展名为.exe 和.com 文件的规则。

（2）**Windows 安装程序规则：**包含应用于扩展名为.msi 和.msp 的 Windows 安装程序包的规则。

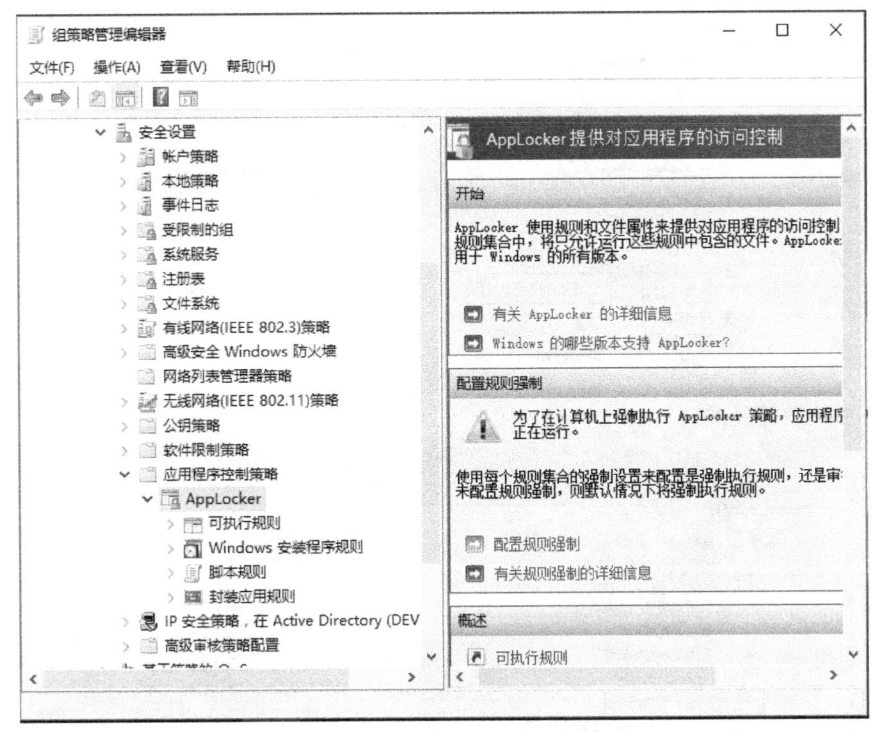

图 6-47　GPO 中的 AppLocker 容器

（3）**脚本规则：**包含应用于脚本文件的规则，其中包含.ps1、.bat、.cmd、.vbs 和.js 的文件。

（4）**封装应用规则：**包含应用于通过 Windows 商店购买的应用程序的规则。

用户可以基于以下标准在每个容器中定义特定资源的访问规则。

（1）**发行者：**通过从应用程序文件中提取的数字签名来识别代码签名的应用程序，也可以创建适用于应用程序的所有未来版本的发布规则。

（2）**路径：**通过指定文件或文件夹名来标识应用程序。这种类型的规则的缺点是，任何文件都可以与规则匹配，只要它是正确的名称或位置。

（3）**文件哈希：**识别基于数字指纹的应用程序，即使当可执行文件的名称或位置发生变化时，该指纹仍然有效。这种类型的规则非常类似于它在软件限制策略中的等价性；然而，在 AppLocker 中，创建规则和生成文件哈希的过程要容易得多。

2．创建 AppLocker

1）创建默认规则

默认情况下，AppLocker 会阻止所有除了允许规则中指定的文件之外的可执行文件、安装程序包和脚本运行。因此，要使用 AppLocker，必须创建允许用户访问 Windows 运行时所需的文件和系统安装的应用程序的规则。最简单的方法是右击“可执行规则”节点，在弹出的快捷菜单中选择“创建默认规则”选项，系统会自动创建允许 Windows 运行时必须执行的相关目录的权限，如图 6-48 所示。

每个容器的默认规则都是可以根据需要复制、修改或删除的标准规则。用户也可以创建自己的规则，但是一定要注意计算机运行 Windows 时所需的所有资源的访问权限。

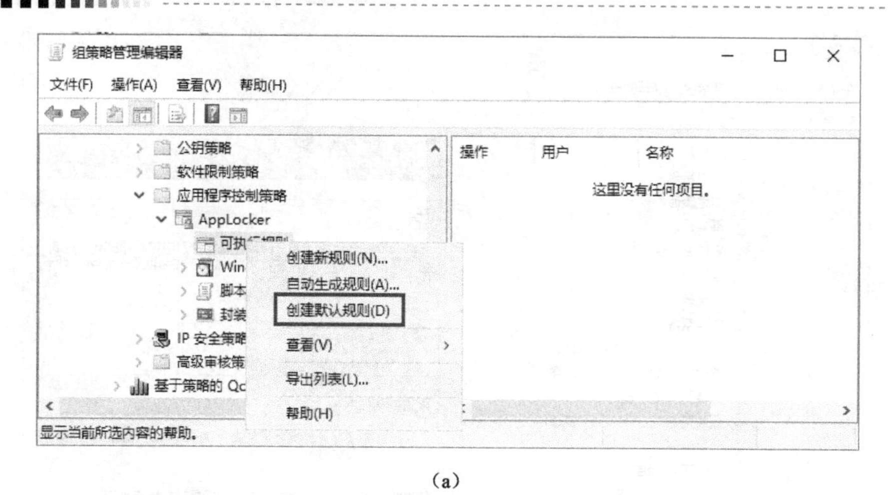

（a）

（b）

图 6-48 “创建默认规则”选项

2）自动生成规则

AppLocker 相对于软件限制策略的最大优点是能够自动创建规则。其具体操作步骤如下。

（1）当用户右击其中一个规则容器，在弹出的快捷菜单中选择“自动生成规则”选项，弹出“自动生成可执行规则”对话框，如图 6-49 所示。

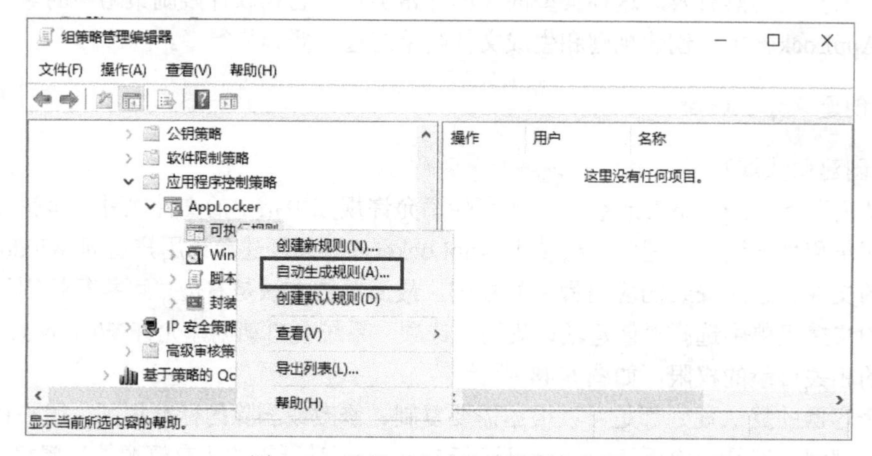

图 6-49 选择“自动生成规则”选项

（2）在“自动生成可执行规则”对话框中，指定要分析的文件夹和规则应用的用户或组，如图6-50所示。

自动生成 可执行规则

文件夹和权限

通过分析所选择文件夹中的文件，此向导可以帮助你创建 AppLocker 规则组。

将应用这些规则的用户或安全组(U):

Everyone

选择(S)...

包含要分析的文件的文件夹(F):

C:\Program Files

浏览(B)...

命名以识别此规则集(D):

Program Files

< 上一步(P)　下一步(N) >　创建(R)　取消(L)

图6-50　定义文件夹和权限

（3）单击“下一步”按钮，弹出“规则首选项”对话框，指定要创建的规则的类型，如图6-51所示，单击“下一步”按钮。

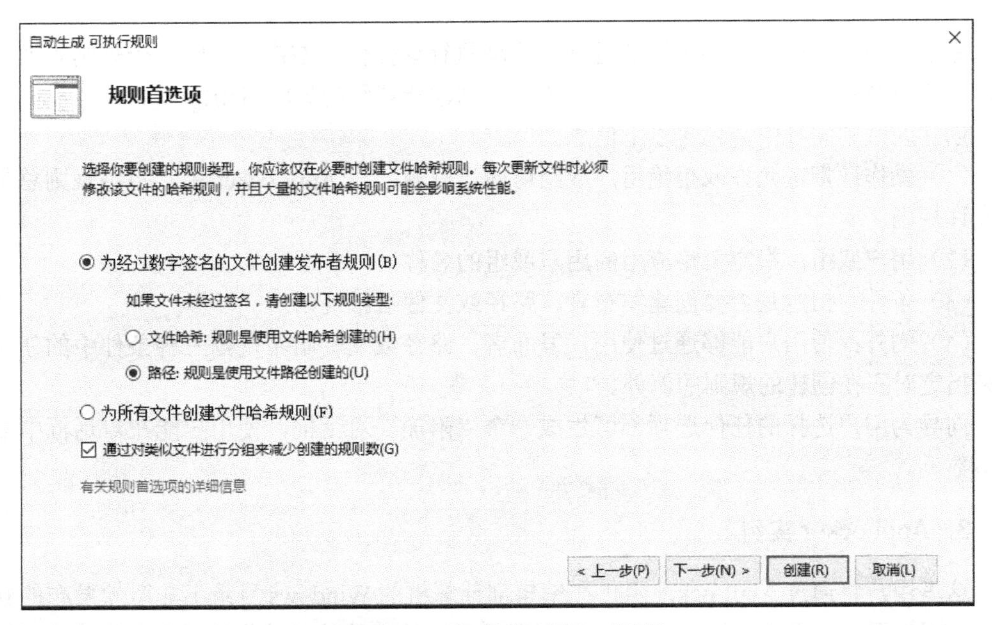

图6-51　“规则首选项”对话框

（4）弹出“查看规则”对话框显示规则的摘要，如图6-52所示。

（5）单击“创建”按钮将规则添加到容器中，如图6-53所示。

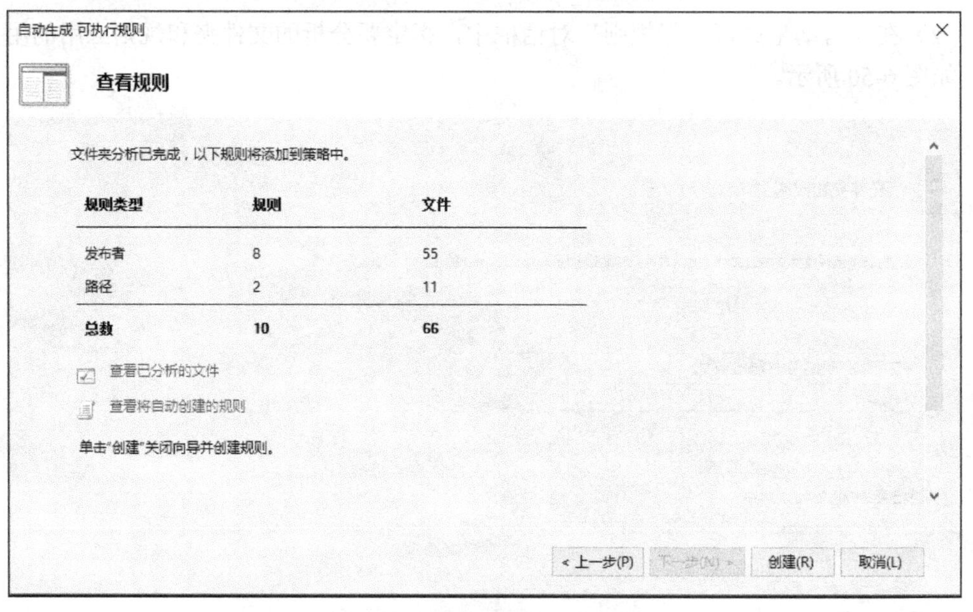

图 6-52 “查看规则”对话框

允许	Everyone	Program Files: MICROSOFT® WIN...	发布者
允许	Everyone	Program Files: %PROGRAMFILES%\...	路径
允许	Everyone	Program Files: TPAUTOCONNECT ...	发布者
允许	Everyone	Program Files: TPAUTOCONNECT ...	发布者
允许	Everyone	Program Files: THINPRINT VIRTUAL...	发布者

图 6-53 自动创建的规则

3）手动创建规则

除了自动创建规则，还可以通过向导手动执行该操作。右击其中的一个规则容器，在弹出的快捷菜单中选择“创建新规则”选项，创建新规则向导将启用。

创建新规则向导中会包含以下信息。

（1）**操作：**指定允许或拒绝用户或组访问该资源。在 AppLocker 中，拒绝规则总是覆盖允许规则。

（2）**用户或组：**指定策略应用的用户或组的名称。

（3）**条件：**指定是否要创建发布者、路径或文件哈希规则。

（4）**例外：**使用户能够通过使用，发布者、路径或文件哈希规则三种条件中的任意一种来指定对正在创建的规则的例外。

向导为用户选择的任何选项都可生成一个“附加”对话框，使用户能在对话框中配置其参数。

3. AppLocker 实例

这里用户将通过 AppLocker 阻止在销售部计算机的 Windows 目录下非微软发布的软件运行。因为很多病毒会利用 Windows 对自己目录中的文件的“过分信任”来运行或感染系统文件，所以用户可以编写一条规则，禁止病毒的可执行文件在系统目录中运行。原理很简单，只需要禁止 Windows 目录中除系统的可执行文件以外的其他程序文件运行即可。

在开始操作实例之前，用户必须了解以下知识。

1）环境变量

%USERPROFILE% //表示 C:\Documents and Settings\当前用户名

%HOMEPATH% //表示 C:\Documents and Settings\当前用户名

%ALLUSERSPROFILE% //表示 C:\Documents and Settings\All Users

%ComSpec% //表示 C:\WINDOWS\System32\cmd.exe

%APPDATA% //表示 C:\Documents and Settings\当前用户名\Application Data

%ALLAPPDATA% //表示 C:\Documents and Settings\All Users\Application Data

%SYSTEMDRIVE% //表示 C:

%HOMEDRIVE% //表示 C:

%SYSTEMROOT% //表示 C:\WINDOWS

%WINDIR% //表示 C:\WINDOWS

%TEMP%和%TMP% //表示 C:\Documents and Settings\当前用户名\Local Settings\Temp

%ProgramFiles% //表示 C:\Program Files

%CommonProgramFiles% 表示 C:\Program Files\Common Files

2）通配符

*：任意个字符（包括 0 个），但不包括斜杠。

?：1 个或 0 个字符。

3）AppLocker 默认规则

（1）可执行的默认规则类型。

① 允许本地 Administrators 组的成员运行所有应用程序。

② 允许组的成员都能运行位于 Windows 文件夹中的应用程序。

③ 允许组的成员都能运行位于 Program Files 文件夹中的应用程序。

（2）脚本默认规则类型。

① 允许本地 Administrators 组的成员运行所有脚本。

② 允许组的成员都能运行位于 Program Files 文件夹中的脚本。

③ 允许组的成员都能运行位于 Windows 文件夹中的脚本。

（3）Windows Installer 默认规则类型。

① 允许本地 Administrators 组的成员运行所有 Windows Installer 文件。

② 允许 Everyone 组的成员运行所有数字签名的 Windows Installer 文件。

③ 允许 Everyone 组的成员运行 Windows\Installer 文件夹中的所有 Windows Installer 文件。

（4）DLL 默认规则类型。

① 允许本地 Administrators 组的成员运行所有 DLL。

② 允许的成员每个人都位于 Program Files 文件夹中的 DLL。

③ 允许的成员每个人都位于 Windows 文件夹中的 DLL。

（5）封装应用程序默认规则类型。

允许组的成员安装和运行已全部签名的应用程序，并且压缩应用安装程序。

4）实际操作

（1）使用具备管理权限的用户登录 Windows Server 2016 服务器，打开“服务器管理器”窗口，选择“工具”→“组策略管理”选项，打开“组策略管理”窗口，展开“域”节点，右击“dev.com”域中的“Sales”OU，在弹出的快捷菜单中选择“在这个域中创建 GPO 并在此处链接”选项。

（2）弹出“新建 GPO”对话框，输入名称“禁用 WINODWS 目录下非微软 APP”，单击“确定”按钮，如图 6-55 所示。

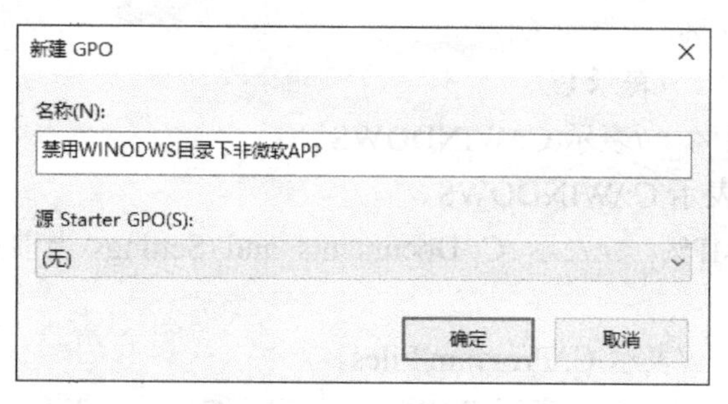

图 6-55　“新建 GPO”对话框

（3）右击该 GPO，在弹出的快捷菜单中选择“编辑”选项，打开“组策略管理编辑器”窗口。

（4）依次展开“计算机配置”→“Windows 设置”→“安全设置”→“应用程序控制策略”→“AppLocker”节点，右击“可执行规则”，在弹出的快捷菜单中选择“创建新规则”选项，如图 6-56 所示。

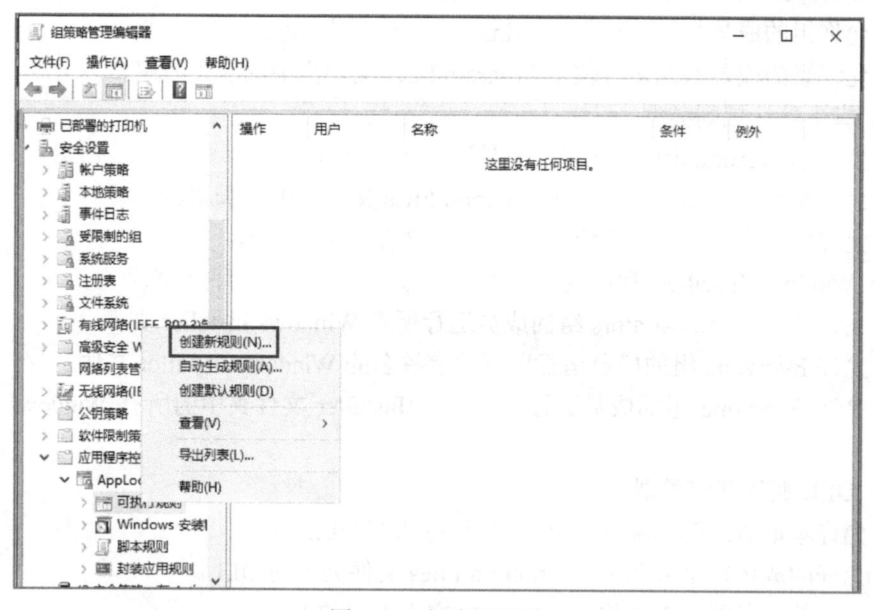

图 6-56　创建新规则

（5）弹出“创建新规则向导”对话框，单击“下一步”按钮，在弹出的“权限”对话框中，将“操作”设置为“拒绝”，“用户或组”定义为“Everyone”，如图 6-57 所示。

图 6-57 设置权限

（6）选择主要的条件类型为“路径”，单击“下一步”按钮，弹出“路径”对话框，将“路径”设置为“%WINDIR%*”，如图 6-58 所示。

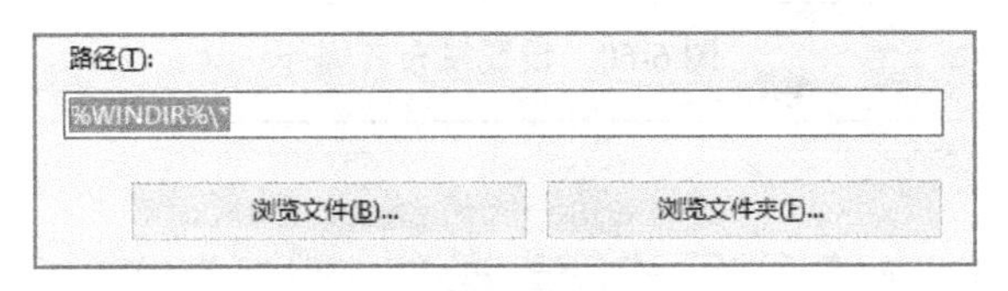

图 6-58 设置路径

（7）单击“下一步”按钮，弹出“例外”对话框，在“例外”页中，选择“添加例外”条件为“发布者”，单价“添加”按钮，如图 6-59 所示。

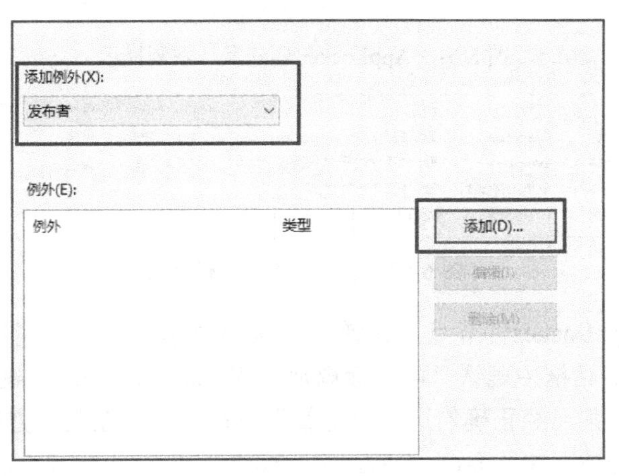

图 6-59 添加例外

（8）弹出“发布者例外”对话框，设置“引用文件”，单击“浏览”按钮，选择本地“Windows”目录下的任何由微软发布的软件，如“notepad.exe”。将下方滑块移至“发布者”位置，确定排除“MICROSOFT CORPORATION”发布的软件，单击“确定”按钮，如图 6-60 所示。

（9）返回“例外”对话框后，单击“下一步”按钮，在“名称和描述”对话框中输入此规则名称。在此取名为“禁用 WINODWS 目录下非微软 APP”，单击“创建”按钮，如果是第一次配置 AppLocker，会弹出提示对话框，提示用户“默认规则当前不在此规……”，并询问用户是否创建默认规则，如图 6-61 所示，单击“是”按钮。

（10）此时，用户可以在“可执行规则”列表中看到新建的规则，如图 6-62 所示。

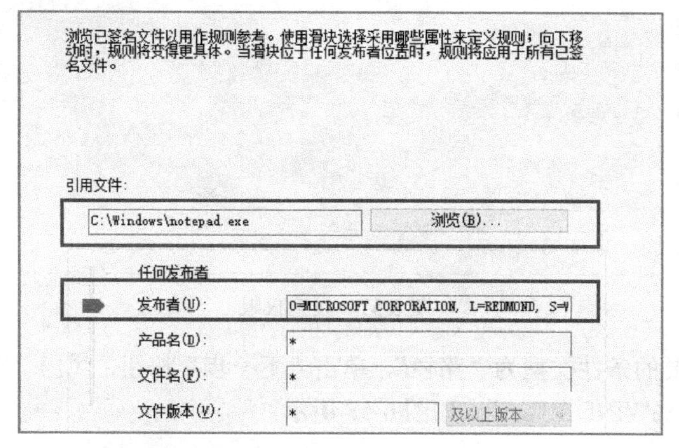

图 6-60　设置发布者例外

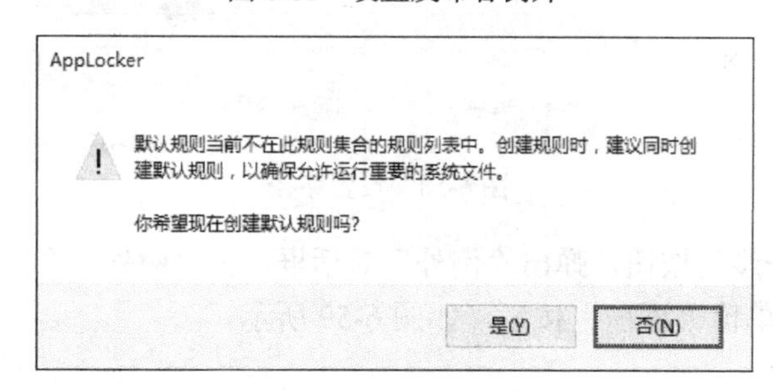

图 6-61　AppLocker 创建默认规则提示

操作	用户	名称	条件	例外
允许	Everyone	(默认规则) 位于 Program Files 文件夹中的所有...	路径	
允许	Everyone	(默认规则) 位于 Windows 文件夹中的所有文件	路径	
允许	BUILTIN\Ad...	(默认规则) 所有文件	路径	
拒绝	Everyone	禁用WINODWS目录下非微软APP	路径	是

图 6-62　创建好的可执行规则

（11）右击“AppLocker”节点，在弹出的快捷菜单中选择“属性”选项，在弹出的“AppLocker 属性”对话框中确认“可执行规则”“Windows Installer 规则”“脚本规则”“封装应用规则”这四项都已经正确勾选“已配置”复选框，并在其下方的下拉列表中确认选择了“强制规则”选项，如图 6-63 所示。

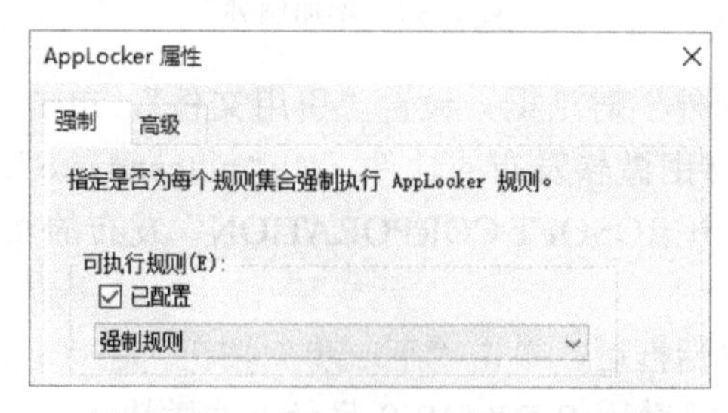

图 6-63　“AppLocker 属性”对话框

（12）由于默认情况下，文件标识“Application Identity”服务并没有开启，所以，用户必须要在组策略中将其开启。依然在该 GPO 树中依次展开“计算机配置”→“策略”→“Windows 设置”→“安全设置”→“受限制的组”节点，打开“系统服务”节点，在右侧窗格中找到“Application Identity”服务并右击，在弹出的快捷菜单中选择“属性”，如图 6-64 所示。

图 6-64 “Application Identity”服务

（13）弹出“Application Identity 属性”对话框，勾选“定义此策略设置”复选框，并选择服务器启动模式为“自动”，如图 6-65 所示。

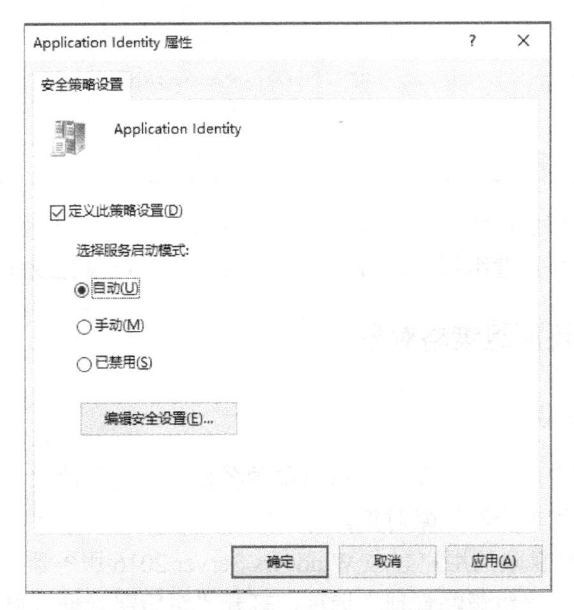

图 6-65 “Application Identity”服务属性

5）测试

（1）在命令行窗口中输入“gpupdate /force”命令，执行组策略更新操作。

（2）以域用户身份登录“Sales”OU 中的计算机 SRV01，运行“C:/Windows/notepad.exe”命令，确认可以运行。

（3）复制一个非微软发布的可执行文件到“C:/Windows/”文件夹中，如“Everything.exe”；双击运行该程序，会提示“你的系统管理员已阻止此程序。有关详细信息，请与你的系统管理员联系。”，如图 6-66 所示。

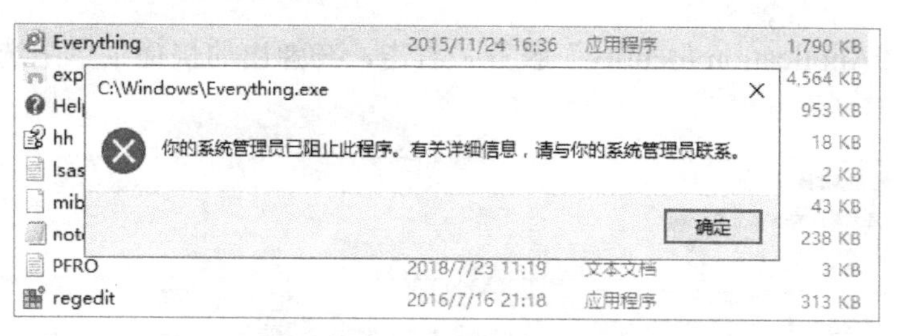

图 6-66　运行非微软发布的可执行文件时的提示信息

6.4　管理组策略

组策略管理（GPMC）为管理组策略提供了新的框架。通过 GPMC，组策略能够更容易使用，更多的组织能够更好地利用活动目录服务，从其强大的管理特性中获益。例如，组策略管理能够备份和恢复组策略对象、导入/导出和复制/粘贴 GPO。

组策略管理包括创建组策略、删除组策略、查看组策略设置、备份全部组策略、备份单个组策略、还原组策略。

 **学习目标**

- 管理组备份。
- 组策略还原。
- 管理组策略设置。

本任务将详细介绍使用组策略管理工具进行组策略管理，包括组策略备份、还原，以及通过组策略管理工具查看组策略设置，禁用组策略的用户设置或计算机设置。

6.4.1　备份和还原组策略对象

1．备份组策略对象

用户可以备份所有组策略对象，也可以单独备份一个组策略对象。以下将会演示如何备份所有组策略对象和单个组策略对象。

（1）使用具备管理权限的用户登录 Windows Server 2016 服务器，打开“服务器管理器”窗口，选择“工具”→“组策略管理”选项，打开“组策略管理”窗口。

（2）依次展开“林”→“域”→“dev.com”节点，右击“组策略对象”节点，在弹出的快捷菜单中选择“全部备份”选项，如图 6-67 所示。

（3）弹出“备份组策略对象”对话框，设置备份的“位置”为“C:\\GPO-BACKOP”，“描述”为“GPO 备份”，单击【备份】按钮，如图 6-68 所示。

（4）弹出“备份”对话框，可以看到备份进度和状态，备份完成后单击“确定”按钮。

（5）如果只需要备份单个 GPO，如“禁用 WINDOWS 目录下非微软 APP”，只需选中该 GPO 并右击，在弹出的快捷菜单中选择“备份”选项，如图 6-69 所示。

（6）弹出“备份组策略对象”对话框，指定备份的位置和描述，单击“备份”按钮。

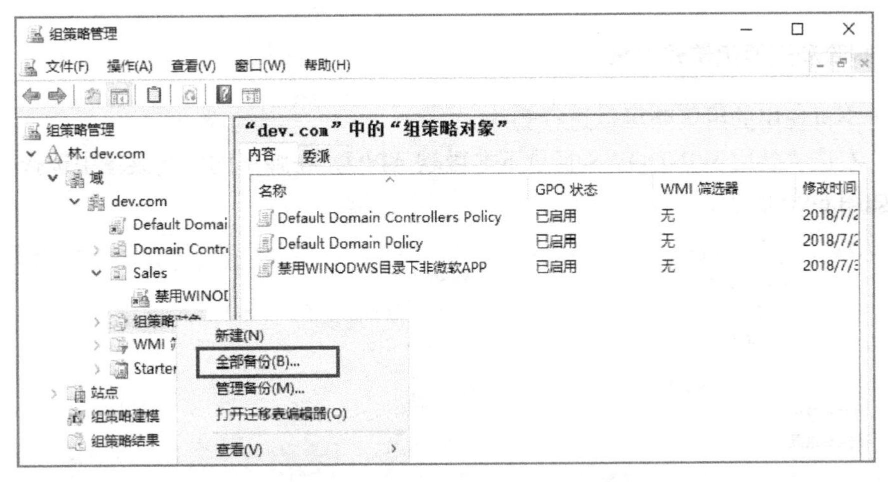

图 6-67　选择“全部备份”选项

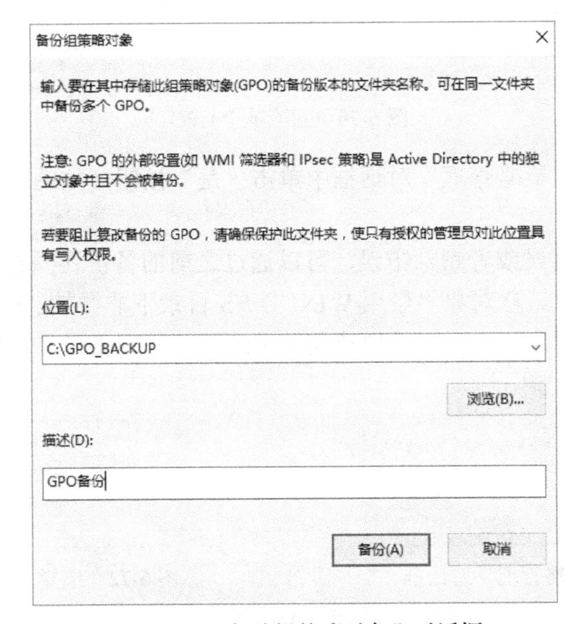

图 6-68　“备份组策略对象”对话框

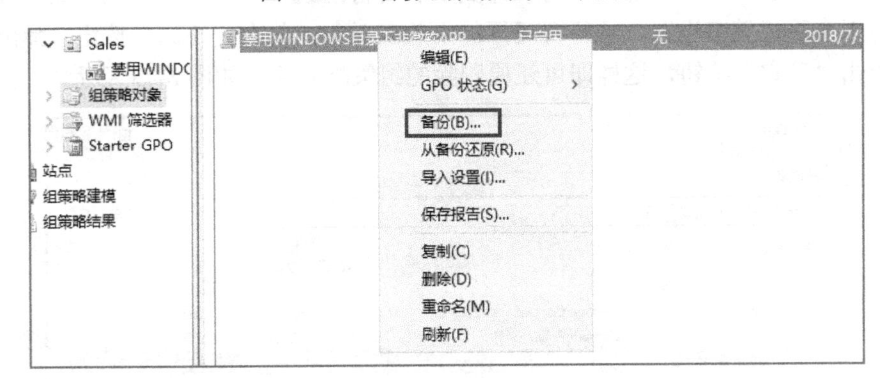

图 6-69　备份单个 GPO

（7）在打开的“备份”对话框中可以看到备份进度和状态，备份完成后单击“确定”按钮即可。

2. 删除和还原组策略对象

对于不再使用的组策略可以进行删除。

（1）右击“禁用 WINDOWS 目录下非微软 APP”，在弹出的快捷菜单中选择“删除”选项，如图 6-70 所示。

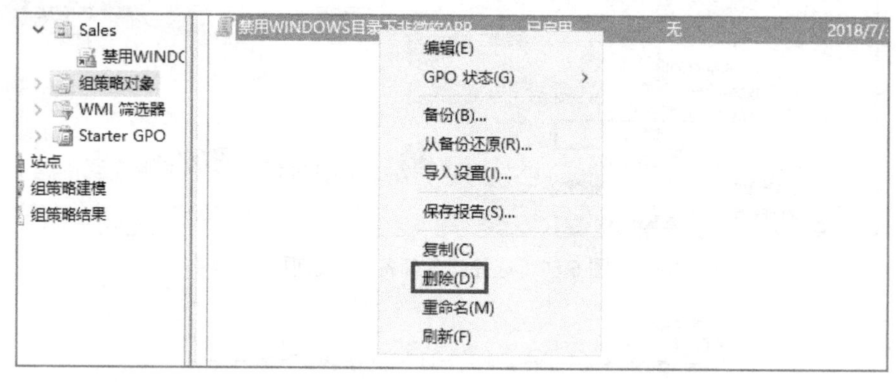

图 6-70　删除单个 GPO

（2）在弹出的“组策略管理”对话框中单击“是”按钮，如图 6-71 所示。

2）还原 GPO

如果组策略编辑错误或者删除错误，可以通过之前的备份还原到以前的状态。以下将演示如何恢复删除的组策略对象“禁用 WINDOWS 目录下非微软 APP”。

（1）右击组策略对象，在弹出的快捷菜单中选择“管理备份”选项，如图 6-72 所示。

图 6-71　“组策略管理”对话框

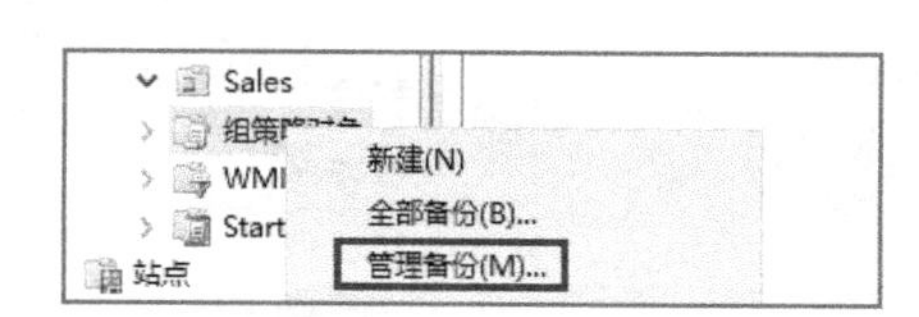

图 6-72　选择“管理备份”选项

（2）打开“备份管理”窗口，可以看到所有备份的组策略对象，可以只显示最新的版本，也可以查看组策略设置，选择要还原的组策略对象，单击“还原”按钮，弹出提示对话框，单击“确定”按钮，这样即可还原删除的组策略对象，如图 6-73 所示。

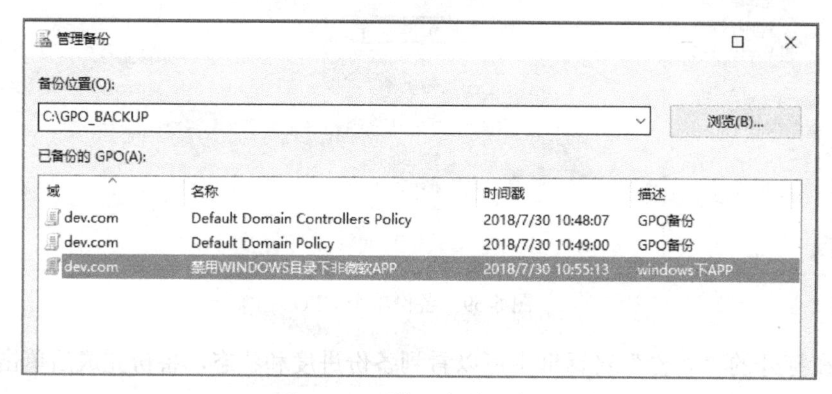

图 6-73　“管理备份”窗口

6.4.2 查看组策略

1. 组策略对象的设置

组策略对象的设置有 3 种状态："未配置""已启用""已禁用"。创建的新的组策略，所有设置都是"未配置"，使用组策略管理工具可以方便地查看组策略对象的设置，即"已启用"和"已禁用"的设置，如图 6-74 所示。在"组策略管理"窗口中，选中组策略对象后，在右侧窗格选择"设置"选项卡，可以方便地查看组策略的设置，未配置的设置不显示。

图 6-74 "组策略管理"窗口

2. 指定组策略的状态

组策略对象的状态可以是"已启用""已禁用所有设置""已禁用计算机配置设置""已禁用用户配置设置"，如图 6-75 所示。

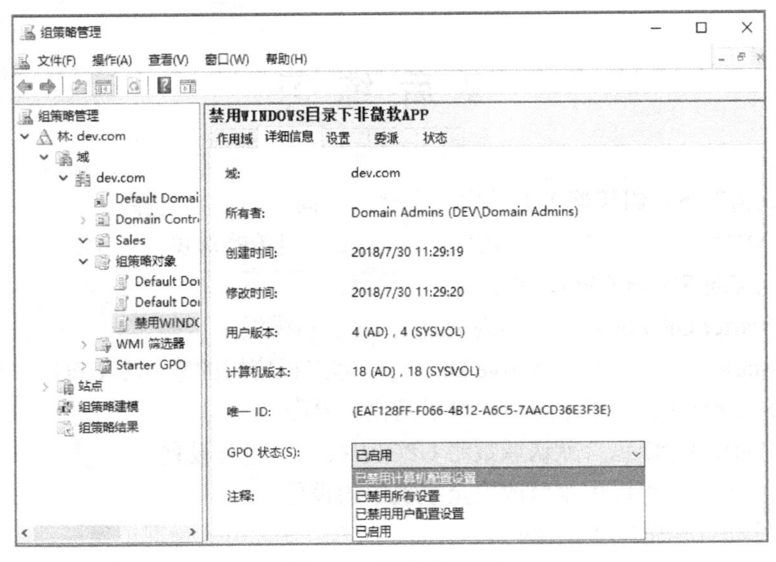

图 6-75 组策略状态

如果组策略对象只是管理计算机的，则可以将组策略对象状态指定为“已禁用用户配置设置”，这样用户登录时就不再检查该组策略对象是否配置了用户设置，能够减少用户登录等待的时间。

同样，如果组策略对象是只是管理用户的，则可以将组策略对象状态指定为“已禁用计算机配置设置”，这样域中计算机启动时不再检查计算机的设置，能够减少计算机登录过程中应用组策略对象的时间。

3. 查看组策略作用域

一个组策略可以连接到多个容器，域和组织单元都是容器。如图 6-76 所示，通过查看组策略的作用域可以看到一个组策略连接到了哪些容器。

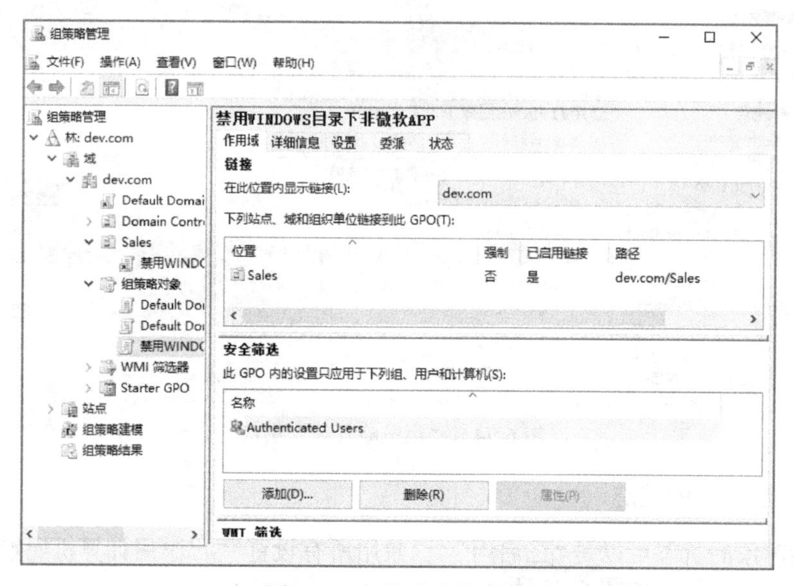

图 6-76　组策略的作用域

课 后 练 习

（1）默认情况下，组策略工具从中央存储区访问（　　）文件。

A．ADM　　B．ADMX　　C．组策略对象　　D．安全模板

（2）最能描述 Starter GPO 功能的是（　　）。

A．Starter GPO 的功能是作为创建新 GPO 的模板

B．Starter GPO 是所有 Active Directory 客户机应用的第一个 GPO

C．Starter GPO 为初级用户提供了简化的界面

D．Starter GPO 包含默认域策略 GPO 中找到的所有设置

（3）（　　）工具可以用来修改安全模板中的设置。

A．活动目录用户和计算机　　B．安全模板管理单元

C．组策略对象编辑器　　D．组策略管理控制台

（4）服务器上的内置本地组通过（　　）机制应用其特殊功能。

A．安全选项 B．Windows 防火墙规则

C．NTFS 权限 D．用户权限

（5）（ ）不是 Windows Server 2016 所支持的软件限制规则类型。

A．哈希规则 B．证书的规则

C．路径规则 D．防火墙规则

（6）在 Windows 应用 AppLocker 策略之前，必须手动启动（ ）服务。

A．Application Identity B．Application Management

C．Credential Manager D．Network Connectivity Assistant

课后实践

（1）将一台 Windows Server 2016 主机配置为林中的第一台域控制器，计算机名为 DC1，域名为 dev.com，IP 地址自定义，建立域用户 User01 和 User02。

（2）通过组策略实现一个 MSI 文件的自动部署。

（3）通过 AppLocker 禁止 User01 用户使用非 Microsoft 发行的软件的功能。

项目 7

部署和管理服务器映像

Windows 部署服务（Windows Deployment Services，WDS）适用于大中型网络中的计算机操作系统部署。使用 Windows 部署服务可以管理映像及无人参与安装脚本，其提供了人工参与安装和无人参与安装的选项。

7.1 WDS

学习目标

- 认识 WDS。
- Windows 部署服务的优势。
- 掌握 Windows Server 2016 安装 WDS 的方法。
- 掌握 Windows Server 2016 部署 WDS 的方法。
- 配置映像。
- 设定部署服务器的属性。

7.1.1 WDS 简介

1. 服务器映像

网络操作系统（Network Operating System，NOS）是网络的心脏和灵魂，是向网络计算机提供网络通信和网络资源共享功能的操作系统。它是负责管理整个网络资源和方便网络用户的软件的集合。由于网络操作系统是运行在服务器之上的，所以有时称之为服务器操作系统。

网络操作系统与运行在工作站上的单用户操作系统（如 Windows 10）或多用户操作系统由于提供的服务类型不同而有所差别。一般情况下，网络操作系统是以使网络相关特性最佳为目的的，如共享数据文件、软件应用及共享硬盘、打印机、调制解调器、扫描仪和传真机等。计算机的操作系统，如DOS、OS/2等，其目的是让用户与系统及在此操作系统上运行的各种应用之间的交互作用最佳。

2. Windows 部署服务的优势

Windows 部署服务具有下列优势。

（1）降低了部署的复杂程度，以及与手动安装过程效率低下的问题。

（2）允许基于网络安装 Windows 操作系统（含 Windows 2008 和 Windows Server 2016）。

（3）能将 Windows 映像部署到未安装操作系统的计算机上。

（4）支持包含 Windows Vista、Windows Server 2008、Windows Server 2016、Windows XP 和 Windows Server 2003 的混合环境。

（5）为将 Windows 操作系统部署到客户端计算机和服务器提供了端到端的解决方案。

（6）支持基于标准的 Windows Server 2016 安装技术（包括 Windows PE、.WIM 文件和基于映像的安装）。

3. Windows 部署服务的安装与管理

下面介绍 Windows Server 2016 部署服务的安装步骤。

（1）选择“开始”→“服务器管理器”选项，打开“服务器管理器”窗口，打开“仪表板”窗口，如图7-1所示，选择“添加角色和功能”选项，弹出“添加角色和功能向导”窗口，如图7-2所示。

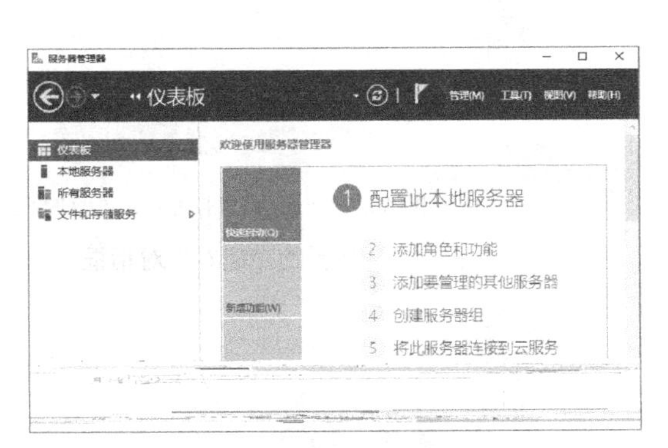

图7-1 “服务器管理器”窗口

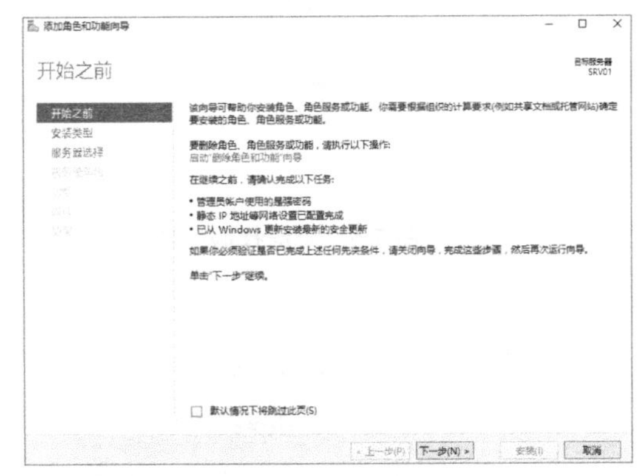

图7-2 “添加角色和功能向导”窗口

（2）单击“下一步”按钮，打开“选择安装类型”窗口，如图7-3所示。单击“下一步”按钮，打开“选择目标服务器”窗口，下方出现本服务器的名称、IP地址及操作系统信息，如图7-4所示。

（3）单击“下一步”按钮，打开“选择服务器角色”窗口，如图7-5所示。勾选“Windows 部署服务”复选框，单击“下一步”按钮，弹出“添加 Windows 部署服务所需的功能？”对话框，如图7-6所示。

（4）单击“添加功能”按钮，打开“选择角色服务”窗口，勾选“部署服务器”和“传输服务器”复选框，如图7-7所示。

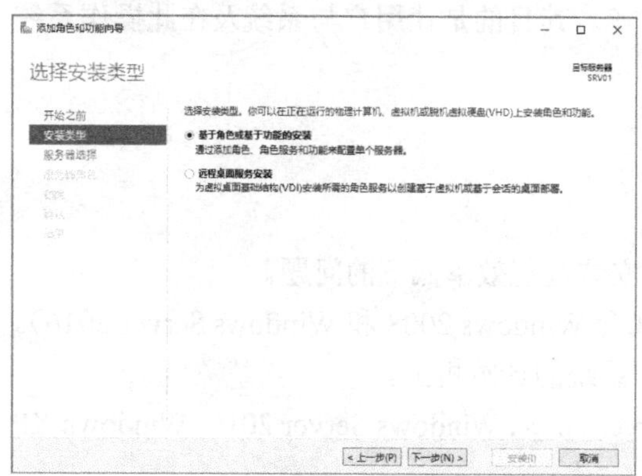

图 7-3 “选择安装类型”窗口

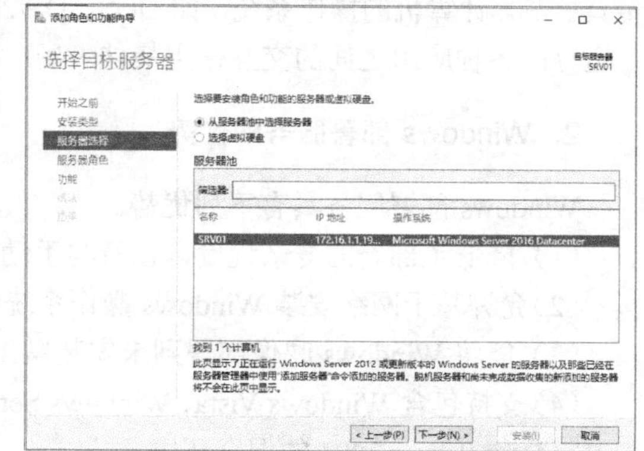

图 7-4 “选择目标服务器”窗口

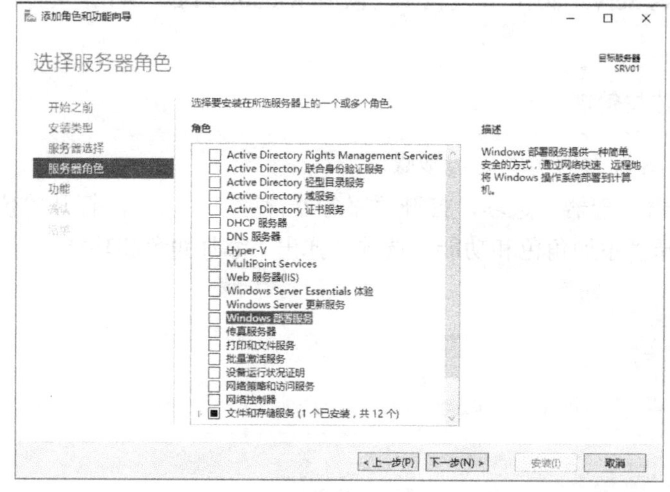

图 7-5 “选择服务器角色”窗口

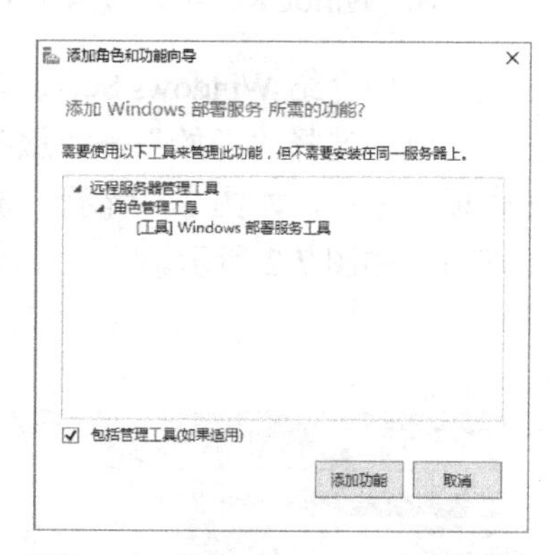

图 7-6 “添加 Windows 部署服务所需的功能？”对话框

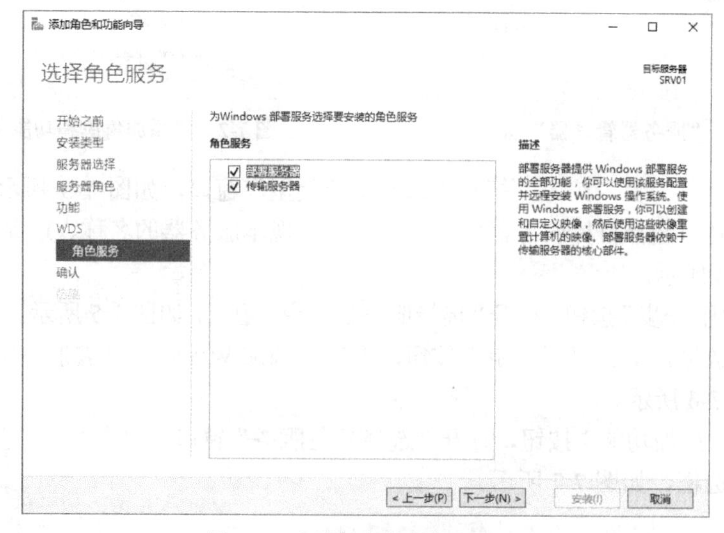

图 7-7 “选择角色服务”窗口

① 传输服务器。在安装期间，可以选择只安装传输服务器。此角色服务提供 Windows 部署服务的功能的一个子集，只包含核心的联网部分。可以使用传输服务器来创建多播名称为空间，用于从独立服务器传输数据（包括操作系统映像）。独立服务器不需要 Active Directory、DHCP 或 DNS。在高级方案中，可以选择传输服务器作为自定义部署解决方案的一部分。

② 部署服务器。部署服务器提供 Windows 部署服务的全部功能，可以用于配置和远程安装 Windows 操作系统。通过 Windows 部署服务可以创建并自定义映像，使用这些映像对计算机进行重新映像。部署服务器依赖于传输服务器的核心部分（这就是无法只安装部署服务器而不安装传输服务器的原因）。部署服务器提供端到端的操作系统部署解决方案。

（5）单击“下一步”按钮，打开“确认安装所选内容”窗口，如图 7-8 所示，单“安装”按钮。

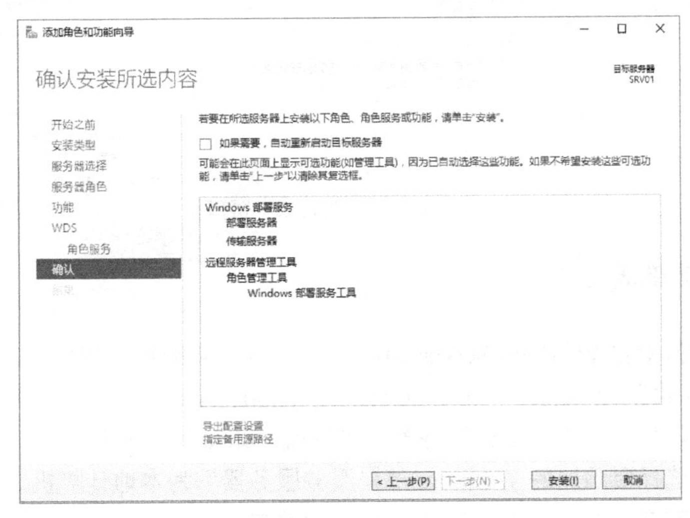

图 7-8 “确认安装所选内容”窗口

（6）打开“安装进度”窗口，如图 7-9 所示。

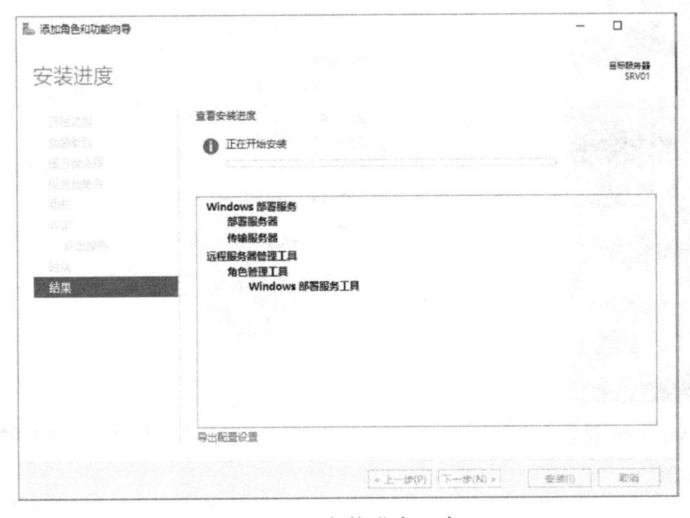

图 7-9 “安装进度”窗口

（7）查看安装进度，直到出现安装成功的提示信息，如图 7-10 所示，单击“关闭”按钮，结束安装。

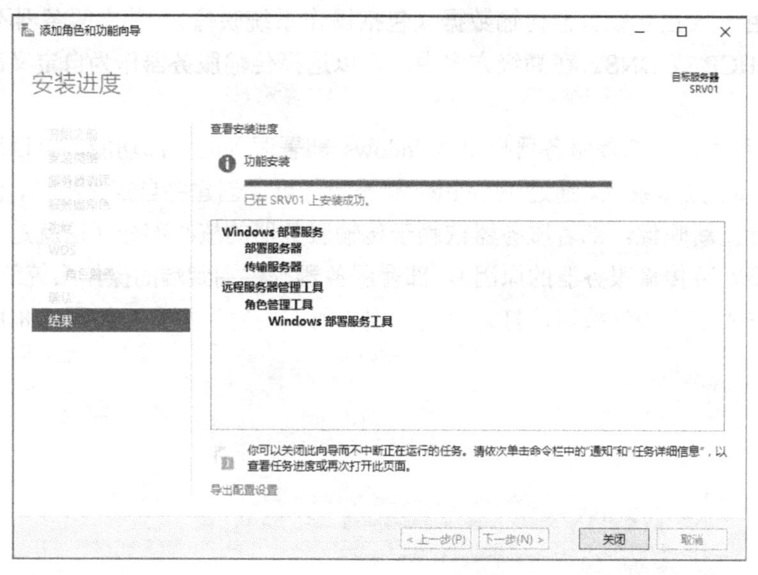

图 7-10　“安装完成”窗口

7.1.2　配置部署服务

下面介绍如何配置 Windows Server 2016 部署服务。其配置步骤如下。

（1）选择“开始”→“Windows 管理工具”→“Windows 部署服务”选项，打开“Windows 部署服务”窗口，弹出“添加多台服务器”对话框，如图 7-11 和图 7-12 所示。

（2）设置“选择要添加的 Windows 部署服务服务器”为本地计算机，单击“确定”按钮，选择服务器右击，弹出如图 7-13 所示的快捷菜单。

图 7-11　选择“Windows 管理工具”选项

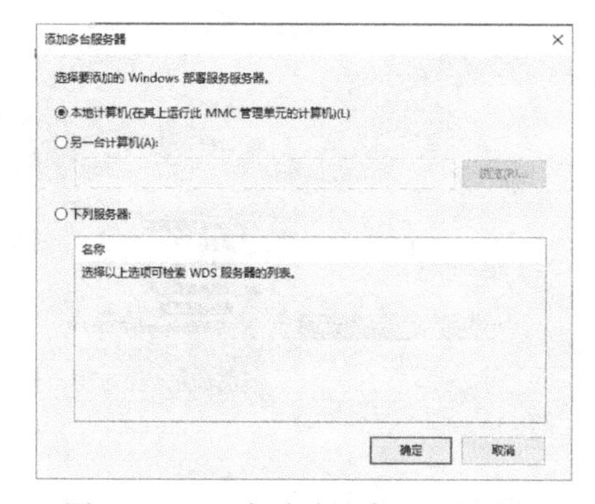

图 7-12　“添加多台服务器”对话框

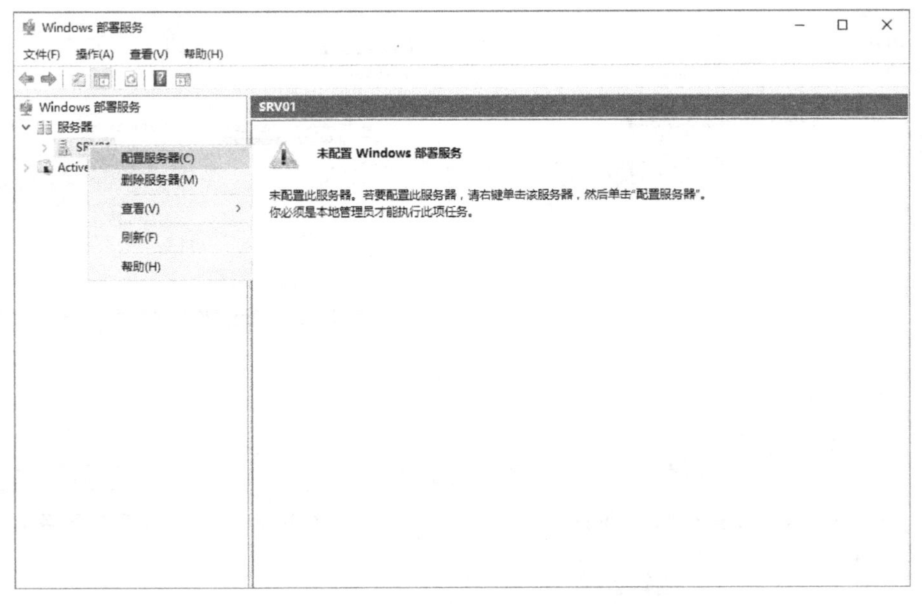

图 7-13　服务器右键快捷菜单

（3）选择“配置服务器”选项，弹出“Windows 部署服务配置向导”对话框，如图 7-14 所示，单击“下一步”按钮，弹出“安装选项”对话框，由于该服务器没有安装域环境，所以选中“独立服务器”单选按钮，如图 7-15 所示。

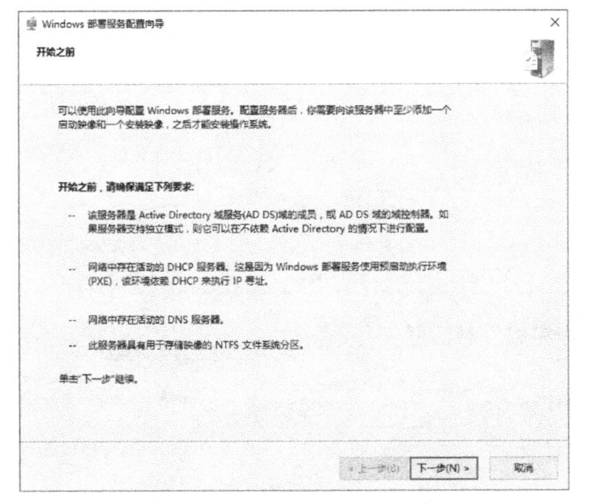

图 7-14　“Windows 部署服务配置向导”对话框

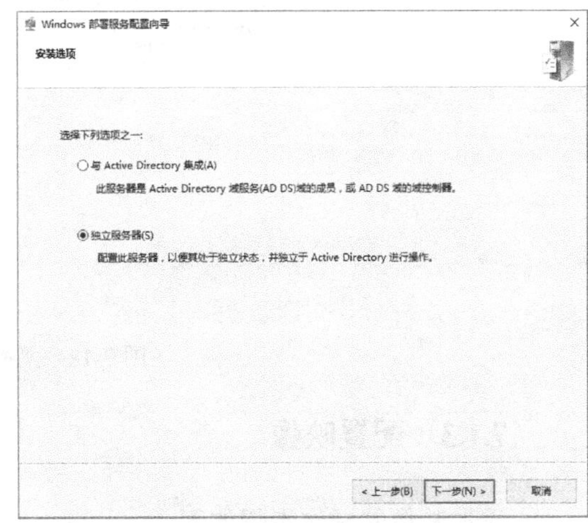

图 7-15　“安装选项”对话框

（4）单击“下一步”按钮，指定共享文件夹的位置，如图 7-16 所示，该文件夹用来存放 PEX 启动映像、Windows 安装映像。

（5）单击“下一步”按钮，选择 PXE 响应策略，由于本任务中使用裸机，并未在 AD 中预留，所以选中“应所有客户端计算机（已知和未知）”单选按钮，如图 7-17 所示。

（6）单击“下一步”按钮，弹出“操作完成”对话框，如图 7-18 所示，默认勾选“立即向服务器中添加映像”复选框，单击“完成”按钮，开始配置服务。

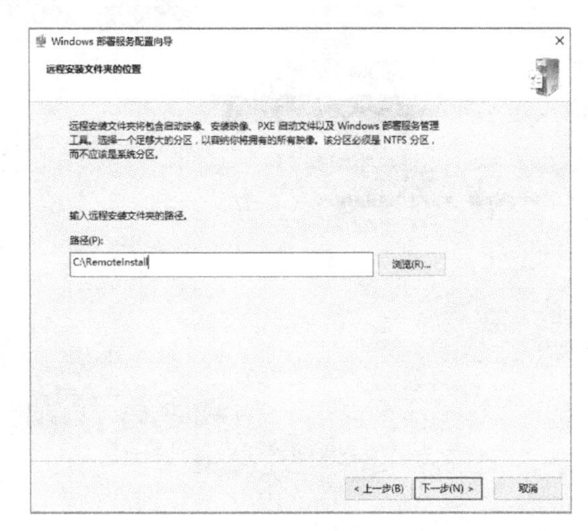

图 7-16　指定共享文件夹的位置

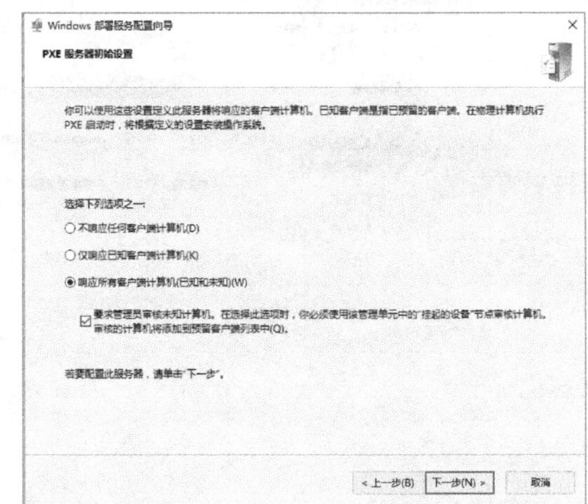

图 7-17　选择 PXE 响应策略

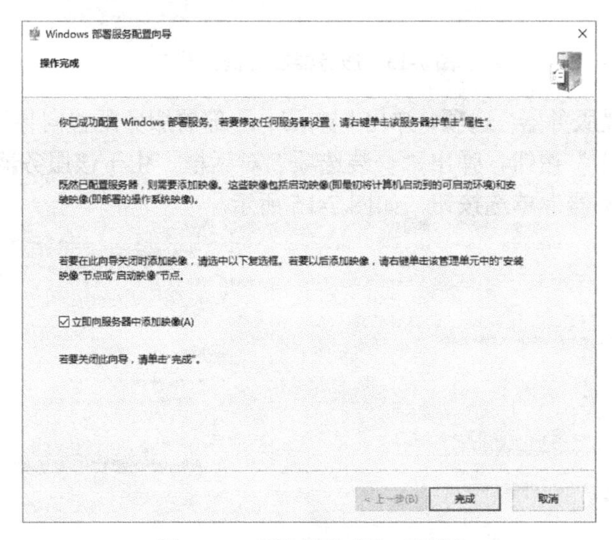

图 7-18　“操作完成”对话框

7.1.3　配置映像

添加映像的操作步骤如下。

（1）在“添加映像向导”对话框中，添加 Windows Server 2016 安装目录下的启动映像，输入安装盘光驱所在位置，如图 7-19 所示。

（2）单击“下一步”按钮，弹出“映像组”对话框，默认选中“创建已命名的映像组”单选按钮，可以使用默认的名称，也可以自定义名称，如图 7-20 所示。

（3）单击“下一步”按钮，弹出“复查设置”对话框，如图 7-21 所示。单击“下一步”按钮，弹出“任务进度”对话框，显示正在添加启动映像，如图 7-22 所示。

（4）查看添加进度，直到出现“该操作已完成”提示信息，如图 7-23 所示，单击“完成”按钮，操作结束。

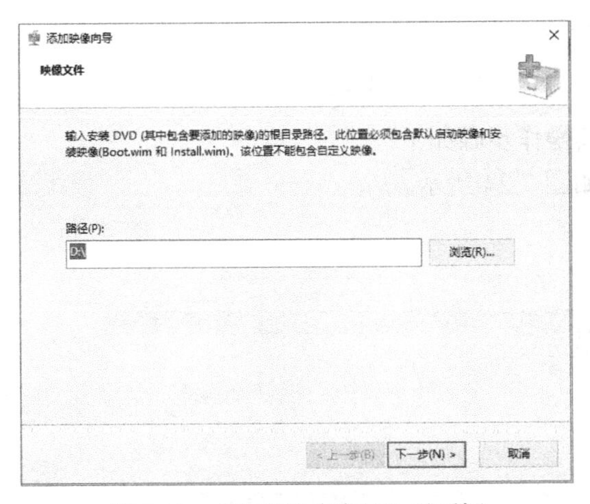

图 7-19 “添加映像向导”对话框

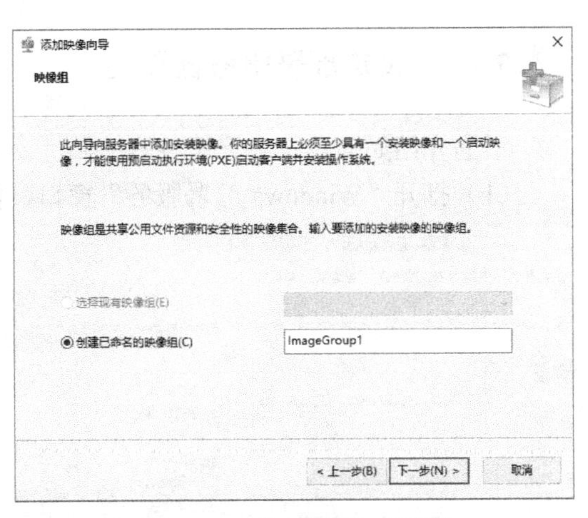

图 7-20 “映像组”对话框

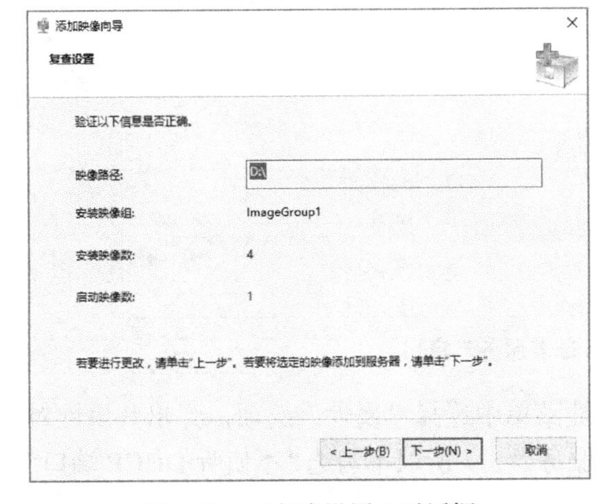

图 7-21 “复查设置”对话框

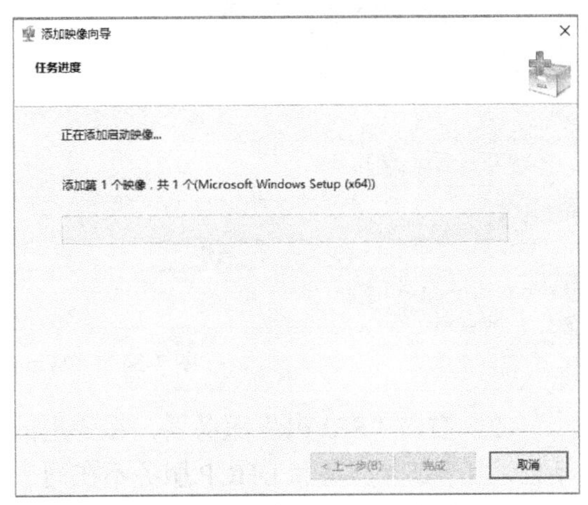

图 7-22 “任务进度”对话框

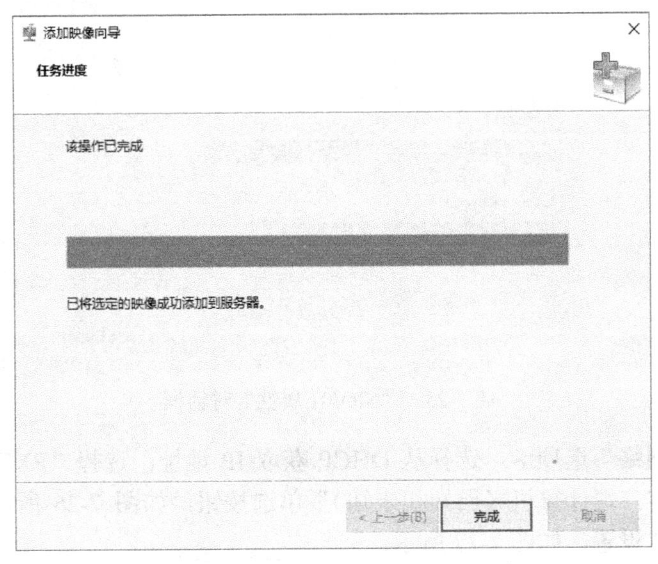

图 7-23 “该操作已完成”提示信息

7.1.4 设定部署服务器属性

下面介绍如何设定部署服务器的属性。其操作步骤如下：

（1）打开“Windows 部署服务”窗口，如图 7-24 所示。

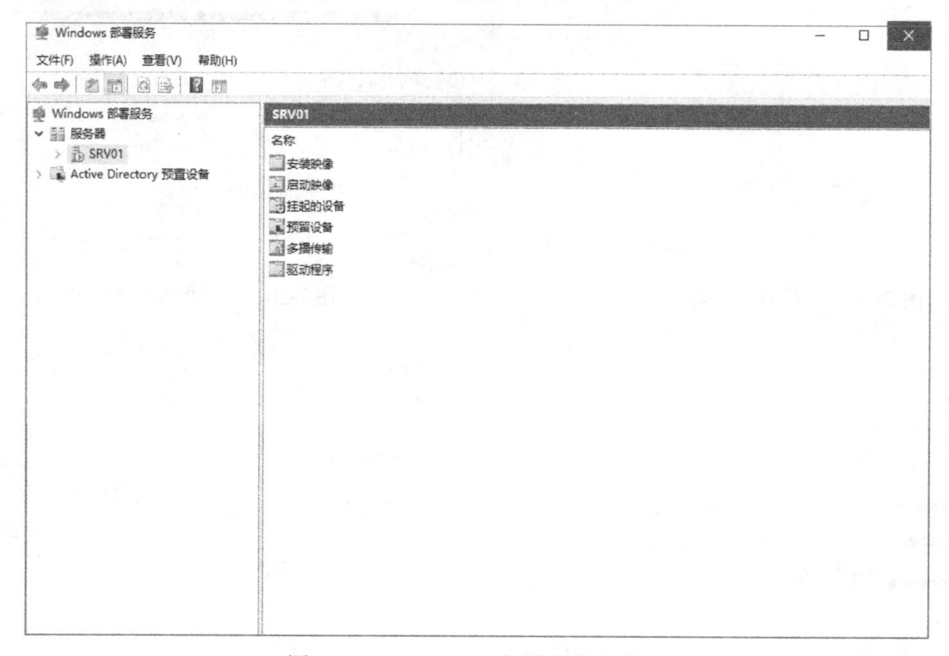

图 7-24 “Windows 部署服务”窗口

（2）右击“SRV01”服务器，在弹出的快捷菜单中选择“属性”选项，弹出其属性对话框，由于部署服务和 DHCP 服务不在同一台服务器上，所以不勾选“不侦听 DHCP 端口”复选框，如图 7-25 所示。

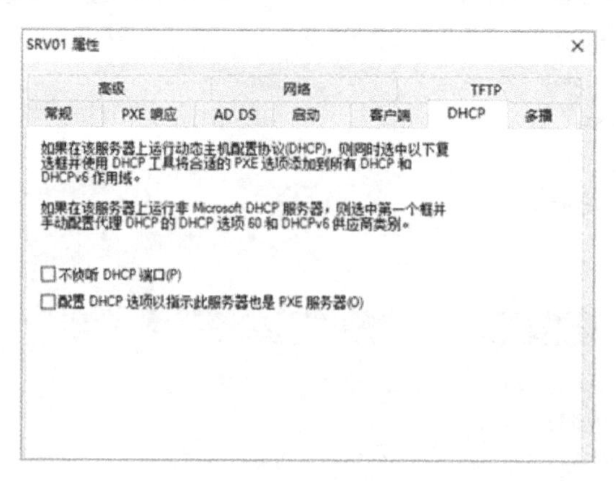

图 7-25 “SRV01 属性”对话框

（3）选择“网络”选项卡，选择从 DHCP 获取 IP 地址；选择“PXE 响应”选项卡，选中“响应所有客户端计算机（已知和未知）”单选按钮，如图 7-26 所示。选择“启动”选项卡，保持默认设置，如图 7-27 所示。

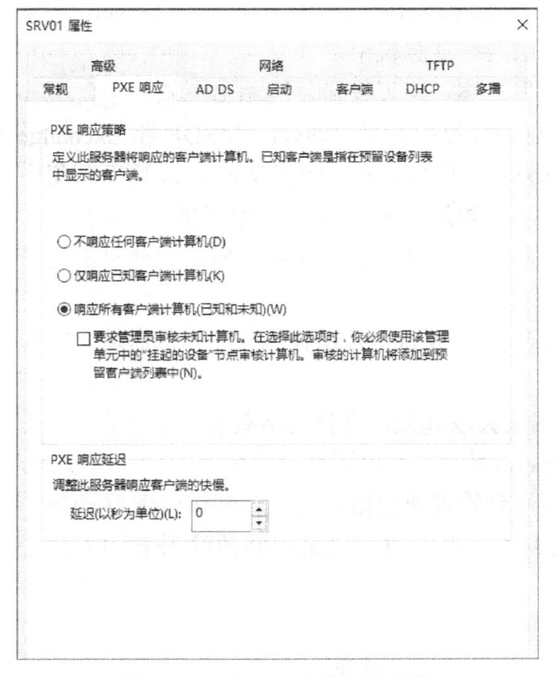

图 7-26 “PXE 响应”选项卡

图 7-27 “启动”选项卡

7.2 实现补丁管理

学习目标

- WSUS 简介。
- 了解 WSUS 的功能。
- 了解 WSUS 的安装需求。
- 掌握 WSUS 的特性和工作模式。
- 掌握 Windows Server 2016 安装 WSUS 的方法。

7.2.1 WSUS 简介

1. WSUS

Windows Server 更新服务（Windows Server Update Services，WSUS）它在以前的 Windows Update Services 的基础上进行了很大改善。目前的版本可以更新更多的 Windows 补丁，同时具有报告功能和导向功能，管理员可以控制更新过程。

2. WSUS 的功能

WSUS 使信息技术管理员能够将最新的 Microsoft 产品更新部署至运行了 Microsoft

Windows Server 2016、Windows Server 2012、Windows Server 2018、Windows Server 2003、Windows Server 2000 和 Windows XP 操作系统的网络计算机中。

WSUS 是微软推出的网络化的免费补丁分发方案，可以在微软网站上下载。

WSUS 支持微软公司全部产品的更新，包括 Office、SQL Server、MSDE 和 Exchange Server 等内容。通过 WSUS 内部网络中的 Windows 升级服务，所有 Windows 更新都集中下载到内部网的 WSUS 服务器中，而网络中的客户机通过 WSUS 服务器来更新，这在很大程度上节省了网络资源，避免了外部网络流量的浪费，并且提高了内部网络中计算机更新的效率。

WSUS 采用了 C/S 模式，客户端已被包含在各个 Windows 操作系统中。从微软官方网站上下载的是 WSUS 服务器端。

通过配置，可将 WSUS 的客户端和服务器端关联起来，并自动下载补丁。

其配置工作是区分域与工作组环境的，在域环境中，可以通过设置域的组策略来实现，比较简单；在工作组环境中，因为配置时需要用到管理员权限，所以只能逐台配置。

对单机的配置也可以用单机的组策略配置来实现，也可以采用修改注册表的方式来实现。

注册表的修改项如下。

RescheduleWaitTime：重新计划自动更新计划后的等待时间。

NoAutoRebootWithLoggedOnUsers：计划的自动更新安装后是否重新启动。

NoAutoUpdate：启停自动更新。

AUOptions：配置自动更新。

ScheduledInstallDay：计划安装日期。

ScheduledInstallTime：计划安装时间。

UseWUServer：是否启用 WSUS 服务器。

WUServer：WSUS 服务器。

WUStatusServer：统计服务器。

ElevateNonAdmins：是否允许普通用户审批更新。

TargetGroupEnabled：是否设置目标组。

TargetGroup：目标组名称。

7.2.2 WSUS 安装要求

1. 硬件要求

对于多达 500 个客户端的服务器，硬件要求如下。

（1）1GHz 的处理器。

（2）1GB 的 RAM。

2. 软件要求

要使用默认选项安装 WSUS，必须在计算机中安装以下软件。

（1）IIS。

（2）Microsoft Report Viewer Redistributable 2008（或新版本）。

（3）SQL 数据库或内置数据库。

其客户端必须支持自动更新功能。

3．磁盘要求

要安装 WSUS，服务器中的文件系统必须满足以下要求。

① 系统分区和安装 WSUS 的分区都必须使用 NTFS 进行格式化。

② 系统分区至少有 1GB 的可用空间。

③ WSUS 用于存储内容的卷至少有 6 GB 的可用空间，建议预留空间为 30 GB。

④ WSUS 安装程序用于安装 Windows SQL Server 2000 Desktop Engine（WMSDE）的卷至少有 2 GB 的可用空间。

7.2.3 WSUS 的特性和工作模式

WSUS 可以使用工作组更新，系统默认内置了两个计算机组，分别是所有计算机和未分配的计算机。

1．WSUS 服务器的架构

WSUS 服务器分为上游 WSUS 服务器（主服务器）和下游 WSUS 服务器。

服务器的工作模式有两种：自治模式和副本模式。

1）自治模式

在此模式中，上游和下游服务器共享更新程序，下游服务器会从上游服务器获得更新程序，但并不包含更新程序的审批状态、计算机组信息，下游服务器必须自行决定是否安装这些信息。

2）副本模式

在此模式中，上游和下游服务器共享更新程序、审批状态和计算机组信息。

2．WSUS 数据库选择和更新存储的位置

WSUS 数据库可以存储在 WSUS 服务器本地硬盘中，也可以存储在 Microsoft Update 网站，WSUS 服务器只下载更新包的 Metadata（包含更新程序的属性、使用规则、安装信息）。

默认情况下，WSUS 服务器会先下载更新程序的 Metadata，再下载更新文件（延期下载更新）。

默认情况下，WSUS 是未启用快速安装文件功能的。

7.2.4 WSUS 的安装

下面介绍 WSUS 的安装过程，其操作步骤如下。

（1）打开“添加角色和功能向导”窗口，勾选“Web 服务器（IIS）”和“Windows Server 更新服务”复选框，如图 7-28 所示。

（2）单击“下一步”按钮，直到打开“选择角色服务”窗口，如图 7-29 所示，使用自己的内部数据库，勾选“WSUS 服务”和“WID Connectivity”复选框，单击“下一步”按钮，打开“内容位置选择”窗口。

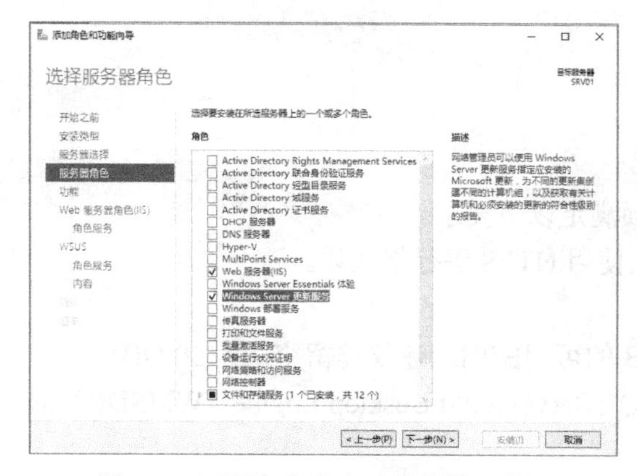
图 7-28 “添加角色和功能向导”窗口

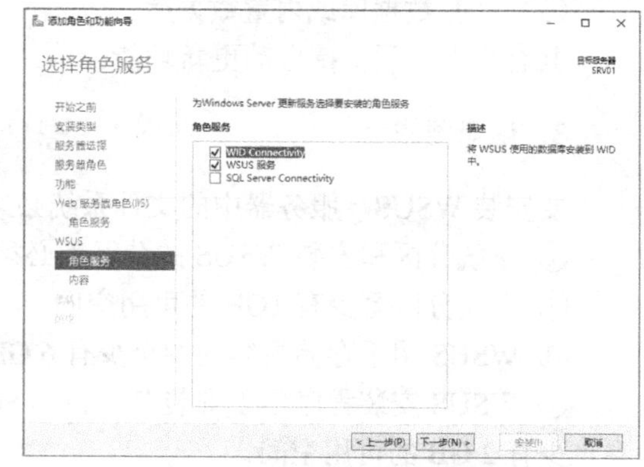
图 7-29 使用自己的内部数据库

（3）默认情况下将更新程序存放在“C:\WSUS”文件夹中，如图 7-30 所示。单击“下一步”按钮，确认无误后单击“安装”按钮，打开“安装进度”窗口，查看安装进度，直到安装成功，如图 7-31 所示。

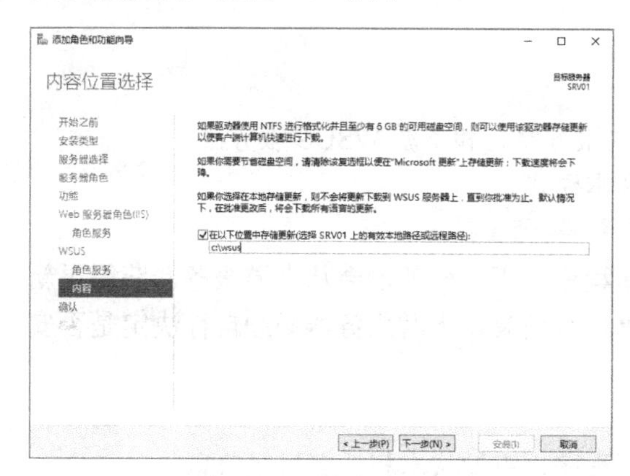
图 7-30 指定内容位置

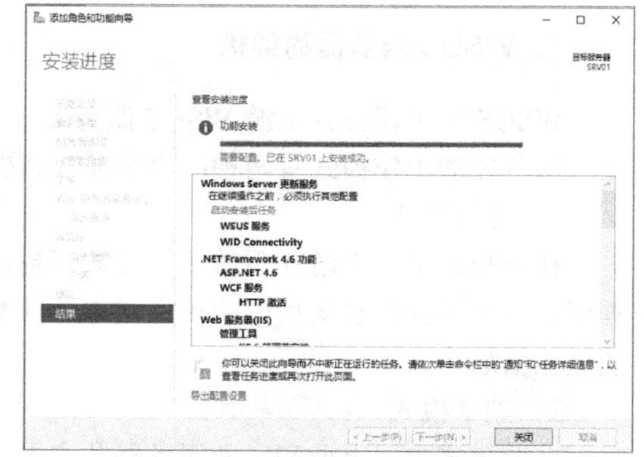
图 7-31 查看安装进度

（4）使用配置向导进行配置，打开“服务器管理器”窗口，在“仪表板”窗口中打开“工具”下拉列表，如图 7-32 所示。

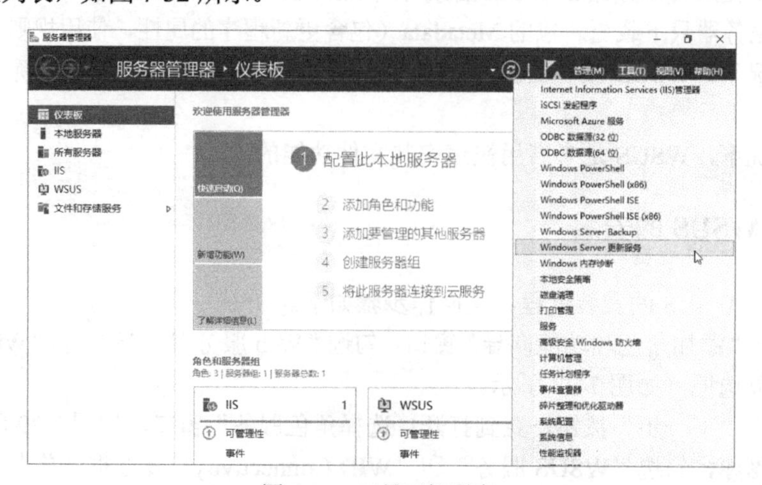
图 7-32 工具下拉列表

（5）选择“Windows Server 更新服务”选项，弹出“完成 WSUS 安装”对话框，如图 7-33 所示。

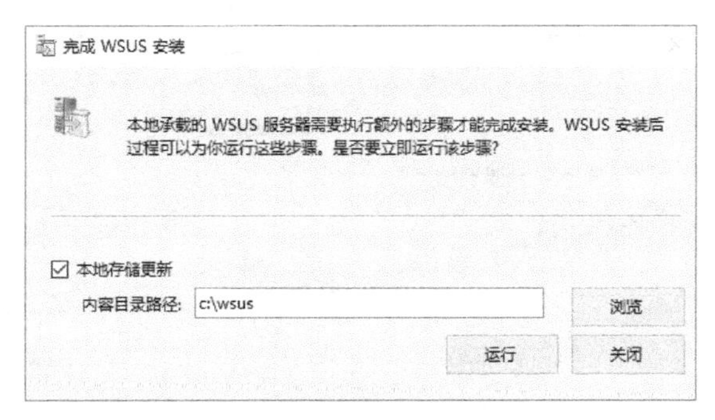

图 7-33 “完成 WSUS 安装”对话框

（6）单击“运行”按钮，弹出“WSUS 配置向导”对话框，单击“下一步”按钮，弹出“加入 Microsoft 更新改善计划”对话框，勾选“是的，我希望加入 Microsoft 更新改善计划”复选框，如图 7-34 所示，单击“下一步”按钮，弹出“选择‘上游服务器’”对话框，如图 7-35 所示。

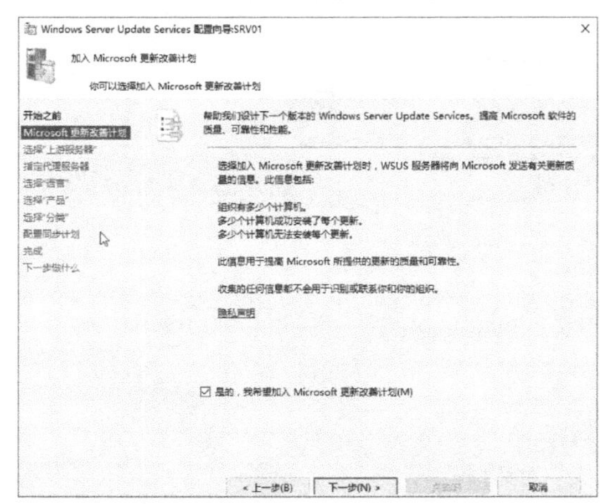

图 7-34 “加入 Microsoft 更新改善计划”对话框

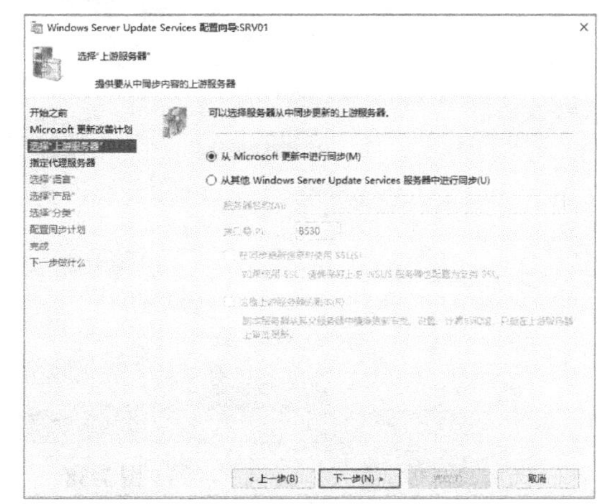

图 7-35 “选择‘上游服务器’”对话框

（7）单击“下一步”按钮，弹出“连接到上游服务器”对话框，如图 7-36 所示。单击“开始连接”按钮，此时计算机必须在网络中才能进行连接，这里需要花费一段时间，一旦连接成功，就会弹出“选择‘产品’”对话框，如图 7-37 所示，勾选与 Windows Server 2016 有关的复选框。

（8）单击“下一步”按钮，弹出“完成”对话框，如图 7-38 所示，勾选“开始初始同步”复选框。

（9）单击“下一步”按钮，完成同步，可以查看相关的同步信息，如图 7-39 所示。

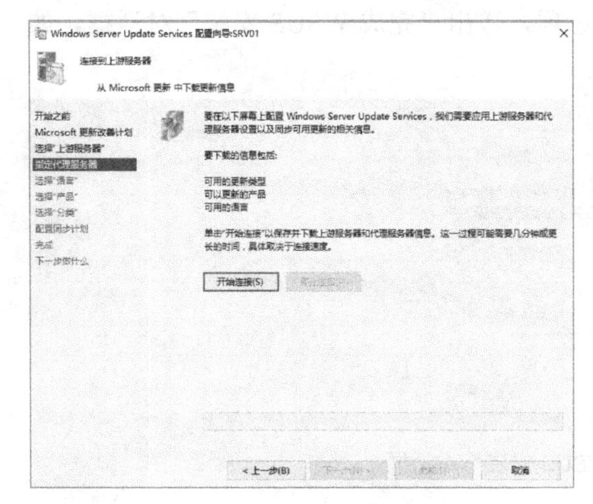

图 7-36 “连接到上游服务器”对话框

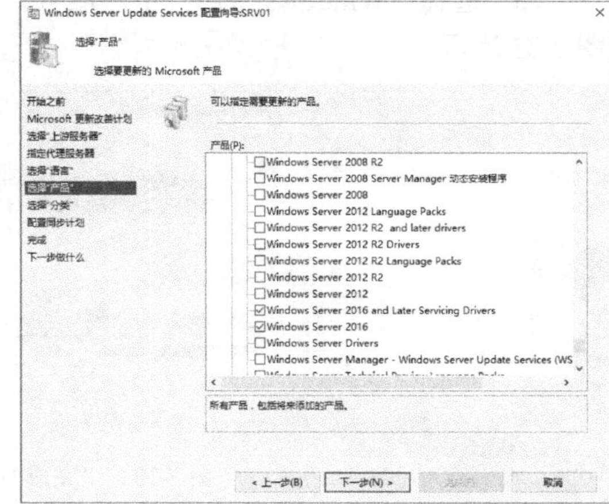

图 7-37 “选择‘产品’”对话框

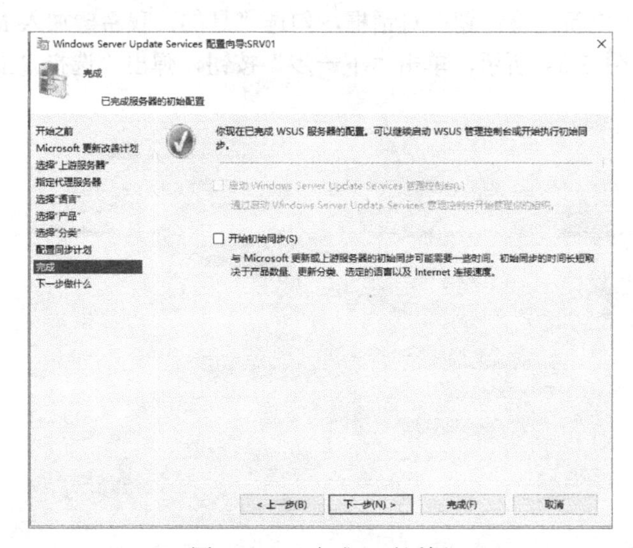

图 7-38 “完成”对话框

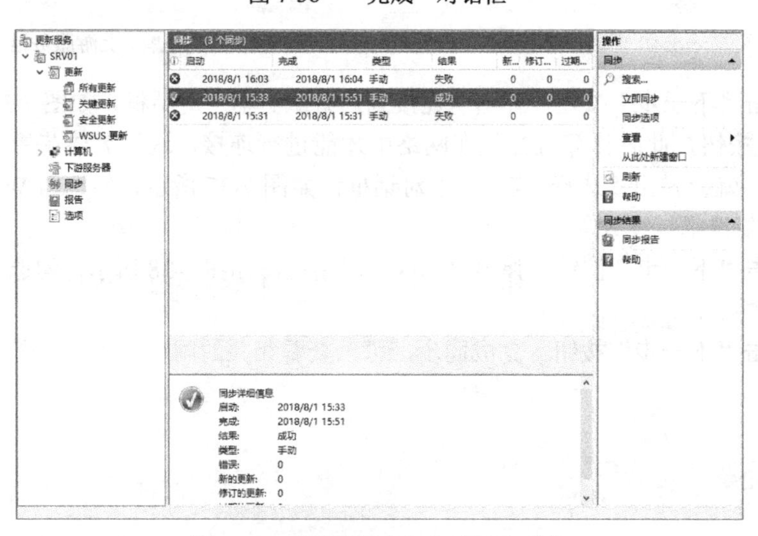

图 7-39 “更新服务”中的同步列表

课 后 练 习

（1）以下（　　）不是 Windows 部署服务具有的优势。

A．降低部署的复杂程度以及与手动安装过程效率低下的成本

B．将 Windows 映像部署到未安装操作系统的计算机中

C．为将 Windows 操作系统部署到客户端计算机和服务器提供端到端的解决方案

D．管理文档

（2）部署服务器提供端到端的操作系统部署解决方案，其中包括（　　）。

A．用于支持网络启动的 PXE 服务器

B．用于管理的映像存储

C．用于允许多播的传输服务器

D．用于监视客户端安装的诊断工具

（3）WDS 是（　　）。

A．服务器映像　　　　B．网络操作系统

C．网络数据中心　　　D．网络信息点

课 后 实 践

（1）实现 Windows 部署服务的安装与管理。

（2）配置 Windows Server 2016 部署服务。

（3）配置映像，添加 Windows Server 2016 安装目录中的启动映像，创建已命名的映像组，添加启动映像，直到弹出“该操作已完成”对话框，操作结束。

（4）在虚拟机的操作系统中实现 WSUD 的安装，要安装 WSUS，服务器中的文件系统必须满足以下要求。

① 系统分区和安装 WSUS 的分区都必须使用 NTFS 进行格式化。

② 系统分区至少有 1GB 的可用空间。

③ WSUS 用于存储内容的卷至少有 6 GB 的可用空间，建议预留空间为 30 GB。

④ WSUS 安装程序用于安装 Windows SQL Server 2000 Desktop Engine（WMSDE）的卷至少有 2 GB 的可用空间。

项目 8

监视服务

在 IT 领域中，最好的做法是在问题发生之前检测和监测到问题。例如，要想检测到服务器和网络中潜在的问题，必须事先监视服务和网络。通过一些主动的监视，可以检测到微小的错误，并且防止其演变成无法控制的大问题。

本项目主要介绍 Windows Server 2016 中的一些有助于理解错误或性能问题的基本工具，包括微软管理控制台（MMC）、事件查看器、性能监视器、资源监视器、任务管理器和网络监视器等。

8.1 微软管理控制台

学习目标

- 了解微软管理控制台。
- 掌握使用服务器管理器监视服务的方法。
- 掌握使用计算机管理器监视服务的方法。

8.1.1 微软管理控制台的基本概念

1. MMC

MMC 是基于 Windows 的多文档界面应用程序，并着重使用了 Internet 技术。通过编写 MMC 插件（其执行管理任务），微软和 ISV 扩展了控制台。

（1）插件提供实际的管理行为，MMC 自身并不提供任何管理功能。

（2）MMC 环境为插件提供了无缝集成。

（3）管理员和其他用户可以使用插件（插件可以是由不同供应商提供的）创建定制的管理工具，为创建管理基于 Windows 系统的工具，微软做了大量工作，MMC 就是其产物之一。

（4）Windows 管理开发组为自己的管理工具定义了一个通用的宿主。

（5）MMC 的目标是通过集成、授权、任务定向及整体界面的简化（这些都是用户所要求的）来简化管理。作为微软所强调的目标，它增添了项目内容，以涵盖所有的管理工具，并为管理大量的软件提供了综合框架。

2. 打开 MMC

在“运行”对话框中输入 mmc 或者 mmc.exe，可以启动一个空的控制台，如图 8-1 所示。选择“文件”→“添加/删除管理单元”选项，弹出“添加或删除管理单元”对话框，可以管理管理单元。当有了管理单元内容时，每一个控制台都是以树形结构来管理管理单元的，各个管理单元可以展开和折叠，如图 8-2 所示。

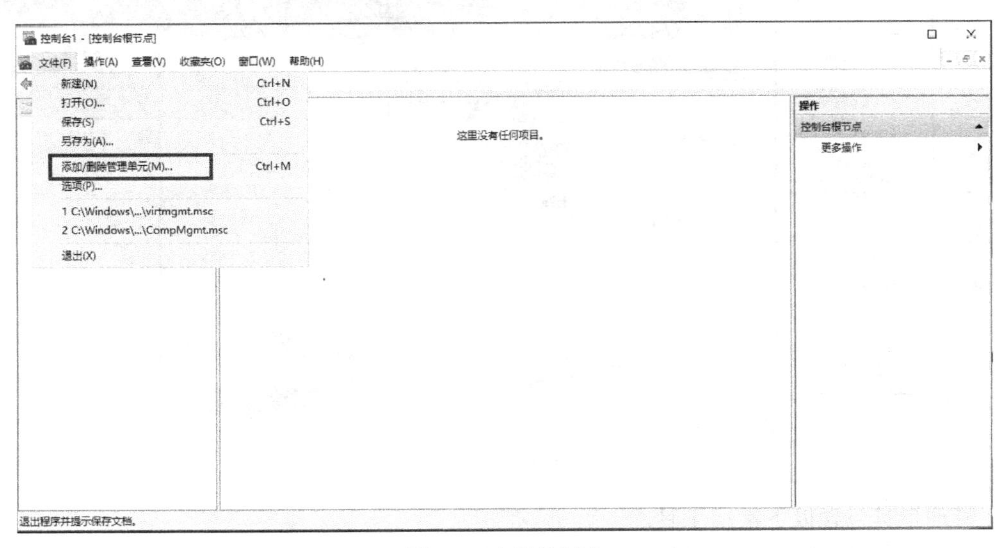

图 8-1　空的控制台

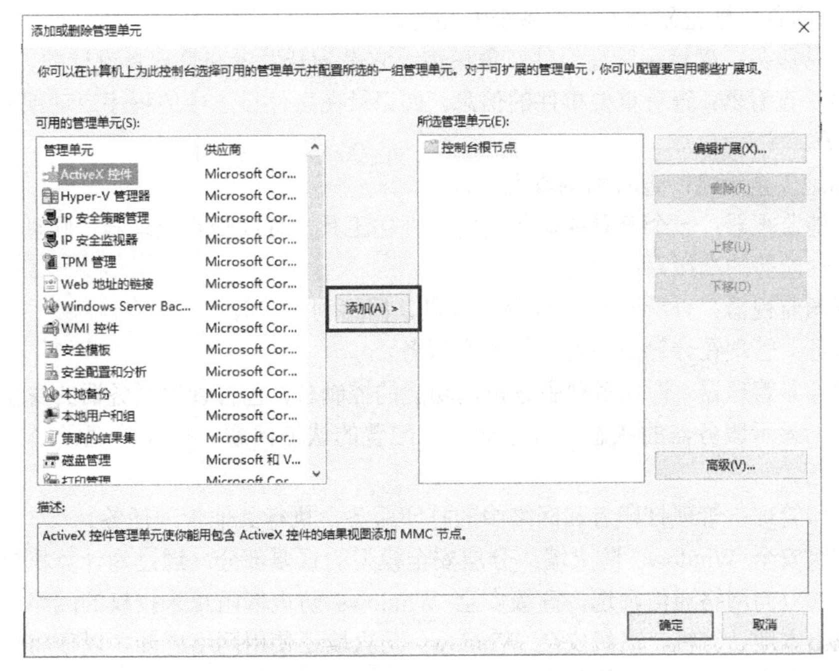

图 8-2　“添加或删除管理单元”对话框

8.1.2 常用管理工具

1. 管理工具

管理工具是一个包含了很多管理员或高级用户权限的文件夹，可以通过“控制面板”的“系统和安全”菜单打开“管理工具”，或者通过“服务器管理器”窗口中的“工具”下拉列表打开，如图 8-3 所示。

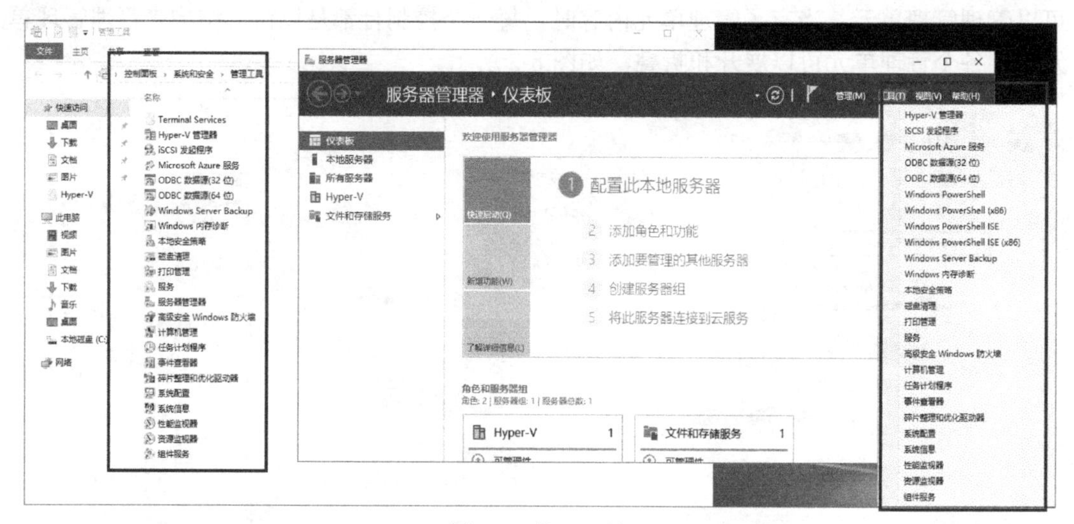

图 8-3 管理工具

管理工具包含以下常用工具。

① 计算机管理：使用远程桌面管理工具管理本地或远程计算机，可以管理很多任务，如监视系统事件、配置硬盘和管理系统性能等。

② 组件服务：配置和管理组件对象模型，它是为开发者和管理者设计的。

③ 事件查看器：查看重要事件的信息，如记录在事件日志中的程序启动或停止、安全错误事件等。

④ 本地安全策略：查看和编辑安全设置。

- 性能监视器：一个查看性能数据的可视化工具，可以查看处理器、硬盘、内存、网络性能等的高级系统信息。
- 资源监视器：查看 CPU、内存、硬盘、网络利用率等实时信息。
- 服务：管理在计算机中运行的所有服务。
- 服务器管理器：管理多种服务角色功能的控制台，包含管理服务器的身份和系统信息、显示服务器的状态、服务器角色配置的认证问题，以及管理已经安装的所有角色。
- 打印管理：管理打印者和网络中的打印服务，执行其他管理任务。
- 高级安全 Windows 防火墙：分层安全模型的重要部分。通过为计算机提供基于主机的双向网络通信筛选，高级安全 Windows 防火墙阻止未授权的网络流量流向或流出本地计算机。高级安全 Windows 防火墙还使用网络感知，以便将相应安全设置应用到计算机连接到的网络。

一些在服务器管理器中安装的服务角色也会添加到管理工具中，如活动目录管理中心、活动目录用户和计算机、组策略管理、DNS角色、IIS管理器等。

2. 服务器管理器

在Windows Server 2016中，服务器管理器是一个管理控制台，如图8-4所示。它帮助用户管理本地和远程主机的一些基本服务。与Windows Server 2008相比，Windows Server 2016的服务器管理器更容易让使用者将焦点放在服务器需要完成的任务上，其支持远程、多服务器管理，从而可以帮助管理者管理更多的服务器。通过管理一组服务器，用户能够跨越同一角色或者同一组中的成员服务器，并快速执行相同的管理任务。服务器管理器的管理任务如下。

（1）添加角色和功能。

（2）查看事件。

（3）执行服务配置任务。

（4）添加远程服务器到本地管理的服务池中。

（5）查看和修改已经在本地或远程服务器中安装的服务角色和功能。

（6）运行角色管理工具。

（7）执行管理任务（如启动、停止服务或者配置网络用户和组等）。

（8）重启服务器等。

图8-4　服务器管理器

3．计算机管理

“计算机管理”窗口中包含了很多常见的 MMC 的使用，如任务计划程序、事件查看器、共享文件夹、本地用户和组、性能、设备管理器、路由和远程访问、服务、WMI 控件等，如图 8-5 所示。

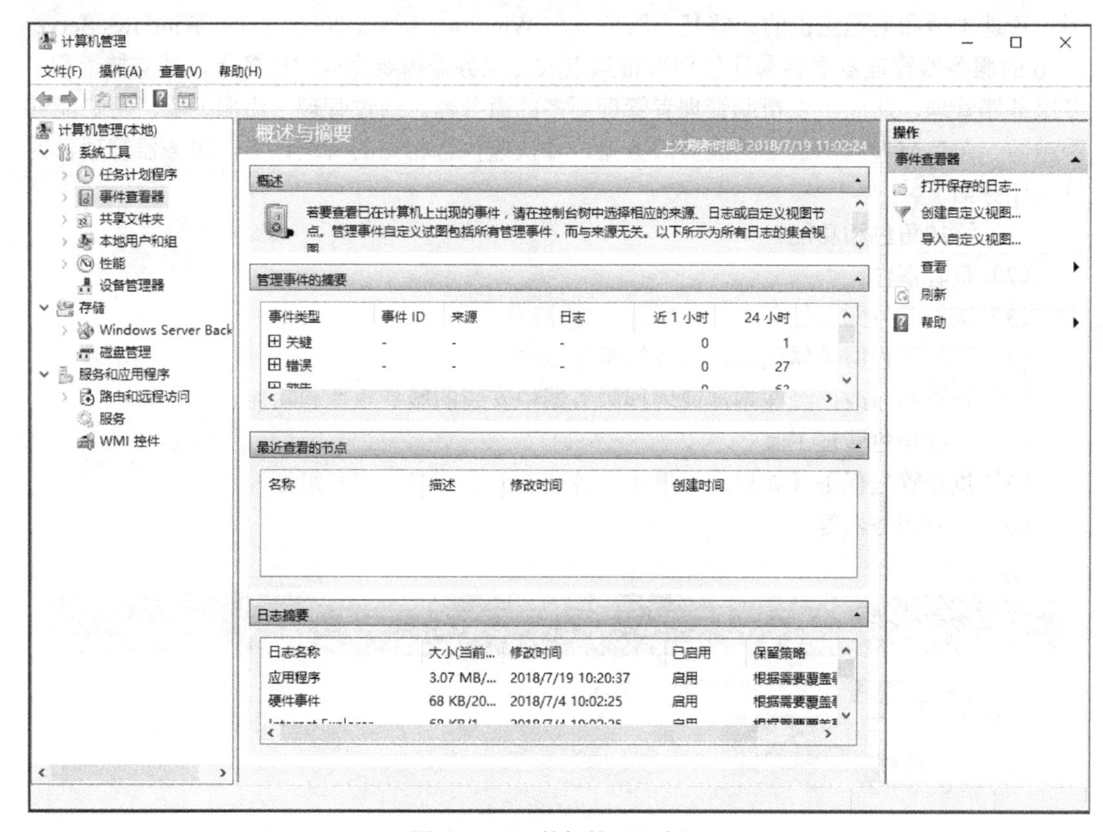

图 8-5 “计算机管理”窗口

4．服务

一个服务就是一个程序或者对一个具体系统功能的处理，以便帮助其他的程序或者提供一个网络服务。服务运行在没有用户界面的系统后台，如 WWW 服务、Windows 事件日志服务、工作站服务等。为了管理服务，使用服务控制台来定位管理工具，这些服务的管理单元包含在计算机管理控制台和服务管理控制台中，用户可以通过打开 MMC 来执行 MMC 服务。“服务”窗口如图 8-6 所示。

在“服务”窗口中可以启动、停止、暂停、重新启动服务。方法是右击选中的服务，选择相对应的操作，如果选择“属性”选项，则可以看到对应服务的详细信息，其中有“常规”“登录”“恢复”“依存关系”等选项卡，如图 8-7 所示。

图 8-6 “服务”窗口

DHCP Client 的属性(本地计算机)

常规 登录 恢复 依存关系

服务名称: Dhcp

显示名称: DHCP Client

描述: 为此计算机注册并更新 IP 地址。如果此服务停止，计算机将不能接收动态 IP 地址和 DNS 更新。如果此服

可执行文件的路径:
C:\Windows\system32\svchost.exe -k LocalServiceNetworkRestricted

启动类型(E): 自动

服务状态: 正在运行

启动(S) 停止(T) 暂停(P) 恢复(R)

当从此处启动服务时，你可指定所适用的启动参数。

启动参数(M):

确定 取消 应用(A)

图 8-7 “属性”对话框

8.2 事件查看器

学习目标

- 理解日志和事件的构成。
- 掌握事件的筛选。
- 掌握如何添加任务。
- 掌握如何配置订阅事件。

8.2.1 事件查看器简介

事件查看器是一个很有用的发现并修复故障的工具，它本质上是一个日志查看器。遇到问题时，可以打开事件查看器，查看一些错误或者警告日志，看能否揭露哪里存在问题。

事件查看器是一个 MMC 管理单元，能够浏览和管理事件日志，它被包含在计算机管理器中，也可以在管理工具的文件夹中找到单独的控制台或者在“运行”对话框的“打开”文本框中输入“eventvwr”，单击“确定”按钮，“事件查看器”窗口如图 8-8 所示。事件查看器可以执行以下任务。

（1）审核系统事件和存放系统。

（2）安全及应用程序日志。

（3）从多个事件日志中查看事件。

（4）保存事件过滤作为自定义视图，以便重新利用。

（5）计划一个任务以响应一个事件。

（6）创建和管理事件订阅。

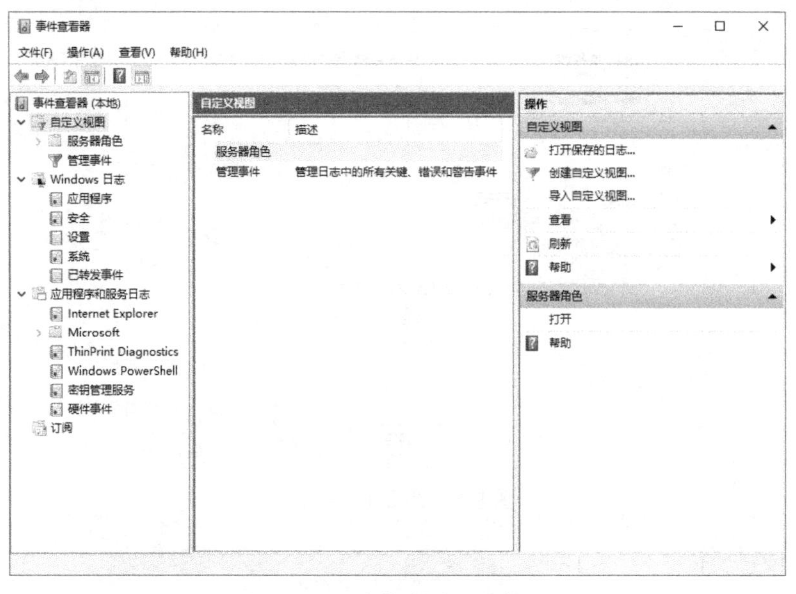

图 8-8 “事件查看器”窗口

8.2.2 日志和事件的构成

为了更好地掌握 Windows 日志，用户需要理解日志的组成和事件的分类依据。从事件查看器中可以看到自定义视图、Windows 日志、应用程序和服务日志、订阅选项。

所谓日志是指系统所指定对象的某些操作和其操作结果按时间有序的集合。每个日志文件都由日志记录组成，每条日志记录描述了一次单独的系统事件。通常情况下，系统日志是用户可以直接阅读的文本文件，其中包含了一个时间戳和一个信息或者子系统所特有的其他信息。

日志文件为服务器、工作站、防火墙和应用软件等 IT 资源相关活动记录了必要的、有价值的信息，这对系统监控、查询、报表和安全审计是十分重要的。日志文件中的记录可提供以下用途：监控系统资源、审计用户行为、对可疑行为进行告警、确定入侵行为的范围、为恢复系统提供帮助、生成调查报告、为打击计算机犯罪提供证据来源等。

1. Windows 日志

Windows 日志是指 Windows 网络操作系统中的各种各样的日志文件，如应用程序日志、安全日志、系统日志等，通过日志用户可以准确判断系统出现的故障。

（1）应用程序日志：包含应用程序或程序记录的事件，存放应用程序产生的信息、警告或错误。通过查看这些信息、警告或错误，可以了解到哪些应用程序成功运行了，产生了哪些错误或者潜在错误，程序开发人员可以利用这些资源来改善应用程序。应用程序开发人员可以选择在日志中记录事件，或者专门创建一个与应用程序相关的其他应用程序日志。

（2）安全日志：存放了审核事件是否成功的信息。通过查看这些信息，可以了解到这些安全审核结果是成功还是失败。

（3）设置日志：日志包括与操作系统或者已安装程序相关的事件，这些日志包括任何角色和功能的添加或者删除。

（4）系统日志：存放了 Windows 操作系统产生的信息、警告或错误。通过查看这些信息、警告或错误，用户不但可以了解到某项功能配置或运行成功的信息，还可了解到系统的某些功能运行失败或变得不稳定的原因。

（5）已转发事件：存储从远程计算机收集到的事件。要从远程计算机中收集事件，必须创建事件订阅。应当注意的是，转发的事件对 Windows 7 和 Windows Server 2008 操作系统不起作用。

2. 应用程序和服务日志

应用程序和服务日志文件夹中包含具体应用程序或组件的日志。这些日志的用途是为目标人群提供重要的相关信息，还可以从这个文件夹中访问大量有用的 Windows 日志，这些日志在 Microsoft\Windows 视图中有效。

3. 日志文件的操作

1）查看日志属性

选中事件查看器左侧窗格树形结构中的日志类型（应用程序、安全或系统），在右侧窗格中将会显示系统中该类的全部日志，双击其中一个日志，便可查看其详细信息，如图 8-9 所示。

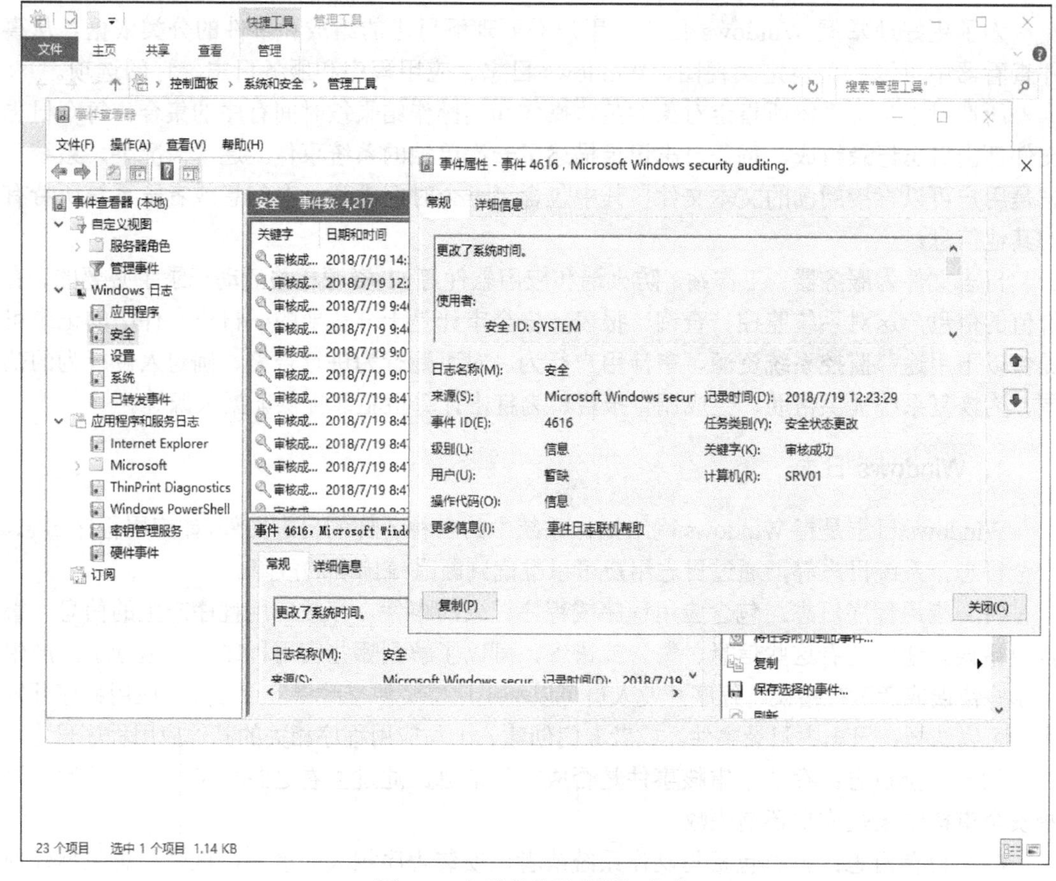

图 8-9 查看事件日志详细信息

在事件属性对话框的“常规”选项卡中可以看到事件发生的日期、事件的发生源、事件 ID、级别、用户及事件的详细描述。这对大家寻找、解决错误是很重要的。接下来将对级别进行介绍。

级别是事件安全的一种分级，这些级别都有名称和相关编号，分为信息、警告、错误、关键详细、审核成功、审核失败等。

① 信息：信息等级表示在一个应用程序或者组件已经发生一些改变，如某个操作系统完成安装，某个资源被创建，或者一个服务被启动。

② 警告：警告等级表示发生了可能影响服务的问题，或者如果不采取行动可能会在未来导致更严重的问题发生。

③ 错误：错误等级指示发生了可能影响触发事件的应用程序或组件外部功能的问题。

④ 关键：关键等级指示发生了一个来自触发事件的应用程序或组件不能自动修复的事件，通常非常严重。

⑤ 详细：为日志条目提供更详细的记录。

⑥ 审核成功：在安全日志中显示，以指示用户权限行使成功。

⑦ 审核失败：在安全日志中显示，以指示用户权限行使失败。

注意：信息、关键、错误、详细事件级别默认在所有的日志中显示，但是 Security 日志除外。在 Security 日志中更关注审核成功和审核失败，因此显示的第一列是审核关键字，而不是级别。

2）保存日志文件

在事件查看器中右击文件，在弹出的快捷菜单中选择“清除日志”选项，会提示保存日志文件的内容，如图 8-10 和图 8-11 所示。单击“保存并清除”按钮，然后指定一个名称并选择存放位置即可。也可以右击日志文件，在弹出的快捷菜单中选择“将所有的事件另存为”选项，以保存日志。

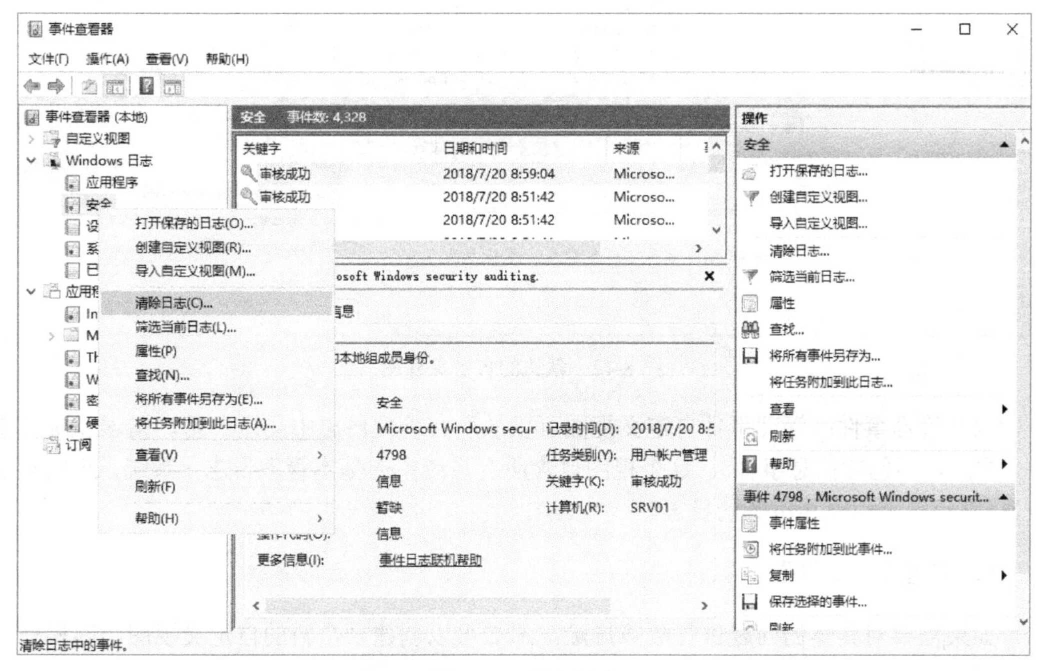

图 8-10 保存日志

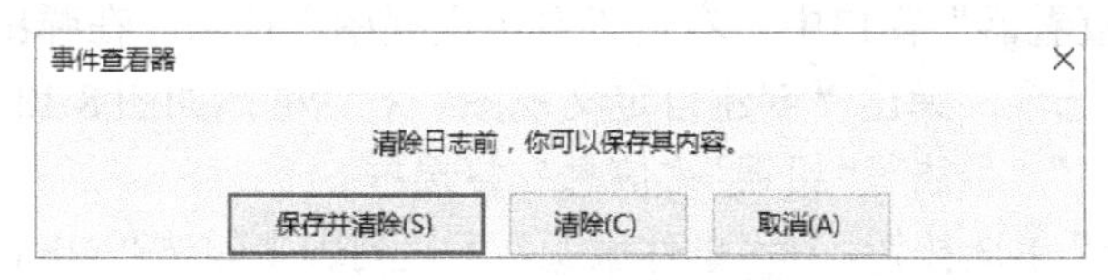

图 8-11 提示保存日志内容

8.2.3 创建和使用自定义视图

当查看日志时，查看的是具体事件的日志。自定义视图可以为事件提供预定义的关注视图，并且允许创建自己的视图，这样就不需要每次查看这些事件时都重新创建视图了。有一些自定义视图是自动创建的，如下所示。

（1）服务器角色：每次添加服务器角色时，都会自动创建一个与其相关联的自定义视图。例如，如果在服务器上添加“Hyper-V”角色，就会添加一个名称为“Hyper-V”的自定义视图，显示 Hyper-V 的系统事件（事件 19020 Hyper-V-VMMS），如图 8-12 所示。

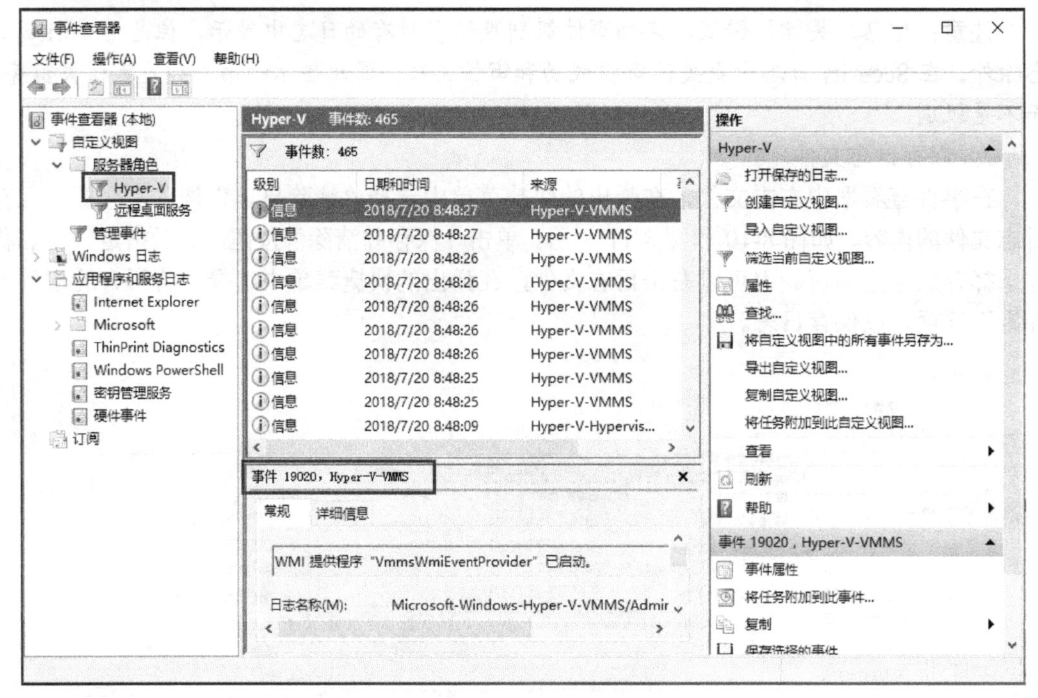

图 8-12 默认的自定义视图

（2）管理事件：管理事件自定义视图可以从所有管理日志中显示严重、错误和警告事件（注意，不包含信息事件）。这个视图包含所有系统中的基本管理日志（系统、应用和安全），以及应用程序和服务的日志。

1. 创建自定义视图

如果需要对具体的问题进行故障排除，那么可以创建一个新的自定义视图，其操作步骤如下。

（1）在“事件查看器”窗口中，右击“自定义视图”选项，在弹出的快捷菜单中选择“创建自定义视图”选项，弹出“创建自定义视图”对话框，如图 8-13 所示。

（2）勾选“关键”“警告”“错误”“信息”复选框。

（3）选中“按源”单选按钮，在“事件来源”下拉列表中勾选“.NET Runtime”和“.NET Runtime Optimization Service”复选框，如图 8-14 所示。

注意：虽然“按日志”和“按源”是两个单选按钮，这两个单选按钮暗示着仅可以选择一种类型，但是实际上可以同时选择它们。例如，在本例中是“按源”来选择的，但是有一个“应用程序”日志自动被选择了。

当选中“按日志”单选按钮，可以选择事件日志，“事件日志”下拉列表中有“Windows日志”“应用程序”“服务日志”供选择，可以选择具体的事件来缩小搜索范围。

当选中“按源”单选按钮，在“事件来源”下拉列表中选择具体的事件源，那么“事件日志”下拉列表中的可用日志会发生相应变化，仅显示包含该事件源的日志。

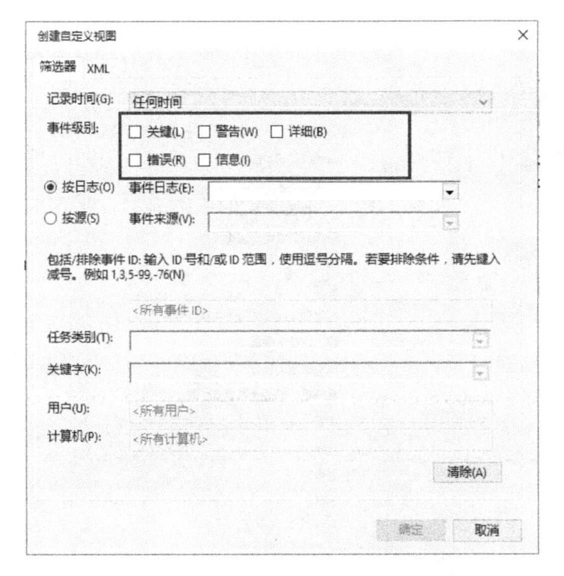

图 8-13 “创建自定义视图”对话框

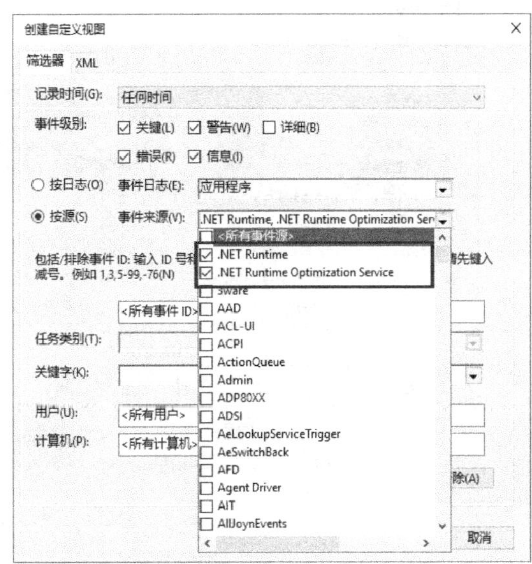

图 8-14 选择事件来源

注意：“按日志”选择的日志要少于10个，如果选择的日志超过10个时，则系统将弹出一个警告信息，指示这不是一个明智的选择，选择太多的日志会消耗大量内存或花费处理器太多的时间，并影响系统性能。应该避免监视所有的事件，而应精确地监视希望监视的内容。

（4）单击“确定”按钮，在“名称”文本框中输入“监视.NET”，再单击“确定”按钮，即可完成视图的创建，如图8-15所示。

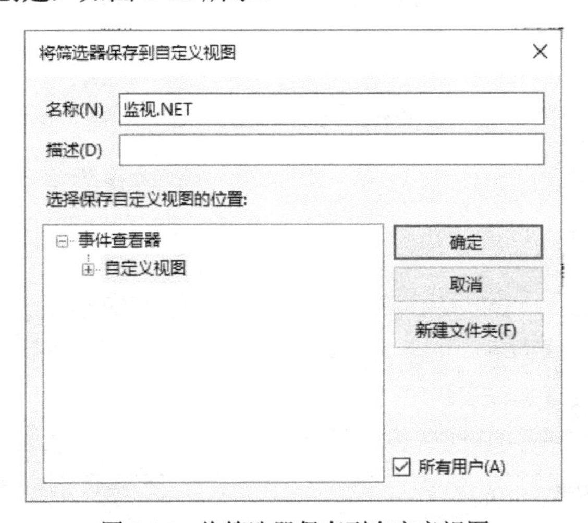

图 8-15 将筛选器保存到自定义视图

2. 导出和导入自定义视图

自定义的视图可以导出为XML文件，可以像复制任意文件一样进行复制，XML文件是一个以简单文本文件存储的共享格式。导出一个自定义视图的步骤如下。

（1）在“事件查看器”窗口中，右击已经创建好的自定义视图“监视.NET”，在弹出的快捷菜单中选择“导出自定义视图”选项，如图8-16所示。

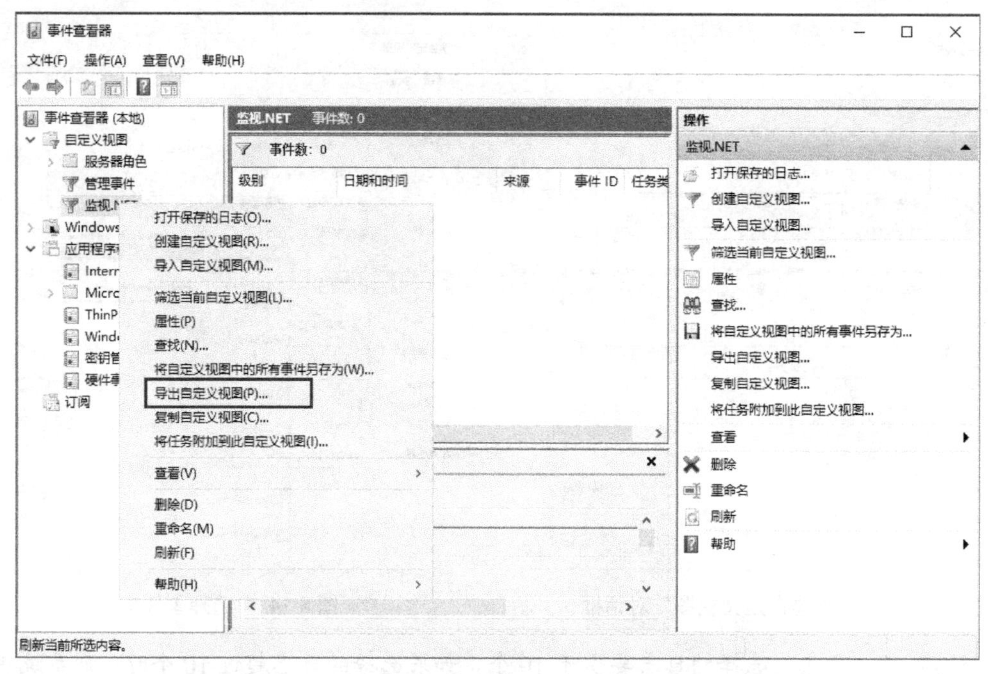

图 8-16　导出自定义视图

（2）弹出“另存为”对话框，指定保存导出文件的位置，输入文件的名称，单击“保存”按钮即可完成导出，如图 8-17 所示。

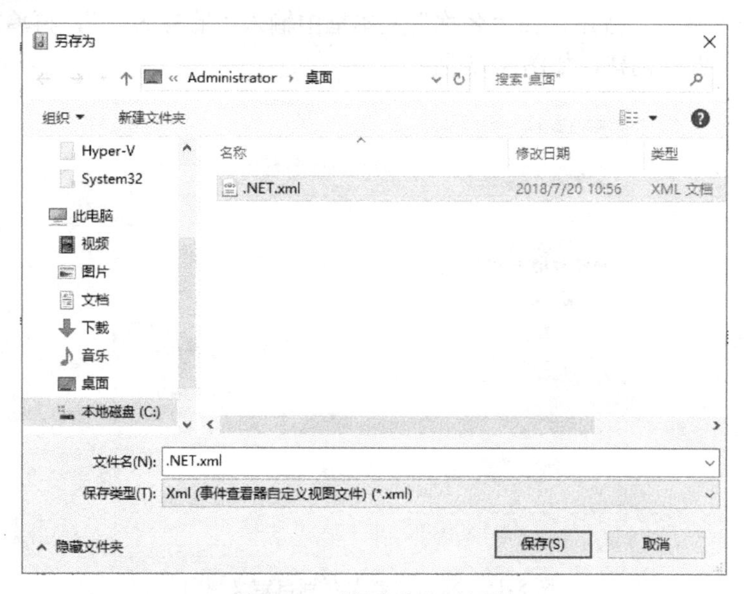

图 8-17　“另存为”对话框

导入自定义视图的步骤如下。

（1）在“事件查看器”窗口中，右击“自定义视图”节点，在弹出的快捷菜单中选择“导入自定义视图”选项，如图 8-18 所示。

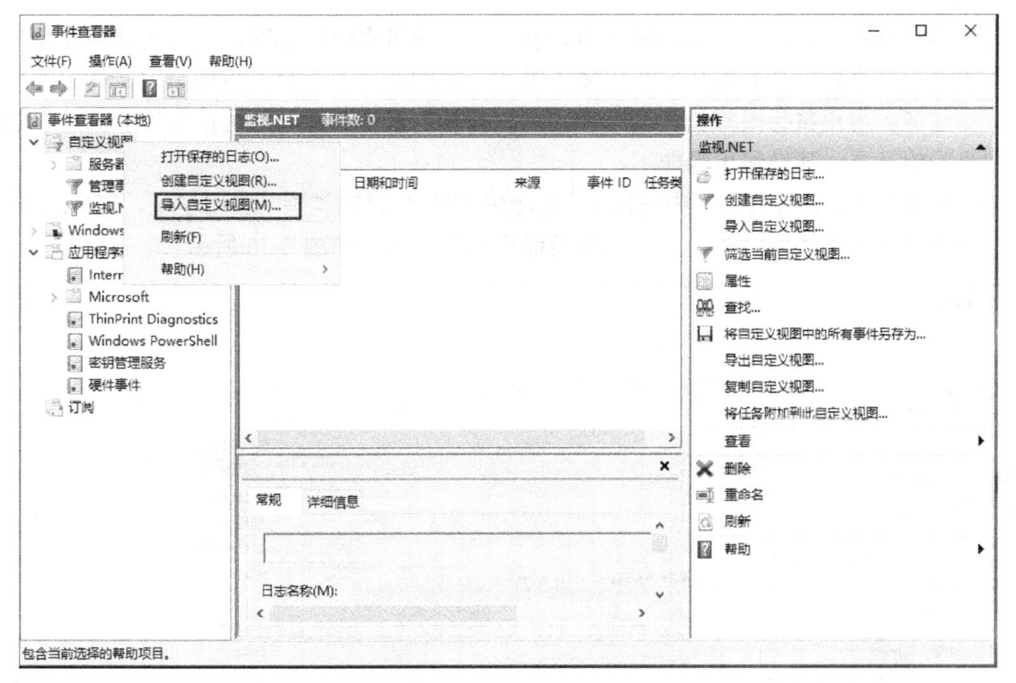

图 8-18 选择“导入自定义视图”选项

（2）定位到已导出的 XML 文件的位置，选择 XML 文件，单击“打开”按钮，弹出“导入自定义视图文件”对话框，如图 8-19 所示，在“名称”文本框输入名称。

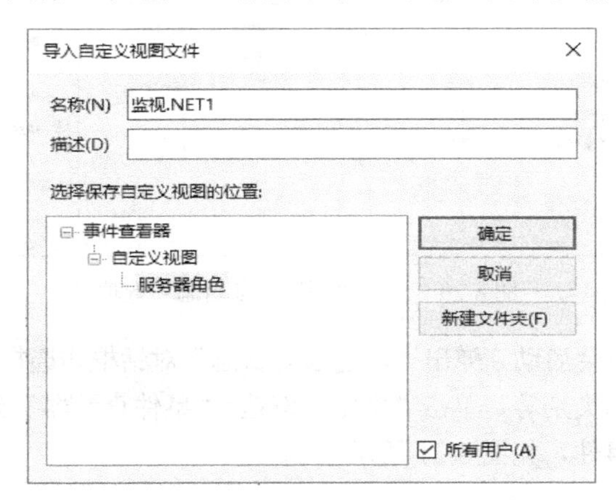

图 8-19 “导入自定义视图文件”对话框

自定义视图导入之后，它的地位和其他自定义视图一样，可以对其进行操作，如果修改自定义视图，则不会影响用来导入自定义视图的原始 XML 文件。

8.2.4 筛选事件和添加任务

1．筛选事件

当查看事件查看器显示的日志时，会出现有大量事件不便于使用，因此，用户需要知道如何筛选事件，以便将焦点集中在想要关注的内容上。

当用户查看日志，特别是应用日志、安全日志或者系统日志时，它们可能会显示成千上万条目，这也就意味着用户要花更多的时间去寻找要找的内容，也就是说，如果系统中的事件过多，用户将会很难找到真正导致系统问题的事件。此时，可以使用“筛选”功能找到想找的日志。其操作步骤如下。

（1）选中“事件查看器”中左侧树形结构中的某个日志类型（应用程序、安全或系统）右击，在弹出的快捷菜单中选择“筛选当前日志”选项，如图 8-20 所示。

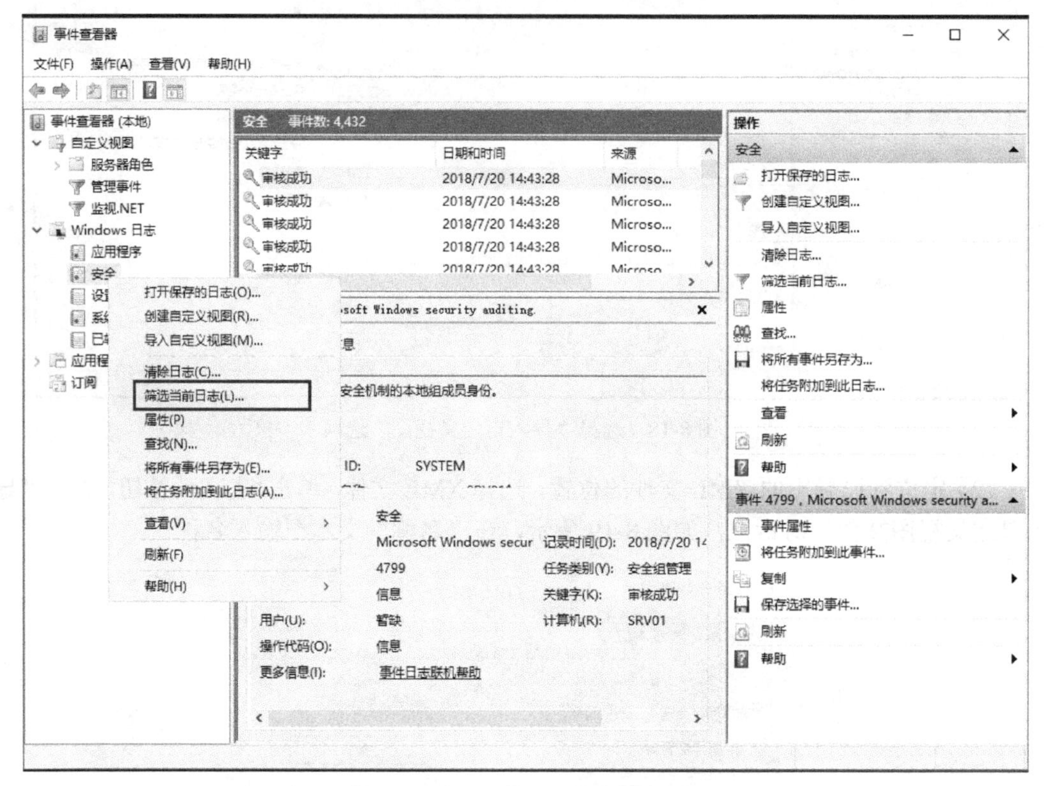

图 8-20　选择“筛选当前日志”选项

（2）日志筛选器将会启动，弹出“筛选当前日志”对话框。选择所要查找的事件类型，以及相关的事件来源和类别等，单击“确定”按钮。“事件查看器”会执行查找功能，并只显示符合这些条件的事件，如图 8-21 所示。

2. 添加任务到事件中

当用户想多次执行一个任务时，可以添加一个任务到事件查看器的任务事件中，将任务与事件关联起来，用户创建的计划任务即可以在任务调度器中找到。因此，无论何时出现特定的事件，任务都将被执行。如果任务创建后需要进行修改，则可以打开任务调度程序来进行修改。下面介绍如何添加任务到事件中。

（1）在“事件查看器”窗口的任意一个具体的事件上右击，在弹出的快捷菜单中选择“将任务附加到此事件”选项，如图 8-22 所示。

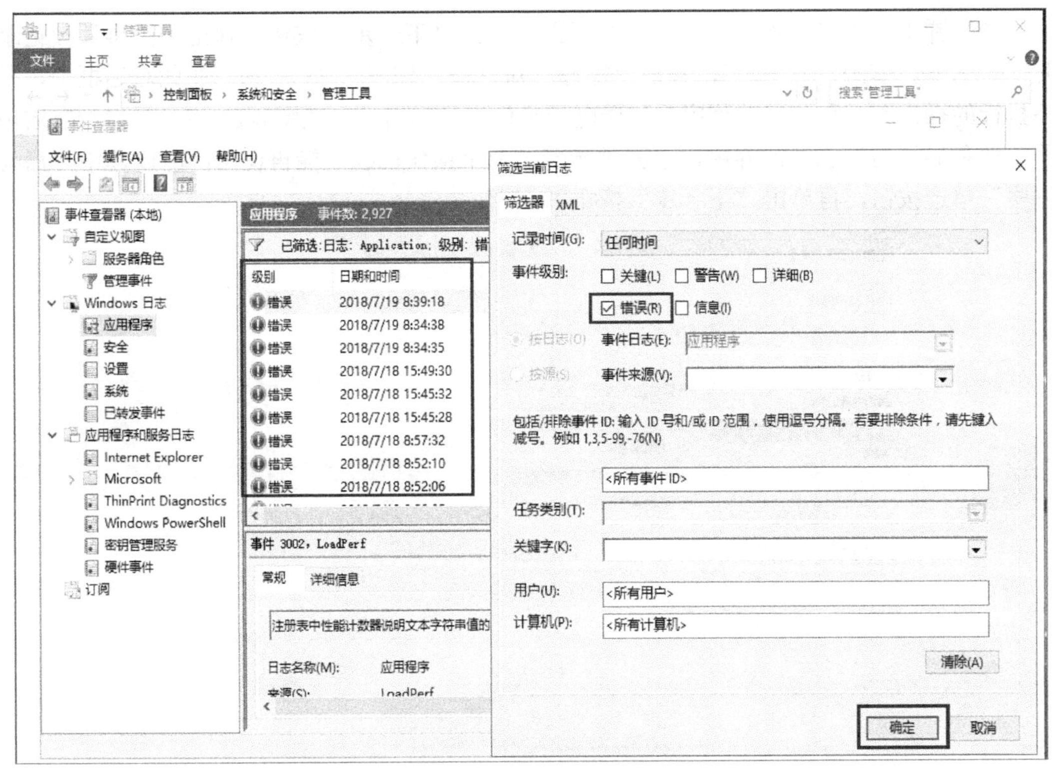

图 8-21　筛选当前日志

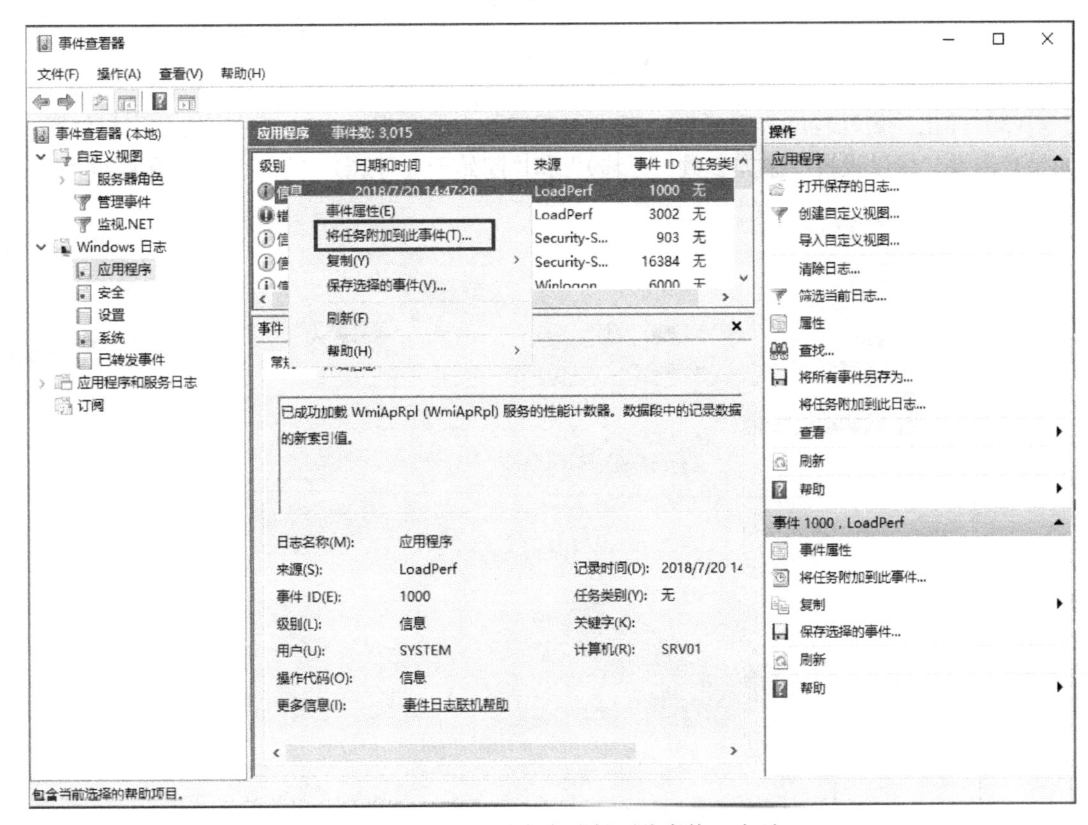

图 8-22　选择“将任务附加到此事件”选项

（2）弹出“创建基本任务向导”对话框，单击“下一步”按钮，弹出“当事件被记录时”对话框。单击“下一步”，弹出“操作”对话框，如图 8-23 所示。在此对话框中，任务执行的操作有三种：启动程序、发送电子邮件、显示消息。从图 8-23 中可以看到发送电子邮件和显示消息已经被弃用，也就意味着这两个操作已经不能再使用，所以选中“启动程序”单选按钮，再单击“下一步”按钮。

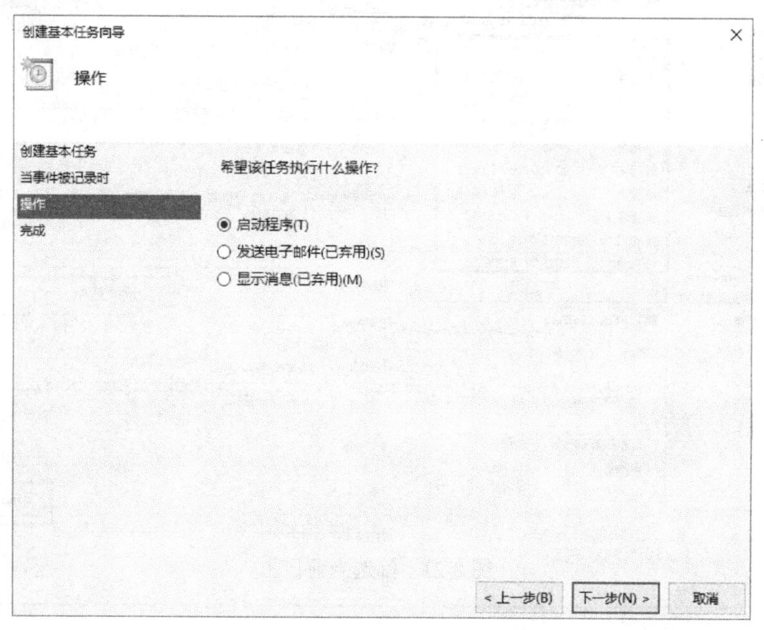

图 8-23 “操作”对话框

（3）弹出“启动程序”对话框，在“程序或脚本”文本框中输入对应的名称和位置，如果有需要，可以设置“添加参数（可选）”和“起始于（可选）”的内容，如图 8-24 所示。

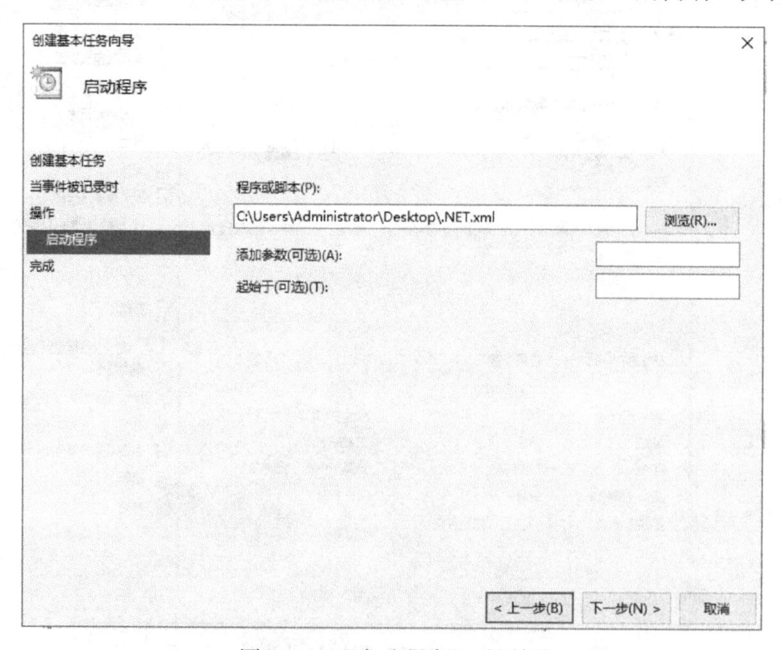

图 8-24 “启动程序”对话框

8.2.5 订阅事件日志

最初，事件查看器允许用户在一台计算机中查看事件。然而，对问题的疑难解答可能需要检查存储在多台计算机中的多个日志。因此，微软加强了事件查看器的获取能力，可以从多台计算机中获取事件，以便使用一个控制台查看事件。事件查看器可以用来从多个远程计算机中收集事件的副本并在当地存放。指定要收集的事件，可创建事件订阅。

事件订阅允许配置一台单独的服务器从多台系统收集事件的副本，这台收集事件的服务器称为收集器计算机，而事件则由源计算机转发给收集器计算机。事件订阅详细说明了哪些活动将被收集，并将存储在本地的哪个日志。一旦订阅活动启动，事件正在进行收集后，你可以查看和操作这些转发的事件，就像其他本地事件一样。为了事件的订阅，需要分三步执行：

1．配置源转发计算机

在源转发计算机上需要配置 Windows Remote Management（WinRM）服务，其操作步骤如下。

（1）右击“开始”菜单，选择“命令提示符（管理员）”选项，打开命令行窗口。

（2）在命令行窗口中输入命令“winrm quickconfig”，按回车键，执行命令，启动 WinRM 服务，如图 8-25 所示。

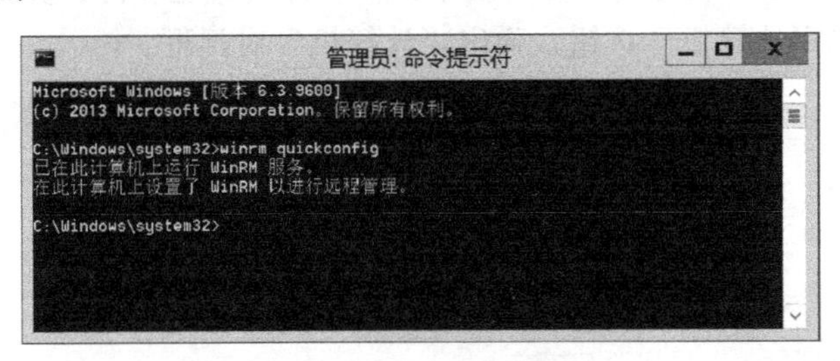

图 8-25　启动 WinRM 服务

2．配置收集器计算机

在收集器计算机上需要配置 Windows Event Collector（Wecutil）服务，其操作步骤如下。

（1）右击“开始”菜单，选择“命令提示符（管理员）”选项，打开命令行窗口。

（2）在命令行窗口中输入命令：“Wecutil qc”，并按回车键，执行命令，将产生一个消息应答，指示服务启动模式将更改为 Delay start，并提示输入“Y”或者“N”执行或者取消命令，按回车键，执行命令，启动 Wecutil 服务，如图 8-26 所示。

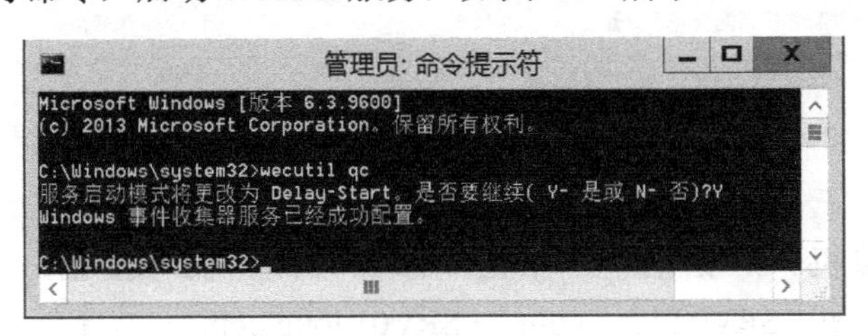

图 8-26　启动 Wecutil 服务

3．创建一个事件订阅

下面来创建一个收集器发起的事件订阅，其操作步骤如下。

（1）在“事件查看器”窗口中，右击“订阅”节点，在弹出的快捷菜单中选择“创建订阅”选项，如果是第一次创建，则会弹出一个对话框，如图8-27所示，表明必须运行和配置Windows事件收集器服务，询问“是否要启动该服务并/或将其配置为重新启动计算机时自动启动？”。如果单击“是”按钮，则会启动该服务，并将该服务的启动类型由手动更改为自动启动，使该服务在每次启动Windows时自动启动。所以单击“是”按钮，进入下一步操作。

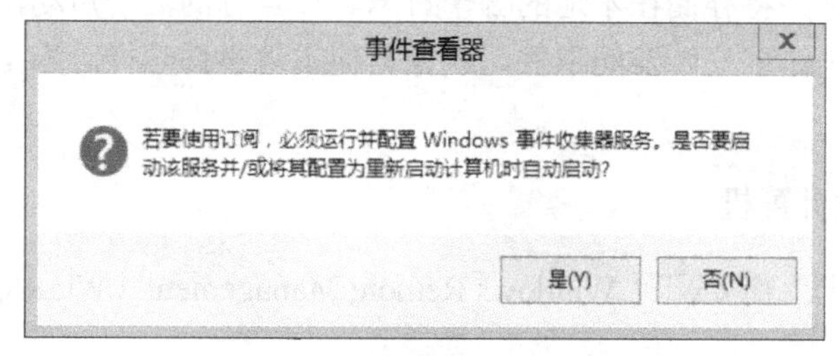

图8-27　“事件查看器”对话框

（2）弹出订阅属性对话框，如图8-28所示，在“订阅名称”文本框中输入名称，如“collector1”，“目标日志”设置为“已转发事件”，“订阅类型和源计算机”设置为“收集器已启动”，单击“选择计算机”按钮，弹出“计算机”对话框。

订阅属性 - collector1
订阅名称(N): collector1
描述(D):
目标日志(E): 已转发事件
订阅类型和源计算机
收集器已启动(C)　选择计算机(S)...
此计算机会连接选定的源计算机并提供订阅。
源计算机已启动(O)　选择计算机组(L)...
必须通过策略或本地配置将选定组中的源计算机配置为连接此计算机并接收订阅。
要收集的事件: <筛选器未配置>　选择事件(T)...
用户帐户(选择的帐户必须有读取源日志的权限):
计算机帐户
更改用户帐户或配置高级设置:　高级(A)...
确定　取消

图8-28　订阅属性对话框

（3）在“计算机”对话框中，单击“添加域计算机”按钮，添加两台域计算机“SRV01.long.com”和“SRV02.long.com”（SRV01.long.com是收集器计算机本身的名称，并不需要为自己的计算机创建订阅，但允许遵循这些操作步骤来创建订阅。如果有需要，可以添加其他计算机），如图 8-29 所示。再选中域计算机“SRV02.long.com”，单击“测试”按钮，可以看到“连接测试成功”提示信息，如图 8-30 所示，即服务器之间连接测试成功。单击“确定”按钮，回到订阅属性对话框。

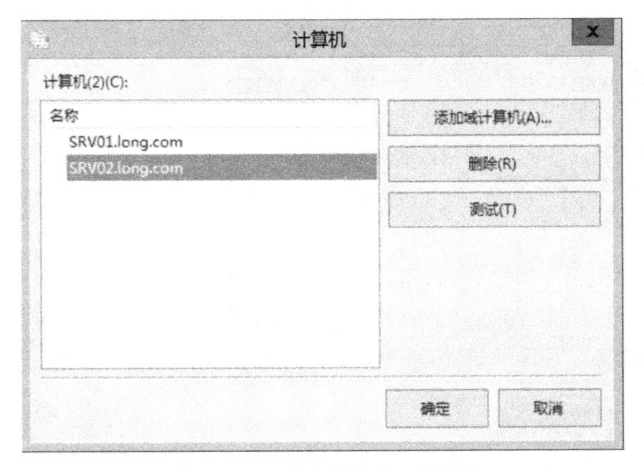

图 8-29 “计算机”对话框

图 8-30 连接测试成功

（4）在订阅属性对话框中单击“选择事件”按钮，弹出“查询筛选器”对话框。在“查询筛选器”对话框中按照需求来选择不同的事件级别：“信息”“警告”“关键”等，在“事件日志”下拉列表中选择“Windows 日志”和“应用程序和服务日志”，如图 8-31 所示。单击“确定”按钮，回到订阅属性对话框。

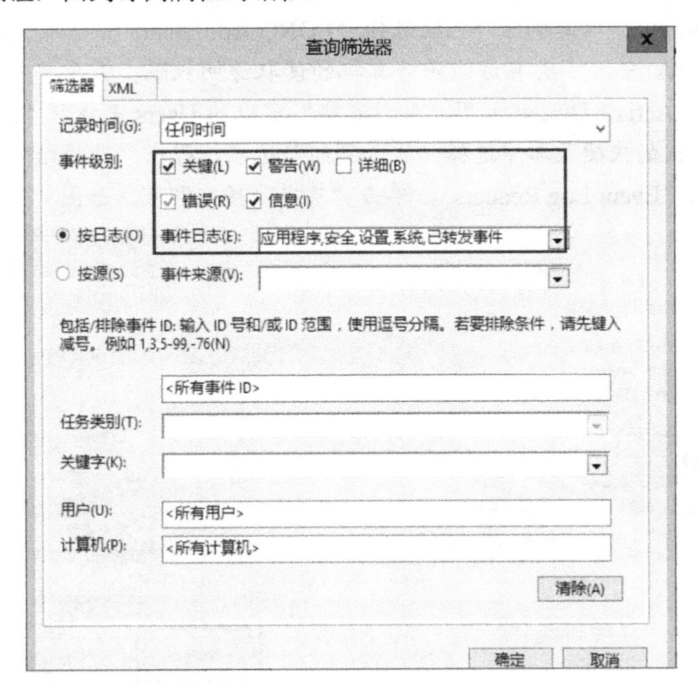

图 8-31 “查询筛选器”对话框

（5）在订阅属性对话框中单击“高级”按钮，弹出“高级订阅设置”对话框。其中“用户账户”“事件传递优化”“协议”的设置如图 8-32 所示，需要对前两个属性进行设置。

① 用户账户的设置。

收集器发起的订阅实际上读取源计算机中的日志，因此，至少需要拥有日志读取权限。在“高级订阅设置”对话框中必须设置账户，即要求在域中创建一个域账户，并将它添加到 Event Log Readers 内置域本地组中。

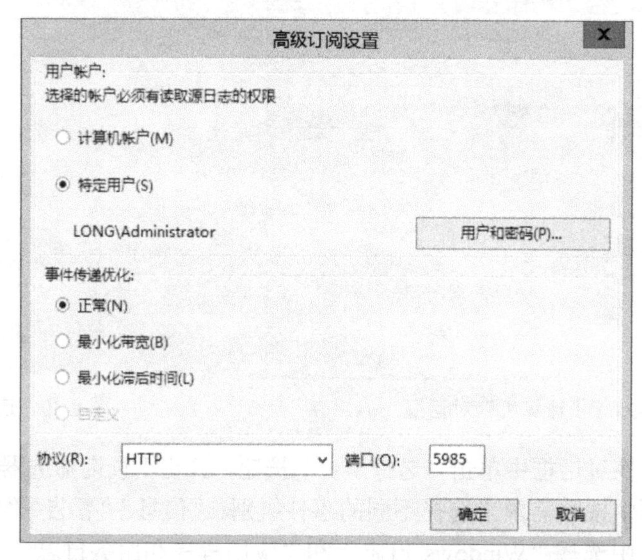

图 8-32 “高级订阅设置”对话框

注意：在本例中，计算机账户已经选择“LONG\Administrator”。但是该账户还未加入 Event Log Readers 中，不具备访问源计算机的读取访问权限，需要将它加入 Event Log Readers 中。在“Active Directory 用户和计算机”窗口的 Users 中找到“Administrator”用户并右击，在弹出的快捷菜单中选择“添加到组”选项，弹出“选择组”对话框，在对应的文本框中输入“Event Log Readers”，单击“确定”按钮即可，如图 8-33 所示。

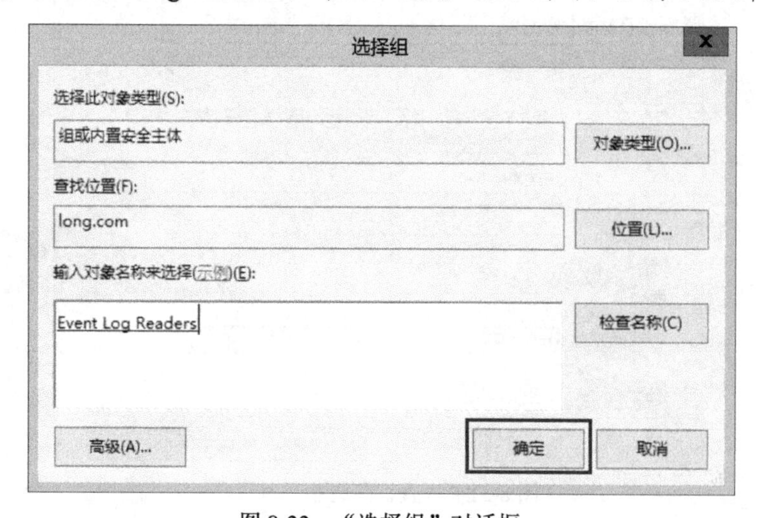

图 8-33 “选择组”对话框

② 事件传递优化。

当配置订阅时，可以针对环境考虑不同的带宽能力或不同的延迟要求对事件传递进行优化或者需要将事件快速发送给收集器，就需要优化事件的传递，在图 8-32 中，传递优化有 3 个选项需要设置：正常、最小化带宽、最小化滞后时间，默认情况下在同一 LAN 中的服务器都将位于一个连接良好的环境中，并且为“正常”模式。

（6）回到“高级订阅设置”对话框，单击“用户和密码”按钮，弹出“订阅源的凭据”对话框，输入正确的密码之后，单击“确定”按钮，如图 8-34 所示。

图 8-34 “订阅源的凭据”对话框

（7）回到订阅属性对话框，单击“确定”按钮，即可完成订阅事件的创建。在“事件查看器”窗口中，可以看到已经创建好的订阅事件，如图 8-35 所示。

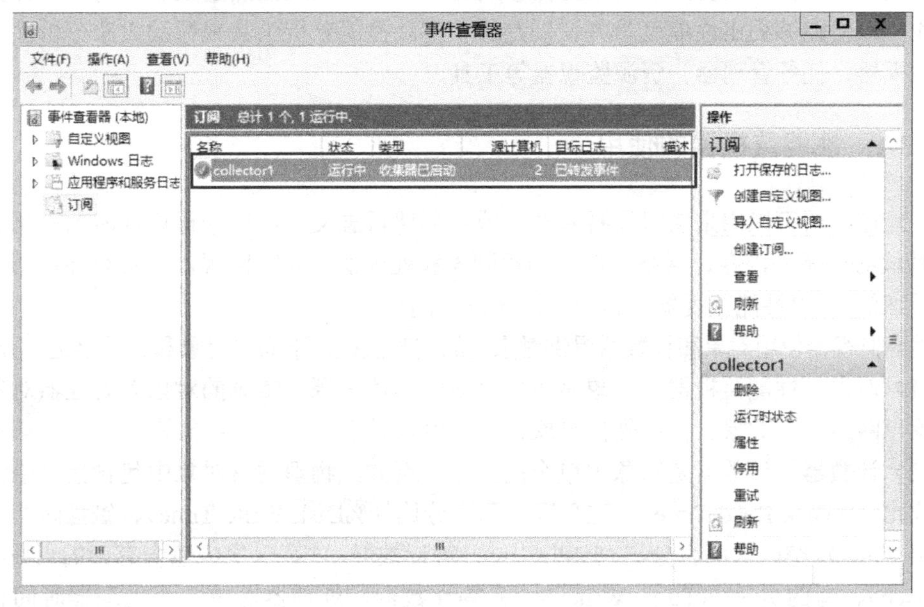

图 8-35 “事件查看器”窗口

在创建订阅之后，可以右击“订阅”，在弹出的快捷菜单中选择“属性”选项，弹出其属性对话框，重新配置订阅的大部分属性。订阅的类型和订阅的名称不能更改，其他属性都可以修改。

8.3 性能管理

学习目标

- 掌握性能监视器的使用。
- 掌握使用任务管理器监视的方法。
- 掌握使用资源监视的方法。
- 掌握配置 DCS 的方法。
- 掌握配置性能报警器的方法。

性能是数据在系统中移动的整体有效性。当然，为了满足预期的性能目标，应该选择合适的硬件（处理器、内存、磁盘系统和网络），如果没有适当的硬件，瓶颈限制了软件的有效性。所谓瓶颈指的是当一个组件限制了整体性能时，该组件被称为瓶颈。瓶颈的特点是解除一个瓶颈时，另一个瓶颈可能会被触发。通常不能通过快速查看性能来识别性能问题。相反，用户需要一个基线。用户可以通过分析系统正常运行时的性能和在设计特定的情况下的性能得到一个基线。然后当出现问题时，将当前的性能与基线进行比较，看看有什么不同。由于性能也会随着时间的推移而逐渐改变，因此强烈建议用户定期对计算机进行基线，以便能够列出性能度量并识别趋势。借助性能分析工具来帮助大家分析性能，如性能监视器、任务管理器、资源监视器等工具。

8.3.1 性能监视器的使用

性能监视器可以用来实时监视系统，或者创建日志文件，用来标识性能的变化。可以对 4 种核心资源（内存、网络接口、物理硬盘和处理器）实时监视，并且有计数器显示性能的详细信息。“性能监视器”窗口如图 8-36 所示。

性能监视器使用对象和计数器提供对系统的实时监视，下面对对象和计数器进行介绍。

（1）对象：性能监视器的对象是可以测量的具体资源。常见的对象有处理器对象、内存对象、网络接口对象、物理硬盘对象、逻辑磁盘对象和数据库对象等。

（2）计数器：计数器是对象中单个的指标。例如，物理硬盘对象中包含诸如磁盘读时间百分比（%Disk Read Time）、磁盘写时间百分比（%Disk Write Time）、磁盘时间百分比（%Disk Time）、空闲时间百分比（%Idle Time）等计数器，内存对象中包含有读的页/秒（Page Reads/sec）、写的页/秒（Page Writes/sec）等计数器，处理器对象中有处理器时间百分比（%Processor Time）、用户时间百分比（%User Time）、中断时间百分比（%Interrupt Time）等计数器。

添加计数器时，首先要选择需要监视性能的对象，再通过对计数器的值进行分析来对所选择对象的性能进行监视，以便更好地维护计算机。用户可以在“性能监视器”窗口右击所选对象，在弹出的快捷菜单中选择“添加计数器”选项，弹出“添加计数器”对话框，如图 8-37 所示。可以从“可用计数器”选项组中选择计数器并添加到右侧列表框中，单击

“确定”按钮，完成添加。

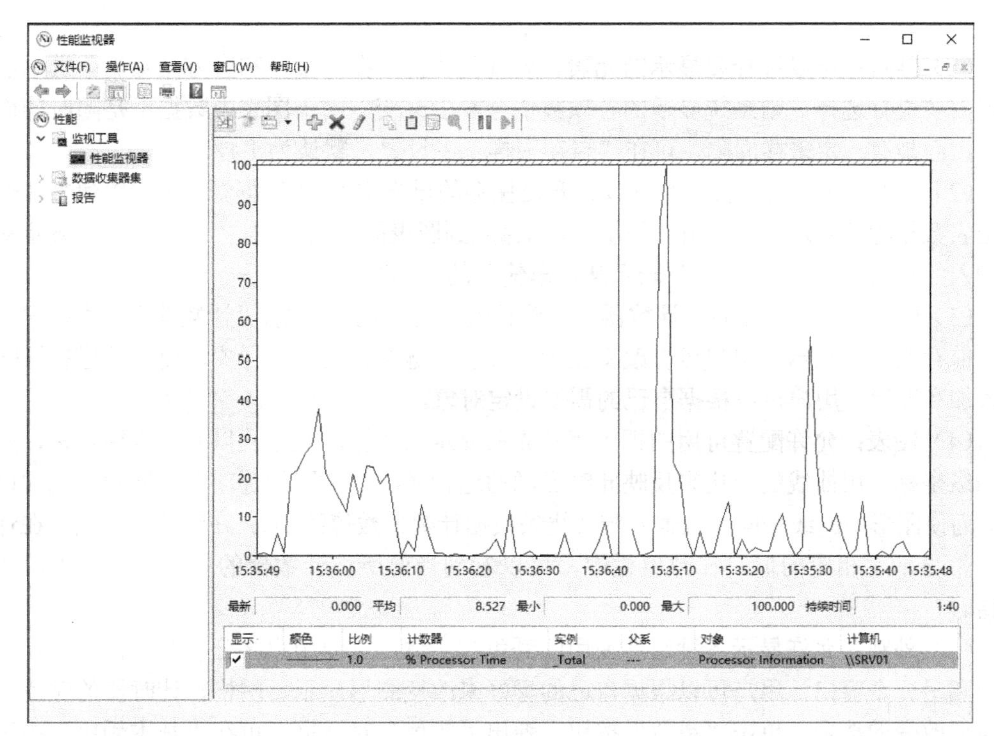

图 8-36 “性能监视器”窗口

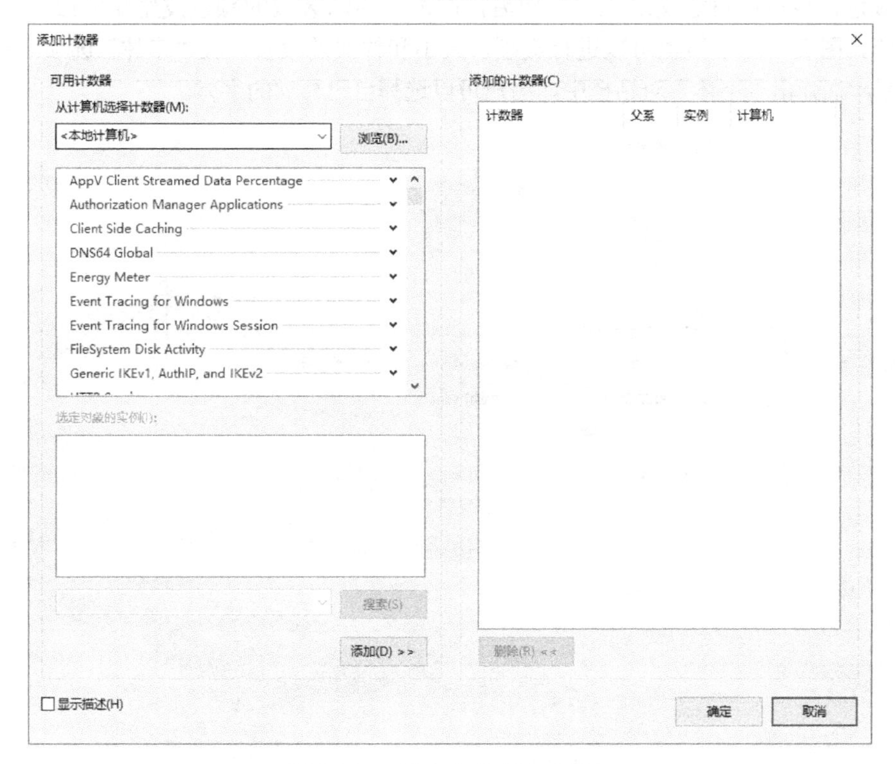

图 8-37 “添加计数器”对话框

要控制显示方式和内容，可右击性能监视器，在弹出的快捷菜单中选择“属性”选项，弹出“性能监视器属性”对话框，如图 8-38 所示。“性能监视器属性”对话框中有 5 个选项卡。

（1）常规：可以选择要显示的元素、外观及边框，在“报告和直方图数据”选项组中根据需要进行选择，则系统显示的各项数值会发生改变，由于图表中数据不是随时间而连续的，而是有一定采样间隔，可在“自动采样”中设置，默认为 1 秒。

（2）来源：允许显示实时数据或打开已保存的日志文件，“数据源”选项组包括 3 个显示图表数据源的复选框，“当前活动”表示输入到图表的当前数据，“日志文件”表示从日志输入的当前数据，“数据库”表示从日志输入的存档数据。

（3）数据：允许选择显示计数器及这些计数器的颜色和比例，“计数器”列表框中列出了目前存在的计数器，用户可以改变显示的颜色、宽度、比例及样式，而且能进行计数器的添加和删除，用户可以根据自己的需要设定对象。

（4）图表：允许配置可用的视图查看先前显示的数据。此方式以时间为横坐标，监视值为纵坐标，用曲线的变化来反映此时资源的运行情况，不同的选项用不同的颜色加以区分。为使图形中的线条同计数器匹配（线条根据计数器数值绘制），在线条上双击，在计数器栏中显示了相应的值，在数值栏中，可以看到当前所选计数器的最小值、最大值和平均值。

（5）外观：允许显示各种组件使用的颜色和字体，以便用户区分一个“性能监视器”窗口和另一个窗口，用户可以根据自己的喜好来改变图形显示、网格、计时器的颜色，选择需要改变的选项，单击“更改”按钮，弹出“颜色”对话框，可在“基本颜色”中选择相应的颜色，也可以自定义颜色。应用后，图表中显示区域的颜色发生相应改变，除了颜色可改变，图表中的字体也可以进行类型、大小和样式的设置，在“字体”选项下单击“更改”按钮，在弹出“字体”对话框中，用户可以选择自己喜欢的字体。

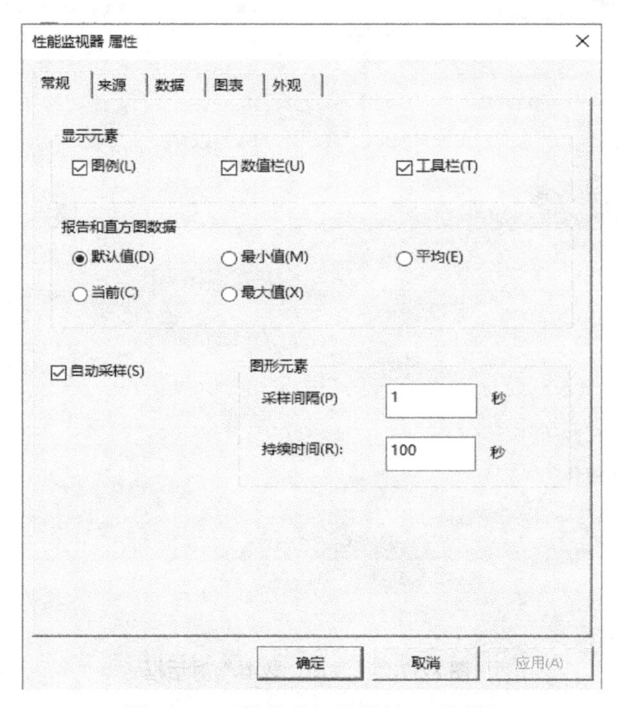

图 8-38 “性能监视器属性”对话框

8.3.2 任务管理器的使用

任务管理器可以快速浏览计算机的性能，并提供计算机上运行的程序和进程。进程是正在执行的程序的实例。任务管理器是最方便的程序之一，可以使用它来快速查看性能，查看哪些程序使用的系统资源最多。在 Windows Server 2016 的任务管理器中，显示了计算机中所运行的程序和进程的相关信息，也显示了最常用的度量进程性能的单位，并提供了有关计算机性能的信息。通过使用任务管理器，用户可以查看正在运行的程序的状态，并能够终止已停止响应的程序，还可以使用多达 15 项的参数来评估正在运行的进程的活动，还可以监视计算机性能的关键指示器，查看反映 CPU 和内存使用情况的图形和数据。此外，如果与网络连接，还可以查看网络状态，了解网络的运行情况。如果有多个用户连接到同一台计算机，可以看到谁在连接、在做什么，还可以发送消息。

启动任务管理器的常用方法有以下 3 种。

（1）使用“Ctrl+Alt+Delete”组合键。

（2）在任务栏的空白处右击，在弹出的快捷菜单中选择“任务管理器”选项。

（3）使用“Ctrl+Shift+Esc”组合键，也可以启动任务管理器。

“任务管理器”窗口如图 8-39 所示。

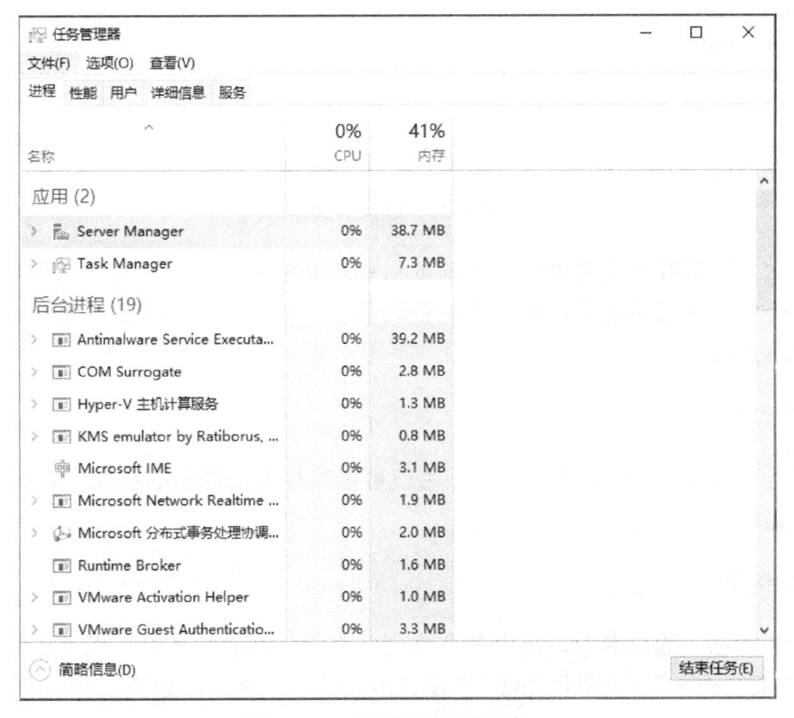

图 8-39 “任务管理器”窗口

此窗口向用户提供了“文件”“选项”“查看”“进程”“性能”“用户”“详细信息”“服务”等选项卡；窗口底部是状态栏，从中可以查看到当前系统的进程数、CPU 使用比例、内存的容量和使用情况等。默认情况下，系统每隔 2 秒对数据进行一次自动更新，用户也可以选择“查看”→“更新速度”选项，在弹出的对话框中进行更新速度的设置。

1. 监视进程

在“进程”选项卡中，选中某个应用程序或者进程并右击，在弹出的快捷菜单中可以完成“结束任务”“转到详细信息”“打开文件所在的位置”等操作，如图 8-40 所示。

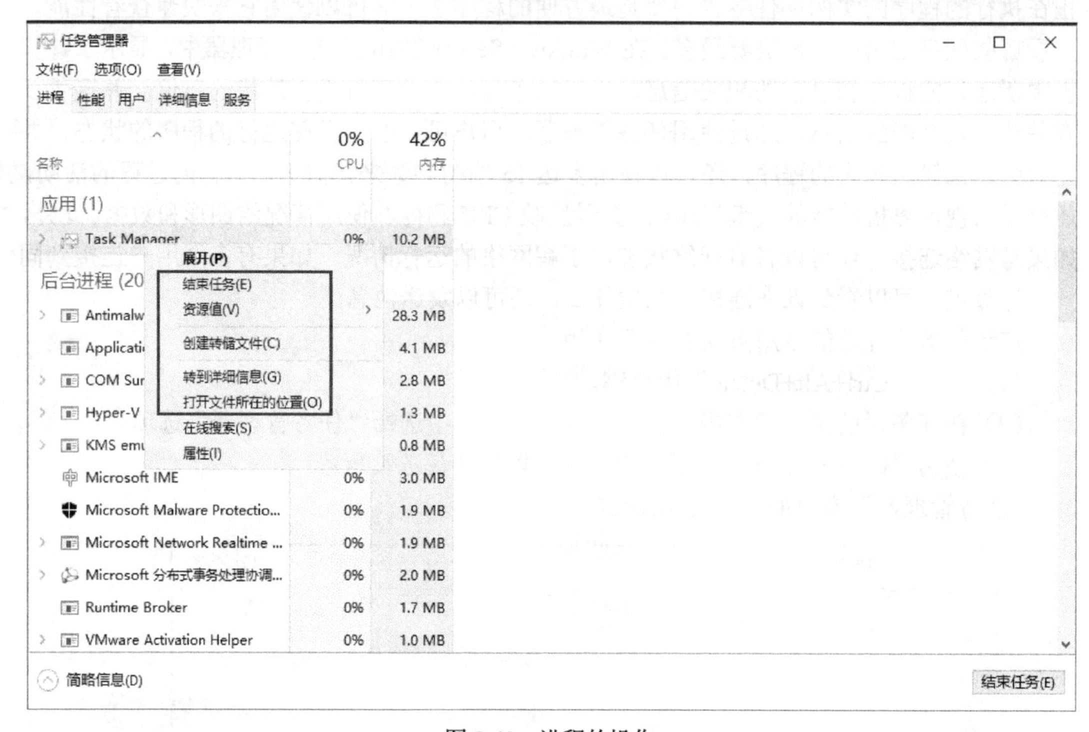

图 8-40 进程的操作

注意：结束进程时一定要小心，结束进程可能会导致系统不稳定，只能作为最后一种求助手段。一些进程能够复原，当停止这些进程时，这些进程能够自动重新启动，如一些系统资源和恶意软件。

2. 监视性能

通过任务管理器的“性能”选项卡，用户可以监视系统性能的状况，如 CPU 和内存的使用情况，如图 8-41 所示。

3. 详细信息

在“详细信息”选项卡中，选中某个进程并右击，在弹出的快捷菜单中可以完成“结束任务”“结束进程树”“设置优先级”“设置相关性”等操作，如图 8-42 所示。

4. 服务

“服务”选项卡类似于“服务”控制台，选项卡中显示了所有正在运行和停止的服务，右击某个服务，在弹出的快捷菜单中同样可以完成“开始”“停止”“重启服务”等操作，如图 8-43 所示。

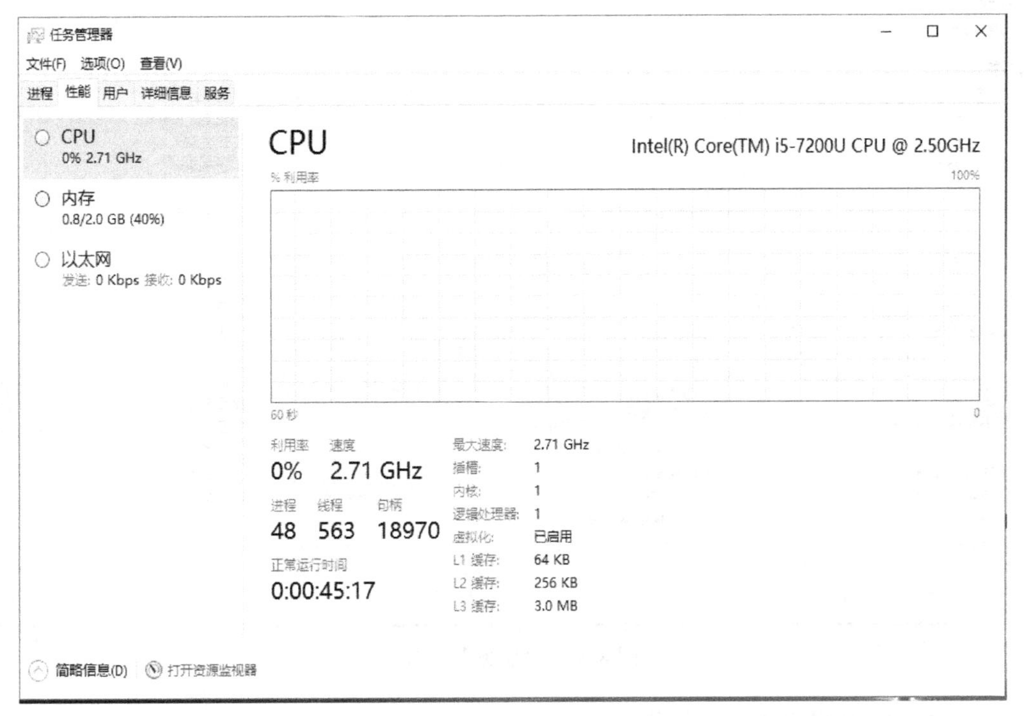

图 8-41 “性能”选项卡

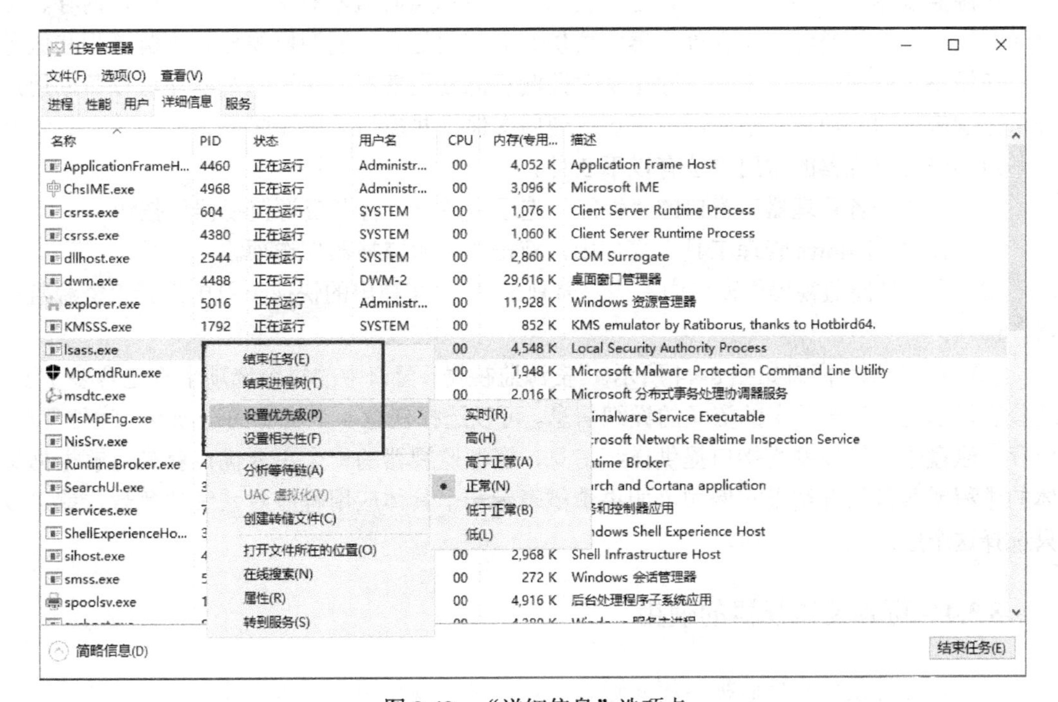

图 8-42 “详细信息”选项卡

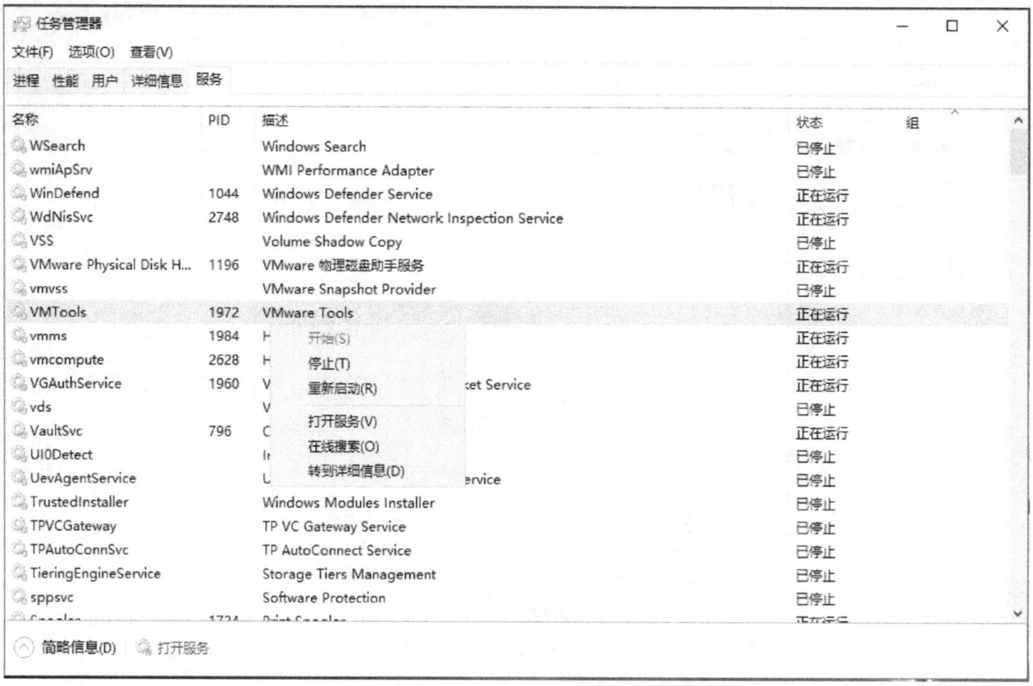

图 8-43 “服务”选项卡

8.3.3 资源监视器的使用

资源监视器是一种系统工具，它监视系统并可以实时查看有关硬件（CPU、内存、磁盘和网络）和软件资源（文件处理器和模块）的使用信息。资源监视器是理解流程和服务如何使用系统资源的强大工具。除了实时监测资源使用情况，资源监视器还可以帮助用户分析无响应过程，识别哪些应用程序正在使用文件，并控制进程和服务。

启动资源监视器的常用方法有以下 3 种。

（1）在“任务管理器”窗口的“性能”选项卡单击“打开资源监视器”按钮。

（2）在“Windows 管理工具”窗口中，双击“资源监视器”选项。

（3）在“性能监视器”窗口中右击“监视工具”，在弹出的快捷菜单中选择“资源监视器”选项。

“资源监视器”窗口如图 8-44 所示。“资源监视器”窗口中的每个选项卡都包含多个表，这些表显示有关该选项卡的资源的详细信息。可以选择任意 4 个资源的选项卡，为处理器、内存、磁盘子系统或网络接口提供详细信息，资源监视器的一个主要优点就是能够根据具体的进程或服务筛选结果。例如，如果希望表示一个具体应用程序对系统的负载，就可以只选择这个应用程序的进程。

8.3.4 可靠性监视器的使用

系统可靠性由可靠性监视器程序记录。可靠性监视使用一个可靠性指数来评估系统的可靠性，值为 1～10，其中 10 表示系统完全可靠。可靠性监视器监视硬件故障、Windows 故障及其他方面的故障和警告。当发生故障时，会根据问题的严重性降低可靠性指数，系统没有故障的运行的时间越长，可靠性指数越高。数据显示在图形上，并且显示信息、警告和故障的图标，选择图标即可查看故障的详细信息，如图 8-45 所示。

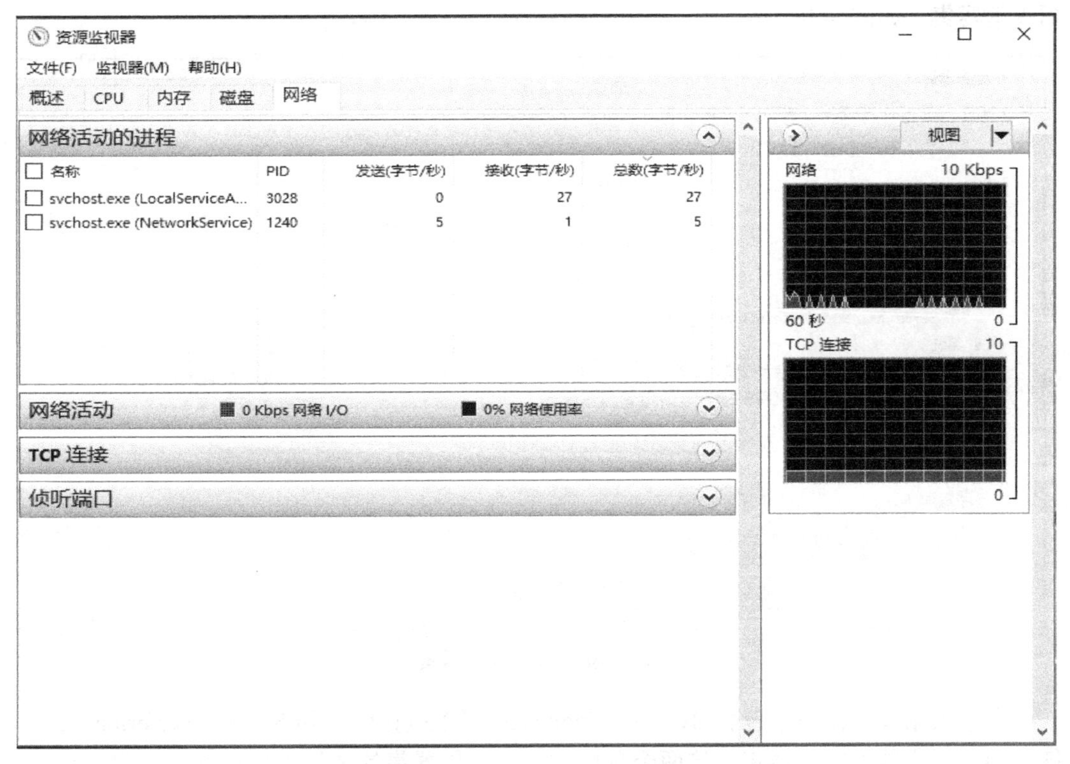

图 8-44 “资源监视器”窗口

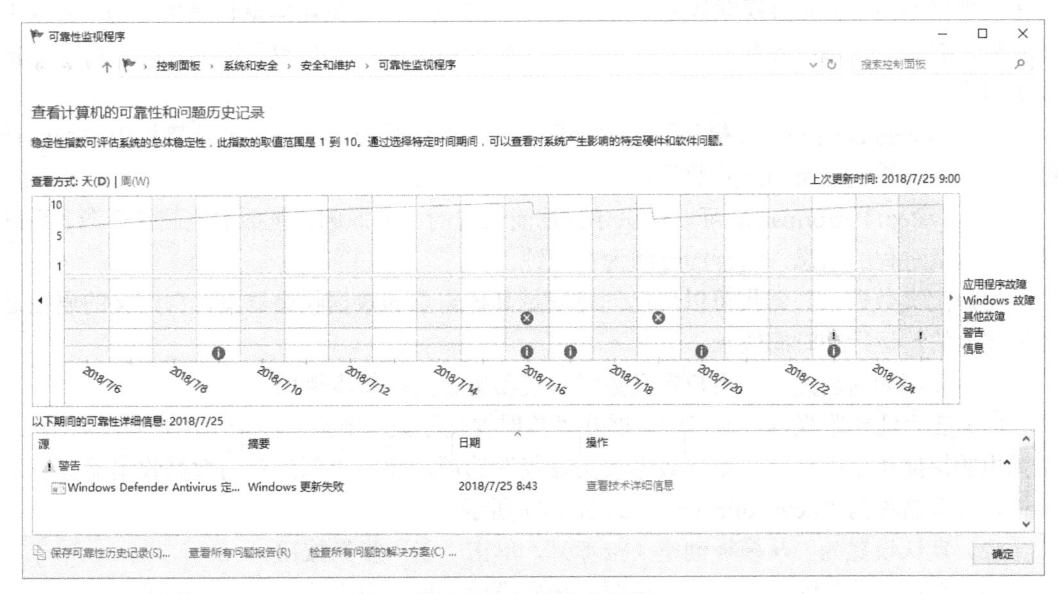

图 8-45 可靠性监视器

8.3.5 数据收集器集的使用

数据收集器集将一组性能计数器、事件跟踪数据和用来监视系统中关键元素的配置信息组织成可根据需要重用的单个对象。在“性能监视器”窗口中展开“数据收集器集”节点，其中包括两种类型的数据收集器集，一种是系统数据收集器集，另一种是用户定义数据收集器集，如图 8-46 所示。

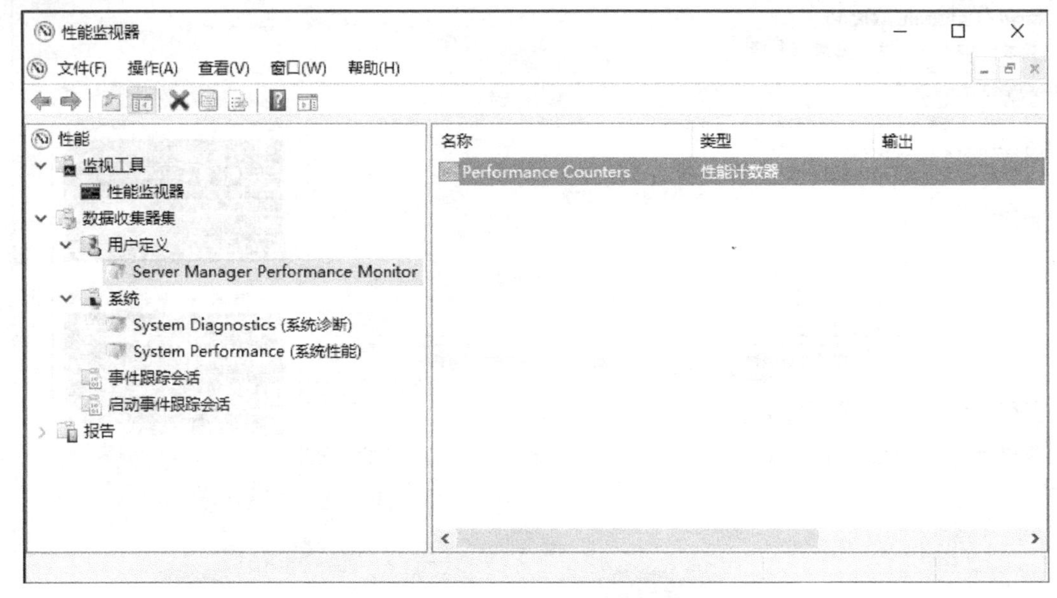

图 8-46　数据收集器集

系统数据收集器集中包含 System Diagnostics（系统诊断）和 System Performance（系统性能）两个数据收集器集，这两个预构建数据收集器集的任何属性都不能修改，而且与资源监视器不同（资源监视默认是一直运行的），系统数据收集器集默认是停止的，必须手动开启，右击一个数据收集器集，在弹出的快捷菜单中选择“开始”选项，即可启用数据收集器集。

（1）System Diagnostics 提供了本地硬件资源、系统响应时间及本地计算机中进程的详细信息，包括系统信息和配置数据，运行时间为 10 分钟。

（2）System Performance 可以标识导致性能问题的可能原因，包括本地硬件资源、系统响应时间及进程的信息，运行的时间为 1 分钟。

用户定义数据收集器集可以自己创建满足具体需求的数据收集器集，自定义的属性是可以修改的，运行的时间较长。

下面介绍如何创建一个用户定义数据收集器集。其操作步骤如下。

（1）在“性能监视器”窗口中，展开“数据收集器集”节点，右击“用户定义”节点，在弹出的快捷菜单中选择“新建数据收集器集”选项，弹出“创建新的数据收集器集”对话框，设置名称为“new collecter”，如图 8-47 所示。

（2）默认设置为“从模板创建（推荐）”，单击“下一步”按钮。

（3）弹出“选择哪个模板”对话框，选好模板之后，单击“下一步”按钮。

（4）指定数据保存的位置，选择默认的位置即可，单击“下一步”按钮。

（5）提示“是否创建数据收集器集”，可以指定另一个用户来运行数据收集器集，默认的用户账户是内置的 System 账户。单击“完成”按钮，完成用户定义的数据收集器集的创建。

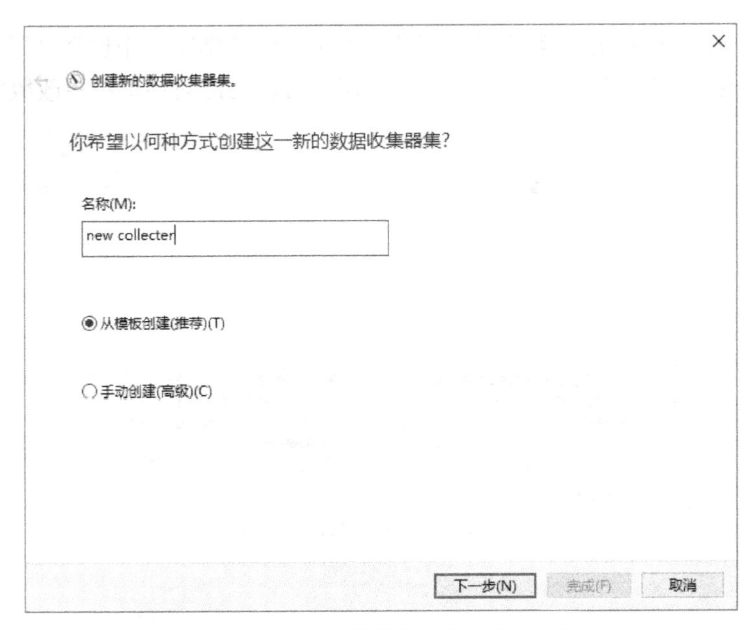

图 8-47 “创建新的数据收集器集”对话框

（6）在展开的节点中可以看到“new collecter”数据收集器集，右击该数据收集器集，在弹出的快捷菜单中选择“开始”选项，启动该数据收集器集，该数据收集器集将运行 1 分钟后结束。

（7）展开“报告”→“用户定义”→“new collecter”节点，右击“SRV01_20180725_000001”节点，在弹出的快捷菜单中选择“查看”→“报告”选项，如图 8-48 所示，在右侧窗格中可以看到报告的详细信息。

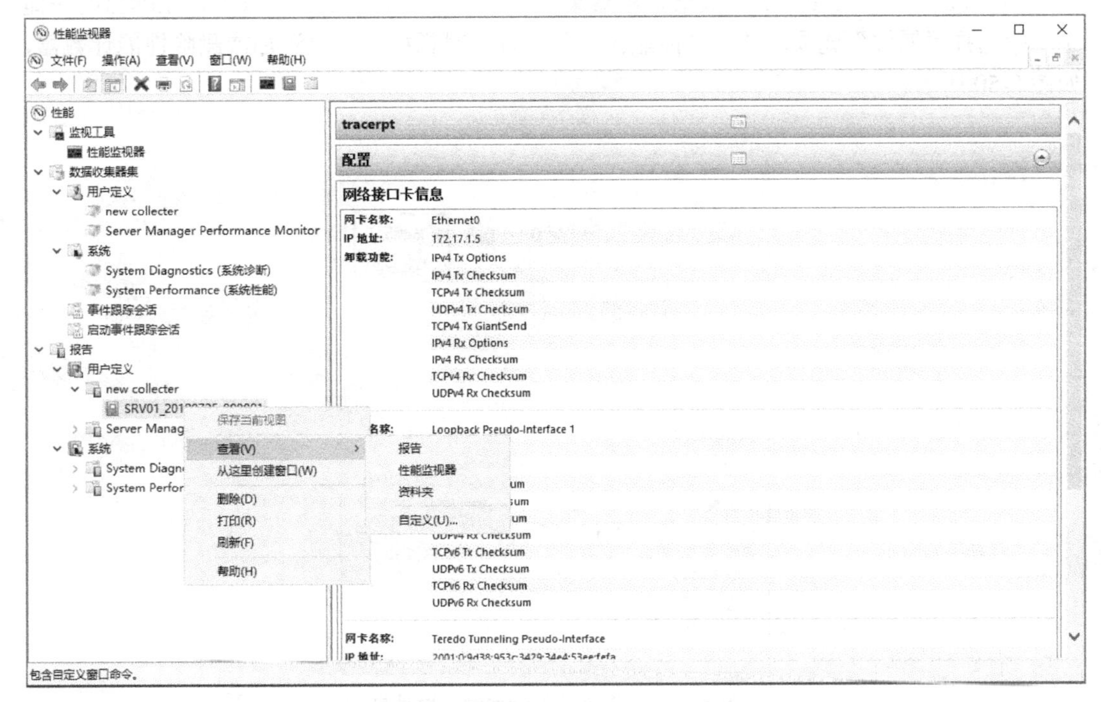

图 8-48 查看报告

（8）右击“new collecter”数据收集器集，在弹出的快捷菜单中选择“属性”选项，弹出“new collecter 属性”对话框，如图 8-49 所示，可以在此对话框中更改数据收集器集的相应属性。

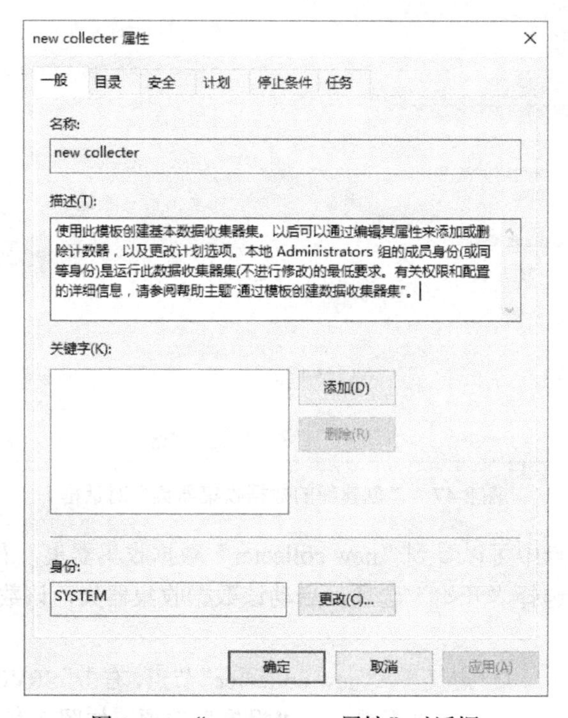

图 8-49　“new collecter 属性”对话框

（9）选中“new collecter”数据收集器集后，右击“性能计数器”选项，在弹出的快捷菜单中选择“属性”选项，弹出“性能计数器属性”对话框，可以添加或删除性能计数器，如图 8-50 所示。

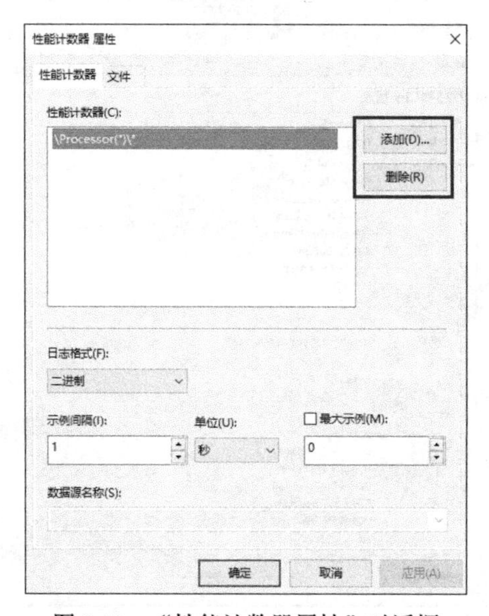

图 8-50　“性能计数器属性”对话框

8.4 监视网络

学习目标

- 掌握常见网络检测工具的使用。
- 掌握 netstat 命令的使用。
- 掌握网络监视工具 Microsoft Network Monitor 3.4 的使用。

因为 Windows 服务器是用来提供服务和使用服务的，所以服务器通过网络进行通信是至关重要的。因此，当服务器存在网络问题时，需要知道哪些工具可用来排除这些问题。常见的网络检测命令有 ping 命令、tracert 命令（跟踪路由）、ipconfig 命令（查看 IP 配置信息）、nslook 命令（检测 DNS 配置）、netstat 命令等。

8.4.1 netstat 的使用

netstat 命令用于在内核中访问网络及相关信息，能够显示协议统计和当前 TCP/IP 的网络连接。可以使用它来查看数据包统计，如已经发送和接收了多少数据包，以及错误的数量。其使用方法如下。

（1）在命令行窗口中输入“netstat-a”命令，可显示所有网络连接和侦听端口。

（2）在命令行窗口中输入“netstat-b”命令，可显示在创建网络连接和侦听端口时所涉及的可执行程序。

（3）在命令行窗口中输入“netstat-n”命令，可显示已创建的有效连接，并以数字的形式显示本地地址和端口号。

（4）在命令行窗口中输入“netstat-s”命令，可显示每个协议的各类统计数据，查看网络存在的连接，显示数据包的接收和发送情况。

（5）在命令行窗口中输入“netstat-e”命令，可显示关于以太网的统计数据，包括传送的字节数、数据包、错误等。

（6）在命令行窗口中输入“netstat-r”命令，可显示关于路由表的信息及当前的有效连接，如图 8-51 所示。

8.4.2 网络监视器的使用

对于更复杂的问题，可能需要更深入挖掘。网络监视器能够时刻监视网络统计、网络中资源的利用率，以及网络流量的异常情况，并且能够以多种直观的方式显示。尤其是协议分析器/网络分析器，它允许查看网络中的实际数据包。流行的软件协议分析器是 Wireshark 和微软网络监视器。下面简单介绍微软网络监视器的使用。

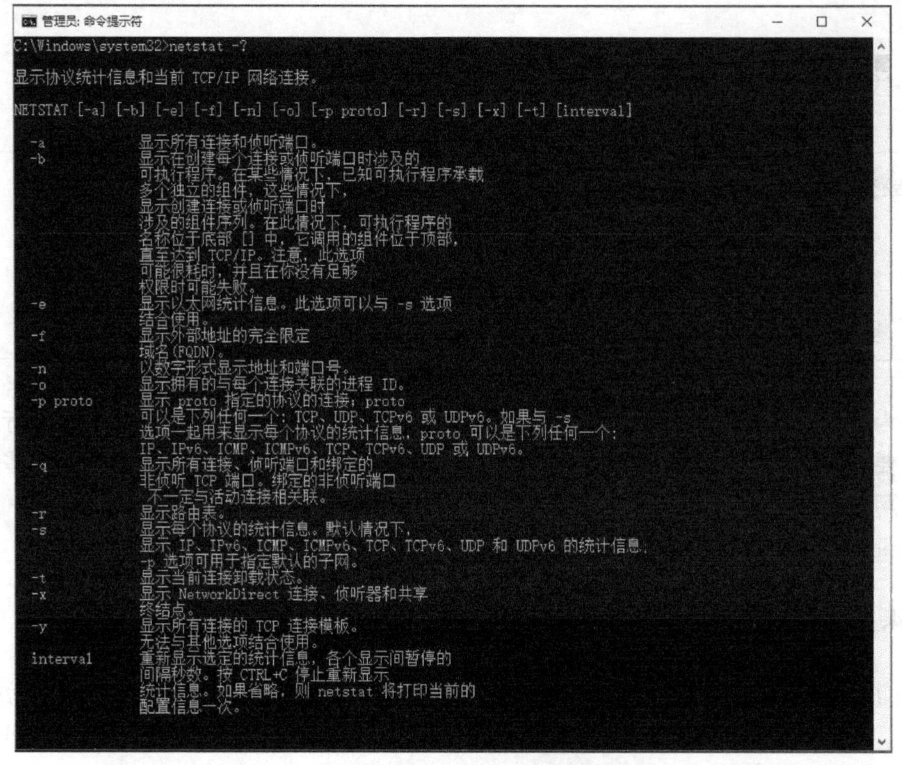

图 8-51　netstat 命令的使用

（1）首先到微软官网下载 Microsoft Network Monitor 3.4 安装包，再双击“NM34_x64.exe”安装文件，完成安装。打开“网络监视器”窗口，如图 8-52 所示。

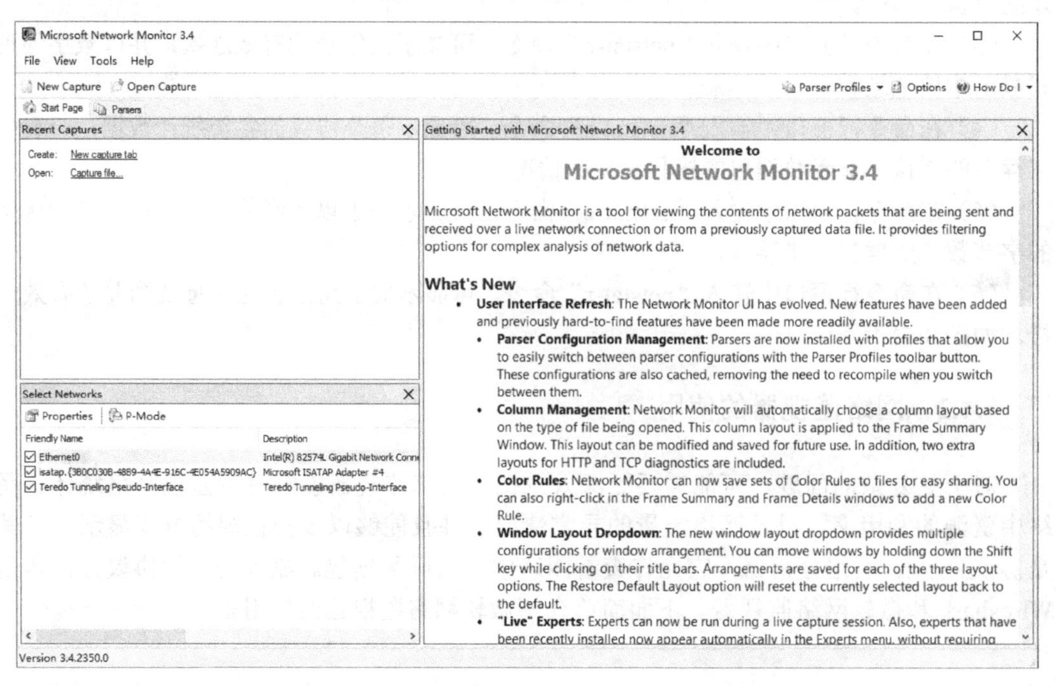

图 8-52　“Microsoft Network Monitor 3.4”窗口

（2）选择“File”→“New Capture”选项，建立一个新的抓包，单击“Start”按钮，如图8-53所示。在“Frame Summary”面板中有很多包的信息，选中其中一个包，“Frame Details”面板中有对应包的详细信息，可以进行分析。

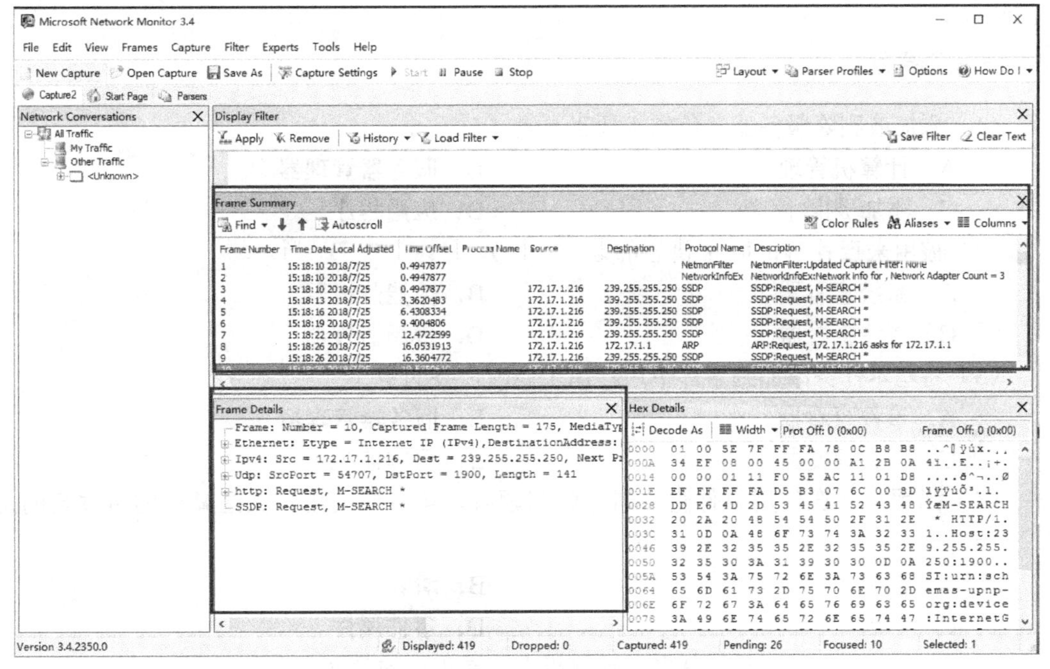

图8-53 新建抓包

（3）设置过滤规则。选择“Filter”→“Display Filter”→“Load Filter”→“Standard Filters”选项，如图8-54所示，可以选择过滤的条件。

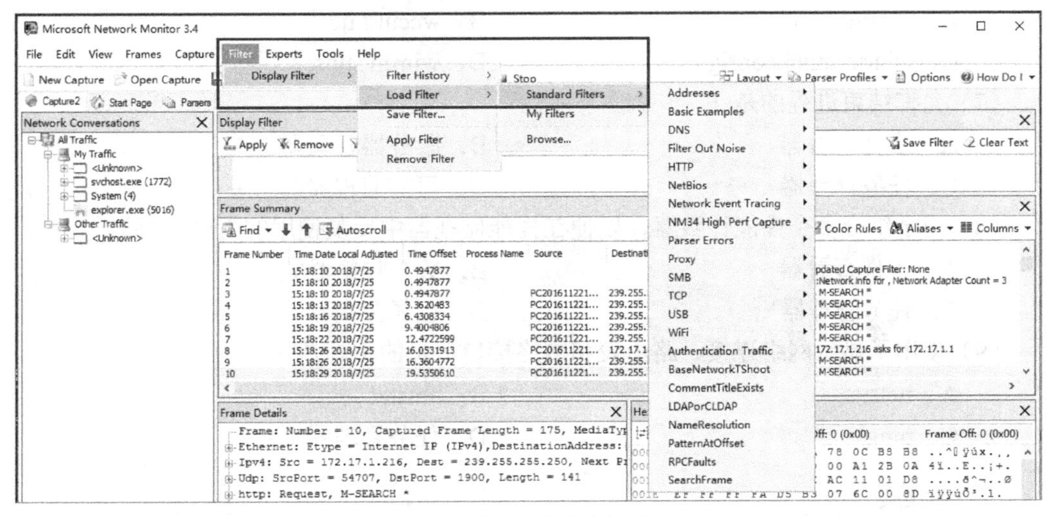

图8-54 设置过滤规则

课后练习

一、选择题

（1）添加或删除服务器角色的主要工具是（　　）。

A．计算机管理　　B．服务器管理器

C．添加/删除程序　　D．应用程序

（2）被用来查看 Windows 日志的是（　　）。

A．系统查看器　　B．性能监视器

C．事件查看器　　D．资源监视器

（3）将基本任务添加到事件中后，用于修改任务的是（　　）。

A．事件查看器　　B．服务器管理器

C．任务调度器　　D．可靠监视器

（4）当用户正在使用事件查看器排除问题时，可以帮助用户关注减少的事件集的是（　　）。

A．创建　　B．清除

C．筛选　　D．事件属性

（5）允许使用事件查看器从多台计算机上查看事件的是（　　）。

A．订阅　　B．Web 服务

C．筛选　　D．远程查看

（6）用于配置收集计算机以接收事件订阅的命令是（　　）。

A．perfmon /rel　　B．wecutil qc

C．winrm quickconfig　　D．winrm subscr

（7）允许结束进程的是（　　）。

A．事件查看器　　B．服务器管理器

C．任务管理器　　D．可靠监视器

（8）用于组合多个性能计数器，以便在性能监视器中反复使用的是（　　）。

A．事件查看器　　B．数据收集器集

C．任务管理器　　D．可靠监视器

（9）使用了显示网络连接、路由表和网络接口信息的工具是（　　）。

A．netstat　　B．nbtstat

C．ping　　D．任务管理器

二、简答题

（1）Windows 日志中包含哪几种类型？

（2）事件的级别有哪几种？

（3）在性能监视器中，可以使用哪些计数器来标识出现瓶颈的内存资源？

（4）使用事件查看器可以实现哪些功能？

课 后 实 践

（1）关闭计算机的打印服务。

（2）使用日志筛选器筛选当前日志，事件级别为“关键”。

（3）创建一个名称为collector2的订阅事件。

（4）使用网络监视命令查看路由表的信息和显示当前的有效连接，显示在创建网络连接和侦听端口时所涉及的可执行程序。